普通高等教育"十二五"规划教材

大学计算机基础

任小康　苟平章　主编

科学出版社

北京

内 容 简 介

本书是依据教育部高等学校非计算机专业计算机基础教学指导分委员会《关于进一步加强高等学校计算机基础教学的几点意见(征求意见稿)》文件和教育部高等学校文科计算机基础教学指导委员会《大学计算机教学基本要求(2008年版)》的要求组织编写的。全书共分10章,主要内容包括信息技术与计算机系统、操作系统、Microsoft Office 2007办公应用软件、多媒体技术及其应用、计算机网络技术基础、Internet及其应用、程序设计基础、数据库技术基础等。

本书内容丰富新颖,结构清晰,实用性强。在内容上按照当代大学生应该掌握的计算机基础知识结构,以知识模块为主线组织教材内容。既注重基本概念、基本原理的讲解,又强化基本方法和基本技能的训练,结合大量实例强化计算机在信息处理方面的广度、深度和强度。每章后均附有习题与思考题,部分实践性章节给出了上机实验,供读者练习、检测,培养学生的实践创新能力。

本书可作为高等院校非计算机专业本科生、研究生的大学计算机基础教材,也可供参加全国计算机等级考试的人员和计算机爱好者参考。

图书在版编目(CIP)数据

大学计算机基础/任小康,苟平章主编.—北京:科学出版社,2010.7
普通高等教育"十二五"规划教材
ISBN 978-7-03-022033-2

Ⅰ.①大… Ⅱ.①任… ②苟… Ⅲ.①电子计算机-高等学校-教材 Ⅳ.①TP3

中国版本图书馆CIP数据核字(2010)第135042号

责任编辑:毛 莹 / 责任校对:张 琪
责任印制:徐晓晨 / 封面设计:耕者设计工作室

科学出版社 出版
北京东黄城根北街16号
邮政编码:100717
http://www.sciencep.com

三河市骏杰印刷有限公司 印刷
科学出版社发行 各地新华书店经销

*

2010年7月第 一 版   开本:1/16(787×1092)
2018年8月第九次印刷   印张:24 1/2
字数:570 000

定价:53.80元
(如有印装质量问题,我社负责调换)

前　言

　　新时期高等院校计算机基础教育教学面临着重大调整。教育部高等学校非计算机专业计算机基础课程教学指导分委员会在《关于进一步加强高等学校计算机基础教学的几点意见(征求意见稿)》(以下简称《征求意见稿》)中提出高等院校计算机基础教学应涉及"计算机系统与平台、程序设计与算法、数据分析与信息处理、信息系统开发"四个知识领域和"概念性基础、技术与方法基础、应用技能"三个层次。大学计算机基础属于第一个知识领域的三个层次。

　　本书以《征求意见稿》和教育部高等学校文科计算机基础教学指导委员会《大学计算机教学基本要求(2008年版)》为依据,在原《新编大学信息技术教程》(人民出版社,2006)的基础上,结合教学改革和精品课程建设取得的经验编写而成。

　　本书按照当代大学生应该掌握的计算机基础知识结构,以知识模块为主线组织教材内容。对于基本概念和基本原理部分的内容,突出计算机信息表示、微机系统结构、操作系统、多媒体技术基础、计算机网络技术基础、Internet基本技术、网络安全、程序设计基础及数据库设计基础等知识点。注重知识点的系统性,语言表述的准确性和连贯性,其目的是使学生能够准确地理解上述知识点中的基本概念和原理;对于基本方法和基本技术部分的内容,以Windows XP操作系统为基础,突出Office 2007办公应用软件、Photoshop、Flash、Internet使用、信息检索、网页设计、SQL语言等知识点。注重实例选取的基础性、典型性、实用性和可操作性。其目的是使学生能够较全面地掌握上述实践性相当强的内容。每章后面均附有习题与思考题,用于课后练习,有些题目需要学生查阅相关资料来完成。对于实践性的章节,给出了上机实验,根据知识模块的不同,有些章节给出了较为详细的操作要求及步骤,而有些章节充分发挥学生的自主能动性、创新性,只给出实验目的和要求,其目的是培养学生的自学能力和综合应用能力。

　　全书共分10章。第1章为信息技术与计算机系统,主要介绍信息技术的基本概念、计算机系统基本组成与工作原理、微机系统,以及信息在计算机中的表示;第2章为操作系统,主要介绍操作系统的基本概念、Windows XP操作系统的基本操作与资源管理;第3章为Word 2007文字处理软件;第4章为Excel 2007电子表格处理软件;第5章为PowerPoint 2007演示文稿软件;第6章为多媒体技术及其应用,主要介绍多媒体技术的基本概念、系统构成、基本技术,以及Photoshop、Flash等多媒体制作软件;第7章为计算机网络技术基础,主要介绍计算机网络的基本概念、计算机网络体系结构、IP地址与域名、网络互连设备与局域网技术及网络操作系统;第8章为Internet及其应用,主要介绍Internet基本服务与应用、Web站点的构建、网络信息资源检索、网络信息安全、网页设计等;第9章为程序设计基础,主要介绍算法设计与数据结构、结构化程序设计和面向对象程序设计;第10章为数据库技术基础,主要介绍数据库技术基础知识和SQL语言。

　　为了体现办公自动化、多媒体技术、网络技术和程序设计在大学计算机基础教学中的核心地位,全书以不少的篇幅突出对Office办公软件、多媒体技术应用、计算机网络技术与

Internet及程序设计基础等内容的讲解。

  本书参考教学时数为90学时,其中理论教学36学时,上机实验教学54学时。建议在教学中采用任务驱动和案例教学。在理论课中讲解基本概念、基本原理与方法,而对于技术性较强的内容全部安排在实践环节进行。具体讲解内容的广度和深度,可根据学校学时和学生实际情况进行取舍。

  本书由任小康、苟平章主编,参加编写的老师有吴尚智、杨延娇、门维江、何廷年、许桃香、袁媛、白荷芳等,最后由任小康、苟平章修改、统稿、定稿。

  在本书的编写过程中,得到了作者单位的有关领导和从事大学计算机基础教学的老师的大力支持,也采纳了部分使用原教材的学生的意见和建议,在此一并表示感谢。

  限于作者学识水平,加之时间仓促,难免有疏漏和不妥之处,诚请读者不吝指正。

编 者

2010年5月1日

目 录

前言

第1章 信息技术与计算机系统 …… 1
1.1 信息技术概述 …… 1
1.1.1 信息与信息处理 …… 1
1.1.2 信息技术 …… 2
1.1.3 信息化技术对社会的影响 …… 4
1.2 计算机的发展、分类及应用 …… 5
1.2.1 计算机的发展 …… 5
1.2.2 计算机的分类 …… 10
1.2.3 计算机的应用 …… 11
1.3 计算机中信息的表示 …… 12
1.3.1 进位计数制及不同进制数之间的转换 …… 12
1.3.2 数值数据在计算机中的表示 …… 16
1.3.3 非数值数据在计算机中的表示 …… 18
1.4 计算机系统基本组成与结构 …… 21
1.4.1 计算机硬件系统基本组成及工作原理 …… 21
1.4.2 计算机软件系统 …… 28
1.5 微型计算机系统 …… 30
1.5.1 主机 …… 31
1.5.2 外部存储器 …… 34
1.5.3 输出设备 …… 38
1.5.4 输入设备 …… 39
1.5.5 微机总线与接口 …… 41
1.5.6 微型计算机性能指标 …… 42
习题与思考题 …… 42

第2章 操作系统 …… 45
2.1 操作系统概述 …… 45
2.1.1 操作系统的概念 …… 45
2.1.2 操作系统的发展 …… 45
2.1.3 操作系统的功能 …… 46
2.1.4 操作系统的分类 …… 47

2.2 Windows XP的运行环境与安装 …… 48
2.2.1 Windows XP的运行环境 …… 49
2.2.2 Windows XP的安装 …… 49
2.3 Windows XP的基本操作 …… 49
2.3.1 Windows XP的启动与退出 …… 49
2.3.2 Windows XP的鼠标与键盘操作 …… 50
2.3.3 Windows XP的桌面 …… 51
2.3.4 Windows XP的窗口与对话框 …… 55
2.3.5 Windows XP的菜单与工具栏 …… 57
2.3.6 Windows XP应用程序的启动与关闭 …… 58
2.3.7 剪贴板的使用 …… 59
2.3.8 Windows XP中文输入方法 …… 60
2.3.9 Windows XP帮助系统 …… 62
2.4 Windows XP的文件管理 …… 63
2.4.1 文件和文件夹的概念 …… 63
2.4.2 "我的电脑"与"资源管理器"窗口 …… 64
2.4.3 文件和文件夹的管理 …… 66
2.5 Windows XP的控制面板 …… 68
2.6 UNIX操作系统简介 …… 71
2.7 Linux操作系统简介 …… 73
2.8 Windows 7操作系统简介 …… 75
2.8.1 Windows 7的开发历史 …… 76
2.8.2 Windows 7的新功能 …… 76
习题与思考题 …… 77
上机实验 …… 78

第3章 Word 2007文字处理软件 …… 83
3.1 Word 2007基本操作 …… 83
3.1.1 Word 2007的启动、退出与工作窗口 …… 83

3.1.2 Word 2007 视图方式 …………… 84	第 5 章 PowerPoint 2007 演示文稿软件
3.1.3 创建文档与文档内容输入……… 85	…………………………………… 136
3.1.4 保存文档……………………………… 86	5.1 PowerPoint 2007 基本操作 … 136
3.1.5 文本编辑…………………………… 87	5.1.1 演示文稿的组织结构………… 136
3.2 Word 2007 格式设置………… 89	5.1.2 演示文稿的创建 …………… 137
3.2.1 字符格式设置 ……………………… 89	5.1.3 PowerPoint 2007 的视图方式
3.2.2 段落格式设置 ……………………… 90	……………………………………… 137
3.2.3 页面格式设置 ……………………… 92	5.1.4 演示文稿的编辑 ……………… 139
3.3 Word 2007 表格处理………… 94	5.2 PowerPoint 2007 格式化与外观
3.3.1 表格基本操作 ……………………… 94	设置 ………………………… 141
3.3.2 表格的计算和排序 ……………… 98	5.2.1 模板与版式 …………………… 141
3.4 Word 2007 图形处理………… 99	5.2.2 主题、背景样式和背景 …… 142
3.4.1 图形的插入 ………………………… 99	5.2.3 幻灯片格式化 ………………… 144
3.4.2 图形的编辑 ……………………… 101	5.2.4 使用母版 ……………………… 145
3.5 Word 2007 的其他功能 …… 102	5.2.5 设置幻灯片编号、日期、页眉和
3.5.1 样式 ……………………………… 102	页脚 ……………………………… 148
3.5.2 模板 ……………………………… 104	5.3 演示文稿的动画设计和超链接
3.5.3 邮件合并 ………………………… 105	……………………………………… 149
3.5.4 创建目录 ………………………… 106	5.3.1 演示文稿的动画设计 ……… 149
习题与思考题……………………………… 107	5.3.2 演示文稿的超链接 ………… 150
上机实验………………………………… 108	5.4 演示文稿的放映 ………… 152
第 4 章 Excel 2007 电子表格处理软件	5.4.1 幻灯片放映控制 …………… 152
…………………………………… 111	5.4.2 设置排练计时 ……………… 154
4.1 Excel 2007 基本操作 ……… 111	5.4.3 设置放映方式 ……………… 154
4.1.1 Excel 2007 概述 ………………… 111	5.4.4 设置幻灯片间的切换效果 … 156
4.1.2 工作表的选定与使用 …………… 113	习题与思考题……………………………… 156
4.1.3 工作表数据输入与编辑 ………… 114	上机实验………………………………… 157
4.2 公式和函数 ………………… 121	第 6 章 多媒体技术及其应用……… 159
4.2.1 公式 ……………………………… 121	6.1 多媒体基本概念 ………… 159
4.2.2 函数 ……………………………… 123	6.1.1 多媒体及其含义 ……………… 159
4.3 数据管理 …………………… 124	6.1.2 多媒体计算机系统的组成 …… 160
4.3.1 数据有效性 ………………………… 124	6.1.3 多媒体技术的应用 …………… 162
4.3.2 排序 ……………………………… 125	6.2 多媒体信息处理基本技术 …… 162
4.3.3 筛选 ……………………………… 126	6.2.1 视频音频数据压缩/解压缩技术
4.3.4 分类汇总 …………………………… 128	……………………………………… 162
4.3.5 数据透视 …………………………… 129	6.2.2 多媒体专用芯片技术 ………… 163
4.3.6 图表 ……………………………… 129	6.2.3 大容量光盘存储技术 ………… 163
习题与思考题……………………………… 132	6.2.4 多媒体通信技术 ……………… 164
上机实验………………………………… 134	6.2.5 多媒体数据库技术 …………… 164

6.2.6	多媒体输入/输出技术 ………	164
6.3	多媒体信息的计算机表示 ……	164
6.3.1	文本 ……………………	164
6.3.2	音频 ……………………	165
6.3.3	图像 ……………………	167
6.3.4	图形 ……………………	168
6.3.5	动画 ……………………	169
6.3.6	视频 ……………………	169
6.4	多媒体输入/输出设备…………	171
6.4.1	音频卡 …………………	171
6.4.2	显示卡 …………………	172
6.4.3	视频卡 …………………	172
6.4.4	CD-ROM 驱动器 ………	173
6.4.5	扫描仪 …………………	174
6.4.6	触摸屏 …………………	175
6.5	多媒体信息处理工具 ………	176
6.5.1	Windows XP 中的多媒体附件 ………………………………	176
6.5.2	Photoshop 图像处理软件 ……	179
6.5.3	动画制作软件 Flash ………	205
习题与思考题……………………………		222
上机实验 ………………………………		224
第7章 计算机网络技术基础…………		225
7.1	计算机网络概述 ……………	225
7.1.1	计算机网络及其演变与发展 …	225
7.1.2	计算机网络的功能与组成 …	227
7.1.3	计算机网络的分类…………	228
7.1.4	传输媒体 ………………	230
7.2	计算机网络体系结构 ………	232
7.2.1	协议分层与体系结构 ……	232
7.2.2	ISO/OSI 参考模型 ………	233
7.2.3	TCP/IP 参考模型 ………	234
7.3	IP 地址与域名机制 …………	236
7.3.1	IP 地址 …………………	236
7.3.2	划分子网与子网掩码 ……	237
7.3.3	域名机制 ………………	238
7.3.4	IPv6 ……………………	240
7.4	网络互连设备与局域网技术 …	241
7.4.1	网络互连设备 ……………	241

7.4.2	局域网技术 ……………	243
7.5	网络操作系统 ………………	247
习题与思考题……………………………		253
上机实验 ………………………………		255
第8章 Internet 及其应用………………		256
8.1	Internet 概述 …………………	256
8.1.1	国外 Internet 的发展 ……	256
8.1.2	中国 Internet 的基本情况 …	256
8.1.3	下一代 Internet ……………	258
8.1.4	Internet 的管理机构 ……	258
8.1.5	Internet 的接入 …………	259
8.2	Internet 基本服务与应用 ……	259
8.2.1	WWW 服务 ……………	259
8.2.2	文件传输 FTP 服务 ……	265
8.2.3	电子邮件 E-mail 服务……	265
8.2.4	远程登录 TELNET ………	267
8.2.5	网络交流 ………………	267
8.2.6	电子商务 ………………	271
8.3	网络信息检索技术 …………	271
8.3.1	网络信息检索及其分类 …	271
8.3.2	网络信息检索技术 ………	272
8.3.3	数字图书馆 ……………	278
8.4	网络信息安全技术 …………	282
8.4.1	网络信息安全技术概述 …	282
8.4.2	计算机病毒防范技术 ……	284
8.4.3	网络安全技术 ……………	288
8.5	网页设计 ……………………	293
8.5.1	Dreamweaver 8 工作环境与站点管理 ………………………………	293
8.5.2	编辑网页 ………………	295
8.5.3	页面布局 ………………	304
8.5.4	表单 ……………………	311
习题与思考题……………………………		315
上机实验 ………………………………		316
第9章 程序设计基础…………………		318
9.1	数据与文件 …………………	318
9.1.1	数据组织的层次体系 ……	318
9.1.2	基本文件组织方式 ………	318
9.2	算法设计 ……………………	319

9.2.1 程序设计的过程 …………… 319
9.2.2 算法基本概念 ……………… 320
9.2.3 算法描述工具 ……………… 321
9.2.4 常用算法 …………………… 323
9.3 数据结构 …………………………… 325
9.3.1 数据结构概述 ……………… 325
9.3.2 线性结构 …………………… 327
9.3.3 树与二叉树 ………………… 334
9.3.4 常用排序和查找算法 ……… 339
9.4 结构化程序设计 …………………… 341
9.4.1 结构化程序设计的基本原则 … 342
9.4.2 结构化程序的基本结构 …… 342
9.5 面向对象程序设计 ………………… 342
9.5.1 什么是面向对象程序设计 … 342
9.5.2 面向对象的程序设计 ……… 345
习题与思考题 …………………………… 345

第10章 数据库技术基础 …………… 348
10.1 数据库系统基础 ………………… 348
10.1.1 基本概念 ………………… 348

10.1.2 数据管理技术的发展 …… 348
10.1.3 数据模型 ………………… 349
10.1.4 关系模型 ………………… 350
10.2 数据库设计 ……………………… 356
10.2.1 概念结构设计 …………… 356
10.2.2 逻辑结构设计 …………… 358
10.2.3 数据库的物理设计 ……… 359
10.2.4 数据库实施 ……………… 360
10.2.5 数据库运行和维护 ……… 361
10.3 关系数据库标准语言 SQL … 362
10.3.1 SQL 数据库体系结构及特点
………………………………… 362
10.3.2 数据定义 ………………… 363
10.3.3 数据查询 ………………… 365
10.3.4 数据操纵 ………………… 374
10.3.5 视图 ……………………… 375
10.3.6 数据控制 ………………… 378
习题与思考题 …………………………… 379

参考文献 ………………………………… 382

第 1 章　信息技术与计算机系统

本章导读　以计算机技术、通信技术和控制技术为核心的信息技术飞速发展并得到了广泛应用,推动着经济发展和社会进步,对人类的工作和生活产生了巨大的影响。本章在介绍信息技术基本概念的基础上,主要介绍计算机的发展、应用,计算机中信息的表示,计算机系统的基本组成和工作原理,微机系统构成,以及计算机系统性能指标等内容。

1.1　信息技术概述

1.1.1　信息与信息处理

1. 信息与数据

在现代社会中,信息(Information)是一个非常流行的词汇,就像空气一样,不停地在人们身边流动,并为人们服务。目前,学术界尚没有对信息给出一个准确完整的定义,对信息的解释也是众说纷纭。

1948 年,美国数学家、信息论的奠基人香农(Claude Elwood Shannon,1916~2001)在发表的《通讯的数字理论》一文中认为:信息是"熵的减少"(熵是平均信息量),即信息是"用来消除不确定的东西"。

我国信息论学者钟义信教授认为信息是"事物运动的状态和方式,也就是事物内部结构和外部联系的状态和方式"。

我国有些专家学者认为信息是对事物运动的状态和方式的表征,它能够消除认识上的不确定性。

总之,信息描述的是事物的运动状态或存在方式而不是事物本身,因此它必须借助于某种形式表现出来,即数据。数据(Data)是客观世界中记录下来的可以被鉴别的物理符号及其组合。

信息和数据是两个相互联系、相互依存又相互区别的概念。数据是信息的具体物理表示形式,它反映了信息的内容;信息是数据所表达的含义,是抽象出来的逻辑意义,是对数据的解释。数据经过处理仍然是数据,只有经过解释才有意义,才能成为信息。例如,"30%"是一项数据,但这一数据除了数字上的意义外,并不表示任何内容,而"股票上涨了30%"对接收者是有意义的,它不仅仅有数据,更重要的是对数据有一定的解释,从而使接收者得到了股票信息。

2. 信息的主要特征

信息的主要特征包括客观性、时效性、不完全性、价值性、可传递性和共享性。客观性是指不符合客观事实的信息不仅不能使人增加任何知识,而且有害;时效性是指从信息源发送信息,经过接收、处理、传递及利用,所经过的时间间隔越短,使用信息越及时,时效性越强;不完全性是指人们对信息的掌握不可能是绝对的,只能是相对的,因为客观事物总是无限复杂与动态变化的;价值性是指经过加工并对生产经营活动产生影响的信息,是劳动创造的,是一种资源,因而是有价值的;可传递性和共享性是信息区别于物质和能源的主要特征。信息不管在空间上(如通信)还是在时间上(如存储)的传递,都可以很好地进行信息共享。

3. 信息处理

信息有时不能被直接应用,往往需要经过组织、加工和处理之后才能为人们所利用。信息处理就是对原始信息进行转换、识别、分类、加工、整理、存储等,使之成为能够应用的信息。信息处理过程包括信息获取、信息加工、信息转换、信息反馈及信息输出五个阶段。如图1-1所示,信源是信息的来源,信宿是接收信息的地方。

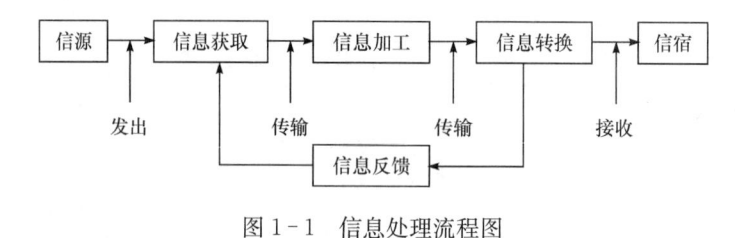

图1-1 信息处理流程图

1.1.2 信息技术

1. 信息技术的概念

信息技术(Information Technology,IT)是指应用信息科学的原理和方法,有效地使用信息资源的技术体系,即对信息的获取、表示、加工、存储、传输和应用的技术。信息技术是在计算机、通信、微电子等技术的基础上发展起来的现代高新技术,它的核心是计算机技术和通信技术的结合。

长期以来,人类使用人脑、手工进行信息处理,使用计算机后才实现了信息处理的自动化。没有计算机就不会有现代信息处理技术的形成和发展,计算机技术已经成为信息技术的核心。

通信技术是快速、准确地传递与交流信息的重要手段,是信息技术的先导。它包括信息检测、信息变换、信息处理、信息传递及信息控制等技术。在古代,人类除了用语言传递信息外,还用"击鼓"、"烽火"和"书信"等手段来传递信息。在近代,"电"、"激光"引入信息技术后,有线通信、无线通信、卫星通信和激光通信等新的信息传递方式迅速发展,为人类提供了种类更多、传递距离更远、速度更快、容量更大、效率和可靠性更高的通信手段。

2. 信息技术的发展

信息技术的发展历史源远流长,两千多年前中国历史上著名的周幽王烽火戏诸侯的故事,讲的就是烽火通信。至今人类历史上已经发生了五次信息技术革命。

1) 语言的使用

在远古时期,人类用眼、耳、鼻、舌等感觉器官来获取信息,用眼神、声音、表情和动作来传递和交流信息,用大脑来存储、加工信息。人类经过长期的生产、生活活动,逐步产生和形成了用于信息交流的语言。语言的产生是人类历史上的第一次信息革命,它使人类信息交流的范围、能力、效率及社会生产力都得到了飞跃式发展。

2) 文字的使用

纯语言信息交流在时间和空间上都存在很大的局限性。由于人类不满足仅仅用语言方式进行信息的传递，逐步创造了各种文字符号来表达信息。信息的符号化（文字）使信息的传递和保存发生了革命性的变化。人们使用文字可以使信息的交流与传递冲破时间和空间的限制，将信息传递的更远，保存的时间更长。

3) 印刷术的发明

公元1040年，毕昇发明了活字印刷术。活字印刷术的应用使文字、图画等信息交流起来更加方便、传递范围更加广泛。通过书、报刊等印刷品的流通，信息共享范围进一步扩大。

4) 电报、电话、广播、电视的发明

继电的发明之后，1837年莫尔斯（Morse）发明了电报，1867年贝尔（Bell）发明了电话，1896年马可尼（G. W. Marconi）发明了无线电发报机。这些发明奠定了电信、广播、电视产业的基础。人们使用的文字、声音、图像等信息通过电磁信号来表示、发送和接收，使信息的传递速度得到了极大地提高。电话、电视的普及与应用使人们冲破了距离的限制，可以进行实时信息交流。

5) 计算机、现代通信技术的广泛应用

20世纪60年代，计算机的发明导致了信息技术的第五次革命的开始。计算机的普及、通信技术的发展、网络技术的应用，尤其是Internet的兴起，使得信息的传递、存储、加工处理等实现了完全自动化。人类社会进入了一个崭新的信息化社会，现代信息技术已成为社会最重要的组成部分。

3. 现代信息技术的内容

现代信息技术的内容可简单归纳为信息基础技术、信息系统技术和信息应用技术三个方面。

1) 信息基础技术

信息基础技术主要涉及微电子技术和光电子技术。其中，微电子技术是现代电子信息技术的基础，是新技术革命的基石。而光电子技术是近30年来快速发展的综合性技术。

2) 信息系统技术

信息系统技术包括信息获取技术、信息处理技术、信息传输技术、信息控制技术、信息存储技术等。其中信息获取技术主要有传感技术、遥测技术和遥感技术；信息处理技术中计算机技术已经成为现代信息技术的核心；信息传输技术主要是光纤通信技术、卫星通信技术等；信息控制技术主要利用信息传递和反馈来实现；信息存储技术主要有缩微品、磁盘、光盘等。通常，将通信技术、计算机技术和控制技术合称为3C（Communication、Computer & Control）技术。

3) 信息应用技术

信息管理、信息控制、信息决策，是信息技术开发的根本目的所在。信息管理涉及三个方面。①信息获取：包含信息发现、信息采集与信息优选。②信息分析：包含信息分类、信息综合、信息查错与信息评价。③信息加工：包含信息的排序与检索、信息的组织与表达、信息的存储与变换及信息的控制与传输等。

从信息技术层面上来看,应用层次是一个逐渐深入的过程,它经历了数值处理(数值计算)→数据处理(数据库系统)→知识处理(知识库系统)→智能处理(具有自适应能力、判断能力、学习能力、代理性和人性化)的过程。

4. 现代信息技术的研究热点

1) 人工智能技术

人工智能(Artificial Intelligence,AI)是指用计算机来模拟人类的智能。在专家系统、神经计算机、智能机器人等方面获得了实际的应用。

2) 多媒体技术或超媒体(Hypermedia)技术

使计算机应用由单纯的文字处理进入文、图、声和影集成处理的技术,其核心特性是信息媒体的多样性、集成性和交互性。

3) 卫星通信技术

卫星通信技术是微波中继通信技术和空间技术相结合的产物。

5. 未来信息技术的发展趋势

未来信息技术的发展趋势是数字化(大量信息可以被压缩,并以光速进行传输)、多媒体化(文字、声音、图形、图像、视频等信息媒体与计算机集成在一起,以接近于人类的工作方式和思考方式来设计与操作)、高速度、网络化、宽频带(下一代因特网技术)、智能化等。

总之,21世纪是一个以计算机网络为核心,以数字化为特征的信息时代。信息化是当今社会发展的新的动力源泉,信息技术是当今世界新的生产力,信息产业已成为全球第一大产业。信息化就是全面发展和利用现代信息技术,以提高人类社会的生产、工作、学习、生活等方面的效率和创造能力,使社会物质财富和精神财富得以最大限度的提高。

1.1.3 信息化技术对社会的影响

1. 计算机文化

计算机文化是人类为合理利用计算机资源而建立的一套完整的制度,是随着计算机技术的发展而产生的计算机资源和相应观念的总和,是与信息社会相适应的文化。计算机技术发展到今天,不再是一门单纯的技术,而是一种时代文化,它已经广泛融入人们的生活、工作和学习之中。计算机文化主要包括以下几个方面的内容:

(1) 了解计算机的应用领域;
(2) 掌握计算机硬件、软件的基本概念及计算机的基本工作原理;
(3) 熟悉常用软件的操作;
(4) 能够了解计算机对社会发展所产生的积极的和消极的影响。

随着计算机及相关技术的发展,计算机文化将被不断赋予新的内涵,必将得到进一步扩充。计算机文化对促进信息社会的发展及人类文明的进步,发挥越来越重要的作用。

2. 信息素养与社会责任

信息素养(Information Literacy)的概念于1974年由美国信息产业协会主席保罗·泽考斯基提出,20世纪80年代,人们开始进一步讨论信息素养的内涵。1989年,美国图书馆协会下属的信息素养总统委员会给出的信息素养的定义是:"知道何时需要信息,并已具有检索、评价和有效使用所需信息的能力。"信息素养是信息时代人才培养模式中出现的一个新概念,是评价人才综合素质的一项重要指标。

我国学者认为,信息素养主要包括三个方面的内容:信息意识、信息能力和信息品质。其中,信息意识就是要具备信息第一意识、信息抢先意识、信息忧患意识及再学习和终身学习意识;信息能力主要包括信息挑选与获取能力、信息免疫与批判能力、信息处理与保存能力和创造性的信息应用能力;信息品质主要包括有较高的情商、积极向上的生活态度、善于与他人合作的精神和自觉维护社会秩序和公益事业的精神。

随着信息社会的发展,与信息相关的问题也随之而来。例如,信息污染、信息误导、虚假信息、垃圾信息、不健康信息,黑客攻击、网上诈骗、窃取信息等信息犯罪,信息安全、计算机病毒的危害等,给我们提出了一个个新的问题。除了提高全民信息素养外,有关的法律法规也需要不断完善。

从20世纪80年代开始,我国根据计算机发展的需要,先后制定了一系列与计算机有关的法律法规,特别是针对因特网管理的方面最多。主要有《中华人民共和国著作权法》、《中华人民共和国计算机软件保护条例》、《中华人民共和国计算机信息安全保护条例》、《计算机信息网络国际联网安全保护管理办法》、《计算机病毒防治管理办法》等。

当代大学生要充分认识到计算机和网络在社会中所产生的负面影响。要树立正确的道德观念,自觉抵制一切不良行为。首先,从我做起,自觉遵守国家的法律法规,不泄漏国家机密,不传播有损国格、人格的信息,不在网络上从事违法犯罪活动。其次,不窃听、攻击他人系统,不编制、传播计算机病毒及各种恶意程序。不从事各种侵权行为,不发布无根据的消息,不阅读、复制、传播、制作妨碍社会治安和污染社会的有关反动、暴力、色情等有害信息,也不模仿"黑客"行为。现代社会,人们的生活、工作、学习与计算机紧密相连,如果不注意防范,会给人的心理造成一定的偏差。特别是青少年,正处在生长发育时期,一定要分清计算机和网络的虚拟世界与我们真实的现实世界之间的区别,不要迷失在计算机和网络的虚拟世界中。养成良好的使用网络的习惯,同时也要注意保护自己,不要被网络所伤害。

总之,作为一名信息化社会中的当代大学生,不仅要接收、传递数字信息,还要创造、享受这种数字化、精确化、高速化的生活。同时,除了要遵守现实社会的秩序外,还应该遵守虚拟社会的秩序。

1.2 计算机的发展、分类及应用

计算机(Computer)是一种能够接收和存储信息,并按照存储在其内部的程序(这些程序是人们意志的体现,是事先存储的程序)对输入的信息进行加工、处理,得到人们所期望的结果,然后把处理结果输出的高度自动化的电子设备。

1.2.1 计算机的发展

1. 近代计算机的发展

近代计算机是指机械式计算机时期和机电计算机时期的计算机。英国数学家查尔斯·巴贝奇(Charles Babbage,1792~1871年)在1822年和1834年先后成功制作了差分机和分析机,如图1-2、图1-3所示,并提出自动通用计算机的思想。分析机的重要贡献在于它具有计算机的五个基本部分:输入装置、处理装置、存储装置、控制装置及输出装置。此后,1944年美国哈佛大学与IBM公司合作完成的机电式自动顺序控制计算机Mark I投入运行。

图1-2 第一台差分机　　　　　图1-3 分析机

与此同时,20世纪40年代,电子管的出现为电子技术和计算技术的结合打下了良好的基础。在此基础上,世界上公认的第一台通用电子数值积分计算机ENIAC(Electronic Numerical Integrator And Calculator)于1946年2月在宾夕法尼亚大学莫尔学院由物理学家约翰·莫克利(John W. Mauchly)和工程师普雷斯伯·埃克特(J. Presper Eckert)领导的科研小组研制成功,如图1-4所示。ENIAC采用十进制运算,电路结构十分复杂,使用1.8万多个电子管,1500多个继电器,重量达30t,占地面积为170m^2,运行时耗电量达150kW,每秒可进行5000多次加法运算。ENIAC体积庞大,而且需用手工搬动开关和拔、插电缆来编制程序,该机的程序需要外接电路板输入,存储容量太小,尚未完全具备现代计算机的主要特征。

1945年美籍数学家冯·诺依曼(John von Neumann,1903～1957)等首次发表题为《电子计算机逻辑结构初探》的报告,奠定了"存储程序"计算机的理论基础,并开始研制相应的计算机。1946年6月设计出第一台"存储程序式"计算机EDVAC(Electronic Discrete Variable Automatic Computer,离散变量自动电子计算机),如图1-5所示。

图1-4 ENIAC　　　　　图1-5 EDVAC

与ENIAC相比,EDVAC有了如下重大改进:
(1) 采用二进制0、1直接模拟开关电路通、断两种状态,用于表示数据或计算机指令;
(2) 把指令存储在计算机内部,且能自动依次执行指令;
(3) 奠定了当代计算机硬件由控制器、运算器、存储器、输入设备、输出设备等组成的结构体系。此体系结构成为了影响计算机系统结构发展的重要里程碑,因此后来人们将具备EDVAC组成结构的计算机称为冯·诺依曼结构计算机。1952年,EDVAC运行了它的第一个生产程序。

1949年,电子延迟存储计算机(Electronic Delay Storage Automatic Calculator, EDSAC)由英国剑桥大学的莫里斯·威尔克斯(Maurice Vincent Wilkes)研制成功,标志着程序存储计算机首次执行计算。

说明:学术界公认的电子计算机的理论和模型是1936年由英国数学家阿伦·图灵(Alan Mathison Turing,1912~1954)发表的论文《论可计算数及其在判定问题中的应用》奠定基础的,人们称图灵提出的计算模型为"图灵机"(Turing Machine)。美国计算机协会ACM在1966年纪念电子计算机诞生20周年之际,决定设立计算机界的第一个奖项——图灵奖,以纪念这位计算机科学理论的奠基人。

2. 现代计算机的发展

电子数字计算机(现代计算机)经历了电子管、晶体管、集成电路和大规模及超大规模集成电路四个阶段的发展,随着使用元器件性能的逐渐提高,计算机的体积越来越小,功能越来越强,价格越来越低,应用越来越广泛。表1-1给出了现代计算机各阶段所使用的电子元器件、存储器、软件和运算速度等参数的比较,各阶段使用的元器件如图1-6所示。

表1-1 计算机发展阶段

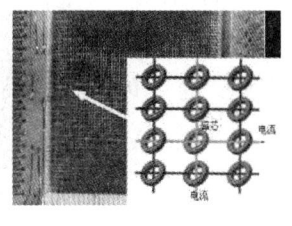

发展阶段	电子元器件	主存储器	外存储器	软件	运算速度
第一代 1946~1957年	电子管	电子射线管	磁带、磁鼓	机器语言、汇编语言	每秒几千到几万次
第二代 1958~1964年	晶体管	磁芯	磁带、磁鼓	高级语言	每秒几万到几十万次
第三代 1965~1970年	集成电路	半导体存储器	磁带、磁鼓、磁盘	操作系统、编辑系统、应用程序	每秒几十万到几百万次
第四代 1971年至今	大规模、超大规模集成电路	集成度更高的半导体存储器	磁带、磁盘、光盘、优盘等	操作系统、数据库系统、高级语言和应用软件发展	每秒几百万到几千亿次

(a) 电子管   (b) 晶体管   (c) 中小规模集成电路   (d) 大规模集成电路

图1-6 现代计算机不同发展阶段的电子元器件

第五代计算机是智能计算机,目前正处在设想和研制阶段。这种计算机系统结构将突破传统的冯·诺依曼机器的概念,实现高度的并行处理。智能计算机应具有的特点是:采用超大规模集成电路或其他新的物理器件作为主要元件,器件速度接近光速;能够将信息采集、存储、处理、通信和人工智能结合在一起,具有形式推理、联想、学习和解释能力。

3. 微型计算机的发展

第一台微型计算机"牛郎星"(Altair 8800)是由美国计算机业余爱好者爱德华·罗伯茨(E. Roberts)发明的。该机包括一个 Intel 8080 微处理器、256 字节的存储器(后来增加到 4KB)、一个电源、一个机箱和包含若干显示灯与开关的面板。该机虽然样子简陋,但在后来微型计算机的发展中具有指导意义。微型计算机的发展主要取决于其核心——微处理器(Micro Processor Unit,MPU)的发展。以微处理器的更新为标志,微型计算机的发展大体划分为四代,如表 1-2 所示。典型的微处理器如图 1-7 所示。

表 1-2 微型计算机发展阶段

发展阶段	CPU	字　长	主频/MHz
第一代 1971~1973 年	Intel 4004、8008 等	4 位、8 位	1
第二代 1973~1978 年	Intel 8080/8085、M6800、Z80 等	8 位	2
第三代 1978~1984 年	Intel 8086/8088/80286、M68000、Z8000 等	16 位	>5
第四代 1985 年至今	Intel 80386/80486、M68030/68040、Pentium 等	32 位、64 位	>16

(a) Intel 8008　　(b) Intel 8086　　(c) Intel 80386　　(d) Intel P4

图 1-7 微型计算机不同发展阶段的 CPU

目前,几家著名计算机公司已开发和制造出了 64 位结构芯片,如 IBM、Motorola、Apple 三家公司联合推出的新一代 64 位微处理器的 Power-PC,Intel 公司开发出的新一代 64 位 P7 系列微处理器芯片。安腾(Itanium)芯片的出现,标志着 Intel 体系结构从 IA-32 向 IA-64 推进。奔腾(Pentium)是 32 位芯片,主要用于台式机和笔记本电脑,而安腾是 64 位芯片,主要用于服务器和工作站。

4. 我国计算机的发展

1) 第一代电子管计算机(1958~1964 年)

1958 年,中国科学院计算技术研究所研制成功我国第一台小型电子管通用计算机 103 机,如图 1-8(a)所示。标志着我国第一台电子计算机的诞生。1964 年我国第一台自行设计的大型通用数字电子管计算机 119 机研制成功,平均浮点运算速度达每秒 5 万次。

2) 第二代晶体管计算机(1965~1972 年)

1965 年,中国科学院计算技术研究所研制成功我国第一台大型晶体管计算机 109 乙,之后推出 109 丙计算机,如图 1-8(b)所示。该机为两弹试验发挥了重要作用。

3) 第三代基于中小规模集成电路的计算机(1973~20世纪80年代初)

1973年,北京大学等单位研制成功运算速度为每秒100万次的大型通用计算机。进入20世纪80年代,我国高速计算机,特别是向量计算机有了新的发展。1983年中国科学院计算所完成我国第一台大型向量机——757机,计算速度达到每秒1000万次。同年,国防科技大学研制成功运算速度为每秒上亿次的银河-I巨型机,如图1-8(c)所示。这是我国高速计算机研制的一个重要里程碑。

4) 第四代基于超大规模集成电路的计算机(20世纪80年代中期至今)

1985年,我国研制成功了与IBM PC兼容的长城0520CH微机。1992~1997年,先后研制成功银河-II通用并行巨型机,银河-III百亿次并行巨型计算机系统。银河-III采用可扩展分布共享存储并行处理体系结构,由130多个处理结点组成,峰值性能为每秒130亿次浮点运算,系统综合技术达到20世纪90年代中期国际先进水平。

2008年研制成功的曙光5000A是当时国内计算能力最强的超级计算机,如图1-8(d)所示,其设计的浮点运算速度峰值为每秒230万亿次。曙光5000A一天完成的工作量,相当于全中国所有人每天24小时、每年365天利用手持计算机不停地进行计算,46年时间的工作量。2010年推出的千万亿次高性能服务器曙光6000超级计算机,首次采用国产通用处理器龙芯作为核心部件。

(a) 103计算机　　(b) 109丙计算机　　(c) 银河-I　　(d) 曙光5000A

图1-8　我国在不同时期研制的计算机

5. 计算机的发展趋势与计算机新技术

随着技术的更新和应用的推动,计算机有了飞速的发展。计算机的发展趋势可以概括为巨型化、微型化、网络化、智能化、多媒体化。

(1) 巨型化。巨型化指具有高速度、大存储容量、强功能的超大型计算机。主要用于像宇宙飞行、卫星图像及军事项目等有特殊需要的领域。

(2) 微型化。微型化是以大规模集成电路为基础的计算机微型化,是指价格低、体积小、可靠性高、使用灵活方便、用途广泛的微型计算机系统。计算机的微型化是当前计算机研究最明显、最广泛的发展趋向,目前便携式计算机、笔记本都已逐步普及。

(3) 网络化。网络化是指用通信线路及通信设备把个别的计算机连接在一起形成的计算机网络,能够实现信息传递和资源共享。

(4) 智能化。智能化是指具有"听觉"、"视觉"、"嗅觉"和"触觉",甚至具有"情感"等感知能力和推理、联想、学习等思维功能的计算机系统。

(5) 多媒体化。多媒体化是指将文字、声音、图形、图像、视频等多种媒体与计算机集成在一起来设计与处理的系统。

目前，计算机新技术取得的进展主要有：

（1）芯片技术。处理器（芯片）技术是计算机、网络通信、信息安全和关键电子信息产品的核心技术。

（2）并行计算技术。并行处理是实现高性能计算机的主要途径。

（3）网格计算技术。网格计算是专门解决复杂科学计算的新型计算模式。

（4）蓝牙技术。蓝牙技术是一种短距离无线通信技术。

（5）嵌入式技术。嵌入于各种设备及应用产品内部的计算机技术。

（6）中间件技术。中间件是位于平台（硬件和操作系统）和具体应用之间的通用服务，即一个软件层，这些服务具有标准的程序接口和协议。

随着科学技术的发展，对计算机技术提出了新的挑战，未来的计算机主要有以下几种：神经网络计算机、生物计算机、研究中的量子计算机、光子计算机、模糊计算机系统、高速超导计算机等。

1.2.2 计算机的分类

计算机的分类有多种方法，可按数据类型、元件、用途及规模等方面进行划分。

1）按数据类型分类

电子计算机可以分为数字计算机、模拟计算机和混合计算机三种。在数字计算机中，处理的数据都以"0"与"1"数字代码形式表示，这些数据在时间上是离散的，称为数字量，经过算术与逻辑运算后仍以数字量的形式输出；在模拟计算机中，要处理的数据以电压或电流量等的大小来表示，这些数据在时间上是连续的，称为模拟量，处理后仍以连续的数据（图形或图表形式）输出；在混合计算机中，要处理的数据用数字与模拟两种数据形式混合表示，它既能处理数字量，又能处理模拟量，并具有在数字量和模拟量之间相互转换的能力。目前的电子计算机绝大多数都是数字计算机。

2）按元件分类

按照使用元器件的不同，电子计算机可以分为电子管计算机、晶体管计算机、集成电路计算机和大规模集成电路计算机等。随着计算机的发展，电子元件也在不断更新，将来的计算机将发展成为利用超导电子元件的超导计算机，利用光学器件及光路代替电子器件电路的光学计算机，利用某些有机化合物作为元件的生物计算机等。

3）按用途分类

电子计算机可以分为通用计算机和专用计算机两种。通用计算机的用途广泛，可以完成不同的应用任务；专用计算机是为完成某些特定的任务而专门设计研制的计算机，用途单纯，结构较简单，工作效率也较高。测试分析机、银行的 ATM 机等都是专用计算机。

4）按规模分类

电子计算机可以分为巨型机、大型机、中型机、小型机和微型机等。"规模"主要是指计算机所配置的设备数量、输入输出量、存储量和处理速度等多方面的综合能力。巨型计算机有极高的速度、极大的容量，图 1-9 所示的是 IBM 公司和美国能源部耗时 6 年于 2008 年联合开发而成的超级计算机"走鹃"，运算速度可达每秒 1000 万亿次。我国研制的"银河"

图 1-9　超级计算机"走鹃"

和"曙光"都属于这类机器。微型计算机是以运算器和控制器为核心,体积小、结构紧凑、价格低又具有一定功能的计算机,图1-10所示的笔记本电脑、台式计算机、平板电脑等都属于微型计算机。

笔记本电脑　　　　台式计算机　　　　平板电脑

图1-10　各种类型的微型计算机

1.2.3　计算机的应用

计算机的应用十分广泛,目前已渗透到人类社会的各个领域。以下列举一些主要应用。

1) 科学计算

早期的计算机主要用于科学计算。目前,科学计算仍然是计算机应用的一个重要领域,如高能物理、工程设计、地震预测、气象预报、航天技术等。例如,人造卫星轨迹的计算,火箭、宇宙飞船的研究设计都离不开计算机的精确计算。

2) 自动控制

自动控制是指通过计算机对某一过程进行自动操作,它不需人工干预,能按人预定的目标和预定的状态进行过程控制。过程控制是指对操作数据进行实时采集、检测、处理和判断,按最佳值进行调节的过程。目前被广泛用于国防和航空航天领域及工业企业生产中,例如,无人驾驶飞机、导弹、人造卫星和宇宙飞船等飞行器的控制,钢铁企业、石油化工业、医药工业等生产中的控制。使用计算机进行自动控制可大大提高控制的实时性和准确性,提高劳动效率、产品质量,降低成本,缩短生产周期。

3) 信息处理

信息处理是目前计算机应用最广泛的一个领域。利用计算机来加工、管理与操作任何形式的数据资料,如用于企业管理、物资管理、报表统计、账目计算、信息情报检索等。近年来,国内许多机构纷纷建设自己的管理信息系统(MIS)。

4) 计算机辅助系统

(1) 计算机辅助设计(Computer Aided Design,CAD)。CAD是指利用计算机来帮助设计人员进行工程设计,以提高设计工作的自动化程度,节省人力和物力。目前CAD技术已广泛应用于飞机设计、船舶设计、建筑设计、机械设计、大规模集成电路等设计中。

(2) 计算机辅助制造(Computer Aided Manufacturing,CAM)。CAM是指利用计算机进行生产设备的管理、控制与操作,从而提高产品质量,降低生产成本,缩短生产周期,并且大大改善了制造人员的工作条件。

(3) 计算机辅助测试(Computer Aided Test,CAT)。CAT是指利用计算机进行大量复杂的测试工作。

(4) 计算机辅助教学(Computer Aided Instruction,CAI)。CAI是指利用计算机帮助教师讲授和学生学习的自动化系统,CAI不仅能减轻教师的负担,还能激发学生的学习兴趣,提高教学质量,使学生能够轻松自如地从中学到所需要的知识。

(5) 计算机集成制造系统(Computer Integrated Manufacture System, CIMS)。CIMS 指以计算机为中心的现代化信息技术应用于企业管理与产品开发制造的制造系统,通过将管理、设计、生产、经营等环节的信息集成与优化,确保企业的信息流、资金流、物流等高效稳定的运行,使企业实现整体最优效益。

5) 电子商务

电子商务是利用 Internet 进行的新型商务活动。人们不受时间、空间的限制,在企业之间(B2B,如阿里巴巴网站)、企业与消费者之间(B2C,如亚马逊网站)及消费者之间(C2C,如淘宝网)方便地进行商务交易。

6) 人工智能方面的研究和应用

人工智能(Artificial Intelligence, AI)是当今计算机发展的一个趋势,是计算机应用的重要领域。例如,专家系统的开发、机器人的研制、模式识别的应用等。

1.3 计算机中信息的表示

1.3.1 进位计数制及不同进制数之间的转换

计算机内的任何信息都必须采用二进制编码形式才能被存储、处理和传输,其编码形式有数值数据的编码和非数值数据的编码两类。一串二进制数既可表示数值信息,也可表示字符、汉字或声音、图像等多媒体信息。

1. 进位计数制

按进位的原则进行计数,称为进位计数制,简称"数制"。日常生活中常用十进制计数,即逢十进一。计算机内部采用二进制表示数据,在信息处理时,用户也经常使用八进制和十六进制。表 1-3 是十进制和二进制、八进制、十六进制的表示方法。其中 $i=0,1,2,\cdots,n$ 为位序号。书写时为防止混淆,一般将八进制表示形式 O 写为 Q,十进制表示形式 D 一般缺省不写。进位计数制的要素包括基数和位权。

1) 基数

基数(用 R 表示)是指在某种进位计数制中,每个数位上能够使用的数字的个数,不同的计数制是以基数来区分的。例如:十进制数的基数是 10,每个数位上能够使用的数字为 0~9 这 10 个不同的数字;二进制数的基数是 2,每个数位上能够使用的数字为 0 和 1 两个数字。

表 1-3 常用进制的表示方法

	十进制	二进制	八进制	十六进制
数字符号	0~9	0,1	0~7	0~9,A,B,C,D,E,F
规　则	逢十进一	逢二进一	逢八进一	逢十六进一
基　数	R=10	R=2	R=8	R=16
位　权	10^i	2^i	8^i	16^i
表示形式	D	B	O(Q)	H

2) 位权

位权是指一个数字在某个固定位置上所代表的值,处在不同位置上的数字代表的值不同。位权与基数的关系是：各进位制中位权的值是基数的对应位次幂。位幂次的排列方式以小数点为界，整数自右向左，最低位为基数的 0 次幂；小数自左向右，最高位为基数的 －1 次幂。因此，任何一种数制表示的数都可以写成如下按位权展开的多项式之和。

例 1-1 将 863.66、1011.01B、532.61Q、B9.DFH 按权展开。

$$863.66 = 8 \times 10^2 + 6 \times 10^1 + 3 \times 10^0 + 6 \times 10^{-1} + 6 \times 10^{-2}$$

$$1011.01B = 1 \times 2^3 + 0 \times 2^2 + 1 \times 2^1 + 1 \times 2^0 + 0 \times 2^{-1} + 1 \times 2^{-2}$$

$$532.61Q = 5 \times 8^2 + 3 \times 8^1 + 2 \times 8^0 + 6 \times 8^{-1} + 1 \times 8^{-2}$$

$$B9.DFH = B \times 16^1 + 9 \times 16^0 + D \times 16^{-1} + F \times 16^{-2}$$
$$= 11 \times 16^1 + 9 \times 16^0 + 13 \times 16^{-1} + 15 \times 16^{-2}$$

十进制、二进制、八进制、十六进制四种数制的数据对应关系如表 1-4 所示。

表 1-4 四种数制的数据对应关系

十进制	二进制	八进制	十六进制	十进制	二进制	八进制	十六进制
0	0000	00	0	8	1000	10	8
1	0001	01	1	9	1001	11	9
2	0010	02	2	10	1010	12	A
3	0011	03	3	11	1011	13	B
4	0100	04	4	12	1100	14	C
5	0101	05	5	13	1101	15	D
6	0110	06	6	14	1110	16	E
7	0111	07	7	15	1111	17	F

2. 不同进制数之间的转换

1）二进制、八进制、十六进制数转换成十进制数

二进制、八进制、十六进制数转换成十进制数采用"位权法"，按权展开相加即可。

例 1-2 将 110.01B、36.4Q、25.CH 转换成十进制。

$$110.01B = 1 \times 2^2 + 1 \times 2^1 + 0 \times 2^0 + 0 \times 2^{-1} + 1 \times 2^{-2} = 4 + 2 + 0.25 = 6.25$$

$$36.4Q = 3 \times 8^1 + 6 \times 8^0 + 4 \times 8^{-1} = 30.5$$

$$26.CH = 2 \times 16^1 + 6 \times 16^0 + 12 \times 16^{-1} = 38.75$$

2）十进制数转换成二进制、八进制、十六进制数

（1）整数部分的转换——除以基数 R 取余法。

整数部分的转换采用"除以基数 R 取余法"，即用基数 R 多次除被转换的十进制数，直至商为 0，每次相除所得余数，按照第一次除 R 所得余数是最低位，最后一次相除所得余数是最高位排列起来，便是对应的 R 进制数。即，除以 R，取余数，将余数逆序排列。

例 1-3 用"除以 2 取余的方法"将十进制数 15 转换成二进制。

```
2 | 15
  2 |  7  ······ 1    ↑ 低位
     2 |  3  ······ 1
        2 |  1  ······ 1
           0  ······ 1    ↑ 高位
```

即：15=1111B

例1-4 将十进制数126分别转换成八进制和十六进制。

```
8 | 126
8 | 15    ------ 6      ↑低位
8 | 1     ------ 7      
    0     ------ 1      ↓高位
```

```
16 | 126
16 | 7    ------ E      ↑低位
     0    ------ 7      ↓高位
```

即：125=176Q=7EH。

（2）小数部分的转换——乘以基数R取整法。

用十进制小数乘以基数R取出其整数部分，剩余小数部分再乘以基数R取整数，当整数部分为0或达到所要求的精度时为止，先得到的整数为最高位，后得到的整数为最低位，将整数由高位到低位排列即为要转换的R进制数。即，乘以R，取整数，将整数顺序排列。

例1-5 将十进制数0.375和0.386分别转换为二进制和八进制。

```
      0.375
    ×     2
    ⎕0.750  ------ 0    ↑高位
    ×     2
    ⎕1.500  ------ 1
    ×     2
    ⎕1.000  ------ 1    ↓低位
```

```
      0.386
    ×     8
    ⎕3.088  ------ 3
    ×     8
    ⎕0.704  ------ 0
    ×     8
    ⎕5.632  ------ 5
```

即：0.375=0.011B, 0.386≈0.305Q。

例1-6 将十进制数28.375转换成保留两位小数的二进制数。

先将整数部分由"除以2取余法"化成二进制数：28=11100B
再由"乘以2取整法"将纯小数部分化成二进制数：0.375=0.011B≈0.10B（0舍1入）
最后将所得结果合并成相应的二进制数：28.375≈11100.10B

3）二进制数与八进制、十六进制数之间的转换方法

二进制和八进制之间的关系如表1-5所示，二进制和十六进制之间的关系如表1-6所示。

表1-5　二进制和八进制之间的关系

二进制	000	001	010	011	100	101	110	111
八进制	0	1	2	3	4	5	6	7

表1-6　二进制和十六进制之间的关系

二进制	0000	0001	0010	0011	0100	0101	0110	0111
十六进制	0	1	2	3	4	5	6	7
二进制	1000	1001	1010	1011	1100	1101	1110	1111
十六进制	8	9	A	B	C	D	E	F

因为$2^3=8, 2^4=16$，所以从表中可以看出，每位八进制数可以用3位二进制数表示，每位十六进制数可以用4位二进制数表示。

（1）八进制、十六进制数转换为二进制数，将每位八进制数用 3 位二进制数表示，每位十六进制数用 4 位二进制数表示即可。

例 1-7 将十六进制数 2C1DH 和八进制数 6123Q 转换成二进制数。

$$2C1DH = \underbrace{0010}_{2}\ \underbrace{1100}_{C}\ \underbrace{0001}_{1}\ \underbrace{1101}_{D}\ B$$

$$6123Q = \underbrace{110}_{6}\ \underbrace{001}_{1}\ \underbrace{010}_{2}\ \underbrace{011}_{3}\ B$$

（2）二进制数转换为八（十六）进制数，只要将二进制数从小数点开始，整数部分从右向左 3 位（4 位）一组分组，不足部分高位补零，小数部分从左向右 3 位（4 位）一组分组，不足部分低位补零，然后把每一组分别转换成对应的八（十六）进制即可。

例 1-8 将二进制数 1111001101.01111B 转换成十六进制数和八进制数。

$$\underbrace{0011}_{3}\ \underbrace{1100}_{C}\ \underbrace{1101}_{D}.\ \underbrace{0111}_{7}\ \underbrace{1000}_{8}\ B = 3CD.78H$$

$$\underbrace{001}_{1}\ \underbrace{111}_{7}\ \underbrace{001}_{1}\ \underbrace{101}_{5}.\ \underbrace{011}_{3}\ \underbrace{110}_{6}\ B = 1715.36Q$$

3. 二进制数的特点及运算

二进制数运算规则简单，能够方便地使用逻辑代数，而且电路实现容易，记忆、书写和传输可靠方便。

1）二进制的算术运算

（1）二进制的加/减法运算。

二进制数的加法运算规则是：0+0=0,0+1=1,1+0=1,1+1=10（向高位进位）。

两个二进制数相加时，每一位最多有三个数：本位被加数、加数和来自低位的进位数。

二进制数的减法运算规则是：0-0=0,0-1=1（向高位借位），1-0=1,1-1=0。

两个二进制数相减时，每一位最多有三个数：本位被减数、减数和向高位的借位数。

（2）二进制数的乘除法运算。

二进制数的乘法运算规则是：0×0=0,0×1=0,1×0=0,1×1=1。

二进制数的除法运算规则是：0/1=0,1/0（无意义），1/1=1。

2）二进制的逻辑运算

在逻辑代数里，表示"真"与"假"、"是"与"否"、"有"与"无"这种具有逻辑属性的变量称为逻辑变量。对二进制数 1 和 0 赋以逻辑含义，例如用 1 表示真，用 0 表示假，这样将二进制数与逻辑取值对应起来，逻辑变量的取值只有两种：真和假，也就是 1 和 0。

逻辑运算有三种最基本的运算：逻辑"或"、逻辑"与"和逻辑"非"。此外，还有异或运算等。计算机的逻辑运算按位进行，没有进位或借位关系。

（1）逻辑"或"运算。

逻辑"或"通常用符号"+"或"∨"来表示。逻辑"或"运算规则如下：

0+0=0, 0+1=1, 1+0=1, 1+1=1

只要两个逻辑变量中有一个为 1，逻辑"或"的结果就为 1；只有两个逻辑变量同时为 0 时，结果才为 0。

例 1-9　$X=10100001, Y=10011011$，求 $X \vee Y=?$

$$\begin{array}{r} 10100001 \\ \vee\ 10011011 \\ \hline 10111011 \end{array}$$

即：$X \vee Y = 10111011$。

(2) 逻辑"与"运算。

逻辑"与"通常用符号"·"或"∧"表示。逻辑"与"运算规则如下：

$$0 \wedge 0=0, \quad 0 \wedge 1=0, \quad 1 \wedge 0=0, \quad 1 \wedge 1=1$$

逻辑"与"运算中，只有两个逻辑变量均为 1 时，结果才为 1，其他情况结果均为 0。

例 1-10　$X=10111001, Y=11110011$，求 $X \wedge Y=?$

$$\begin{array}{r} 10111001 \\ \wedge\ 11110011 \\ \hline 10110001 \end{array}$$

即：$X \wedge Y = 10110001$。

(3) 逻辑"非"运算。

逻辑"非"运算又称为"求反"运算，常在数据上面加一横线表示。对某数进行逻辑"非"运算，就是对它的各位按位求反，即 0 变为 1，1 变为 0。

逻辑"非"的运算规则是：$\overline{1}=0, \overline{0}=1$。

例如，若 $X=01001011$，则 $\overline{X}=10110100$。

(4) 逻辑"异或"运算。

逻辑"异或"运算又称为"按位加"、"半加和"、"模 2 和"，一般用运算符号"⊕"或"XOR"表示。两个数的逻辑异或，就是按位求它们的模 2 和（不考虑进位）。即两者相同值为假(0)，两者不同值为真(1)。

运算规则为：$0 \oplus 0=0, 0 \oplus 1=1, 1 \oplus 0=1, 1 \oplus 1=0$。

例 1-11　$X=10101011, Y=11001100$，求 $X \oplus Y=?$

$$\begin{array}{r} 10101011 \\ \oplus\ 11001100 \\ \hline 01100111 \end{array}$$

即：$X \oplus Y = 01100111$。

1.3.2 数值数据在计算机中的表示

1. 机器数与真值

在计算机中数据进行运算时，符号位如何表示？是否和数值位一起参加运算？如果参加运算，对运算操作会有什么影响？为了处理好这些问题，产生了将符号位和数值位一起编码来表示相应数据的各种表示方法，如原码、补码、反码、移码等。同时，为了区分数的一般书写格式和计算机中用编码表示的数，通常把一个数及其符号在机器中的表示加以数值化，称为机器数，而真值是指数的一般书写格式。

2. 数据的格式

计算机中常用的数据表示格式有两种：一是定点格式，二是浮点格式。定点格式表示的数据范围有限,而浮点格式表示的数据范围很大。

1) 定点数

所谓定点数,是指小数点位置固定不变的数。在计算机中,通常用定点数来表示整数与纯小数,分别称为定点整数与定点小数。

(1) 定点整数。规定小数点的位置在最低位的右边,这种方法表示的数为纯整数。其格式为:

符号位	数值位

小数点位

(2) 定点小数。规定小数点的位置在符号位的右边,这种方法表示的数为纯小数。其格式为:

符号位	数值位

小数点位

2) 浮点数

在计算机中,定点数通常只用于表示整数或纯小数。而对于既有整数部分又有小数部分的数,由于其小数点的位置不固定,一般用浮点数表示。在计算机中所说的浮点数就是指小数点位置不固定的数。一般地,一个既有整数部分又有小数部分的数 N 可以表示成如下形式:

$$N = M \times R^C$$

式中,R 表示进制数的基数。N 可以用下面两个部分表示。

(1) 尾数 M。尾数为纯小数,其长度影响数据的精度。

(2) 阶码 C。阶码相当于数学中的指数,其大小影响浮点数可以表示的数据的大小范围。浮点数的表示格式为:

阶符	阶码	尾符	尾数

3. 原码、反码和补码

1) 原码

原码的表示规则是:机器数的最高位表示符号位,正数的符号位为 0,负数的符号位为 1,其余各位是数值的绝对值。例如,当机器字长为 8 位二进制数时:

$$x = +1011011, \quad [x]_原 = 01011011$$
$$y = -1011011, \quad [y]_原 = 11011011$$

注意:

(1) 当 $x > 0$ 时,符号位为 0,其余各位是数值的绝对值。

(2) 当 $x < 0$ 时,符号位为 1,其余各位是数值的绝对值。

(3) 当 $x = 0$ 时,有两种表示形式:$[+0]_原 = 00000000$,$[-0]_原 = 10000000$。

采用原码表示法简单易懂,但它的最大缺点是加法运算复杂。这是因为,当两数相加时,如果是同号则数值相加;如果是异号,则要进行减法。而在进行减法时还要比较绝对值的大小,然后大数减去小数,最后还要给结果选择符号。为了解决这些矛盾,在计算机中引入了反码和补码表示法。

2) 反码

对于一个带符号的数来说,正数的反码与其原码相同,负数的反码为其原码除符号位以外的各位按位取反。例如,当机器字长为 8 位二进制数时:

$$x=+1011011,\quad [x]_原=01011011,\quad [x]_反=01011011$$
$$y=-1011011,\quad [y]_原=11011011,\quad [y]_反=10100100$$

注意:

(1) 当 $x>0$ 时,$[x]_反=[x]_原$。

(2) 当 $x<0$ 时,符号位为 1,其余各位由数值的绝对值求反得到。

(3) 当 $x=0$ 时,有两种表示形式:$[+0]_反=00000000$ $[-0]_反=11111111$。

负数的反码与负数的原码有很大的区别,反码通常用作求补码过程中的中间形式。

3) 补码

正数的补码与其原码相同,负数的补码为其反码在最低位加 1。例如,当机器字长为 8 位二进制数时:

$$x=+1011011,\quad [x]_原=01011011,\quad [x]_反=01011011,\quad [x]_补=01011011$$
$$y=-1011011,\quad [y]_原=11011011,\quad [y]_反=10100100,\quad [y]_补=10100101$$

注意:

(1) 当 $x>0$ 时,$[x]_补=[x]_原=[x]_反$。

(2) 当 $x<0$ 时,$[x]_补=[x]_反+1$(即该数的反码末尾加 1)。

(3) 当 $x=0$ 时,只有一种表示形式:$[+0]_补=[-0]_补=00000000$。

1.3.3 非数值数据在计算机中的表示

现代计算机不仅处理数值数据领域的问题,而且处理大量非数值领域的问题。例如,人机交互时使用的英文字母、标点符号、汉字等。数字计算机只能处理二进制数据,这些非数值数据应用到计算机时,必须编码成二进制格式的代码,才能进行表示和处理。

1. 字符在计算机中的编码方法

字符和汉字是人与计算机交互过程中使用频率最高的一种数据形式。每个字符和汉字都有一个固定的编码,作为识别和处理的依据。下面介绍几种常用的编码标准。

1) BCD 码

BCD 码是一种将十进制数的每一位分别用若干位二进制数表示的编码,又称二-十进制编码。根据二进制码的不同位权,或有权、无权方式,产生了多种 BCD 码,8421 码是常用的一种。其编码方法是用 4 位二进制码表示 1 位十进制数,从左到右每一位对应的权值依次是 8、4、2、1。例如,十进制数 926,其 BCD 编码为 1001 0010 0110。

十进制数与 8421 码的对照表如表 1-7 所示。

表 1-7　十进制数与 8421 码的对照表

十进制数	8421 码	十进制数	8421 码
0	0000	6	0110
1	0001	7	0111
2	0010	8	1000
3	0011	9	1001
4	0100	10	0001 0000
5	0101	11	0001 0001

2) ASCII 码

ASCII 码是"美国标准信息交换代码"(American Standard Code for Information Interchange),国际上通用的 ASCII 码是 7 位二进制编码,加上一个偶校验位,刚好一个字节,ASCII 码规定该字节的最高位为 0。由于 $2^7=128$,所以共有 128 种不同组合,可以表示 128 个字符,包括 10 个十进制数码、26 个英文字母和一定数量的专用符号。

如表 1-8 所示,ASCII 码的基本规律有:①从左往右,ASCII 码值在增加;②从上往下,ASCII 码值依次增加 1;③按照英文字母的排列顺序 ASCII 码值依次增加 1;④数字的 ASCII 码值小于大写字母的 ASCII 码值;大写字母的 ASCII 码值小于小写字母的 ASCII 码值;⑤0 的 ASCII 码值为 48,字母 A 的 ASCII 码值为 65,字母 a 的 ASCII 码值为 97,相同字母的大小写 ASCII 码值相差 32。

表 1-8　ASCII 字符编码表

$b_3b_2b_1b_0$ \ $b_6b_5b_4$	000	001	010	011	100	101	110	111
0000	NUL	DEL	SP	0	@	P	`	p
0001	SOH	DC1	!	1	A	Q	a	q
0010	STX	DC2	"	2	B	R	b	r
0011	ETX	DC3	#	3	C	S	c	s
0100	EOT	DC4	$	4	D	T	d	t
0101	ENQ	NAK	%	5	E	U	e	u
0110	ACK	SYN	&	6	F	V	f	v
0111	DEL	ETB	'	7	G	W	g	w
1000	BS	CAN	(	8	H	X	h	x
1001	HT	EM	)	9	I	Y	i	y
1010	LF	SUB	*	:	J	Z	j	z
1011	VT	ESC	+	;	K	[	k	{
1100	FF	FS	,	<	L	\	l		
1101	CR	GS	-	=	M	]	m	}
1110	SO	RS	.	>	N	∧	n	~
1111	SI	US	/	?	O	_	o	DEL

例如,数字 0~9 的 ASCII 编码的值分别为 0110000B~0111001B,对应的十六进制数为 30H~39H。字母"A"的 ASCII 编码值为 41H,小写字母"z"的 ASCII 编码值为 7AH 等。

扩充 ASCII 码的最高位为 1,其范围用二进制表示为 10000000~11111111,用十进制表示为 128~255,也有 128 种。

2. 汉字编码方法

国家标准汉字编码集(GB2312—80)收集和定义了 6763 个汉字及拉丁字母、俄文字母、汉语拼音字母、数字和常用符号等 682 个共 7445 个汉字和字符。其中,使用频度较高的 3755 个汉字为一级汉字,按汉字拼音字母顺序排列。使用频率较低的 3008 个汉字为二级汉字,按部首排列。

汉字的编码有输入码、国标码、机内码、字形码等。

计算机处理汉字的步骤是:①将每个汉字以输入码输入计算机中;②将输入码转换成计算机能识别的汉字机内码进行存储;③将机内码转换成汉字字形码输出。汉字信息的数字化过程如图 1-11 所示。

1)汉字输入码

汉字输入码是指从键盘上输入汉字时采用的编码。汉字输入编码有多种,目前常采用的有数字编码、拼音编码、字形编码等。汉字输入码进入计算机后必须转换为机内码。

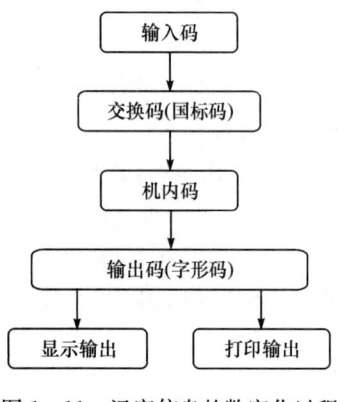

图 1-11 汉字信息的数字化过程

2)汉字国标码(交换码)和机内码(双字节码)

GB2312—80 规定每个汉字用 2 个字节的二进制编码,每个字节的最高位为 0,其余 7 位用于表示汉字信息。

为了保证中西文兼容,在计算机内部能区分 ASCII 字符和汉字,将汉字国标码的 2 个字节二进制代码的最高位置 1,从而得到对应的汉字机内码。汉字机内码是汉字在计算机内部被存储、处理和传输时使用的编码。

ASCII 码:	0	ASCII 码低 7 位		
国标码:	0	第 1 个字节的低 7 位	0	第 2 个字节的低 7 位
机内码:	1	第 1 个字节的低 7 位	1	第 2 个字节的低 7 位

例如,汉字"啊"的国标码的 2 个字节二进制编码为 00110000B 和 00100001B,对应的十六进制数为 30H 和 21H,而其机内码的 2 个字节二进制编码为 10110000B、10100001B,对应的十六进制数为 B0H 和 A1H。

计算机处理字符数据时,若遇到最高位为 1 的字节,则可将该字节连同其后续最高位也为 1 的另一个字节看作 1 个汉字机内码;若遇到最高位为 0 的字节,则可将其看作一个 ASCII 码西文字符,这样就实现了汉字、西文字符的共存与区分。

2000 年国家信息产业部和国家质量技术监督局联合颁布了 GB18030—2000《信息技术与信息交换用汉字编码字符集基本集的扩充》。在新标准中采用了单、双、四字节混合编码,收录了 27000 多个汉字和藏、蒙、维吾尔等主要的少数民族文字,总的编辑空间超过了 150

万个码位。新标准适用于图形字符信息的处理、交换、存储、传输、显示、输入和输出,并直接与 GB2312—80 信息处理交换码所对应的事实上的内码标准相兼容。所以,新标准与现有的绝大多数操作系统、中文平台兼容,能支持现有的各种应用系统。

3) 汉字字形码

汉字博大精深,外形优美,字体多样。书法大家们创立的字体更是中华民族的文化瑰宝,因此在汉字的输出上主要考虑的是各种汉字字体的输出。输出用的汉字编码称为汉字字形码,或字模码。构建汉字字形有诸多方法,常见的是点阵法。常用的点阵有 16×16、24×24、32×32、64×64 或更高,图 1-12 是"正"字 24×24 的点阵字形示意图。有笔画位置的小正方形表示二进制位"1",没有笔画位置的小正方形表示二进制位"0"。

图 1-12 24×24 的点阵字形

点阵越大,字形质量越高,但是,所占的存储空间也越大,因而字模读取速度就越慢。一个 24×24 点阵的汉字字形占用 72 个字节,一个 32×32 点阵的汉字字形占用 128 个字节,64×64 点阵要占用 512 个字节。可见汉字点阵的信息量是非常大的。所有不同的汉字字体、字号的字形构成汉字库,一般存储在硬盘上,当要显示输出时才调入内存,检索到要输出的字形送到显示器输出。除点阵字模外,还有矢量字模、曲线字模和轮廓字模等。

3. 多媒体数据的表示方法

随着计算机应用领域日益扩大,计算机中处理的数据不仅仅有数值数据、字符和汉字信息,还有声音、图像、动画等信息。计算机中的多媒体数据包括图形、图像、视频、音频、数字、文本数据等。多媒体数据的表示方法参见本书第 6 章。

1.4 计算机系统基本组成与结构

一个完整的计算机系统由硬件系统和软件系统两部分构成。其基本组成如图 1-13 所示。其中,硬件系统是组成计算机的物理实体,它提供了计算机工作的物质基础,软件是计算机系统的知识和灵魂,两者相互支持、协同工作、相辅相成、缺一不可。

1.4.1 计算机硬件系统基本组成及工作原理

计算机硬件系统指的是计算机系统中电子、机械和光电元件组成的各种计算机部件和设备。虽然目前计算机的种类很多,其制造技术发生了极大的变化,但在基本的硬件结构方面,一直沿袭着冯·诺依曼的体系结构。如图 1-14 所示,其硬件系统由运算器、控制器、存储器、输入设备和输出设备五大部件组成。单线代表数据流,双线代表控制流,在计算机内部均用二进制表示,计算机各部件间的联系通过信息流动来实现。原始数据和程序通过输入设备送入存储器,在运算处理过程中,数据从存储器读入运算器进行运算,运算结果存入存储器,必要时再经输出设备输出。指令也以数据形式存于存储器中,运算时指令由存储器送入控制器,由控制器控制各部件的工作。下面围绕图 1-15 说明各部件的作用及它们之间如何配合工作。

```
                                    ┌─ 运算器
                    ┌─ 中央处理单元 ─┤
                    │      (CPU)    └─ 控制器
              ┌─主机─┤
              │     │        ┌─ 高速缓冲存储器(Cache)
              │     └─ 内存 ─┤─ 只读存储器(ROM)
              │              └─ 随机存储器(RAM)
       ┌ 硬件系统 ┤
       │      │          ┌─ 输入设备 (如键盘、鼠标、扫描仪等)
       │      │          │─ 输出设备 (如显示器、打印机、绘图仪等)
       │      └─外围设备─┤─ 外存设备 (如硬盘、软盘、光盘、优盘等)
 计算机│                 │─ 通信设备 (如网络适配器、调制解调器等)
  系统 │                 └─ 过程控制设备 (如A/D转换、D/A转换等)
       │
       │           ┌─ 操作系统 (如Windows、UNIX、Linux等)
       │           │─ 语言处理程序 (如Visual Basic、Java、Visual C++等编译程序)
       │     ┌系统软件─┤
       │     │     │─ 数据库系统 (如MS SQL、Oracle、Visual FoxPro等)
       │     │     └─ 网络服务 (如IIS、Exchange Server等)
       └软件系统┤
             │      ┌─ 通用应用软件 (如办公自动化软件、多媒体软件、辅助设计软件等)
             └应用软件┤
                    └─ 专用应用软件 (如各种企事业管理软件等)
```

图 1-13　计算机系统基本构成

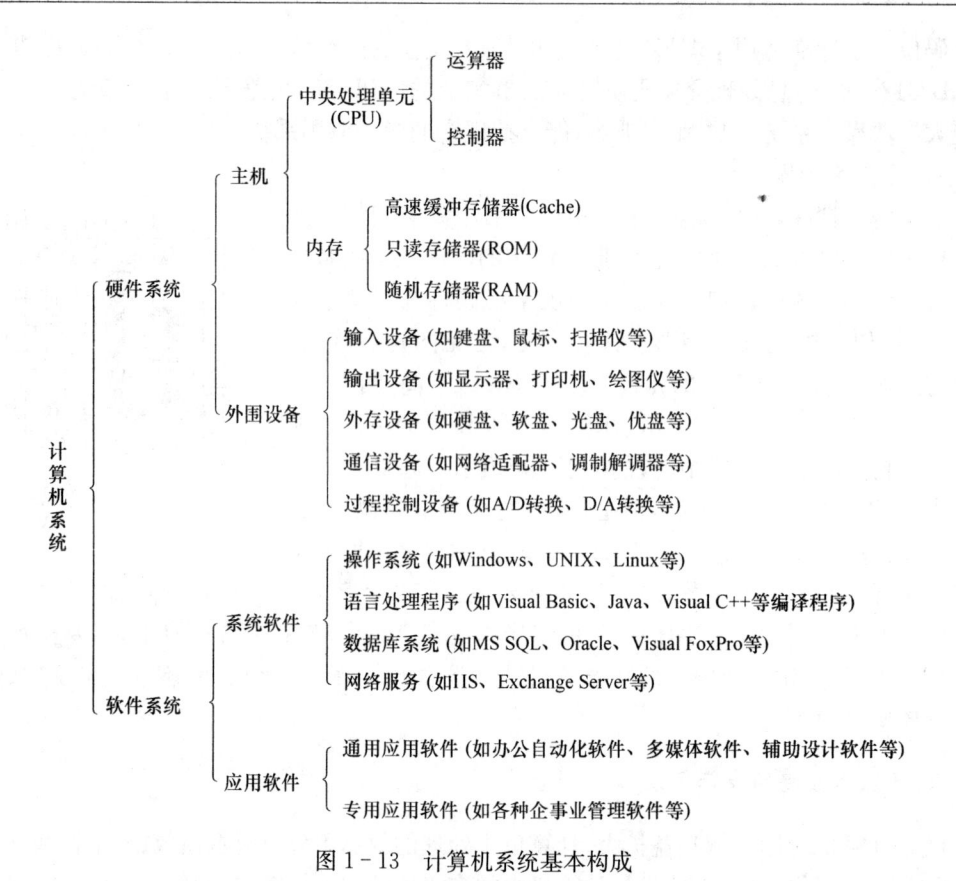

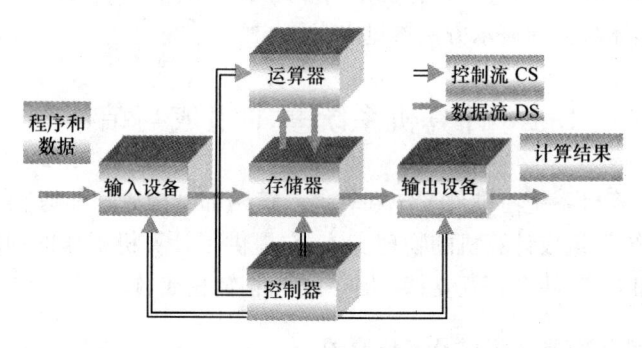

图 1-14　冯·诺依曼计算机系统基本硬件结构

1. 运算器

运算器(Arithmetic Logic Unit,ALU)也称为算术逻辑部件,是计算机中进行算术运算和逻辑运算的部件。运算器和控制器合称为中央处理单元或中央处理器,简称 CPU (Central Processing Unit)。图 1-15 是一个 CPU 的基本组成图。其中运算器由算术逻辑单元 ALU、累加器 AC、数据缓冲寄存器 DR 和标志寄存器 F 组成。

下面以计算 A+B 为例,说明运算器各部分的操作步骤:

(1) 从主存储器取出第一个加数 A,经双向数据总线 DB、数据缓冲寄存器 DR、算术逻辑部件 ALU,送到累加器 AC 暂存;

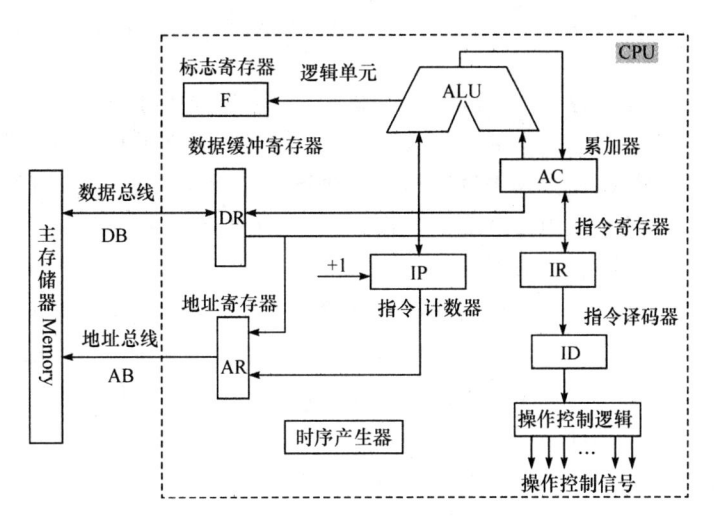

图 1-15　CPU 的主要组成部分

（2）从主存储器中取出另一个加数 B，经双向数据总线 DB 送入数据缓冲寄存器 DR 暂存；

（3）在控制信号作用下，将数 A 和数 B 分别从 AC 和 DR 中取出送 ALU 进行加法运算，相加得到的结果写回累加器 AC，并将反映运算结果的诸如"零"、"负"、"进位"、"溢出"等标志状态写入标志寄存器 F；

（4）将 AC 中两数相加之和经 DR 和数据总线 DB 送到主存储器存放。

通过以上例子，可以看出运算器应该具有以下基本功能：①具有对数据进行加工处理的运算能力，如进行加、减、乘、除等算术运算及与、或、非等逻辑运算，这些工作由算术逻辑单元 ALU 来完成；②具有传送数据和暂时存放参与运算的数据及某些中间运算结果的能力，一般通过内部数据传送总线和通用寄存器来完成；③具有对参与运算的数据和执行的运算操作进行选择的功能，并且能按指令要求将运算结果送至指定部件。

2．指令和指令系统

计算机处理数据或运行程序是通过运行一系列的指令来完成的。所谓指令，就是计算机执行某种操作的命令，是能够被计算机识别并执行的二进制代码。每一条指令就是一道命令，规定计算机完成某一种操作，其数量与类型由 CPU 决定。

一条指令由操作码和操作数两部分组成，如图 1-16 所示。其中，操作码用来指出指令的操作性质或操作类型，如加法、取数、输出等；操作码的位数决定了机器指令的条数。操作数用来指明操作数据的来源及去向。

操作码	操作数

图 1-16　指令格式

一台计算机所有指令的集合称为该计算机的指令系统。不同类型的计算机有不同的指令系统。而程序是指计算机如何解决问题或是完成任务的一组详细的、逐步执行的指令。计算机程序的每一步都是用计算机所能理解和处理的语言编写的。

3. 控制器

控制器主要由指令寄存器 IR、指令计数器 IP（也称为程序计数器）、指令译码器 ID、时序电路和控制电路组成。它产生的各类控制信号使计算机各部件得以有条不紊地工作。

控制器的基本功能是从内存中读取指令并执行指令。控制器通过访问存储器，按照指令计数器指出的指令地址从内存读取一条指令，然后分析指令，按照指令功能产生相应控制信号控制其他部件，完成指令操作要求。

通常将取指令和分析指令合称为取指令，计算机完成一条指令的过程分为取指令和执行指令。执行完成一条指令的时间称为机器周期。机器周期又可分为取指令周期和执行指令周期。取指令周期对任何一条指令都是一样的，而执行指令则不然，由于指令性质不同，要完成的操作有很大差别，因此不同指令的执行周期不尽相同。

通常将寄存器之间传送信息的通路称为数据通路，信息从何处出发，经哪些寄存器或部件，送至哪个寄存器，都要加以控制，这个工作由称为"操作控制逻辑"的部件来完成。该部件根据指令的要求产生各种操作控制信号，以便正确建立数据通路，从而实现特定指令的执行。

CPU 中还有时序产生器，其作用是对计算机各部件的高速运行实施严格的时序控制，使各部件为完成同一目标而相互协调地工作。

综上所述，一个典型的 CPU 组成部件可归纳如下：

(1) 用于保存 CPU 运行时所需各类数据信息或运行状态信息的 6 个主要寄存器，即 AC、DR、AR、IP、IR、F；

(2) 对寄存器中的数据进行加工处理的算术逻辑单元 ALU；

(3) 用于产生各种操作控制信号，以便在各寄存器之间建立数据通路的指令译码器 ID 和操作控制逻辑；

(4) 用于对各种操作控制信号进行时间控制，以使各部件协调工作的时序产生器。

4. 存储器

1) 存储器(Memory)的概念

(1) 存储器。存储器是计算机系统中的记忆设备，用来存放程序和数据。

(2) 存储元。存储元是存储器的最小组成单位，用以存储 1 位二进制代码。

(3) 存储单元。存储单元是访问存储器的基本单位，由若干个具有相同操作属性的存储元组成。

(4) 单元地址。单元地址是在存储器中用以标识存储单元的唯一编号，CPU 通过该编号访问相应的存储单元。

(5) 存储体。存储体是存储单元的集合，是存放二进制信息的地方。

存储器各概念之间的关系如图 1-17 所示。

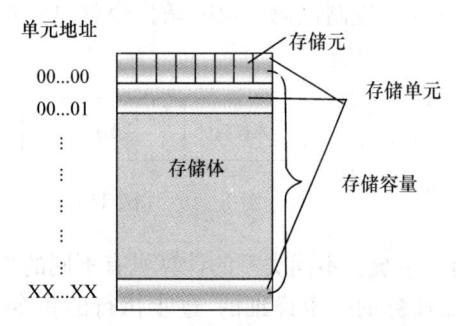

图 1-17 存储器各概念之间的关系图

2) 数据处理单位

在计算机内部，数据是以二进制的形式存储和运算的。数据的单位常采用位、字节、字、机器字长来表示。

(1) 位(bit,b)。每一位二进制数(0或1)称为一个比特。比特是计算机中内部存储、运算、处理数据的最小单位,缩写用b表示。

(2) 字节(Byte,B)。一个字节由8个二进制数组成,1B=8b。字节是数据存储中最常用的基本单位,缩写用B表示。

(3) 字(Word)。字是位的组合,用来表示数据或信息的长度单位。一个字由若干个字节组成。

(4) 字长(Word Size)。字长指CPU能同时处理的二进制数据的位数,其长度一般是2的整数次幂个字节,如8位、16位、32位、64位等。

存储容量的单位通常用字节数(B)来表示,如64B、512KB、256MB等,为了表示更大的存储容量,采用GB、TB等单位。其中1KB=2^{10}B=1024B,1MB=2^{20}B=1024 KB,1GB=2^{30}B=1024 MB,1TB=2^{40}B=1024 GB。

3) 存储器分类

根据存储材料的性能及使用方法的不同,存储器有各种不同的分类方法。

(1) 按存储介质分类:存储器可分为半导体存储器、磁表面存储器和光存储器等。

(2) 按存储器的读写功能分类:半导体存储器分为随机读写存储器(RAM)和只读存储器(ROM)。随机存储器是既能读出又能写入的半导体存储器,其中信息在关机后即消失,RAM分为动态随机存储器(DRAM)、静态随机存储器(SRAM)和视频随机存储器(VRAM)等。只读存储器是指只可以读出不可以写入的存储器,其存储单元中的信息是由制造厂在生产时或用户根据需要一次性写入的,关机后信息不会消失。存储器分为普通只读存储器(ROM)、可编程只读存储器(PROM)、可擦编程只读存储器(EPROM)、电可擦编程只读存储器(EEPROM)和快可擦编程只读存储器(Flash EPROM),后三种半导体存储器可现场编程来更新原存储信息。

(3) 按在计算机系统中的作用分类:分为主存储器、辅助存储器、高速缓冲存储器等。

4) 存储系统的体系结构

对存储器的要求是容量大,速度快,成本低。但在一个存储器中要同时兼顾这三方面是困难的。为解决三者之间的矛盾,通常采用多级存储器体系结构,即使用高速缓冲存储器、主存储器和外存储器,如图1-18所示。

CPU能直接访问的存储器称为内存储器,它包括高速缓冲存储器、主存储器。CPU不能直接访问外存储器,外存储器的信息必须调入内存储器后才能被CPU进行处理。

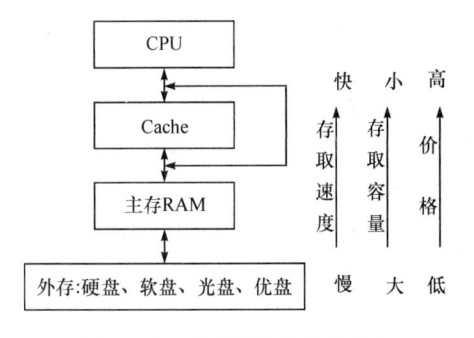

图1-18 存储系统的体系结构

(1) 高速缓冲存储器简称Cache,是为了解决CPU和主存之间速度匹配问题而设置的。其容量介于CPU与主存之间,但存取速度比主存快。有了Cache,就能高速地向CPU提供指令和数据,从而加快程序执行速度。在计算机工作时,系统先将数据由外存读入RAM中,再由RAM读入Cache中,然后CPU直接从Cache中取数据进行操作。

(2) 主存储器简称主存,是计算机系统的主要存储器,用来存放计算机运行期间的大量程序和数据。它能和Cache交换数据和指令。

（3）外存储器简称外存，是大容量辅助存储器。用于长期存放计算机工作所需要的系统文件、应用程序、用户程序、文档和数据等。当CPU需要执行某部分程序和数据时，由外存调入内存以供CPU访问。外存主要有磁盘、磁带、光盘、USB闪存等存储器，它既属于输入设备，又属于输出设备。外存储器的特点是存储容量大、成本低。

以上各级存储器承担的职能各不相同。其中Cache主要强调快速存取，以便使存取速度和CPU的运算速度相匹配；外存储器主要强调大的存储容量，以满足计算机的大容量存储要求；主存储器介于Cache与外存储器之间，要求选取适当的存储容量和存取周期，使它能容纳系统的核心软件和较多的用户程序。

5. 输入输出设备

输入设备（Input Devices）的功能是将人们所熟悉的某种信息形式转换为计算机能够识别和处理的内部形式，以便于处理。

输出设备（Output Devices）的功能是把计算机处理的内部结果转换为人或其他机器设备所能接收和识别的信息形式。理想的输出设备应该是"会写"和"会讲"。

输入/输出设备通常称为外围设备。这些外围设备种类繁多，速度各异，它们不直接和高速的主机相连接，而是通过适配器部件和主机相联系，适配器的作用相当于一个转换器。

6. 冯·诺依曼计算机基本工作原理

冯·诺依曼存储程序原理的主要思想可以概括为以下几点：
（1）计算机硬件系统由控制器、运算器、存储器、输入设备、输出设备等5大部件组成。
（2）指令和数据均以二进制存储。
（3）为了使计算机自动地连续工作，必须预先将构成程序的一系列指令和数据送入具有存储能力的电子部件上。
（4）在程序开始执行时，计算机应能知道第一条指令的存放地址。
（5）在执行完一条指令之后，能自动取下一条指令执行。

按照这一原理，计算机的基本工作过程可描述如下：
（1）取指令。根据指令计数器IP的内容（指令地址），经地址寄存器AR从主存储器中取出一条待执行指令，送入指令寄存器IR；同时，使IP的内容指向下一条待执行指令的地址（一般通过IP内容加1来实现）。
（2）分析指令。也称指令译码，由译码器ID对存于指令寄存器IR中的指令进行分析，并根据指令的要求产生相应的操作命令。若参与操作的数据在主存储器中，则还需要形成相应的操作数地址。
（3）执行指令。根据分析指令过程中获取的操作命令和操作数地址形成相应的操作控制信号，通过运算器、主存储器及I/O设备执行，以实现每条指令的功能，其中包括对运算结果的处理和下一条指令地址的形成。
（4）重复以上步骤，再取指令、分析指令、执行指令，如此循环，直到遇到停机指令或受到外来干预为止。

7. 系统总线

除以上各部件外，计算机系统中还必须有总线。总线是多个功能部件共享的信息传输线路。计算机中的总线有内部总线、系统总线和外部总线。内部总线指芯片内部连接各元件的总线。系统总线是 CPU 与其他部件之间传送数据、地址、控制信息的公共通道。外部总线是计算机和外部设备之间连接的总线。常见的总线结构有三种基本类型：单总线结构、双总线结构和三总线结构。

系统总线根据传送内容不同，可分为三类。① 数据总线(DB)：数据总线的根数等于计算机的字长(CPU 的位数)；② 地址总线(AB)：给出源数据或目标数据所在的主存单元或 I/O 端口的地址；③ 控制总线(CB)：控制对数据总线和地址总线的访问和使用。

随着微电子技术和计算机技术的发展，总线技术也在不断地发展和完善，从而使计算机总线技术种类繁多。计算机中的系统总线有 ISA 总线、EISA 总线、VESA 总线、PCI 总线等技术标准。

8. 非冯·诺依曼结构计算机

早期的计算机基于冯·诺依曼的体系结构，采用的是串行处理。这种计算机的主要特征是：计算机的各个操作(如读/写存储器、算术或逻辑运算、I/O 操作)只能串行地完成，即任何时候只能进行一个操作。而非冯·诺依曼结构是一种由数据而不是由指令驱动程序执行的结构体系，使得以上各个操作能同时进行，从而大大提高了计算机的速度。

1) 流水线技术

流水线技术是目前广泛应用于微处理芯片中的一项关键技术。让多个处理过程在时间上相互错开，轮流重叠使用同一套硬件设备的各个部分，以加快硬件周转而赢得速度。图 1-19 是 3 条指令同时执行的流水线示意图。

2) 并行处理技术

一般计算机中只有一个 CPU，即单处理机。具有 2 个以上 CPU 的计算机系统，通常称为多处理器系统。多处理器计算机可以同时执行多条指令，即指令的并行执行。并行处理技术实质上是资源的重复，即以"数量取胜"为原则来大幅度提高计算机的处理速度。图 1-20 是指令的并行处理过程示意图。

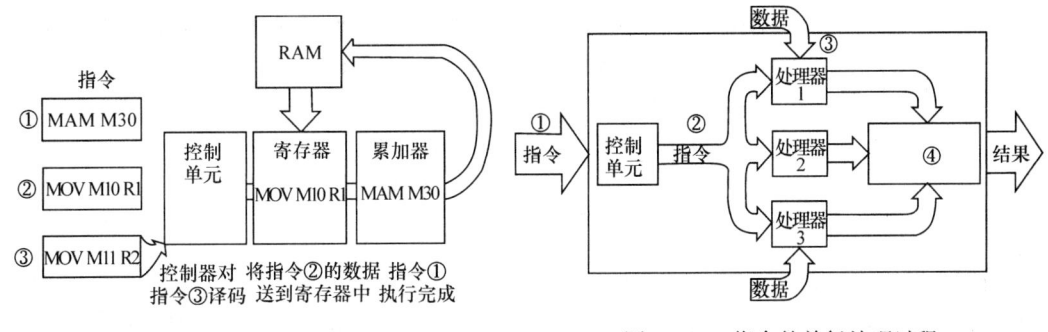

图 1-19 指令流水线

图 1-20 指令的并行处理过程

在多处理器系统中，所有的 CPU 共享存储器、I/O 通道、控制单元和外部设备，整个系统由一个操作系统控制。互连网络是并行计算机的基础，处理机单元和开关元件按照一定的拓扑结构和控制方式连接起来,可以实现计算机系统内部多个处理机或多个功能部件之间的互连,形成并行计算机的互连网络。

3) 超标量流水技术

超标量流水技术是流水线技术和并行处理技术的综合应用。既采用流水线技术,又采用并行处理技术,这种并行技术带来的高速效益是最好的。

1.4.2 计算机软件系统

软件系统是为了方便用户操作使用计算机和充分发挥计算机效率,以及为解决各类具体应用问题的各种程序和数据文档资料的总称。

1. 软件的分类

从应用的观点看,软件可以分为系统软件和应用软件。软件系统结构如图 1-21 所示。

1) 系统软件

系统软件是最靠近硬件的软件,它与具体应用无关。其主要功能是对计算机资源进行管理、监控和维护。常见的系统软件有操作系统、语言处理程序及工具软件等,操作系统是最为重要的系统软件。

2) 应用软件

应用软件是用户利用计算机及其提供的系统软件

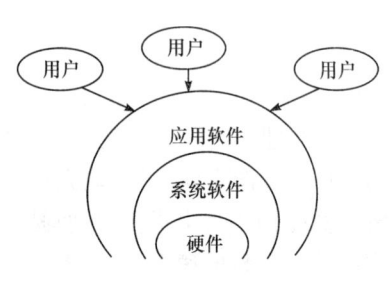

图 1-21 计算机软件系统

为解决各种实际问题而编制的计算机程序。常见的应用软件有各种信息管理软件、办公自动化系统、各种文字处理软件、各种辅助设计软件,以及辅助教学软件、各种软件包(如数值计算程序库、图形软件包)等。

2. 操作系统

操作系统(Operating System,OS)是对计算机硬件资源和软件资源进行控制和管理的程序,是计算机系统中最基本的系统软件,是对硬件系统功能的首次扩充,其他所有的软件如汇编程序、编译程序、数据库管理系统等系统软件及大量应用软件,都将依赖于操作系统的支持,取得它的服务。

操作系统具有处理机管理(进程管理)、存储管理、设备管理、文件管理和作业管理等五大管理功能,由它来负责对计算机的全部软硬件资源进行分配、控制、调度和回收,合理地组织计算机的工作流程,使计算机系统能够协调一致、高效率地完成处理任务。

目前,常用的操作系统有 Windows XP/2003/Vista/7、Linux、UNIX 等。

3. 程序设计语言

程序设计语言是人与计算机之间进行信息交换的工具。人们使用程序设计语言编写程序,计算机执行这些程序,输出结果,从而达到处理问题的目的。程序设计语言可分为机器语言、汇编语言和高级语言。

1) 机器语言

机器语言是直接用二进制代码表示指令系统的语言。机器语言是早期的计算机语言。

在机器语言中,每一条指令的操作码和操作数都用二进制数表示。机器语言是计算机能唯一识别、可直接执行的语言。但用机器语言编写程序很麻烦,不容易记忆和掌握,而且它编写的程序是面向具体的机器的,不能通用。

2) 汇编语言

汇编语言是为了解决机器语言难于理解和记忆,用易于理解和记忆的名称和符号表示的机器指令,是用助记符号代替二进制代码表示指令系统的语言,其指令的操作码和操作数用助记符号表示。例如,用"ADD"表示加法,"MOV"表示数据传递等。汇编语言虽比机器语言直观,但基本上还是一条指令对应一种基本操作,对同一问题编写的程序在不同类型的机器上仍然互不通用。用汇编语言编写的程序称为汇编语言源程序。机器不能直接执行汇编语言源程序,必须由汇编程序将汇编语言源程序翻译成机器语言(目标程序),才能执行。

3) 高级语言

高级语言是由一些接近于自然语言和数学公式的语句组成,更接近于要解决的问题的表示方法并在一定程度上与机器无关。

高级语言的设计是很复杂的。因为它必须满足两种不同的需要:一方面它要满足程序设计人员的需要,用它可以方便自然地描述现实世界中的问题;另一方面还要能够构造出高效率的翻译程序,能够把语言中的所有内容翻译成高效的机器指令。从 20 世纪 50 年代中期第一个实用的高级语言——FORTRAN 语言问世以来,人们曾设计出几百种高级语言。目前最常用的高级语言有 C、C++、PROLOG 等。随着面向对象和可视化技术的发展,出现了 Visual Basic、Visual C++、Delphi、Java 等面向对象程序设计语言。

机器不能直接接受和执行用高级语言编写的程序(源程序)。高级语言源程序必须由相应的翻译程序翻译成机器指令的程序(目标程序),才能被计算机理解并执行。

4. 语言处理程序

语言处理程序是把源程序(用某种程序设计语言编写)转换为与之等价的机器语言目标程序的翻译程序。通常有解释方式和编译方式两种。

1) 解释方式

解释方式是对那些用高级语言编写的源程序逐句进行分析、翻译并立即予以执行,不产生目标程序。即由事先放入计算机中的解释程序对高级语言源程序逐条语句翻译成机器指令,翻译一句执行一句,直到程序全部翻译执行完。它具有跟踪对话能力,当用户按照屏幕上的提示更正了一个语句后,程序又继续往下执行,直到程序完全成功执行。但这种方式执行的速度慢,花费的机器时间较多。

解释方式类似于不同语言的口译工作。翻译员(解释程序)拿着外文版的说明书(源程序)在车间现场对操作员作现场指导。对说明书上的语句,翻译员逐条译给操作员听;操作员根据听到的话(他能懂的语言)进行操作。翻译员每翻译一句,操作员就执行该句规定的操作。翻译员翻译完全部说明书,操作员也执行完所需全部操作。由于未保留翻译的结果,若需再次操作,仍要由翻译员翻译,操作员操作。解释执行方式如图 1-22 所示。

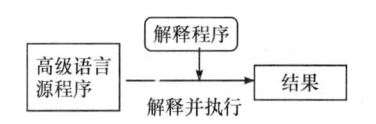

图 1-22 解释执行方式

2) 编译方式

编译方式是通过一种编译程序将用高级语言编写的源程序整个翻译成目标程序，然后交由计算机执行。编译方式可以划分为两个阶段：前一阶段称为生成阶段；后一阶段称为运行阶段。采用这种途径实现的翻译程序，如果源语言是一种高级语言，目标语言是某一计算机的机器语言或汇编语言，则这种翻译程序称为编译程序；如果源语言是计算机的汇编语言，目标语言是相应计算机的机器语言，则这种翻译程序称为汇编程序。采用编译方式的优点是执行的速度快，经过编译的目标程序保密性好，可以重复执行而不要重复翻译。

编译方式类似于不同语言的笔译工作。例如，某国发表了某个剧本(源程序)，计划在国内上演。首先须由懂得该国语言的翻译(编译程序)把该剧本笔译成中文本(目的程序)。翻译工作结束，得到了中文剧本后，才能交给演出单位(计算机)去演(执行)这个中文剧本(目的程序)。在后面的演出(执行)阶段，并不需要原来的外文剧本(源程序)，也不需要翻译(编译程序)。编译方式如图 1-23 所示。

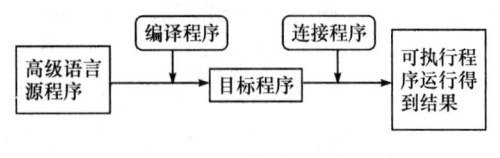

图 1-23 编译执行方式

不同的高级语言需要不同的翻译程序。如果使用 Visual Basic 语言，需要在计算机系统中装有 Visual Basic 语言的解释程序或编译程序；如果使用 C++语言，就需要在机器内装有 C++编译程序。如果机器内没有安装汇编语言或高级语言的翻译程序，计算机不能理解用相应语言编写的程序。

5. 数据库管理系统

数据库是以一定组织方式存储起来且具有相关性的数据的集合，它的数据冗余度小，而且独立于任何应用程序而存在，可以为多种不同的应用程序共享。也就是说，数据库的数据是结构化的，对数据库输入、输出及修改均可按一种公用的可控制的方式进行，使用十分方便，大大提高了数据的利用率和灵活性。数据库管理系统(DataBase Management System，DBMS)是对数据库中的资源进行统一管理和控制的软件，数据库管理系统是数据库系统的核心，是进行数据处理的有力工具。目前，微型计算机中广泛使用的数据库管理系统有 SQL Server、Oracle、Visual FoxPro 等。

6. 应用软件

应用软件是为计算机在特定领域中的应用而开发的专用软件(编制的程序和文档)，由各种应用系统、软件包和用户程序组成，如科学计算软件包、文字处理系统(如 WPS、MS Office)、办公自动化系统、管理信息系统、决策支持系统和计算机辅助设计系统等。

1.5 微型计算机系统

微型计算机结构体系采用总线结构，其硬件基本组成通常包括主机、显示器、键盘、鼠标、打印机等。

1.5.1 主机

主机是微型计算机的主要组成部件,一般包括中央处理器、主板、内存、硬盘、软盘驱动器、光盘驱动器等。

1. 中央处理器 CPU

在微型计算机中,运算器和控制器被制作在同一块半导体芯片内,称为中央处理器 CPU 或微处理器。CPU 是整个微机硬件系统的核心,负责对信息和数据进行运算和处理,并实现本身运行过程的自动化。其作用相当于人的大脑,控制着整台电脑的运行。

1) CPU 的组成

CPU 的外观看上去是一个矩形块状物,中间凸起部分是封装 CPU 核心部分的金属壳,在金属封装壳内部是一片指甲大小的、薄薄的硅晶片,称为 CPU 核心(die)。在这块小小的硅片上,密布着数千万个晶体管,它们之间相互配合,协调工作,可以完成各种复杂的运算和操作。在金属封装壳周围是 CPU 基板,它将 CPU 内部的信号引接到 CPU 针脚上。Pentium 4 CPU 采用 FC-PGA2 封装和 LGA 封装两种形式。FC-PGA2 封装将 CPU 核心封装在有机底板上,这样可以缩短连线,并有利于散热。图 1-24 是 LGA 封装的 Pentium 4 CPU 芯片外观,图 1-25 是 Pentium 4 CPU 采用的 FC-PGA2 封装结构图。

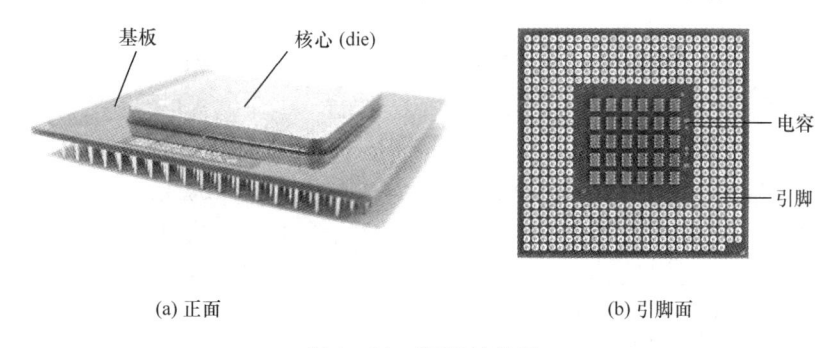

(a) 正面　　　　　　　　　　(b) 引脚面

图 1-24　CPU 的外观

目前的主流处理器大多采用针脚式接口,称为 Socket,如图 1-26 所示。因针脚数的不同而有 Socket 478、Socket 775、Socket 754、Socket 939 等接口类型。P4 系列的 Socket 775 和 AMD Athlon XP 系列的 Socket A 即 Socket 754 是现在处理器市场中的主流。LGA 封装的 P4 Prescott 核心处理器采用无针脚设计,将处理器的针脚转移至主板插座中。

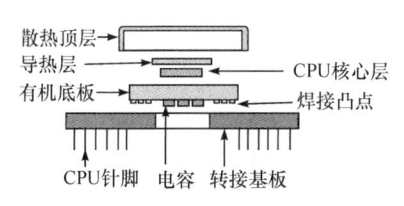

图 1-25　Pentium 4 CPU FC-PGA2 封装结构　　　图 1-26　CPU 的接口

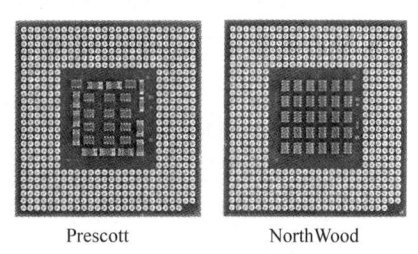

2) CPU 主要技术指标

(1) 字长。指 CPU 可以同时处理的二进制数据的位数,是最重要的一个技术性能指标。

(2) CPU 外频。CPU 乃至整个计算机系统的基准频率,是主板为 CPU 提供的基准时钟频率,单位是 MHz(兆赫兹)。

(3) CPU 主频。也称工作频率,是 CPU 内核(整数和浮点运算器)电路的实际运行频率。CPU 主频越高,计算机运行速度就越快。

(4) CPU 制造工艺。指 CPU 核心中线路的宽度和制造晶体管的尺寸,一般用微米(μm)表示。

3) CPU 产品的发展方向

CPU 的制造工艺有它的极限,目前一般采用多核心(即一块集成电路基板上有两个或者多个 CPU 核心,图 1-27 为双核 CPU 原理图)技术来提高 CPU 的整体性能。所以 Intel 和 AMD 纷纷推出了双核心架构的 CPU,未来可能会有更多核心的 CPU 问世。

2. 主板

主板也称主机板(Main Board)、系统板(System Board)或母板(Mother Board),是计算机主机的主要部件,也是硬件系统中最大的一块电路板,如图 1-28 所示。主板是整个微机内部结构的基础,能够为各种磁和光存储设备、打印机、扫描仪和数码相机等 I/O 设备提供接口,为 CPU、内存、显示卡和其他各种功能卡提供安装插槽。

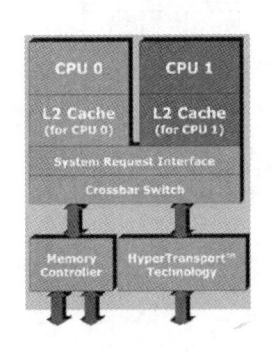

图 1-27　双核心 CPU 设计原理图　　　　图 1-28　主板系统

1) CPU 插座

CPU 插座是放置和固定 CPU 的地方,中间放置 CPU,外围的支架可固定 CPU 的散热风扇,如图 1-29 所示。CPU 的插座多为 Socket 架构,呈白色,根据支持的 CPU 不同,CPU 的插座也不同,主要是针脚数不同。

2) 芯片组

芯片组是计算机主板上除了 CPU 以外最重要的部件之一,是区分主板的一个重要标志。芯片组相当于主板的大脑,人的大脑分为左脑和右脑,而芯片组也是由北桥芯片与南桥芯片所组成的。其中北桥芯片控制的是系统总线,南桥芯片则负责大部分的 I/O(输入和输出)控制、IDE 设备(硬盘)控制等。

3) 内存插槽

内存插槽是主板上用来安装内存条的地方,如图 1-30 所示。

第1章 信息技术与计算机系统

图1-29 CPU插座

4) PCI 插槽

PCI 扩展槽的长度较短，呈白色，一般有 2～6 个，通常用来安装声卡、网卡、显示卡等，如图 1-31 所示。

图1-30 主板上的内存插槽

图1-31 主板上的PCI插槽

5) IDE 驱动器、软驱接口和 SATA 硬盘数据线接口

接口是指不同设备之间为实现互连和通信需要具备的对接部分。可分为两大类：一类是总线接口，位于主板上，就是各种扩展槽；另一类是外设连接端口，是主机连接各种外部设备的端口。

硬盘、光驱、软驱是微机中的重要存储设备，必须通过数据线和主板连接才能组成一个完整的系统。IDE 是集成驱动器电子部件，也称 ATA 接口，目前市场上的大多数光驱和一部分硬盘都采用 IDE PATA 接口，如图 1-32 所示，随着存储技术的发展，市场上采用新型 SATA 串行 ATA 接口的硬盘越来越多，因此，大部分主流主板为了支持 SATA 硬盘，都设计了 SATA 硬盘数据线接口，如图 1-33 所示。

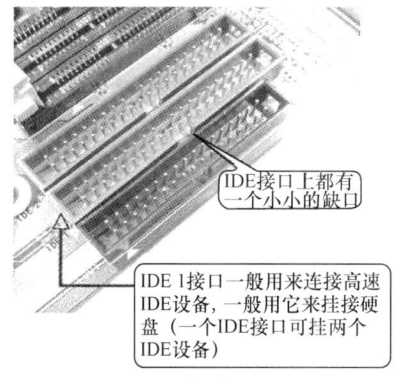

IDE接口上都有一个小小的缺口

IDE 1接口一般用来连接高速IDE设备，一般用它来挂接硬盘（一个IDE接口可挂两个IDE设备）

图1-32 IDE 驱动器、软驱接口

图1-33 SATA 硬盘数据线接口

6) 外部输入及输出接口

外部输入输出接口电路主要包括鼠标和键盘接口、USB接口、串行通信接口、并行接口及音效处理芯片接口等,如图1-34所示。

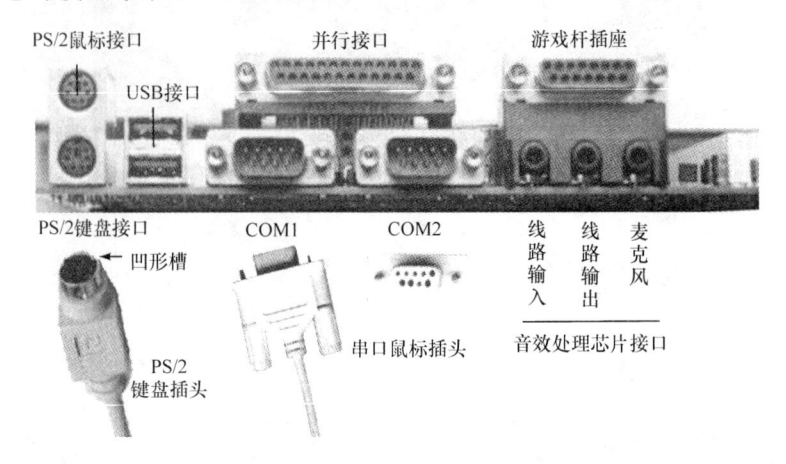

图1-34　常见外部输入及输出接口

3. 内存

微型计算机的内存由半导体器件构成。内存储器按其功能和性能可分为随机存储器(RAM)、只读存储器(ROM)、高速缓冲存储器(Cache)。一般将RAM称为内存或内存条,如图1-35所示,其容量是计算机性能的重要标志之一。目前微机内存一般有512MB、1GB、2GB等。

图1-35　内存条

高速缓冲存储器Cache被集成在CPU内部,有一级高速缓存和二级高速缓存,容量可达512KB。

1.5.2　外部存储器

外部存储器有磁盘存储器、光盘存储器、移动存储器等。

1) 磁盘存储器

磁盘存储器是在金属或塑料基体上涂敷一层具有矩形磁滞回线的特殊磁性材料,利用磁层在不同方向的磁场作用下的两种剩磁状态表示0、1存储信息,通过专门的读写信息的元件——磁头来读、写信息。磁盘存储器磁盘分为软磁盘和硬磁盘两种。

(1) 软盘存储器。

软盘存储器由软盘、软盘驱动器和软盘适配器三部分组成。软盘是活动的存储介质,软盘驱动器是读写装置,软盘适配器是软盘驱动器与主机连接的接口。软盘适配器与软盘驱动器安装在主机箱内,软盘驱动器插槽暴露在主机箱的前面板上,可方便地插入或取出软盘。软盘驱动器、软盘的外形和软盘结构如图1-36所示。

软盘是一种涂有磁性物质的聚酯薄膜圆形盘片,它被封装在一个方形的保护套中,构成一个整体。当软盘驱动器从软盘中读写数据时,软盘保护套被固定在软盘驱动器中,而封套内的盘片在驱动电机的驱动下进行旋转以便磁头进行读写操作。软盘上的写保护口主要用

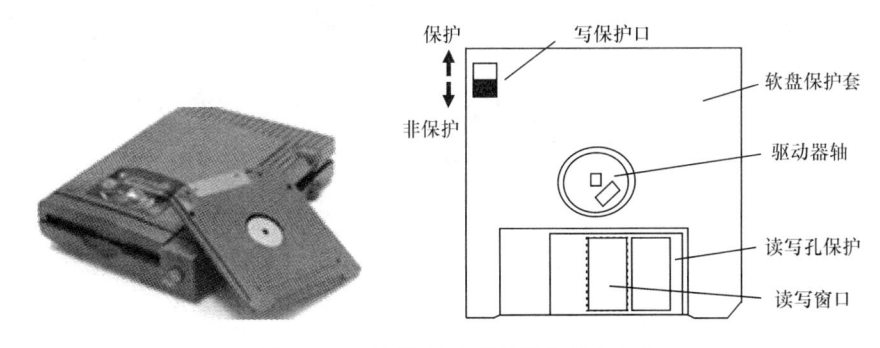

图 1-36 软驱、软盘的外形和软盘结构

于保护软盘中的信息。

(2) 硬盘存储器。

硬盘是应用最广泛的外部存储器。其存取速度较快,具有较大的存储容量。硬盘存储器是一个非常精密的装置,由电机和硬盘组成,一般置于主机箱内。一个硬盘可以有 1 到 10 张甚至更多的盘片,所有的盘片串在一根轴上,两个盘片之间仅留出安置磁头的距离。硬盘的读写磁头不与磁盘表面接触,它"飞"在离磁盘面百万分之一英寸的气垫上。磁道间只有百万分之几英寸的间隙,磁头传动机构必须把读写磁头快速而准确地移到指定的磁道上。其外观和结构如图 1-37 所示。

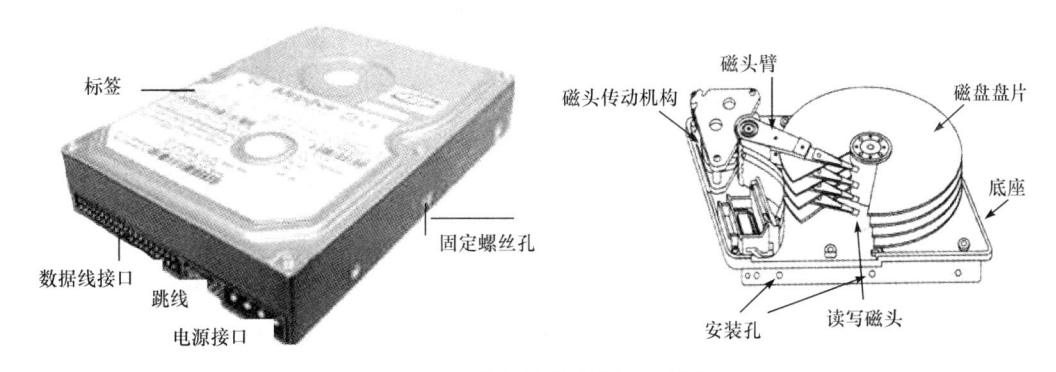

图 1-37 硬盘外形及结构示意图

(3) 磁盘上信息的分布。

磁盘片的上下两面都能记录信息,通常把磁盘片表面称为记录面。记录面上的一系列同心圆称为磁道。每个盘片表面通常有几十到几百个磁道,每个磁道又分为若干个扇区,如图 1-38 所示。

磁道的编址是从外向内依次编号,最外一个同心圆叫 0 磁道,最里面的一个同心圆叫 n 磁道,n 磁道里面的环形区域并不用来记录信息。扇区的编号有多种方法,可以连续编号,也可间隔编号。磁盘记录面经这样编址后,就可用 n 磁道 m 扇区的磁盘地址找到实际磁盘上与之相对应的记录区。除了磁道号和扇区号之外,还有记录面的面号,以说明本次处理是在哪一个记录面上。在磁道上,信息是按区存

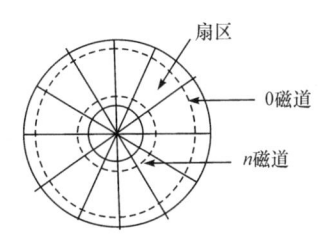

图 1-38 磁盘的格式

放的,每个区中存放一定数量的字或字节,各个区存放的字或字节数是相同的,因此读/写操作是以扇区为单位一位一位串行进行的。

为进行读/写操作,要求定出磁道的起始位置,这个起始位置称为索引。索引标志在传感器检索下可产生脉冲信号,再通过磁盘控制器处理,便可定出磁道起始位置。

软盘在格式化后被分成若干个磁道,每个磁道又分为若干个扇区,每个扇区存储512个字节。其容量为

$$磁盘容量 = 每扇区字节数 \times 每磁道扇区数 \times 每面磁道数 \times 面数$$

例 1-12 一个 1.44 MB 的双面软盘,有 80 个磁道,每个磁道有 18 个扇区,其格式化存储容量是多少?

解 格式化存储容量是

$$512 \times 18 \times 80 \times 2 \approx 1.44 \text{MB}$$

硬盘的容量取决于硬盘的磁头数、柱面数及每个磁道的扇区数,由于硬盘一般均有多个盘片,所有盘片具有相同编号的磁道形成一个柱面,所以用柱面这个参数来代替磁道,每一扇区的容量为 512B。所以,硬盘容量计算公式为

$$硬盘容量 = 盘面数 \times 柱面数 \times 扇区数 \times 512 \text{字节}$$

(4) 磁盘存储器的技术指标。

磁盘存储器的主要指标包括存储密度、存储容量、存取时间及数据传输率。

存储密度分道密度、位密度和面密度。道密度是指沿磁盘半径方向单位长度上的磁道数,单位为道/英寸。位密度是指磁道单位长度上能记录的二进制代码位数,单位为位/英寸。面密度是指位密度和道密度的乘积,单位为位/平方英寸。

存储容量是一个磁盘存储器所能存储的字节总数,有格式化和非格式化容量之分。

存取时间是指从发出读写命令后,磁头从某一起始位置移动至新的记录位置,到开始从盘片表面读出或写入信息所需要的时间。这段时间由两个数值所决定:一个是将磁头定位至所要求的磁道上所需的时间,称为定位时间或找道时间;另一个是找道完成后至磁道上需要访问的信息到达磁头下的时间,称为等待时间,这两个时间都是随机变化的,因此往往使用平均值来表示。平均存取时间等于平均找道时间与平均等待时间之和。平均找道时间是最大找道时间与最小找道时间的平均值,目前平均找道时间为 10~20ms。平均等待时间和磁盘转速有关,它用磁盘旋转一周所需时间的一半来表示。

数据传输率是指磁盘存储器在单位时间内向主机传送数据的字节数。假设磁盘旋转速度为每秒 n 转,每条磁道容量为 N 个字节,则数据传输率 $Dr = n \cdot N(B/s)$。也可以写成 $Dr = D \cdot v(B/s)$,其中 D 为位密度,v 为磁盘旋转的线速度。

(5) 磁盘格式化。

新磁盘在使用前必须进行格式化,格式化后才能被系统识别和使用。格式化的目的是对磁盘划分磁道和扇区,同时还将磁盘分成四个区域:引导扇区(BOOT)、文件分配表(FAT)、文件目录表(FDT)和数据区。当硬盘受到破坏或更改系统时,需对硬盘进行格式化。

注意:格式化操作会清除磁盘中原有的全部信息,所以在对磁盘进行格式化操作之前一定要做好备份工作。

2) 光盘存储器

光盘存储器由盘片、驱动器和控制器组成。驱动器同样有读/写头、寻道定位机构、主轴驱动机构等。除了机械电子机构以外,还有光学机构。

光盘的存储原理不同于磁表面存储器。它是将激光聚焦成很细的激光束照射在记录媒体上,使介质发生微小的物理或化学变化,利用光盘表面的凸凹不平将信息记录下来;又根据这些变化,利用激光将光盘上记录的信息读出。光盘具有存储量大、价格低、寿命长、可靠性高的特点,特别适合于需要存储大量信息的计算机使用,如百科全书、图像、声音信息等。

目前常用的光盘有 CD 和 DVD 两大类。CD 光盘分为只读型光盘 CD-ROM、只写一次型光盘 CD-R、可擦写型光盘 CD-RW。

CD-ROM 光驱又称为只读光盘驱动器,已经成为个人电脑的基本配置。CD-ROM 容量大、兼容性强、速度快、盘体成本低、使用方便,是光、电、机和磁一体化产品,是计算机上很重要的输入设备,安装软件、听 CD、看电影等都要用到 CD-ROM 光驱。

CD-R 盘片只能进行一次性写入,CD-RW 盘片可以进行反复读写。CD-R 盘片是在聚碳酸酯制成的片基上喷涂了一层染料层,染料层分解后不能复原,只能烧录一次。而 CD-RW 盘片使用一种特殊的相变材料来存储信息,在高温下能由低反射率的非结晶状态转变为高反射率的结晶状态,从而记录数据信息,具备热转换性,可以反复擦写。

DVD 的全称是 Digital Versatile Disk(数字通用光驱),光盘容量大,直径为 12cm 的光盘其单面单层存储容量就可达 4.7GB,其双面双层的盘片存储容量可以达到 17GB。所以 DVD 光驱也逐渐成为市场上的主流。DVD-ROM 除了具备 CD-ROM 的全部功能外,还可读取 DVD 电影和数据光盘。图 1-39 是 DVD-ROM 驱动器。DVW 驱动器是 DVD 刻录机。蓝光光盘驱动器被誉为下一代光盘驱动器,其最大的优

图 1-39 DVD-ROM 驱动器

点是可以在直径为 12cm 的单面单层规格的 Blue-ray Disc 上刻录容量高达 27GB 的数据资料。

3) 移动存储器

在这个信息无处不在的时代,人们需要随时随地存储和使用信息,移动存储很快地走进了主流市场,开始是 USB 移动硬盘,其后市场上出现了闪存移动存储器(即优盘)。对于外设而言,移动存储器轻巧精致,便于携带,使用简单,速度快,安全可靠,容量也不断地增大,目前的移动存储设备逐步取代了软盘。

移动硬盘以硬盘为存储介质,属于便携式的存储设备。目前市场上大多数移动硬盘所采用的是标准的 2.5in[①] 笔记本硬盘。还有少数采用 1.8in 超薄笔记本硬盘。移动硬盘速度较快,容量大,能够以较快的速度与系统进行数据交换。

优盘(U 盘)采用了 Flash 存储技术,通过二氧化硅形状的变化来记忆数据。因为二氧化硅稳定性大大强于磁存储介质,使得优盘数据可靠性相比传统软盘大大提高。同时二氧化硅还可以通过增加微小的电压改变形状,从而达到反复擦写的目的。目前较大容量的优盘为 2GB,重量只有几十克。由于采用的是芯片存储,其使用寿命在擦写 100 万次以上,且

---

① 1in=2.54cm。

读写速度较快,读取速度为700～950kbit/s,写速度为450～600kbit/s。

微硬盘的盘片面积只有1in,整体也不过电话卡1/3面积,主流容量却达到了1～15GB级水平,未来会有60GB的产品面世,可反复擦写30万次以上,通常能稳定工作五年。

移动存储器的接口是USB,无需外接电源,支持即插即用和热插拔。在实际使用时,把移动存储器插入计算机的USB端口,系统会自动侦测到新硬件,安装驱动程序后(无驱动型不需要安装驱动),系统就会生成一个"可移动磁盘"。图1-40～图1-42分别为移动硬盘、优盘、微硬盘的外形。

图1-40 移动硬盘 　　　　图1-41 优盘 　　　　图1-42 微硬盘

此外,MP4、MP5、MP6、手机等设备均可以作为移动存储器使用。

1.5.3 输出设备

输出设备是用来输出计算结果的设备。常见的输出设备有显示器、打印机、数字绘图仪等。

1) 显示器

显示器是计算机中最重要的输出设备,是人与计算机交互的主要渠道。显示器按显示器件分为阴极射线管显示器(CRT)、液晶显示器(LCD)、发光二极管显示器(LED)、等离子体显示器(PDP)、荧光显示器(VF)等。按所显示的信息内容分类有字符显示器、图形显示器和图像显示器三大类。目前微机中所使用的显示器一般有两种:CRT阴极射线管显示器和LCD液晶显示器。

CRT阴极射线管显示器的核心部件是CRT显像管。CRT显像管使用电子枪发射高速电子,通过垂直和水平的偏转线圈控制高速电子的偏转角度,最后高速电子击打屏幕上的磷光物质使其发光,通过电压来调节电子束的功率,就会在屏幕上形成明暗不同的光点从而产生各种图案和文字。CRT显示器采用模拟显示方式,显示效果好,色彩亮丽。

液晶显示器(Liquid Crystal Display,LCD)属于平面显示器的一种。液晶面板上包含了两片精致的无钠玻璃板,中间夹着一层液晶。由于液晶不但具有固态晶体的光学特性,而且具有液态流动特性,所以被称为"液态晶体"。多数液晶分子都呈细长棒形,长约1～10nm(纳米),在不同电流电场的作用下,液晶分子会做旋转90°的规则排列,由此产生透光度的差别。LCD显示器采用数字显示方式,显示效果比CRT稍差。

通常将显示屏上的每一个亮点称为一个像素。像素光点的大小直接影响着显示效果。一般来说,每屏的列×行像素数越大就越清晰。所以,也把每屏的列×行像素数称为分辨率。分辨率是显示器的一个主要指标,显示器分辨率越高,显示的图像越清晰。

显示器必须配合正确的显示控制适配器才能构成完整的显示系统。显示适配器的发展经历了MDA(单色适配器)、CGA(彩色图形适配器)、EGA(增强型图形适配器)几个阶段。

目前常见的显示控制适配器有 VGA(视频图形阵列适配器)、CEGA(中文增强型适配器)和 TVGA(增强型视频图形阵列适配器)、SVGA(高级视频图形阵列适配器)等。SVGA 可支持分辨率为 1024×768、1280×1024、1644×1200、1920×1200 的显示器，可以显示 256 种颜色，有的还具有 $1.67×10^7$ 种彩色的"真彩色"识别功能。

2) 打印机

打印机是微型计算机常用的输出设备，与主机之间通过打印适配器连接。打印机按打印的工作原理可以分为击打式和非击打式两种。常见的打印机有针式打印机、喷墨打印机、激光打印机等。

(1) 针式打印机是击打式打印机，由打印机械装置和控制驱动电路两部分组成。针式打印头由若干排成一列(或两列)的打印针组成。击打时打印针通过色带打印到打印纸上，于是在打印纸上印出一个点。打印头从左到右移动，每次打印一列。每列击哪些针不击哪些针是由计算机发出的电信号控制的。常用的有 LQ-1600K、AR-3240 等 24 针打印机。

(2) 喷墨打印机靠墨水通过精细的喷头喷到纸面上产生图像，是一种非击打式打印机，精度较高，噪声小，价格较低，但消耗品价格较高。常见的有 HP 和 CANON 喷墨打印机。

(3) 激光打印机是一种高速度、高精度、低噪声的非击打式打印机。它由激光扫描系统、电子照相系统和控制系统三部分组成。工作原理类似于静电复印，不同的是静电复印采用全色可见光曝光，而激光打印机则是用经过计算机输出的信息调制后的激光曝光。常见的有 HP 和 CANON 激光打印机。

1.5.4 输入设备

目前常用的输入设备有键盘、鼠标、扫描仪、数码相机、数码摄像机、触摸屏、手写笔数字化仪、光笔、磁卡阅读器、条形码阅读器、模/数转换器等。

1) 键盘

键盘是标准输入设备，它与显示器一起成为人机对话的主要工具。目前大多数的计算机都使用电容式无触点键盘。电容式键盘是基于电容式开关的键盘，原理是通过按键改变电极间的距离产生电容量的变化，暂时形成振荡脉冲允许通过的条件。由于电容器无接触，所以这种键在工作过程中不存在磨损、接触不良等问题，耐久性、灵敏度和稳定性都比较好。为了避免电极间进入灰尘，电容式按键开关采用了密封组装。目前流行的键盘有手写键盘、人体工程学键盘、多媒体键盘、无线键盘和集成鼠标的键盘等多种。

常用的键盘有 104 个键或 107 个键，图 1-43 所示为标准 104 键的键盘。根据不同键使用的频率和方便操作的原则，键盘划分为 4 个功能区：主键盘区、功能键区、编辑区和数字小键盘区。

主键盘区：主要包括 26 个英文字母键、10 个数字键、标点符号、一些运算符号和控制键，如 Shift、Ctrl 和 Enter 等。控制键的作用如表 1-9 所示。

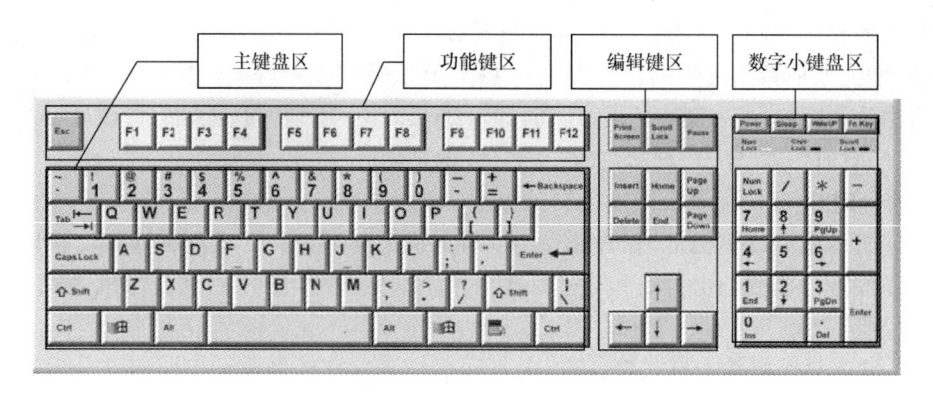

图 1-43 计算机键盘

表 1-9 主键盘区控制键的作用

键 名	作 用
Enter	回车键,用于换行和确认
Backspace	退格键,用于删除光标前面的一个字符
Caps Lock	大小写字母锁定键,它是一个开关键
Shift	上档键,用于输入键位上面的键和大小写字母转换
Tab	制表键,主要用于移动光标到下一个制表位
Esc	主要用于退出正在运行的软件系统
Ctrl	组合键,与其他键组合完成一定功能
Alt	组合键,与其他键组合完成一定功能

功能键区:包括 F1~F12 键,不同的软件对它们有不同的定义。

编辑键区:主要有 8 个键位,它们主要用来控制屏幕上的光标位置。各键的作用如表 1-10 所示。

表 1-10 编辑键区各键的作用

键 名	作 用
向右键→	右移或移动到下一行的开头
向左键←	左移或移动到前一行的结尾
向上键↑	上移一行
向下键↓	下移一行
Page Up	一次上移一屏
Page Down	一次下移一屏
Home	移动到行的开头
End	移动到行的结尾

数字小键盘区:主要用于数字的输入、运算、控制光标和屏幕编辑,其中 Num Lock 键为数字键盘锁定键,是一个开关键。

2) 鼠标

鼠标(Mouse)是一种主要的输入设备,开始出现于 1963 年,因其外观像一只拖着长尾巴的老鼠而得名,是一种"指点"设备(Pointing Device)。利用鼠标可方便地指定光标在显示器屏幕上的位置,在屏幕上进行较远距离光标的移动,使对计算机的某些操作变得更容易、更有效、更有趣味。

按内部构造鼠标可以分为传统的机械式、光机式、光电式和光学轨迹球鼠标及无线鼠标。无线鼠标主要分为红外线式和无线电式。按接口类型鼠标可以分为 COM、PS/2、USB 三类,目前流行的是 USB、PS/2 接口。

3) 扫描仪

扫描仪(Scanner)是常用的图形、图像输入设备,如图 1-44 所示,可以迅速地将图形、图像、照片、文本从外部环境输入到计算机中,然后再进行编辑加工。扫描仪主要有两类:CCD 扫描仪和 PMT 扫描仪。

CCD 扫描仪是由电荷耦合器件(Charge-Coupled Device)阵列组成的电子扫描仪。CCD 扫描仪可分为平板式扫描仪和手持式扫描仪两类。

图 1-44 扫描仪

PMT 扫描仪是用光电倍增管(PMT)构成的电子式扫描仪。它比 CCD 扫描仪的动态范围大、线性度好、灵敏度高、扫描质量高,因此扫描的效果更加逼真,常被用于照相、地图等高要求方面的扫描,但价格较高。

4) 数码相机与数码摄像机

数码相机具有即时拍摄、图片数字化存储、便于浏览等功能,即将"照片"进行数字化存储,使用户能够直接利用计算机对图像进行浏览、编辑和处理。数码相机也为在全球范围内实时在 Internet 上传输图文信息提供了方便的条件。

数码摄像机在外观与结构上与数码相机类似,只是具备采集和简单处理连续数字图像的能力,目前的许多数码产品都将数码摄像机与数码相机集为一体,简单轻巧又方便实用,已成为家用数码产品的主流。

1.5.5 微机总线与接口

为了简化硬件电路设计、简化系统结构,常用一组线路,配置以适当的接口电路,与各部件和外围设备连接,这组共用的连接线路称为总线。目前在微型计算机中比较流行的总线接口技术主要有 PCI 总线、USB 总线、IEEE1394 总线、PCI Express 串行总线等。

PCI 是 Peripheral Component Interconnect(外设部件互连)的缩写,是由 Intel 公司于 1991 年推出的一种局部总线。它为显卡、声卡、网卡、MODEM 等设备提供了连接接口,工作频率为 33MHz/66MHz,是目前个人电脑中使用最为广泛的接口,几乎所有的主板产品上都带有这种插槽。

USB 是 Universal Serial Bus(通用串行总线)的缩写,是一种新型的输入输出总线。它提供机箱外的即插即用连接,用户在连接外设时不用再打开机箱、关闭电源,而是采用"级联"方式,每个 USB 设备用一个 USB 插头连接到另一个外设的 USB 插座上,而其本身又提供一个 USB 插座给下一个 USB 设备使用。

IEEE 1394 是一种外部串行总线标准,可以达到 400MB/s 的数据传输速率,十分适合视频影像的传输。标准的 1394 接口可以同时传送数字视频信号及数字音频信号,相对于模拟视频接口,1394 接口在采集和回录过程中没有任何信号的损失,被人们当作视频采集卡来使用。

PCI Express 采用点对点的串行连接方式,允许和每个设备建立独立的数据传输通道,不用再向整个系统请求带宽,这样就轻松地达到了其他接口设备可望而不可及的高带宽。现在的显示卡都采用这种总线结构来达到快速传输数据的目的。

1.5.6 微型计算机性能指标

(1) 字长。字长是计算机的一个重要技术指标,是计算机能够作为一个整体进行传输、存储和运算的二进制数的位数。字长越长,在相同时间内能处理、传送更多数据,有更大的地址空间,能支持数量更多、功能更强的指令。目前,微处理器芯片的字长多为 64 位,如 Intel Pentium 4 系列的 CPU 芯片和 AMD Sempron 系列的 CPU 芯片均为 64 位。

(2) 主频。主频是指 CPU 时钟发生器所产生的节拍脉冲的工作频率,其单位是 GHz。主频也称时钟频率,是表征微机运算速度的指标。主频越高运行速度越快,Pentium 4 处理器的主频目前可达 3GHz 以上。

(3) 运算速度。计算机的速度可以用每秒钟能执行的指令的多少来表示。常用的单位有 MIPS(每秒百万条指令,是单字长定点指令的平均执行速度)、MFLOPS(每秒百万条浮点指令,是浮点指令的平均执行速度)。此外,还有 GFLOPS、TFLOPS 等,其中 $1\text{TFLOPS}=10^3\text{GFLOPS}=10^6\text{MFLOPS}$。运算速度与计算机的主频、执行的操作、主存容量和速度等有关。

(4) 存储容量。存储容量是指在一个存储器中可以容纳的存储单元总数。存储容量越大,能存储的信息就越多。存储容量这一概念反映了存储空间的大小。

(5) 存取时间和存储周期。存取时间是指从一次读操作命令发出到该操作完成,将数据读入 CPU 为止所经过的时间,即存储器的访问时间,单位为 ns。存储周期是指连续启动两次读操作所需间隔的最小时间,单位为 ns。

(6) 可靠性。指在给定时间内计算机系统能正常运转的概率,通常用平均无故障时间 (Mean Time Between Failures,MTBF)表示,无故障时间越长表明系统的可靠性越高。

(7) 可维护性。指计算机的维修效率,通常用平均修复时间来表示。

此外,如性能价格比、兼容性、系统完整性、安全性等也是评价计算机的综合指标。

习题与思考题

一、选择题

1. 现代信息技术的核心是(　　)。
   A. 电子计算机和现代通信技术　　B. 微电子技术和材料技术
   C. 自动化技术和控制技术　　　　D. 数字化技术和网络技术
2. 第四代计算机的主要逻辑元件是(　　)。
   A. 电子管　　　　　　　　　　　B. 中小规模集成电路

C. 大规模或超大规模集成电路　　　　　　D. 晶体管
3. 在计算机中,下列关于二进制的运算规则正确的是(　　)。
   A. 10－1＝1　　　B. 1＋1＝1　　　C. 1/1＝0　　　D. 1∧0＝1
4. 下列各种进制的数中最小的数是(　　)。
   A. (101001)$_2$　　　B. (52)$_8$　　　C. (2B)$_{16}$　　　D. (46)$_{10}$
5. 下列一组数据中的最大的数是(　　)。
   A. (227)$_8$　　　B. (1FF)$_{16}$　　　C. (1010001)$_2$　　　D. (789)$_{10}$
6. 字符串"Visual"、"BASIC"、"Java"、"FoxPro"比较的结果最小的是(　　)。
   A. Visual　　　B. BASIC　　　C. Java　　　D. FoxPro
7. 在32×32点阵的"字库"中,汉字"中"和"国"的汉字字形占用的字节之和是(　　)。
   A. 512　　　B. 256　　　C. 128　　　D. 64
8. 在GB2312-80标准中,收录的一级字库有3755个汉字,占用的字节数为(　　)。
   A. 3755×2　　　B. 3755×16　　　C. 3755×32　　　D. 3755×16×16
9. 2008＋5BH 的结果为(　　)。
   A. 833H　　　B. 2099　　　C. 4063Q　　　D. 100001100011B
10. 微型计算机中,控制器的基本功能是(　　)。
    A. 控制计算机各个部件协调工作　　　　B. 实现算术与逻辑运算
    C. 存储程序和数据　　　　　　　　　　D. 获取外部信息
11. 计算机系统中的CPU是指(　　)。
    A. 控制器和运算器　　　　　　　　　　B. 内存储器和运算器
    C. 内存储器和控制器　　　　　　　　　D. 输入设备和输出设备
12. 微型计算机的运算器、控制器及内存储器的总称是(　　)。
    A. CPU　　　B. ALU　　　C. 主机　　　D. MPU
13. 指令的执行过程是在(　　)。的控制下进行的。
    A. 指令寄存器　　　B. 指令计数器　　　C. 控制器　　　D. 运算器
14. 微机系统采用总线结构连接CPU、存储器和外部设备。总线通常由三部分组成,它们是(　　)。
    A. 逻辑总线、传输总线和通信总线　　　　B. 地址总线、运算总线和逻辑总线
    C. 数据总线、信号总线和传输总线　　　　D. 数据总线、地址总线和控制总线
15. 微机内部信息的传送是通过(　　)进行的。
    A. 内存　　　B. 芯片　　　C. CPU　　　D. 总线
16. 下列存储设备中,不属于外存的是(　　)。
    A. RAM　　　B. 优盘　　　C. 光盘　　　D. 硬盘
17. 计算机的存储系统中存取速度最快的是(　　)。
    A. 内存　　　B. 软盘　　　C. 光盘　　　D. 外存
18. 配置高速缓冲存储器(Cache)是为了解决(　　)。
    A. 内存与辅助存储器之间速度不匹配问题　　B. CPU与辅助存储器之间速度不匹配问题
    C. CPU与内存储器之间速度不匹配问题　　　D. 主机与外设之间速度不匹配问题
19. 关于微型计算机的知识,叙述正确的是(　　)。
    A. 外存中的信息不能直接进入CPU进行处理　　B. CD-ROM是可读可写的
    C. USB接口不支持热插拔　　　　　　　　　　D. Cache比CPU和内存的速度都慢
20. 以下既属于输入设备又属于输出设备的是(　　)。
    A. 绘图仪　　　B. 磁盘存储器　　　C. 扫描仪　　　D. 光学符号阅读器

21. 在微机中,存储容量为 1GB,指的是(　　)。
    A. 1024KB　　　　　B. 1024MB　　　　　C. 1000MB　　　　　D. 1000KB
22. 下列能够反复读写的光盘存储器是(　　)。
    A. CD-ROM　　　　 B. CD-R　　　　　　C. CD-RW　　　　　D. DVD-ROM
23. 微型计算机主板上芯片组的北桥芯片控制的是(　　)。
    A. 系统总线　　　　 B. I/O 接口　　　　 C. 外存接口　　　　 D. USB 接口
24. 标记为 Pentium 4/3.0GHz/512MB/160GB/DVD-RW 的微型计算机,其 CPU 的时钟频率是(　　)。
    A. 3.0GHz　　　　　B. 512MHz　　　　　C. 1.5GHz　　　　　D. 160GHz
25. 以下关于 PCI 局部总线的描述中,错误的是(　　)。
    A. PCI 是外围部件接口　　　　　　　　B. PCI 是个人电脑接口
    C. PCI 比 EISA 有明显优势　　　　　　D. PCI 比 VESA 有明显优势
26. 微处理器已经进入双核和 64 位的时代,当前与 Intel 公司在芯片技术上全面竞争并取得不俗业绩的公司是(　　)。
    A. AMD 公司　　　　B. HP 公司　　　　 C. SUN 公司　　　　 D. IBM 公司
27. 采用 PCI 的奔腾微机,其中的 PCI 是(　　)。
    A. 产品型号　　　　 B. 总线标准　　　　 C. 微机系统名称　　　D. 微处理器型号
28. 下列不属于操作系统的是(　　)。
    A. Linux　　　　　　B. UNIX　　　　　　C. Windows　　　　 D. Visual Basic
29. 编译型语言程序需经(　　)翻译为目标程序。
    A. 解释程序　　　　 B. 装配程序　　　　 C. 编译程序　　　　 D. 诊断程序
30. 字长为 32 位的计算机是指该计算机(　　)。
    A. 能够处理的最大数不超过 32　　　　 B. CPU 可以同时处理 32 位的二进制信息
    C. 内存量为 32MB　　　　　　　　　　D. 每秒钟所能执行的指令条数为 32MIPS

二、简答题

1. 信息技术经历了哪几次技术革命?对社会发展起到什么作用?
2. 谈一谈你对信息素养与社会责任的认识。
3. 简述计算机的发展历程。
4. 简述冯·诺依曼计算机"存储程序"原理的基本思想。
5. 简述计算机系统的组成。
6. 简述三级存储体系与 CPU 之间的关系。
7. 试述计算机执行指令和执行程序的过程。
8. 微型计算机系统主要组成部件有什么?有哪些主要性能指标?
9. 解释下列名词:CAI、CAM、CAD、CIMS、AI、字长、主频、运算速度、存储容量、MIPS、GFLOPS。
10. 什么叫显示适配器?简述 CRT 显示器与 LCD 显示器的区别。

第 2 章 操 作 系 统

本章导读 操作系统(Operating System,OS)是计算机系统中最重要的系统软件。了解操作系统的基本概念,掌握常用操作系统的使用方法,是使用其他软件的基础。本章重点介绍操作系统的基础知识和 Windows XP 操作系统的基本操作,并简单介绍 UNIX、Linux 和 Windows 7 操作系统。

2.1 操作系统概述

任何一种计算机都要配置一种或多种操作系统,一个好的操作系统不但能使计算机系统中的硬件和软件资源得到最充分的利用,还能为用户提供一个清晰、简洁、易用的工作界面,操作系统是计算机系统不可缺少的重要组成部分。

2.1.1 操作系统的概念

操作系统是管理和控制计算机软硬件资源,合理组织计算机的工作流程,以便有效地利用这些资源为用户提供功能强大、使用方便和可扩展的工作环境,为用户使用计算机提供接口的程序集合。在计算机系统中,操作系统位于硬件和用户之间(见图 1-21),一方面能向用户提供接口,方便用户使用计算机;另一方面能管理计算机软硬件资源,以便合理地利用它们。

2.1.2 操作系统的发展

最初的计算机并没有操作系统,人们通过各种操作按钮来控制计算机。后来出现了汇编语言,操作人员通过有孔的纸带将计算机指令序列(程序)输入计算机进行编译。这些将语言内置的计算机只能由操作人员自己编写程序来运行,不利于设备和程序的共用。为了解决这些问题,人们开发了操作系统,从而很好地实现了程序的共用,以及对计算机硬件资源的管理,大大提高了工作效率。

操作系统是从 20 世纪 70 年代中期开始出现的。1976 年,美国 Digital Research 公司研制了 8 位 CP/M 操作系统,该系统允许用户通过键盘对系统进行控制和管理,其主要功能是对文件信息进行管理,以实现硬盘文件或其他设备文件的自动存取。

1981 年,IBM 成功地开发了个人计算机,使用 Microsoft 公司的 MS-DOS 操作系统,从此经历了从 1.0 版到 7.0 版的 7 次大版本升级。但是,DOS 操作系统的单用户、单任务、字符界面和 16 位的格局没有变化,因此它对于内存的管理也局限在 64KB 的范围内。与此同时,1981 年,美国 Xerox 公司推出了世界上第一个商用 GUI(图形用户界面)操作系统,用于 Star8010 工作站。当时,Apple Computer(苹果)公司创始人之一的 Steve Jobs,在参观了 Xerox 公司之后,认识到图形用户接口的重要性及广阔的市场前景,开始着手进行自己的 GUI 研发,并于 1983 年研制成功第一个 GUI 系统 Apple Lisa。不久,Apple 又推出第二个系统 Apple Macintosh，这是世界上第一个成功的商用 GUI 系统。Apple 公司在开发 Macintosh 时，出于市场战略上的考虑，只开发了 Apple 公司自己微机上的 GUI 系统，不能兼容于使用 Intel x86 微处理器芯片的计算机。而此时，基于 Intel x86 微处理器芯片的 IBM 兼容微机崭露头角。这样，就给 Microsoft 公司开发 Windows 提供了广阔的空间和市场。

1983 年 Microsoft 公司宣布开始研究 Windows，希望它成为基于 Intel x86 微处理器芯片计算机上的标准 GUI 操作系统，并于 1985 年 11 月发布第一代窗口式多任务操作系统 Windows，使 PC 机开始进入了图形用户界面时代。Windows 1.x 版是一个具有多窗口及多任务功能的版本，但由于当时的硬件平台为 PC/XT，速度很慢，所以 Windows 1.x 版本并未十分流行。1987 年底，Microsoft 公司又推出了 Windows 2.x 版，它具有窗口重叠功能，窗口大小也可以调整，并可把扩展内存作为磁盘高速缓存，从而提高了整台计算机的性能，此外它还提供了众多的应用程序。1990 年，Microsoft 公司推出了 Windows 3.0，它的功能进一步加强，具有强大的内存管理功能，并且提供了数量相当多的 Windows 应用软件，因此成为 386、486 系列微机新的操作系统标准。随后，Windows 发布 3.1 版，并且推出了相应的中文版。3.1 版较之 3.0 版增加了一些新的功能，受到了用户欢迎，是当时最流行的 Windows 版本。1995 年，Microsoft 公司推出的 Windows 95 是一个完全独立的系统，并在很多方面做了进一步的改进，还集成了网络功能和即插即用功能，是一个全新的 32 位操作系统。1998 年，Microsoft 公司推出了 Windows 95 的改进版 Windows 98，Windows 98 的最大特点就是把 Microsoft 的 Internet 浏览器技术整合到了 Windows 98，使得访问 Internet 资源就像访问本地硬盘一样方便，从而更好地满足了人们越来越多的访问 Internet 资源的需要。近几年来，Microsoft 公司又陆续推出了 Windows 2000/XP/2003/Vista/7 等。

Linux 最初由芬兰人 Linux Torvalds 开发，是一个与 UNIX 和 Windows 相媲美的操作系统，具有完备的网络功能，是目前全球最大的一个自由软件。由于源代码开放，激起了全世界计算机爱好者的开发热情，许多人下载该源程序并按自己的意愿完善某一方面的功能，再上传到网络，逐步完善，已成为一个稳定的、有发展前景的操作系统。

2.1.3 操作系统的功能

操作系统把 CPU 的计算能力、内存及外存的存储空间、I/O 设备的信息通信能力及存储器中所存储的文件等都看成计算机系统的资源，并负责管理这些资源，确定各种资源在任何一个时刻应该分配给哪一个作业使用。所以，操作系统的功能特性可以分别从资源管理和用户使用计算机这两个角度进行分析。从用户使用计算机的角度来看，操作系统对用户提供访问计算机资源的接口。从资源管理的角度来看，操作系统对计算机资源进行控制和管理的功能主要分为处理机管理、存储器管理、设备管理和文件管理。

1. 处理机管理

处理机管理主要是指对 CPU 的分配和运行实施有效的控制，在多道程序环境下，对 CPU 的分配和运行是以进程（执行一个程序的活动）为基本单位的，所以对 CPU 的管理即是对进程的管理。CPU 是计算机系统中最重要的硬件资源，任何程序只有占有了 CPU 才能运行，其处理信息的速度比存储器存取速度和外部设备工作速度快，只有协调好它们之间的关系才能充分发挥 CPU 的作用。操作系统可以使 CPU 按预先规定的优先顺序和管理原则,轮流为外部设备和用户服务,或在同一段时间内并行处理多项任务,以达到资源共享,从而使计算机系统的工作效率得到最大限度的发挥。

2. 存储器管理

存储器管理主要是指对内存控制和管理。计算机在处理问题时不仅需要硬件资源,还要用到操作系统、编译系统、用户程序和数据等许多软件资源,而这些软件资源何时调入内存、用户数据存放的位置,都需要由操作系统对内存进行统一的分配和管理,使它们既保持联系,又避免互相干扰。如何合理地分配与使用有限的内存空间,是操作系统对内存管理的一项重要工作。

3. 设备管理

操作系统控制外部设备和 CPU 之间的通道,把提出请求的外部设备按一定的优先顺序排好队,等待 CPU 响应。为提高 CPU 与 I/O 设备之间并行操作的程度,以及协调高速 CPU 和低速 I/O 设备之间的工作节奏,操作系统通常在内存中设定一些缓冲区,使 CPU 与外部设备通过缓冲区成批传送数据。数据传输方式是先从外部设备一次读入一组数据到内存的缓冲区,然后 CPU 依次从缓冲区读取数据,待缓冲区中的数据用完后再从外部设备读入一组数据到缓冲区。这样成组进行 CPU 与输入/输出设备之间的数据交互,减少了 CPU 与外部设备之间的交互次数,提高了运算速度。

4. 文件管理

在计算机系统中,所有程序和数据都以文件的形式存储在外存储器中,需要时由外存调入内存。这些数据通过不同的应用程序产生相应类型的文件并存储在存储设备中,例如,利用 Windows 记事本建立的源程序文件、利用 Excel 创建的表格文件、利用 Flash 建立的 Flash 动画文件或影视文件等。文件管理的目的就是根据用户的要求有效地组织和管理文件的存储空间,为文件访问和保护提供有效的方法和手段,实现按文件名存取,负责对文件的组织及对文件存取权限、打印等的控制。当内存不够用时,能够解决内存扩充问题,即将内存和外存结合起来管理,为用户提供一个容量比实际内存大得多的虚拟存储器。

2.1.4 操作系统的分类

操作系统是计算机系统软件的核心,根据操作系统在用户界面的使用环境和功能特征的不同,有很多分类方法。

1. 按结构和功能分类

按照操作系统的结构和功能的不同,一般可以分为批处理操作系统、分时操作系统、实时操作系统、网络操作系统及分布式操作系统。

1) 批处理操作系统

批处理操作系统(Batch Processing Operating System)的工作方式是:用户将作业交给系统操作员,系统操作员将许多用户的作业组成一批作业,输入到计算机中,在系统中形成一个自动转接的连续的作业流,然后启动操作系统,系统自动、依次执行每项作业。最后由操作员将作业结果交给用户。

2) 分时操作系统

分时操作系统(Time Sharing Operating System)的工作方式是:一台主机连接了若干个终端,每个终端有一个用户在使用。用户交互式地向系统提出命令请求,系统接受每个用户的命令,采用时间片轮转方式处理服务请求,并通过交互方式在终端上向用户显示结果。用户根据上步的结果发出下道命令。分时操作系统将CPU的时间划分成若干个片段,称为时间片。操作系统以时间片为单位,轮流为每个终端用户服务。每个用户轮流使用时间片而使每个用户并不会感到有别的用户存在。

3) 实时操作系统

实时操作系统(Real-Time Operating System)是指使计算机能及时响应外部事件的请求,在严格规定的时间内完成对该事件的处理,并控制所有实时设备和实时任务协调一致工作的操作系统。实时操作系统追求的目标是对外部请求在严格时间范围内做出反应,有高可靠性和完整性。

4) 网络操作系统

网络操作系统(Network Operating System)是在各种计算机操作系统上按网络体系结构协议标准开发的系统软件,包括网络管理、通信、安全、资源共享和各种网络应用。其目标是相互通信及资源共享。网络操作系统除了具有一般操作系统的基本功能之外,还具有网络管理模块。网络操作系统用于多台计算机的硬件和软件资源进行管理和控制。网络管理模块的主要功能是提供高效而可靠的网络通信能力,提供多种网络服务。

5) 分布式操作系统

分布式操作系统(Distributed Operating System)是由多台计算机通过网络连接在一起而组成的系统,系统中任意两台计算机可以通过远程过程调用交换信息,系统中的计算机无主次之分,系统中的资源供所有用户共享,一个程序可分布在几台计算机上并行运行,互相协调完成一个共同的任务。分布式操作系统的引入主要是为了增加系统的处理能力、节省投资、提高系统的可靠性。用于管理分布式系统资源的操作系统称为分布式操作系统。

2. 按用户数目分类

按照支持用户数目的多少,一般将操作系统分为单用户操作系统和多用户操作系统。其中,单用户操作系统分为单用户单任务操作系统和单用户多任务操作系统。

单用户单任务操作系统是指在一个计算机系统内,一次只能运行一个用户程序,此用户独占计算机系统的全部软硬件资源。常见的有MS-DOS、PC-DOS等。

单用户多任务操作系统也是为单用户服务的,但它允许用户一次提交多项任务。常见的有Windows 95、Windows 98等。

多用户操作系统允许多个用户通过各自的终端使用同一台主机,共享主机中各类资源。常见的有Windows NT/2000/2003 Server、UNIX等。

2.2 Windows XP 的运行环境与安装

Windows XP结合了Windows 2000和Windows 98中的许多优秀功能,提供了更高层次的安全性、稳定性和易用性。Microsoft 公司面向不同的用户推出了不同的 Windows XP 版本：Windows XP Home Edition(家庭版)、Windows XP Professional Edition(专业版)和 Windows XP 64-bit Edition(64 位版)等。

2.2.1 Windows XP 的运行环境

推荐采用 Intel Pentium/Celeron 家族、AMD K6/Athlon/Duron 家族或者其他兼容处理器，推荐采用的处理器时钟频率为 300MHz 或者更高，最小需求为 233MHz；128MB 或者更大内存(最小支持 64MB 内存，但会影响执行性能并限制某些功能的使用)；有 1.5GB 的可用磁盘空间；SVGA(800×600)或更高分辨率的视频适配器和监视器；CD-ROM 或者 DVD 驱动器；键盘和鼠标或兼容的指针设备。

2.2.2 Windows XP 的安装

Windows XP 操作系统的安装方式可分为光盘启动安装、升级安装和多系统安装。

1) 光盘启动安装

首先，在 BIOS 中设置启动顺序为光盘优先，然后将 Windows XP 安装光盘插入光驱。计算机从光盘启动后将自动运行安装程序。按照屏幕提示，用户即可顺利完成安装。

2) 升级安装

启动 Windows 9x 或 Windows NT，关闭所有程序。将 Windows XP 光盘插入光驱，系统会自动运行并弹出安装界面，单击"安装 Windows XP"超链接进行安装即可。如果光盘没有自动运行，可双击光盘根目录下的 setup.exe 文件开始安装。

3) 多系统安装

如果需要安装一个以上的 MS 系列操作系统，则按照由低到高的版本顺序安装即可。

2.3 Windows XP 的基本操作

2.3.1 Windows XP 的启动与退出

1. Windows XP 的启动

Windows XP 操作系统安装完成后，启动 Windows XP 操作系统。操作步骤如下：

(1) 打开外设电源开关和主机电源开关。如果计算机中有多个操作系统，如 Windows 2000 和 Windows XP 两个操作系统，则屏幕将显示"请选择要启动的操作系统"界面，选择 Windows XP 操作系统，按回车键。

(2) 进入 Windows XP 操作系统，显示选择用户界面。

(3) 单击用户名，如果没有设置系统管理员密码，可以直接登录系统；如果设置了管理员密码，输入密码，按回车键后即可登录系统。

2. Windows XP 的退出

退出 Windows XP 并关闭计算机不能像开机一样直接关闭计算机电源，应该按照正确的步骤进行，因为 Windows XP 是一个多任务、多线程的操作系统，不正确地关机有时会造成程序数据和处理信息的丢失，影响系统正常运行。在结束 Windows XP 中的工作后，可以用"开始"菜单上的"关闭计算机"命令或按 Alt＋F4 键关闭窗口和程序,屏幕上将出现如图 2-1 所示的对话框。如果还没有保存工作,系统会提醒用户进行保存。

(1) 待机:当用户选择"待机"选项后,系统将保持当前的运行,计算机将转入低功耗状态;当用户再次使用计算机时,在桌面上移动鼠标即可恢复原来的状态。此项通常在用户暂时不使用计算机,而又不希望其他人在自己的计算机上任意操作时使用。

图 2-1 "关闭计算机"对话框

(2) 关闭:结束会话,关闭整个系统。

(3) 重新启动:关闭 Windows XP 并重新启动系统。计算机保存更改的所有 Windows 设置,并将当前存储在内存中的全部信息保存在硬盘,然后重新启动计算机。

2.3.2 Windows XP 的鼠标与键盘操作

使用鼠标是操作 Windows XP 最简便的方式。一般来说,鼠标有左、中、右 3 个按键(有的只有左、右两个按键),中间的按键通常用来滚动显示文档或网页内容。鼠标的基本操作有指向、单击、右击、双击、拖拽等。

下面是有关鼠标操作的常用术语。

(1) 指向:滑动鼠标,使鼠标指针指向某个对象的操作称为鼠标的指向。

(2) 单击:将鼠标的指针指向屏幕上的某个位置,用手指快速按下鼠标左键并立即释放,就是单击鼠标的操作。此操作用来选择一个对象或执行一个命令。

(3) 双击:双击鼠标是指用手指迅速而连续地两次单击鼠标左键。该操作用来启动一个程序或打开一个文件,如快捷方式、文件夹、文档、应用程序等,通常所说的双击也是指快速连续按下鼠标左键两次。

(4) 右击:将鼠标的指针指向屏幕上的某个位置,用手指按下鼠标右键,然后立即释放,就是右击鼠标的操作。当在特定的对象上右击时,会弹出其快捷菜单,从而可以方便地完成对所选对象的操作。不同的对象会出现不同的快捷菜单。

(5) 拖拽:将鼠标指针指向 Windows 对象,按住鼠标左键不放,然后移动鼠标到特定的位置后释放鼠标按键便完成了一次鼠标的拖拽操作。该操作常用于复制或移动对象,或者拖动滚动条与标尺的标杆。

鼠标的指针形状通常是一个小箭头,但在一些情况下,鼠标指针的形状会发生变化。不同的鼠标指针形状所代表的含义不同,如图 2-2 所示。

计算机键盘操作可以分为输入操作和命令操作两种形式。输入操作是用户通过键盘向计算机输入信息,如文字、数据等。命令操作的目的是向计算机发布命令,让计算机执行指定的操作,由系

图 2-2 鼠标指针形状及其含义

统的快捷键来完成,在 Windows XP 中常用的快捷键如表 2-1 所示。

表 2-1　Windows XP 中常用的快捷键

快捷键	作　用
Ctrl+Alt+Del	打开 Windows 任务管理器
Print Screen	复制当前屏幕图像到剪贴板
Alt+Print Screen	复制当前窗口、对话框或其他对象到剪贴板
Alt+Tab	切换窗口
Alt+F4	关闭活动项或者退出活动程序

2.3.3　Windows XP 的桌面

1. 桌面的组成

Windows XP 启动成功之后,呈现在用户面前的整个屏幕就是桌面,如图 2-3 所示。Windows XP 的桌面由"开始"按钮、工作区、快捷方式图标、任务栏等元素组成。

图 2-3　Windows XP 的桌面

1)"开始"按钮和"任务栏"

位于 Windows 桌面最下部的是任务栏,其左侧是"开始"按钮,右边是公告区,包括快速启动按钮、打开的应用程序图标、可以运行的应用程序按钮(如网络本地连接图标、防火墙、杀毒软件启动图标等)和系统时间等。

2) 桌面图标

Windows 桌面上的图标表示文件、文件夹或程序快捷方式。

Windows XP 桌面上的图标一般包括:

(1) 我的文档。用来存放用户创建的文档,这些文档实际存放在"My Documents"文件夹中,它使用户可更加方便地存取经常使用的文件。

(2) 我的电脑。用于查看并管理本地计算机的所有资源,进行文件、文件夹操作。

(3) 网上邻居。计算机与网络相连接时,利用"网上邻居"查看并使用网络中的资源。

(4) 回收站。"回收站"是系统在硬盘中开辟的专门存放被删除文件和文件夹的区域。

(5) Internet Explorer。Internet Explorer 简称 IE 浏览器,是一个集成的 Internet 套件,主要用来进行 Web 浏览。

2. 图标的操作

对 Windows XP 桌面图标的操作主要有添加新图标、删除图标、排列图标、利用桌面上的图标启动程序等。

1) 添加文件(夹)图标

可以从别的地方通过鼠标拖动的方法创建一个新图标,也可以通过右键单击(右击)桌面空白处创建新图标。例如,要在桌面上建立一个文件夹图标,可以右击桌面空白处,在弹出的快捷菜单中选择"新建"→"文件夹"命令,在出现的文件夹图标名称处输入文件夹名即可。建立空白文件的方法类似文件夹图标的添加方法。

2) 添加快捷方式图标

快捷方式是显示在 Windows 桌面上的一个图标,双击这个图标可以迅速而方便地运行一个应用程序。实际上,快捷方式是一种特殊的 Windows 文件(扩展名为 .lnk),每个快捷方式都与一个具体的应用程序、文档或文件夹相关联。对快捷方式的改名、移动、复制或删除只影响快捷方式文件,而快捷方式所对应的应用程序、文档或文件夹不会改变。

例 2-1 在桌面上建立一个"画图"应用程序的快捷方式图标,利用"画图"快捷方式启动画图程序。

创建或修改快捷方式图标可以使用下列方法之一。

(1) 创建快捷方式的步骤:右击桌面空白处,在弹出的快捷菜单中选择"新建"→"快捷方式"命令,在出现的图 2-4 所示的对话框中单击"浏览"按钮来确定或者直接输入要创建快捷方式的文件或文件夹的位置。单击"下一步"按钮,在"选择程序标题"对话框中输入快捷方式的名称,单击"完成"按钮即可。

(2) 修改快捷方式属性:右击快捷方式图标,选择快捷菜单中的"属性"命令,在弹出的属性对话框中进行修改属性操作。

图 2-4 "创建快捷方式"对话框

(3) 将要建立快捷方式的对象直接拖到桌面上也可以创建快捷方式。

3) 删除图标

右击某图标,从快捷菜单中选择"删除"命令或直接拖动对象到"回收站"。

例 2-2 删除"画图"快捷方式图标,然后再还原或彻底删除"画图"快捷方式图标。

(1) 删除图标的方法:右击"画图"快捷方式图标,从快捷菜单中选择"删除"命令或直接拖动"画图"快捷方式图标到"回收站"。

(2)"回收站"的使用:双击打开"回收站"窗口,选定"画图"快捷方式图标,单击"文件"→"还原"菜单命令还原对象;使用"文件"→"删除"菜单命令或按 Delete 键可以彻底删除对象,如图 2-5 所示;使用"文件"→"清空回收站"菜单命令则删除全部对象。

注意:在"回收站"删除的对象不能再恢复。

4) 排列图标

图标的排列方式有按名称、大小、类型和修改时间等几种。

例 2-3 按名称、大小重新排列桌面上的图标。

排列图标的操作步骤:右击桌面空白处,从快捷菜单中选择"排列图标"下级菜单中的排列方式即可,如图 2-6 所示。若取消"自动排列",可把图标拖到桌面上的任何地方。

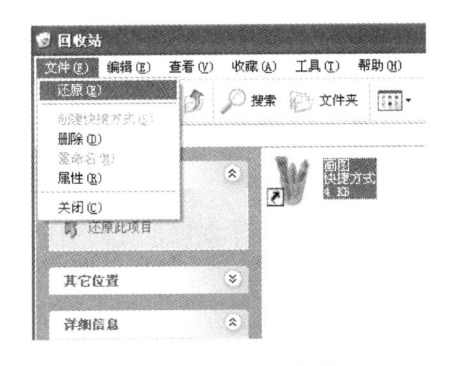

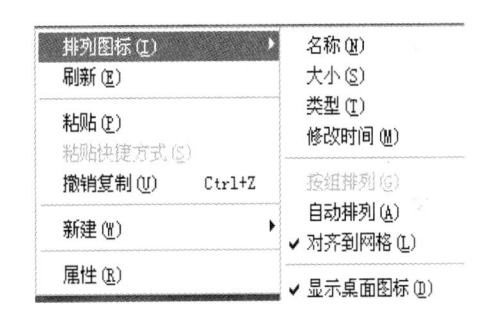

图 2-5 "回收站"的使用　　　　图 2-6 "排列图标"快捷菜单

3. 任务栏的操作

Windows 桌面的最下端是任务栏,其左边是"开始"按钮,之后是"快速启动"按钮,右边是公告区,用于显示计算机的系统时间和输入法按钮等,中部显示出正在使用的各应用程序的图标,单击某个应用程序图标即可将其设置为当前任务,对应的应用程序图标凹陷显示,如图 2-7 所示。

图 2-7 任务栏

对任务栏的操作主要有调整任务栏的大小、设置任务栏的属性、取消或添加子栏、利用任务栏切换窗口等。

例 2-4 按照下列方法或步骤完成:改变任务栏的大小,将其定位到桌面顶部,取消"快速启动"子栏,并将任务栏设置为自动隐藏。

(1) 调整任务栏的大小:通常情况下任务栏的高度只能容纳一行按钮。可以将鼠标指向任务栏与桌面交界处,指针形状为垂直箭头时拖动鼠标。

(2) 调整任务栏的位置:默认情况下任务栏位于屏幕的底部,也可以将任务栏移动到屏幕的顶部或两侧。操作方法:在任务栏的空白处按下鼠标左键沿 45°方向拖拽鼠标到相邻的桌面边框即可。

(3) 设置任务栏的属性：右击任务栏的空白处，在弹出的快捷菜单中选择"属性"命令，将会显示"任务栏和开始菜单属性"对话框，在此对话框中可以设置"自动隐藏任务栏"、"将任务栏保持在其他窗口的前端"、"分组相似任务栏按钮"、"显示时钟"等属性。将任务栏设置为"自动隐藏"时，把鼠标移到屏幕的底部，任务栏会自动弹出。

(4) 取消或添加子栏：右击任务栏空白处，在弹出的快捷菜单中选择"工具栏"菜单的下一级菜单，选择需要添加或取消的子栏。

4. "开始"菜单

Windows 中最基本的操作是运行程序或打开文档，单击或右击"开始"按钮将执行不同的任务。

1) "开始"菜单

单击"开始"按钮（或按 Ctrl+Esc 组合键）后，屏幕上出现如图 2-8 所示的"开始"菜单，"开始"菜单大体上由四部分组成：

(1) 顶部标明了当前登录计算机系统的用户账号，可以单击修改账号。

(2) 中部是用户的主要工作区，分为两个部分：左侧是用户常用的应用程序的快捷启动项，单击它们可以快速启动这些应用程序；右侧是系统控制工具菜单区域，主要项目有"我的文档"、"我的电脑"、"控制面板"、"帮助和支持"、"搜索"和"运行"等。通过这些菜单项，可以对计算机进行操作与管理。

图 2-8 "开始"菜单

(3) "所有程序"菜单项中包含计算机系统中安装的全部应用程序。

(4) 下部是计算机控制菜单区域，包含"注销"和"关闭计算机"两个按钮，用户可以单击它们完成注销和关闭计算机的操作。表 2-2 列出了"开始"菜单各个命令的作用。

表 2-2 "开始"菜单各个命令的作用

命　　令	作　　用
所有程序	显示可运行程序的清单
我最近的文档	显示以前打开过的文档清单
控制面板	修改系统软硬件配置
搜索	搜索文件夹、文件、计算机或邮件信息
帮助和支持	启动"Windows 帮助系统"
运行	以 MS-DOS 命令行的方式键入命令运行程序
注销	关闭当前用户账户，以另一用户身份重新登录
关机	关闭、重新启动计算机或者待机

2)"开始"快捷菜单

右击"开始"按钮后,将显示其快捷菜单,如图2-9所示。用户可以根据需要选择其中的菜单命令。表2-3列出了常用命令的功能解释。

表2-3 "开始"快捷菜单常用命令

命令	作用
打开	打开"程序"的窗口
资源管理器	进入Windows XP资源管理器
搜索	搜索文件夹、文件、计算机或邮件信息

图2-9 "开始"快捷菜单

3)"开始"菜单的管理

用户可以根据自己的需要设置和管理"开始"按钮。把经常使用的程序放在"开始"菜单中,通过"开始"菜单就可以方便地运行它们。当然,也可以把常用的程序、文件(夹)和文档做成快捷方式放在Windows桌面上,但Windows桌面不是任何时候都可见的,有时某些窗口可能会覆盖在要使用的快捷方式上,而"开始"按钮却始终可以打开。

2.3.4 Windows XP的窗口与对话框

1. 窗口

窗口就是计算机显示屏幕上用于查看或处理应用程序和文档的一个矩形区域。Windows XP的窗口分为应用程序窗口和文档窗口两种。

1)窗口的组成

图2-10是一个典型的Windows XP应用程序窗口,包括控制菜单图标、标题栏、菜单栏、工具栏、工作区、状态栏、垂直与水平滚动条和窗口边框等。其中,标题栏位于窗口的顶

图2-10 一个典型的窗口

端,标明了窗口的名称。Windows XP 允许同时打开多个窗口,但在所有打开的窗口中只有一个当前活动窗口。活动窗口的标题栏以醒目的颜色显示。

2) 窗口的操作

对窗口的操作主要有窗口大小和位置的改变、关闭、多窗口的排列和切换等。

例 2-5 按照下列操作方法和要求完成:同时打开"我的电脑"、"我的文档"和"画图"程序窗口,改变窗口尺寸为任意大小,层叠排列、横向平铺窗口并进行窗口的切换。

① 控制菜单图标:控制菜单图标是位于标题栏左侧的一个标识该应用程序的小图标。单击控制菜单图标,显示窗口控制菜单,双击控制菜单图标直接退出应用程序。

② 最小化、最大化(还原)、关闭窗口:单击标题栏右侧对应的按钮或选择"控制菜单"中相应的命令,使窗口最小化、最大化(还原)、关闭(按 Alt+F4 键)。窗口最小化后并未退出该应用程序,单击任务栏上对应的应用程序图标,可以还原窗口,而关闭窗口则会退出对应程序。

③ 移动窗口:用鼠标拖动窗口标题栏可以移动窗口的位置,或选择"控制菜单"→"移动"菜单命令,使用键盘方向按键移动窗口的位置。

④ 调整大小:鼠标指向窗口边框或窗口角,指针形状为双向箭头时拖动鼠标可以改变窗口的大小,或选择"控制菜单"→"大小"命令,使用键盘方向键改变窗口的大小。

⑤ 排列窗口:打开多个窗口时,可以改变窗口的排列方式。窗口排列有层叠窗口、横向平铺窗口、纵向平铺窗口三种方式。方法是右击任务栏,在弹出的任务栏快捷菜单中选择所需的排列方式。

⑥ 多窗口之间的切换:如果同时启动多个应用程序,它们各自在任务栏上都将显示一个应用程序图标。在所有打开的应用程序中,只有一个是当前正在使用的,称为"当前应用程序",对应窗口即为当前活动窗口,当前应用程序的图标在任务栏中呈凹陷状态,该程序的窗口显示在其他程序窗口的上方,其余应用程序的图标呈凸出状态。当需要改变当前活动窗口时,只要在任务栏单击对应图标或者单击该窗口的任何可见部分即可。

2. 对话框

对话框是应用程序与用户进行交互的基本界面之一。常见对话框的组成如图 2-11 所示。对话框中的组件有文本框、下拉列表框、单选按钮、复选框、命令按钮等。

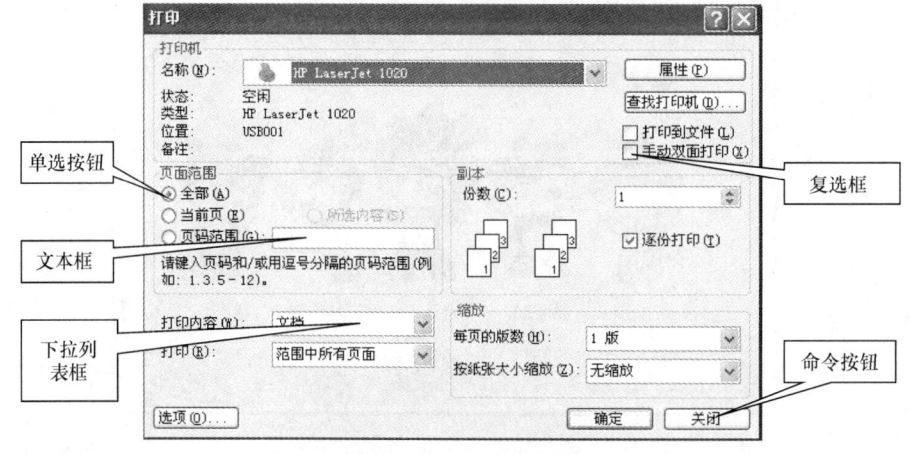

图 2-11 对话框示例

例 2-6 启动"写字板"应用程序,输入文字后,选择"文件"→"保存"菜单命令保存文件。选择"文件"→"页面设置"菜单命令和"文件"→"打印"菜单命令进行页面设置和打印设置。

该例涉及了对话框中的文本框、列表框、下拉列表框、单选按钮、复选框、标签等组件的使用。这些组件的含义如表 2-4 所示。

表 2-4 对话框中的组件及其使用

名 称	使 用 方 法
文本框	用于输入文字信息。当鼠标移至文本框时,鼠标指针变成 I 形状,鼠标在文本框内单击,在单击处显示一个闪烁的光标即插入点,这时在此处输入文字信息
单选按钮	用来在一组可选项中选择其中一个。单选按钮的选项前有一个圆圈,被选择的选项前圆圈中间有一个圆点,用鼠标单击圆圈可以改变选择
复选框	用来在一组可选项中选择其中若干个。复选框的选项前有一个方框,被选择的选项前方框中有一个对号"√",用鼠标单击方框可以改变选择
命令按钮	单击命令按钮就表示要执行该项操作
列表框	用来在对象(如文件、字体等)列表中选择其中一个。如果列表框容纳不下所显示的对象,列表框还会有滚动条
下拉列表框	也是一种列表框,只是其列表平时是收缩起来的。当用鼠标单击其右侧的"▼"按钮,列表框才会显示出来
标签	单击标签,弹出对应的选项卡
"?"按钮	单击标题栏中的"?"按钮,可以在对话框中获得帮助信息

2.3.5 Windows XP 的菜单与工具栏

1. 菜单

1) 菜单的形式

除了开始菜单外,Windows XP 还提供了应用程序菜单、控制菜单和快捷菜单三种菜单形式。

(1) 应用程序菜单。

应用程序的菜单栏提供了该应用程序的基本操作命令。菜单栏由若干个菜单项组成,每个菜单项都有对应的一个下拉式菜单,下拉式菜单由若干个与菜单项相关的菜单命令组成。执行菜单命令时,单击菜单项,或在打开菜单后,按菜单命令项后面带下划线的字母键,或直接按快捷键。

(2) 控制菜单。

应用程序窗口、文档窗口都有控制菜单图标,控制菜单图标位于窗口标题栏的左侧,主要提供了窗口的移动、最大化、最小化及关闭等功能。

(3) 快捷菜单。

快捷菜单是 Windows XP 提供给用户的一种即时菜单,它为用户的操作提供了更为简单、快捷的工作方式。当鼠标指向某一对象,右击鼠标后屏幕将显示快捷菜单。快捷菜单中的菜单命令是根据当前的操作状态而定的,操作对象不同,环境状态不同,快捷菜单也有所不同。

2)菜单的约定

在菜单中用一些特殊符号或显示效果来标识菜单命令的状态,如表2-5所示。

表2-5 命令项及其说明

命 令 项	说　　　明
分隔横线	表示菜单命令的分组
灰色菜单命令	表示在目前状态下该命令不可用
省略号…	执行后会显示一个对话框
选择符√	选择标记,有此标记表示该命令项有效,正处于被选中使用状态
选择符●	分组菜单中有此标记,表示处于被选中使用状态
箭头▶	该菜单命令还有下一级子菜单
组合键	按下组合键直接执行相应命令

3)菜单的基本操作

菜单的基本操作有打开菜单、选中菜单项和撤消菜单等。

(1)打开菜单和选中菜单项:用鼠标单击窗口中菜单栏上的菜单名,就会打开该菜单,用鼠标单击菜单项来选中该项,也可以按方向键将光标亮条移到菜单项上,然后按回车键来选中。

(2)撤消菜单项选择:打开菜单以后,如果不想选取菜单项,则可以在菜单框外的任何位置上单击鼠标,撤消该菜单。

2. 工具栏

Windows XP应用程序窗口通常都有工具栏,它由一系列图标按钮组成(称为工具按钮)。当鼠标指针停留在工具栏的某个工具按钮上时,将显示该按钮的功能提示。工具栏上工具按钮的功能一般在菜单中都有对应的命令,单击这些工具按钮可以快速、方便地完成菜单命令的执行。

在Windows XP操作系统界面下,选择"查看"→"工具栏"菜单命令,可以列出所有工具栏的名称。如果该工具栏左侧有"√"表示该工具栏被选中并显示,取消"√",可隐藏该工具栏。

2.3.6 Windows XP应用程序的启动与关闭

1. 应用程序的启动

在Windows XP中,启动应用程序有多种方法,下面介绍几种最常用的方法。

(1)利用桌面上的图标启动程序。用鼠标双击桌面上相应的应用程序图标即可启动该程序。

(2)利用"开始"→"所有程序"菜单启动程序。例如,启动"写字板"程序:选择"开始"→"所有程序"→"附件"→"写字板"命令。

(3)利用"开始"→"运行"命令启动程序。对于运行次数较少的应用程序或者该应用程序不在"程序"菜单中,可以使用"开始"→"运行"命令来启动该应用程序,如图2-12。

(4) 通过浏览驱动器和文件夹启动应用程序。启动"我的电脑"或Windows资源管理器,浏览驱动器和文件夹,找到要启动的应用程序文件,然后双击启动。例如,要启动Microsoft Word进行文字处理,可以双击桌面上的"我的电脑"图标,打开"我的电脑"窗口,依次双击打开C盘、Program Files文件夹、Microsoft Office文件夹、Office文件夹,在Office文件夹中双击Winword.exe就可以启动Microsoft word(假定Microsoft word默认安装在C:\Program Files\Microsoft Office\Office文件夹中,程序名为Winword.exe)。

图2-12 "运行"对话框

(5) 利用"开始"→"我最近的文档"菜单命令。对于最近处理过的文档文件,Windows XP将其记录在"开始"→"我最近的文档"中。通过选择"开始"→"我最近的文档"菜单命令,在级联菜单中单击要处理的文档文件名,就可以运行处理该文档的应用程序,并对该文档进行处理。

2. 应用程序的关闭

关闭应用程序也有多种方法,下面是几种常用的方法。

(1) 单击应用程序窗口右上角的"关闭"按钮。

(2) 双击应用程序窗口左上角的控制菜单图标,或按Alt+F4组合键。

(3) 单击应用程序窗口左上角的控制菜单图标中的"关闭"菜单命令。

(4) 在应用程序的"文件"菜单上选择"关闭"或"退出"命令。

(5) 当某个应用程序不再响应用户的操作时,可以按Ctrl+Alt+Del键,在弹出的如图2-13所示的"Windows任务管理器"窗口中选中要关闭的应用程序再单击"结束任务"按钮即可。

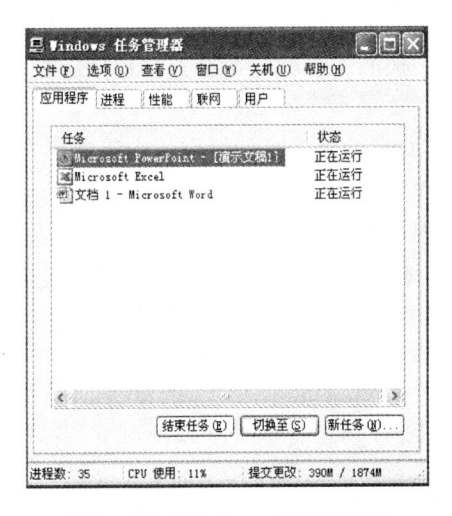

图2-13 Windows任务管理器

2.3.7 剪贴板的使用

1. 利用"剪贴板"进行信息传送

"剪贴板"是Windows为应用程序之间相互传送信息提供的一个缓存区,关闭计算机或退出系统时,"剪贴板"中的内容即丢失。利用剪贴板可以进行对象的复制和移动。

(1) 复制信息:复制信息时应用程序把所选定的信息复制到"剪贴板"上,原位置上的信息仍保留。在应用程序中一般都是通过选择"编辑"→"复制"菜单命令,或单击"常用"工具栏的"复制"按钮来完成。

(2) 剪切信息:剪切信息时应用程序把所选定的信息移动到"剪贴板"上,并在原位置删除它。在应用程序中一般都是通过选择"编辑"→"剪切"菜单命令,或单击"常用"工具栏的"剪切"按钮完成。

(3) 粘贴信息:粘贴信息时应用程序把"剪贴板"上的信息复制到指定的位置上,"剪贴板"上的内容仍然保留。在应用程序中一般都是通过选择"编辑"→"粘贴"菜单命令,或单击"常用"工具栏的"粘贴"按钮来完成。

2. 保存屏幕、窗口内容到剪贴板

例 2-7 新建写字板文件,分别将 Windows 屏幕和当前活动窗口复制到文件中。
操作方法要点:
(1) 利用键盘上的 PrintScreen 键和 Alt+PrintScreen 键复制屏幕和活动窗口到"剪贴板"。
(2) 利用"编辑"→"粘贴"命令复制到写字板文件中。

3. 剪贴板查看程序

Windows XP 提供了剪贴板查看程序。利用剪贴板查看程序可以查看剪贴板中的内容,可以将剪贴板的内容存入某剪贴板文件,也可以将某剪贴板文件中的内容装入剪贴板。

通过选择"开始"→"运行"菜单命令,在弹出的运行对话框中输入"clipbrd.exe"并单击"确定"按钮可运行剪贴板查看程序。

(1) 查看剪贴板内容:打开剪贴板查看程序后,剪贴板的内容就显示在其窗口中。使用"查看"菜单项可以用各种格式显示剪贴板的信息。

(2) 将剪贴板的内容保存到文件:可以将剪贴板的内容保存在剪贴板文件中以备后用,剪贴板文件的扩展名为 .CLP。保存时选择"文件"→"另存为"菜单命令,在显示的"另存为"对话框中确定保存位置,输入文件名,单击"确定"按钮即可保存。

(3) 使用剪贴板文件。可以将所保存剪贴板文件的内容装入剪贴板以供使用。选择"文件"→"打开"菜单命令,在"打开"对话框中选定剪贴板文件,单击"确定"按钮。

2.3.8 Windows XP 中文输入方法

1. 中文输入法的选择

中文 Windows XP 系统在默认状态下,为用户提供了全拼、双拼、区位、智能 ABC 及郑码等多种汉字输入方法。在任务栏右侧的公告区显示有输入法图标,如图 2-14 所示。默认输入法是英语(美国)输入法,用户可以使用鼠标或键盘选用、切换不同的汉字输入法。

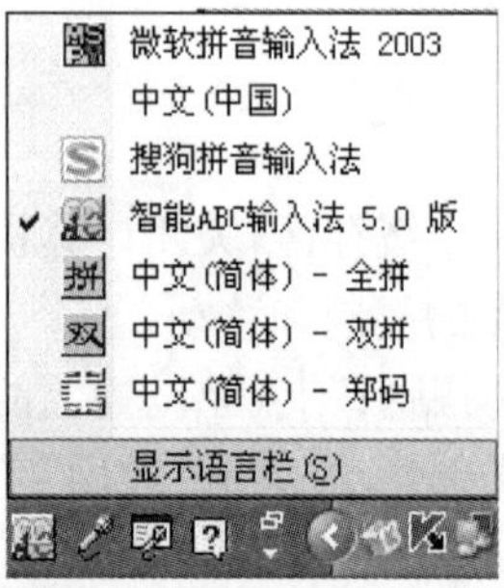

1) 鼠标法

用鼠标单击任务栏右侧的输入法图标,将显示输入法菜单,在输入法菜单中选择要使用的输入法图标即可改变输入法,同时显示该输入法状态栏。

2) 键盘切换法

(1) 按 Ctrl+Shift 组合键切换输入法:每按一次 Ctrl+Shift 键,系统按照一定顺序切换到下一种输入法。

图 2-14 输入法图标与菜单

(2) 按 Ctrl+Space 键启动或关闭所选的中文输入法,即完成中英文输入法的切换。

2. 汉字输入法状态的设置

图 2-15 是智能 ABC 输入法的状态栏,从左至右各按钮名称依次为:中文/英文切换按钮、输入方式切换按钮、全角/半角切换按钮、中文/英文标点符号切换按钮和软键盘按钮。

(1) 中文/英文切换:中文/英文切换按钮显示 A 时表示英文输入状态,显示输入法图标时表示中文输入状态。用鼠标单击可以切换这两种输入状态。

(2) 全角/半角切换:全角/半角切换按钮显示一个满月表示全角状态,半月表示半角状态。在全角状态下所输入的英文字母或标点符号占一个汉字的位置。用鼠标单击可以切换这两种输入状态。

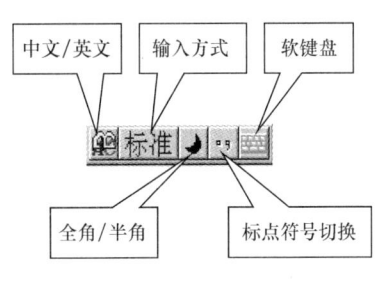

图 2-15 输入法状态栏

(3) 中文/英文标点符号切换:中文/英文标点符号切换按钮显示"。"表示中文标点状态,显示"."表示英文标点状态。各种汉字输入法规定了在中文标点符号状态下英文标点符号按键与中文标点符号的对应关系。例如,智能 ABC 输入法的中文标点状态下,输入"\"得到的是"、"号,输入"〈"得到的是"《"号。用鼠标单击可以切换这两种输入状态。

(4) 软键盘。例如,智能 ABC 输入法提供了 13 种软键盘,使用软键盘时仅用鼠标就可以输入汉字、中文标点符号、数字序号、数字符号、单位符号、外文字母和特殊符号等。

右击输入法状态栏的"软键盘"按钮,可以显示软键盘菜单,单击其中一项即可将其设置为当前软键盘。单击输入法状态栏的"软键盘"按钮,可以显示或隐藏当前软键盘。软键盘菜单与软键盘如图 2-16 所示。

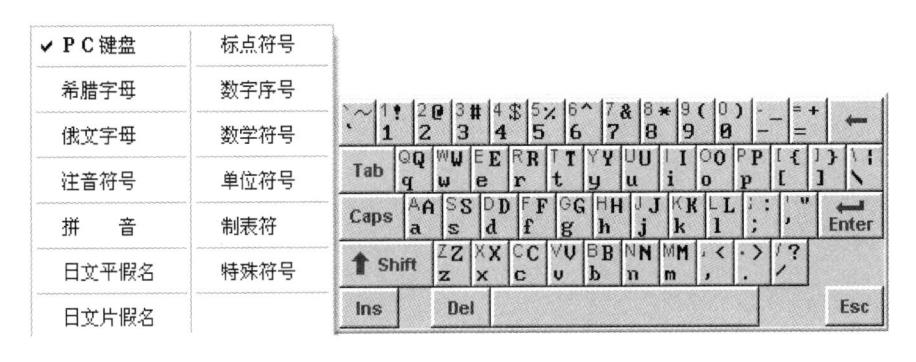

图 2-16 软键盘菜单与软键盘

3. 汉字输入的过程

(1) 选择中文输入法。

(2) 输入汉字编码。输入汉字时应在英文字母的小写状态。当输入了对应汉字的编码时,屏幕将显示输入窗口,输入后按空格键,屏幕将显示出该汉字编码的候选汉字窗口,如果汉字编码输入有错,可以用退格键修改,用 Esc 键放弃。

(3) 选取汉字。对显示在候选汉字窗口中的汉字,使用所需汉字前的数字键选取,候选汉字中的第一个汉字也可以用空格键选取。如果当前列表中没有需要的汉字,可以使用"＋"键向后翻页,用"－"键向前翻页,也可以单击候选汉字窗口中的"下一页"或"上一页"按钮进行翻页,直至所需汉字显示在候选汉字窗口中。

4. 智能 ABC 输入法

智能 ABC 输入法是 Windows XP 中一种比较优秀的输入法,它提供了标准(全拼)和双打两种输入方式,使用灵活方便。智能 ABC 输入法提供了一个颇具"智能"特色的中文输入环境,可以对用户一次输入的内容自动进行分词,并保存到词库中,下次可以按词组输入。

(1) 单字输入。按照标准的汉语拼音输入所需汉字的编码,其中 ü 用 v 代替。

(2) 词组输入。将词组中每个汉字的全拼连在一起就构成了该词的输入编码,如特殊(teshu)、计算机(jisuanji)、举一反三(juyifansan)等。由于某些汉字、词组的全拼连在一起后系统无法正确识别分词,如要输入"长安"两个汉字,若输入编码"changan",系统将理解为"产"等单字。为此,可以使用隔音符号"'",输入编码"chang'an"即可得到"长安"两个汉字。在输入词组或语句时,如果系统无法正确分词,可以使用退格键"←"强制分词。对于已有的词组,输入时可以只输入其各字的第一个字母,如计算机(jsj)、中华人民共和国(z'hrmghg)等。

2.3.9 Windows XP 帮助系统

Windows XP 为用户提供了一个易于使用和快速查询的联机帮助(Help)系统。通过帮助系统可以获得使用 Windows XP 及其应用程序的有关信息。

1. 获取帮助的方法

获取帮助经常使用以下四种方法:
(1) 选择"开始"→"帮助和支持"菜单命令。
(2) 选择应用程序的"帮助"菜单,获取该应用程序及其操作的帮助信息。
(3) 按 F1 键获取该应用程序的帮助信息。
(4) 在应用程序中使用常用工具栏所提供的"Office 助手"等按钮,获取屏幕各对象及其操作的帮助信息。

2. Windows XP 帮助形式

选择"开始"→"帮助和支持"菜单命令,即可打开 Windows XP 帮助窗口。若要浏览不同的帮助主题,可在"选择一个帮助主题"选项区中选择一个帮助内容。若要通过一个特定的词或词组来搜索相关的帮助信息,则可以在"搜索"文本框中输入所要查找的内容,并单击"开始搜索"按钮。若要查看帮助内容的索引列表,可单击工具栏上的"索引"按钮,在打开的窗口中输入要查询的内容,然后单击"显示"按钮,相关的帮助信息会显示在右侧的显示区域中。在帮助信息显示区域的末尾还有"请求帮助"和"选择一个任务"选项区,单击相关超链接,可以得到其他相关的帮助。

2.4　Windows XP 的文件管理

Windows XP 中,管理文件(夹)的工作主要由"Windows 资源管理器"和"我的电脑"完成。

2.4.1　文件和文件夹的概念

1. 文件的概念

文件是一组被命名的、存放在存储介质上的相关信息的集合。Windows XP 操作系统将各种程序和文档以文件的形式进行管理。

2. 文件的命名

Windows XP 按照文件名来识别、存取和访问文件。文件名由文件主名和扩展名(类型符)组成,两者之间用"."分隔。文件主名一般由用户自己定义,文件的扩展名标识了文件的类型和属性,一般都有比较严格的定义。

为便于查找文档,可以使用具有描述性的长文件名,文件的完整路径(包括服务器名称、驱动器号、文件夹路径、文件名和扩展名)。Windows XP 中文件名的命名规则如下:

(1) 文件名的长度最大可以达到 255 个 ASCII 字符。

(2) 这些字符可以是字母、空格、数字、汉字或一些特定符号;英文字母不区分大小写,但不能包含以下字符:斜杠(/)、反斜杠(\)、大于号(>)、小于号(<)、星号(*)、问号(?)、引号(")、竖线(|)、冒号(:)。

(3) 忽略文件名开头和结尾的空格。

(4) 在长文件名中可以包含多个文件扩展名。

为了能使 Windows XP 中的文件也能在 DOS 下处理,Windows XP 设计了 Windows XP 文件名与 MS-DOS"8.3"结构文件名的转换规则:

如果文件名长度大于"8.3"结构的规定,将把文件名的前 6 个非空格字符作为"8.3"文件名的前 6 个字符,而第 7、8 个字符规定为"~"和一个数字,因而保证了在文件名转换时即使有多个文件名的前 6 个字符相同也不会发生冲突。

如果长文件名中包含 MS-DOS 文件名规定的非法字符,如多个间隔符"."和空格等,转换后这些非法字符将被去掉。

3. 文件类型和文件图标

文件都包含着一定的信息,其不同的数据格式和意义使得每个文件都具有某种特定的文件类型。Windows 利用文件的扩展名来区别每个文件的类型。

在 Windows 中,每个文件在打开前是以图标的形式显示的。每个文件的图标可能会因其类型不同而有所不同,而系统正是以不同的图标来向用户提示文件的类型。Windows XP 能够识别大多数常见的文件类型,其中一些基本类型如表 2-6 所示。

表 2-6 文件基本类型及其扩展名

文件类型	扩展名	文件类型	扩展名
命令程序	.COM	帮助文件	.HLP
可执行程序	.EXE	位图图像	.BMP
纯文本文件	.TXT		

4. 文件夹的概念

为了能对磁盘中数量庞大的文件进行有效、有序地管理,Windows XP 继承了 DOS 的目录概念,将其称为文件夹。文件夹的内容就是存储在该文件夹下的文件和下级文件夹。Windows 系统通过文件夹名来访问文件夹。

有了文件夹,文件就可以分文件夹存放。当需要搜索一个文件时,在所对应的文件夹中搜索即可,而不是在整个磁盘中搜索,这样就大大减少了检索工作的盲目性,提高了检索效率。如果把磁盘看作一个文件柜,那么文件夹就像分类文件的标签。

Windows 中的文件夹不仅表示目录,还可以表示驱动器、设备、"公文包"甚至是通过网络连接的其他计算机。

2.4.2 "我的电脑"与"资源管理器"窗口

1. "我的电脑"窗口

"我的电脑"是磁盘驱动器及其他硬件的管理工具,使用它可以简洁而直观地管理驱动器上的文件(夹)。在"我的电脑"窗口中包含用户计算机上的所有驱动器、控制面板等图标。单击某个图标可以在"我的电脑"左边栏目中显示该图标的提示信息。双击相应的图标即可进一步浏览特定驱动器中的文件(夹)。例如,双击桌面上的"我的电脑"图标,屏幕上将显示"我的电脑"窗口,如图 2-17 所示。双击 C 盘图标时,将打开另外一个窗口,显示 C 盘驱动器中的文件夹和文件信息。

2. "资源管理器"窗口

Windows XP 的资源管理器,主要用于搜索、复制和移动文件(夹),格式化磁盘,以及执行其他资源管理的任务。

1) 启动资源管理器

启动资源管理器有多种方法。常用的有三种方法:

(1) 选择"开始"→"所有程序"→"附件"→"Windows 资源管理器"菜单命令。

(2) 右击"开始"按钮,在其快捷菜单中选择"资源管理器"。

(3) 单击"我的电脑"窗口中的"文件夹"工具按钮。

启动资源管理器后,显示如图 2-18 所示窗口。

2) 左右窗格的大小

"资源管理器"窗口工作区包含了两个小区域。左边小区域称为文件夹区,它以树形结构表示了桌面上的所有对象,包括桌面、我的电脑、网上邻居、回收站和各级文件夹等对象;

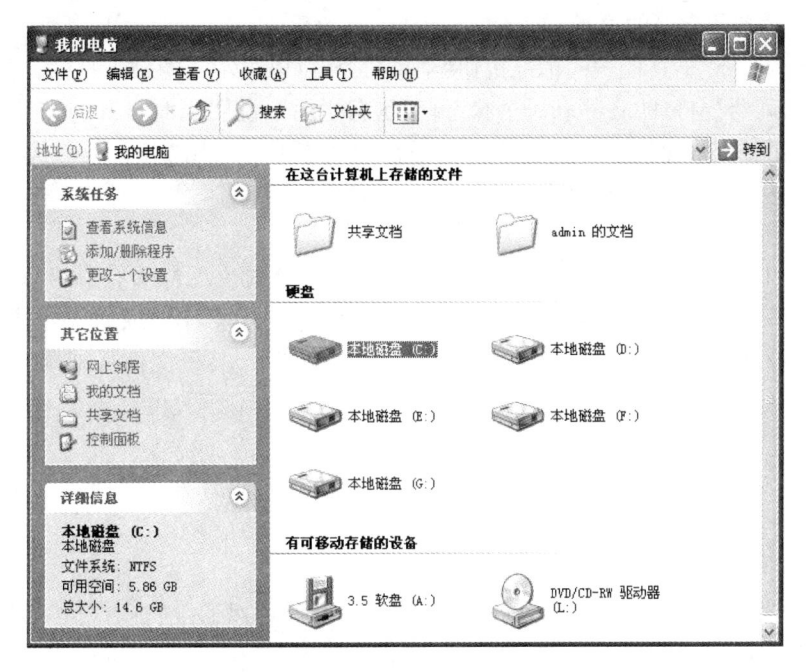

图 2-17 "我的电脑"窗口

图 2-18 "资源管理器"窗口

右边小区域称为内容区,它显示出左边小窗口被选定文件夹(文件夹呈打开状)的内容。可以用鼠标光标拖动左右区域之间的分隔线调整左右窗口的大小。

被选定文件夹的图标及描述则显示在地址栏的文本框中。当文件夹区不能显示完整的树形结构,或者内容区不能显示全部内容时,可以利用滚动条显示所需的内容。

3) 隐藏(显示)文件(夹)

在内容区查看文件信息时,可能某些类型的文件被隐藏,如果要使其显示,可以通过"工具"→"文件夹选项"菜单命令选择是否显示。

4）工具栏和状态栏的显示和隐藏

选择"查看"→"工具栏"→"标准按钮"菜单命令，可以显示或隐藏工具栏。

"资源管理器"窗口的底部有一个状态栏，状态栏用于说明当时打开的文件夹中的对象个数，所占用的磁盘空间容量，以及剩余的磁盘空间容量。利用"查看"→"状态栏"菜单命令，可以选择状态栏的显示与否。

5）扩展和收缩文件夹树

在图 2-18 所示的资源管理器窗口的文件夹区中，文件夹图标前有"＋"号，表示该文件夹中所含的子文件夹没有被显示出来（称为收缩），单击"＋"号，其子文件夹结构就会显示出来（称为扩展），"＋"同时变成了"－"。类似地，单击"－"号，其子文件夹结构就会被隐藏起来，"－"同时变成了"＋"。

6）文件（夹）显示方式

文件（夹）显示方式有缩略图、平铺、图标、列表、详细资料等方式。通过"查看"菜单项可以选择显示方式。

7）文件（夹）的排列次序

按名称、类型、大小和日期四种次序显示文件信息。可以通过"查看"→"排列图标"菜单命令选择显示次序，也可以在详细资料显示方式下单击对应项目名称进行选择。

2.4.3 文件和文件夹的管理

Windows XP 能够对文件（夹）进行选择、创建、修改、复制、移动和删除等操作。

1. 创建新文件夹

打开要创建文件夹的父文件夹，然后选择"文件"→"新建"→"文件夹"菜单命令，或在文件夹内容区的空白处右击鼠标，在其快捷菜单中选择"新建"→"文件夹"菜单命令。

2. 选择文件（夹）

在 Windows 中，一般都是先选定要操作的对象，再对选定的对象进行处理。在文件夹内容区选定文件（夹）的基本方法有以下几种，被选定的文件（夹）高亮度显示。

（1）选择一个文件（夹）：单击所需的文件（夹），即可选定该文件（夹）。

（2）选择连续多个文件（夹）：先选择第一个，按住 Shift 键不放，再单击最后一个。

（3）选择不连续的多个文件（夹）：先选择一个，按住 Ctrl 键不放，再依次单击要选择的其他文件（夹）。

（4）选择全部文件（夹）：选择"编辑"→"全部选定"菜单命令，或按 Ctrl＋A 快捷键。

（5）反向选择文件（夹）：先选定不需要的文件（夹），再选择"编辑"→"反向选择"菜单命令。

对于所选定的文件（夹），再按住 Ctrl 键不放，单击某个已选定的文件（夹），即可取消对该文件（夹）的选定；单击文件（夹）列表外任意空白处可取消全部选定。

3. 移动和复制文件（夹）

（1）使用鼠标拖放。选定要移动或复制的文件（夹），用鼠标拖动所选定的文件（夹）图标到目标文件夹图标或窗口中,松开鼠标为移动;若按住 Ctrl 键不放,用鼠标拖动要复制的文件(夹)图标到目标文件夹图标或窗口中,松开鼠标为复制。

(2) 利用剪贴板。选定要移动或复制的文件(夹),选择"剪切"命令,打开目标文件夹窗口选择"粘贴"命令为移动;若选择"复制"命令,打开目标文件夹窗口选择"粘贴"命令为复制。

(3) 发送法。选定要复制的文件(夹),在"文件"菜单下选择"发送到"命令,或右键单击该对象,选择弹出的快捷菜单中的"发送到"命令,在下一级菜单中选择发送位置。

4. 文件(夹)重命名

给文件(夹)重命名十分方便,只要用鼠标在要改名的对象上右击,然后在其快捷菜单上选择"重命名"命令,选中的文件(夹)的名称就会变成一个文本输入框。在文本框中输入对象的新名字,然后按回车键即可。

5. 设置文件(夹)属性

选定要设置属性的文件(夹),在"文件"菜单下选择"属性"命令,或右击该对象,在弹出的快捷菜单中选择"属性"命令,在弹出的属性对话框中进行设置。

6. 删除文件(夹)

删除操作一定要慎重,应保证所删除的是不再使用的文件(夹)。删除时,选定要删除的对象,再从以下几种方法中选用一种来删除这些文件(夹):

(1) 把要删除的文件(夹)的图标用鼠标拖到回收站图标中。

(2) 按 Delete 键。

(3) 在要删除文件的图标上右击鼠标,在其快捷菜单中选择"删除"菜单命令。

除非是将文件直接拖入回收站中,否则 Windows XP 都会要求确认。

对于删除了的文件(夹),Windows XP 并没有真正将其从磁盘中删除,而是存入"回收站"。可以从回收站将其恢复,或是彻底从磁盘中删除。

7. 搜索文件(夹)

当创建了许多文件(夹)之后,搜索某个文件(夹)的功能就显得非常重要。可以使用"开始"菜单中的"搜索"菜单命令进行搜索。若要搜索一组文件,还可使用通配符"*"或"?"。其步骤如下:

(1) 选择"开始"菜单中的"搜索"菜单命令,在弹出的搜索窗口中选择"所有文件和文件夹"。

(2) 在"全部或部分文件名"文本框中输入要搜索的文件名,文件名中可以使用通配符来替代不知道的字符。例如,为了搜索以字符 z 打头的文件(夹),可输入"z*";为了搜索文件(夹)名字中有字符 3 的所有文件(夹),可输入"*3*";为了搜索以字符 Q 结束的文件(夹),可输入"*Q"。

(3) 在"在这里寻找"下拉列表框中选择搜索的范围。例如,在整个 C 盘搜索,选择"C":。

(4) 单击"搜索"按钮开始搜索,搜索结果将显示在"搜索"窗口的右侧。

此外,还可以按照"时间"、"文件类型"、"文件中包含的文字"等方法进行高效搜索,请读者自行尝试。

8. 打开文件夹中的文件

为了打开文件夹中的文件,可以双击内容窗口中该文件的图标。若此文件是一个应用程序,则启动该程序;若此文件是一个文档,则 Windows 会自动打开处理该文档的应用程序,然后装入该文档进行处理。如果该文件的类型 Windows 不能识别,屏幕将显示"打开方式"对话框,在"选择要使用的程序"列表中选择处理此文档的应用程序。也可以选择"文件"→"打开"菜单命令打开该文件。

9. 格式化磁盘

在"我的电脑"窗口或"资源管理器"窗口的文件夹区中右击需要格式化的磁盘图标,在其快捷菜单中选择"格式化"命令,打开如图 2-19 所示的对话框。"格式化"对话框各选项的含义如下:

(1) 容量:显示被格式化磁盘的容量。
(2) 快速格式化(清除):快速地删除磁盘中的内容。
(3) 卷标:卷标即为磁盘名。

设定好上述选项之后,单击"开始"按钮,开始格式化。

图 2-19 "格式化磁盘"对话框

2.5 Windows XP 的控制面板

控制面板是 Windows XP 中用来设置系统配置和特性的一组应用程序。利用控制面板,可以设置屏幕色彩,安装硬件和程序,设置键盘、鼠标的特性等,在设置中还广泛地使用了可视化技术,使许多所设置的结果或变动能立即在预览窗口中显示。

1) 控制面板的启动

选择下列方法之一打开控制面板,在控制面板中对相关选项的设置进行修改:

(1) 在桌面上双击"我的电脑"窗口,在"我的电脑"窗口中单击"控制面板"。
(2) 从"资源管理器"的文件夹窗口中单击"控制面板"图标。
(3) 选择"开始"→"控制面板"菜单命令。

"控制面板"提供了两种视图:分类视图与经典视图。分类视图按任务分类组织,每一类下再划分功能模块;经典视图将所有管理的任务全部显示在一个窗口中。两种视图可以利用左窗格中的切换选项相互切换。经典视图方式下的"控制面板"如图 2-20 所示。

2) "控制面板"常用的设置项目

(1) 日期和时间:设置系统的日期和时间及时区。
(2) 显示:设置桌面的颜色、墙纸方案及桌面上其他对象的颜色,可以控制显示器分辨

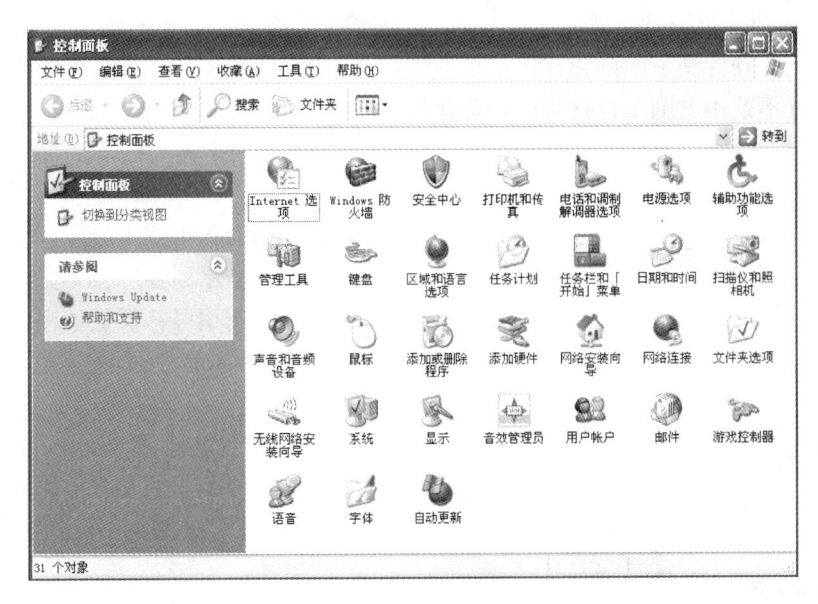

图 2-20 "控制面板"窗口

率及其他有关显示的特性。

(3) 键盘:设置键盘重击速度、光标闪烁速率。

(4) 电话和调制解调器:安装和配置电话与调制解调器。

(5) 鼠标:设置鼠标各项选择,如使用左手或右手方案、鼠标指针的形式等。

(6) 声音和音频设备:给各种系统事件配置声音和音量控制等。

(7) 添加硬件:启动添加新设备向导,该向导指导用户安装新设备的全过程。

(8) 打印机和传真:启动添加打印机向导,引导用户安装新打印机的全过程。

(9) 区域和语言选项:设置数字、日期、时间和货币的格式,以及有关区域的参数。

(10) 字体:为屏幕显示和打印机输出增加或删除字体,可以查看各种字体的示例。

(11) 添加或删除程序:安装/删除非 Windows 程序、Windows XP 组件。

(12) 辅助功能选项:为有残疾的用户设置筛选键、黏滞键、鼠标键、声音卫士等功能。

(13) 系统:了解系统的性能及硬件配置情况和管理设备等。

(14) 用户账户:设置多人使用方式及登录的口令等。

当要进行某项设置时,应双击对应程序图标,在其窗口或对话框中进行具体设置。

3) 设置举例

例 2-8 设置系统的日期为 2010 年 3 月 28 日,时间为 11:53,时区为北京。

操作步骤:在控制面板中双击"日期和时间"图标,即可打开如图 2-21 所示的"日期和时间 属性"对话框。在其"日期和时间"标签上可以设置系统的日期和时间;在"时区"标签上可以设置系统的时区。

图 2-21 "日期和时间 属性"对话框

例 2-9 显示器属性设置。

(1) 用画图软件画一幅画或在本机上搜索一个 *.bmp 的图片作为桌面的背景。
(2) 设置不使用电脑 1 分钟后的屏幕保护程序。
(3) 使打开的每个窗口的标题栏都为蓝色,窗口中文字的字体为楷体。
(4) 调整屏幕分辨率为 1024 像素×768 像素。

操作步骤:在控制面板中双击"显示"图标,即可打开如图 2-22 所示的"显示属性"对话框。从中可以调整桌面的图案和墙纸,选用屏幕保护程序,以及调整桌面上各种对象显示的大小和色彩,并且在调整时立即预览调整后的效果。

例 2-10 字体属性设置:Windows XP 只提供了基本的中文字体,为了使输出的文档更加美观,用户可以自己安装其他字体,如 Microsoft 字库、方正字库等。

操作步骤:在"控制面板"中双击"字体"图标,屏幕显示"字体"窗口;如果要安装新字体,选择"文件"→"安装新字体"菜单命令,在显示的"添加字体"对话框中定位新字体所在位置并选中它,同时选中"将字体复制到 Fonts 文件夹"复选框。单击"确定"按钮即可完成对该字体的安装;若要删除不经常使用的字体,可以右击该字体的图标,在弹出的快捷菜单中选择"删除"选项即可。或选定字体后,按 Delete 键也可以删除该字体。

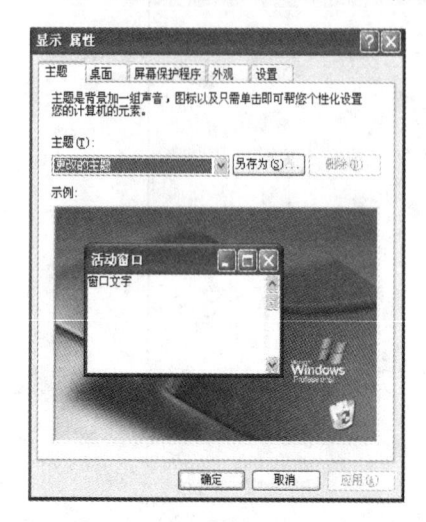

图 2-22 "显示属性"对话框

例 2-11 添加或删除程序:通过控制面板的"添加或删除程序"设置,可以安装或卸载非 Windows 程序、安装 Windows 组件等。在"控制面板"中选择"添加或删除程序"后,屏幕显示"添加或删除程序"对话框,如图 2-23 所示。

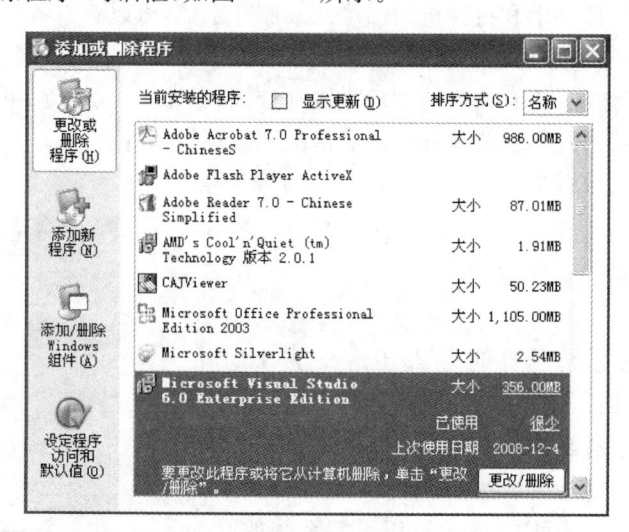

图 2-23 "添加或删除程序"对话框

(1) 添加新程序。

在"添加或删除程序"对话框中选择"添加新程序"标签。

(2) 更改或删除程序。

如果想删除某个应用程序,在"当前安装的程序"列表中选择想要删除的程序,然后单击"更改/删除"按钮,即可删除该应用程序的所有信息。

需要注意的是当某个应用程序在"添加/删除程序"中被删除后,必须使用原来的安装盘重新安装才能使它正常工作。仅仅把"回收站"里的文件还原回原文件夹是无效的,因为"开始"菜单中的设置和 Windows 中的记录已经被删除了。

(3) 添加或删除 Windows 组件。

通常情况下,在安装 Windows XP 时都会选择其默认的典型安装模式,其中只有一些最为常用和重要的组件会被安装到用户的计算机上。在使用过程中,用户可能需要使用 Windows XP 的另外一些特殊用途的组件。若想安装这些组件,可以选择"添加或删除程序"对话框的"添加/删除 Windows 组件"标签来安装。

例 2-12 添加新硬件:由于 Windows XP 具有"即插即用"功能,只要新设备符合即插即用规范,直接将设备连接到计算机,按照系统的提示逐步操作,就可以完成新硬件的设置工作,设备就可以工作了。对于非即插即用设备的安装,则要在"控制面板"中打开"添加硬件"对话框进行操作。安装新硬件的步骤如下:

(1) 双击控制面板中的"添加硬件"图标,进入"添加硬件向导"对话框。

(2) 向导检测设备性能情况并列出所有清单。

(3) 选择"搜索新硬件设备",Windows 系统自动进行新硬件检测。

(4) 如果搜索到新硬件,则自动进行安装。否则,会提示用户插入硬件驱动盘,指明程序所在的位置,然后按屏幕提示操作。

2.6 UNIX 操作系统简介

UNIX 是一个交互式的多用户、多任务操作系统,自 1974 年问世以来,迅速地在世界范围内推广。UNIX 起源于一个面向研究的分时系统,后来成为一个标准的操作系统,可用于网络、大型机和工作站。UNIX 系统运行在计算机系统的硬件和应用程序之间,负责管理硬件并向应用程序提供简单一致的调用界面,控制应用程序的正确执行。

1. UNIX 的版本

1973 年 Dennis Ritchie 与 Ken Thompson 合作开始用 C 语言改写 UNIX 系统代码。此时 Dennis Ritchie 已经将 C 语言开发成了一个灵活的程序开发工具,C 语言的优势之一就是它能够通过一组通用的编程命令直接访问计算机的硬件结构。UNIX 逐步由一种科研工具发展成为一种标准的软件产品,并由贝尔实验室发布。起初,UNIX 只被当成一种科研产品,第一个 UNIX 版本是免费向很多知名大学的计算机科学系发布的,在 20 世纪 70 年代发布了几个版本的 UNIX,直到 1979 年发布了版本 7。20 世纪 70 年代中期,加州大学伯克利分校成为主要的 UNIX 开发者。伯克利分校在系统中加入了很多功能,后来都成为了标准。1975 年,伯克利分校通过它本身的发行机构,发布了自己版本的 UNIX(BSD UNIX)。

后来 BSD UNIX 成为美国国防部高级研究工程局（DARPA）的研究项目的基础，BSD UNIX 包括强大的文件管理功能及基于 TCP/IP 网络协议的网络特征。BSD UNIX 成为了贝尔实验室版本的主要竞争对手，同时，其他独立开发版本的 UNIX 也在萌芽。1980 年，Microsoft 和 SCO 发布了个人计算机版的 UNIX，即 Xenix。1983 年，贝尔实验室发布了一个商业版本的 UNIX——System V 版本 1。

随着 System V、BSD UNIX 和 Sun OS 等的发展，UNIX 成为一种关键的商业支持软件产品。贝尔实验室将 UNIX 转移到一个新的组织——UNIX 系统实验室，BSD UNIX 的很多特征被并入后来的 System V。1991 年，UNIX 系统实验室发布了 System V 版本 4（SVR4），它并入了 BSD UNIX、Sun OS 和 Xenix 中的诸多特性。随后很多软件公司也开发了自己版本的 UNIX，主流版本有 IBM 的 AIX、HP 的 HP-UX、Apple 的 A/UX、DEC 的 OSF/1、SUN 的 Solaris、SCO 的 BSDI 和 SCO UNIX 等。后来又出现了在 PC 和 Mac 等微机系统上运行的免费发行版本 Linux。

2. UNIX 的标准与特点

虽然目前有很多不同的 UNIX 版本可用，但开发商都在致力于一种通用标准。IBM、HP、Apple 和 SUN 分别支持不同版本的 UNIX，但它们都具有大部分的共同特征。甚至两种相互竞争的用户图形界面——Motif 和 Open-Look 也被集成为一种新的图形用户界面标准，称为公用桌面环境（Common Desk Environment，CDE）。

UNIX 系统除了具有文件管理、程序管理和用户界面等所有操作系统共有的传统特征外，又增加了两个特性：一是与其他操作系统的内部实现不同，UNIX 是一个多用户、多任务系统；二是与其他操作系统的用户界面不同，UNIX 具有充分的灵活性。作为多任务系统，用户可以请求系统同时执行多个任务。在运行一个作业时，可以同时运行其他作业。例如，在打印文件的同时可以编辑文件，而不必等待打印文件完毕再编辑文件。

UNIX 最初是为科研人员设计的操作系统，主要目标是生成一个系统以支持科研人员不断变化的需求。为了实现这一点，Ken Thompson 将系统设计成能够处理很多不同种类的任务。所以灵活性变得比硬件效率更为重要。这种灵活性使 UNIX 成为用户可用的操作系统，用户不只限于和操作系统进行有限的、固定的交互，而且可以利用 UNIX 为用户提供的一套工具配置并对系统进行编程。

3. UNIX 系统的组成

UNIX 系统由内核、Shell、文件系统和应用程序等四部分组成。

内核是系统的核心，是运行程序和管理磁盘、打印机等硬件设备的核心程序，即直接管理计算机硬件的控制程序。

Shell 是用户界面，提供用户接口，Shell 从用户接收命令并发送给内核执行，能够适应于单个用户的需求。Shell 通常包含提示用户输入命令的提示符，并且以回车键结束命令，也就是用户以命令行的方式与系统交互。后来某些 UNIX 版本为系统加入了图形用户界面（GUI）。GUI 只是一个 Shell 的前端，实际上是由 Shell 解释命令并发送给内核的。Shell 拥有能够对命令进行编程的编程语言。

文件系统则负责组织文件在磁盘等存储设备上的存储方式，文件按目录的方式管理，每个目录可以包含任何数目的子目录,每个子目录又可包含文件。目录提供给用户一个方便的方式来组织文件,用户可以将一个文件或目录从一个目录移到另一个目录、设置目录的权限及打开文件或与其他用户共享文件。

应用程序是 UNIX 系统中的一组标准程序,通常分为编辑器、过滤器和通信程序。编辑器虽然功能强大,但使用起来可能要比 PC 编辑器困难;过滤器是一种接收数据并将该数据以另外一种形式输出的特殊应用程序;通信程序允许用户从其他用户接收信息或发送信息,也可以通过网络向其他 UNIX 系统上的用户发送信息。

4. UNIX 命令示例

UNIX 系统为用户提供了一系列操作命令,通过这些命令管理和使用系统资源,这些命令以命令行的方式提交,具有固定的命令动词与语法格式。部分文件和目录的操作命令如表 2-7 所示。

表 2-7 UNIX 系统中部分文件和目录的操作命令

命令	功能	举例	命令	功能	举例
cat	显示或连接文件	\$ cat ml. c	cp	复制文件	\$ cp ml. c ma. c
ls	列出目录的内容	\$ ls	cd	改变当前目录	\$ cd
more	逐屏显示文件	\$ ls-l|more	rm	删除文件或目录	\$ rm file1

2.7　Linux 操作系统简介

Linux 是一套免费的 32 位多用户多任务操作系统,其核心最早是由芬兰的 Linux Torvalds 于 1991 年在芬兰赫尔辛基大学上学时发布的,后来经过众多世界顶尖的软件工程师的不断修改和完善,得以在全球普及开来,在服务器领域及个人桌面得到越来越广泛的应用,在嵌入式开发方面更是具有其他操作系统不可比拟的优势。Linux 的运行方式同 UNIX 系统很相似,但 Linux 系统的稳定性、多任务能力与网络功能优于许多商业操作系统,其最大的特色在于源代码完全公开,在符合 GPL(General Public License)的原则下,任何人都可以自由取得、修改和发布源代码。

1. Linux 系统的发展历史

Linux 可以说完全是一个互联网时代的产物,它是在互联网上产生、发展和不断壮大起来的。1990 年,芬兰学生 Linux Torvalds 在自己的 PC 上,以 Tanenbaum 教授自行设计的微型 UNIX 操作系统 MINIX 为开发平台,开发了属于他自己的第一个程序。1993 年,Linux 的第一个产品版 Linux1.0 问世,它是按完全自由发行版权发行的,要求所有的源代码公开,而且任何人均不得从 Linux 交易中获利。然而半年以后,他开始意识到这种纯粹的自由软件的理想对于 Linux 的发行和发展来说实际上是一种障碍而不是一股推动力,因为它限制了 Linux 以磁盘复制或者 CD-ROM 等媒体形式进行发行的可能,也限制了一些商业公司参与 Linux 的进一步开发并提供技术支持的良好愿望。于是 Linux 决定转向 GPL 版权,这一版权除了规定有自由软件的各项许可权之外,还允许用户出售自己的程序备份。

Linux 与 GPL 的结合，使许多软件开发人员开始参与其内核的开发工作，并将 GNU 项目的 C 库、gcc 等很快移植到 Linux 内核上来。Linux 操作系统的另一些重要组成部分则来自加州柏克利分校的 BSD UNIX 和麻省理工学院的 XWindows 系统项目。正是 Linux 内核与 GNU 项目、BSD UNIX 的结合，才使整个 Linux 操作系统得以快速形成，并且建立在稳固的基础上。在 Linux 走向成熟时，一些人开始建立软件包来简化新用户安装和使用 Linux 的方法，这些软件包称为 Linux 发布或 Linux 发行版本。目前，Red Hat 发行版本的安装更容易，应用软件更多，已成为最流行的 Linux 发行版本之一。

2. Linux 的特点

Linux 是一个可以免费使用、自由修改和传播的操作系统，其特点如下：

（1）源代码几乎全部开放，任何人都能通过 Internet 或其他媒体得到并修改和重新发布。

（2）采用树状目录结构，支持多种文件系统，文件归类清楚、容易管理。

（3）从 Linux 2.0 开始，不仅支持单处理器，还支持对称多处理器的机器。

（4）Linux 不仅可以运行许多自由发布的应用软件，还可以运行许多商品化的应用软件。目前越来越多的应用程序厂商（如 Oracle、Sybase 等）支持 Linux，而且通过各种仿真软件，Linux 系统还能运行许多其他操作系统的应用软件。

（5）具有可移植性，系统核心只有不到 10% 的源代码采用汇编语言编写，其余均采用 C 语言编写，具备高度可移植性。

（6）Linux 可与其他的操作系统（如 Windows 等）并存于同一台计算机上。

（7）Linux 诞生、成长于网络，自身的网络功能相当强大，具有内置的 TCP/IP 协议栈，可以提供 FTP、Telnet、WWW 等服务。同时还可以通过应用程序向其他系统提供服务，如向 Windows 用户提供类似于网络邻居的 Samba 文件服务。Linux 系统的另一特征是它能充分发挥硬件的功能，因而它比其他操作系统的运行效率更高。

3. Linux 的使用简介

1）Linux 用户的工作环境

登录实际上是向系统做自我介绍，又称验证。如果输入了错误的用户名或口令，就不会被允许进入系统。Linux 系统使用账号来管理特权、维护安全等。不是所有的账号都是平等的，某些账号所拥有的文件访问权限和服务要比其他账号少。

（1）登录（Login）。

对系统的使用都是从登录开始的。首先要求使用者必须拥有一个合法的个人账号，只有系统认可的账号才会获得系统的使用权。系统有超级用户 root 和一般用户两种用户。

打开电源后，系统被引导，会出现登录界面，在图形化登录界面上登录为用户。第一次登录 Linux 系统必须以超级用户 root 身份登录。这个账号对系统拥有完全的控制权限。通常用 root 账号进行系统管理及维护，包括建立新的用户账号，启动、关闭、备份及恢复系统等。因为 root 的权限不受限制，一旦误操作可能会导致不可预料的后果，所以在以 root 身份登录时，必须格外小心，并且只有在必须时才用 root 登录。如果是系统管理员或者独自拥有这台机器，就可以用超级用户身份登录。在登录提示后键入 root，按 Enter 键，在口令提示后输入安装时设置的根口令,然后按 Enter 键。要登录为普通用户,需在登录提示后输入用户名,按 Enter 键,在口令提示后输入在创建用户账号时选择的口令,然后按 Enter 键。从图形化登录界面登录系统会自动启动图形化桌面。图 2-24 为 Red Hat 发行版本的图形化桌面与对话框。

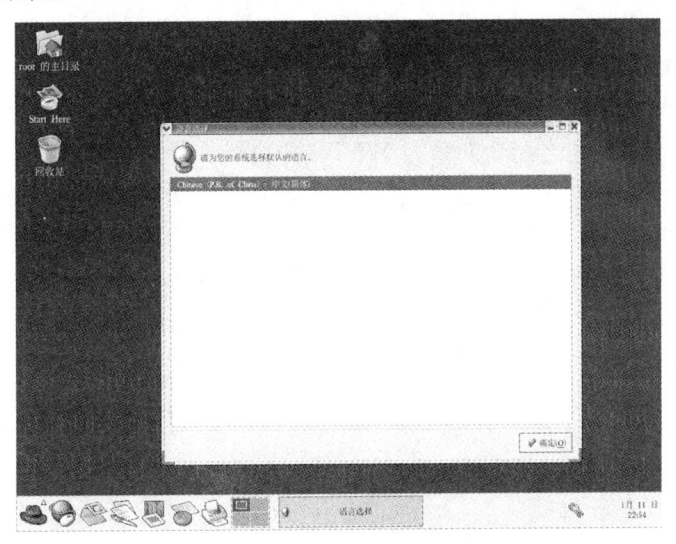

图 2-24　Red Hat Linux 的图形化桌面与对话框

(2) 注销(Logout)。

要注销图形化桌面会话,选择"主菜单"中的"注销"命令,会弹出注销确认对话框,选择"注销"选项,然后单击"确定"按钮。如果想保存桌面的设置及还在运行的程序,选中"保存当前设置选项"。

2) Shell 命令

Linux 的 Shell 作为操作系统的最外层,也称为外壳,它可以作为命令语言,为用户提供使用操作系统的接口。Shell 也是一种程序设计语言,用户可利用多条 Shell 命令构成一个文件,或称为 Shell 脚本。在 X 窗口系统下,Linux 的图形化环境几乎可以做全部工作。然而,许多 Linux 功能在 Shell 提示下要比在图形化用户界面下完成得更快。若要进行文件操作,需打开文件管理器,定位目录,从图形化用户界面中创建、删除或修改文件,而在 Shell 提示下,只需使用几个命令就可以完成这些工作。Shell 提示类似熟悉的其他命令行界面。用户在 Shell 提示下输入命令,Shell 解释这些命令,然后告诉操作系统该怎么做。

桌面上也提供了进入 Shell 提示(Shell Prompt)的方式。选择"主菜单"→"系统工具"→"终端",打开 Shell 提示,还可以右击桌面并从弹出的快捷菜单中选择"新建终端"命令来启动 Shell 提示。要退出 Shell 提示,在提示中输入 exit,或按 Ctrl+D 快捷键。

Shell 命令有很多,主要有文件操作命令、目录和层次命令、查找命令、目录和文件安全性命令、磁盘存储命令、进程命令和联机帮助命令,在此不再一一介绍。

2.8　Windows 7 操作系统简介

继 Windows XP 之后微软公司推出了新的 Windows 操作系统版本——Windows

Vista,但由于 Windows Vista 在性能、兼容性等方面表现欠佳,没有取得用户的广泛认可。Windows 7 是 Windows Vista 的一个改进版本,它仍然采用 Windows Vista 操作系统内核。

2.8.1 Windows 7 的开发历史

Windows 7(开发代号为 Blackcomb 及 Vienna)是微软公司目前最新的 Windows 操作系统版本,供个人计算机使用。以加拿大滑雪圣地 Blackcomb 为开发代号的 Windows 操作系统最初被计划为 Windows XP 和 Windows Server 2003 的后续版本。Blackcomb 计划主要强调数据的搜索和与之配套的名为 WinFS 的高级文件系统。但在 2003 年,随着开发代号为 Longhorn 的过渡性简化版本的提出,Blackcomb 计划被延后。2003 年 Longhorn 具备了一些原计划在 Blackcomb 中出现的特性。同年,三个在 Windows 操作系统上造成严重危害的病毒暴发后,微软改变了开发重点,把一部分 Longhorn 中的主要开发计划搁置,转而为 Windows XP 和 Windows Server 2003 开发新的服务包。Windows Vista 在 2004 年 9 月被推迟,许多特性被去掉了。2006 年初,Blackcomb 被重命名为 Vienna,在 2007 年改称 Windows Seven。2008 年,微软宣布将 7 作为正式名称,成为现在的最终名称——Windows 7。

2.8.2 Windows 7 的新功能

Windows 7 提高了屏幕触控支持和手写识别,支持虚拟硬盘,改善了多内核处理器的运行效率。增加的功能大致上包括支持多个显卡、新版本的 Windows Media Center、一个供 Windows Media Center 使用的桌面小工具、增强的音频功能、内置的 XPS 和 Windows PowerShell 及一个包含了新模式且支持单位转换的新版计算器。另外,其控制面板也增加了不少新项目:ClearType 文字调整工具、显示器色彩校正向导、桌面小工具、系统还原、疑难解答、工作空间中心(Workspaces Center)、认证管理员、系统图标和显示。原有的 Windows 安全中心被更名为"Windows 操作中心",它有保护计算机信息安全的功能。

Windows 7 提供了一套全新的网络 API,这些 API 支持使用机器语言创建基于 SOAP 的网络服务(而非基于.NET 的 WCF 网络服务)。此外,缩短了应用程序安装所需的时间,对 UAC(User Account Control,用户账户控制)进行了改进,用户可以自己调节 UAC,以减少 UAC 提示的出现次数,简化了安装包安装过程,并对 API 增加了不同语言的支持。

与以前的 Windows 操作系统相比较,Windows 7 允许用户停用更多的 Windows 内置组件。Internet Explorer 8、Windows Media Player、Windows Media Center、Windows Search 等都可以被用户停用。在 Windows 7 Professional、Enterprise 和 Ultimate 三个版本中含有类似虚拟机"Windows Virtual PC"的功能。这种虚拟机能让用户在 Windows 7 运行的同时运行不同的 Windows 环境,包括"Windows XP 模式"(需要具有 Intel VT-x 或 AMD-V)。Windows XP 模式可让用户在一台虚拟机上运行 Windows XP,并将正在运行的程序显示于 Windows 7 的桌面上。Windows 7 的远程桌面控制功能也有改善,支持运行 3D 游戏、视频等多媒体程序,同时 DirectX 10 可以在远程桌面环境使用。Windows 7 新增的功能大部分是比较实用的,无论是在提升用户体验还是提高我们的工作效率方面都是有帮助的。

习题与思考题

一、选择题

1. 操作系统是管理和控制计算机（　　）资源的系统软件。
   A. CPU 和存储设备　　　　　　　　　　B. 主机和外部设备
   C. 硬件和软件　　　　　　　　　　　　D. 系统软件和应用软件
2. 下面对操作系统功能的描述中，不正确的是（　　）。
   A. CPU 的控制和管理　　　　　　　　　B. 内存的分配和管理
   C. 文件的控制和管理　　　　　　　　　D. 对计算机病毒的防治
3. 对 Windows XP 操作系统，下列叙述中正确的是（　　）。
   A. 对话框和窗口的功能特性基本相同
   B. Windows XP 为每一个任务自动建立一个显示窗口，其位置和大小不能改变
   C. 在不同的文件夹之间不能用鼠标拖动文件图标的方法实现文件的移动
   D. Windows XP 打开的多个窗口中，既可平铺，也可层叠
4. 当一个应用程序窗口被最小化后，该应用程序将（　　）。
   A. 被终止执行　　B. 继续在前台执行　　C. 被转入后台执行　　D. 被暂停执行
5. Windows XP 中关闭程序的方法有多种，下列叙述中不正确的是（　　）。
   A. 用鼠标单击程序屏幕右上角的"关闭"按钮　　B. 按 Alt+F4 组合键
   C. 打开程序的"文件"菜单，选择"退出"命令　　D. 按 Esc 键
6. Windows 默认情况下，打开快捷菜单的操作是（　　）。
   A. 单击左键　　　　B. 双击左键　　　　C. 单击右键　　　　D. 双击右键
7. 在某个文档窗口中已进行了多次剪切操作，关闭该文档窗口后，剪贴板中的内容为（　　）。
   A. 第一次剪切的内容　　　　　　　　　B. 最后一次剪切的内容
   C. 所有剪切的内容　　　　　　　　　　D. 空白
8. 关于剪切和删除的叙述中，正确的是（　　）。
   A. 剪切和删除的本质相同
   B. 不管是剪切，还是删除，Windows XP 都会把选定的内容从文档中删除掉
   C. 剪切的时候，Windows 只是把选中的文字存在了"剪贴板"里
   D. 删除了的文字不能再恢复
9. 在 Windows XP 中，不能出现在文件名中的字符是（　　）。
   A. 数字　　　　　　B. /　　　　　　　C. ,　　　　　　　D. 。
10. 使用 Windows XP 时，如果要改变显示器的分辨率，则应使用（　　）。
    A. 资源管理器　　B. 控制面板中的显示　　C. 控制面板中的系统　　D. 附件

二、简答题

1. 什么是操作系统？操作系统的基本功能有哪些？操作系统分为哪些类型？各有什么特征？
2. 鼠标有哪些基本操作？如何实现快速中英文输入法的切换？
3. 简述文件和文件夹的概念。
4. Windows XP 中文件名的命名规则是什么？
5. Windows XP"资源管理器"的功能是什么？如何在"资源管理器"和"我的电脑"中实现文件的复制或移动？
6. Windows 系统中，如何进行连续文件的选择和不连续文件的选择？

7. Windows 系统中"回收站"的作用是什么？什么样的文件删除后不能恢复？
8. 简述 UNIX、Linux 操作系统的主要特点。

上 机 实 验

实验一　Windows XP 的基本操作

【实验目的】

1. 掌握 Windows XP 的桌面、窗口、对话框、菜单、工具栏和剪贴板的基本操作及帮助系统的使用。
2. 掌握利用我的电脑、资源管理器进行文件(夹)复制、剪切、粘贴、删除、重命名、创建快捷方式、打开、查找、属性设置等操作的方法与技巧，区分复制、剪切、删除等操作及回收站的使用。
3. 掌握汉字输入方法的设置，熟练掌握一种汉字输入方法。

【实验内容】

1. 双击桌面上"我的电脑"图标，在"我的电脑"窗口的菜单栏及下拉菜单中逐个执行各个命令，熟悉菜单栏中各命令的作用。
2. 打开"画图"程序，改变窗口在桌面上的位置、大小，使之最大化、最小化、还原为原始大小及改变窗口尺寸为任意大小。试用四种方法关闭"画图"窗口。
3. 按名称、类型、大小、修改时间及自动排列排列桌面图标，比较排列前后的不同。
4. 在桌面上创建 Word 程序的快捷方式。
5. 利用"资源管理器"进行文件(夹)管理。
    (1) 用几种不同的方法打开资源管理器。
    (2) 选择"资源管理器"窗口中的"查看"菜单命令，分别利用"大图标/小图标/列表/详细资料"观察"资源管理器"窗口的变化。
    (3) 在 D:\ 上创建一个名为"student"的文件夹。
    (4) 在"我的电脑"中找出 5 个文件类型为".bmp"的文件，并把它们复制到 D:\student 文件夹中。
    (5) 在 D:\student 文件夹下创建 3 个子文件夹，分别命名为"student1"、"student2"和"student3"。
    (6) 把文件夹"student2"重命名为"练习"。
    (7) 删除子文件夹"student3"。
    (8) 在"student1"文件夹中建一个名为"我的记事本"的文件，并把该文件设置为"隐藏"。
6. 利用"我的电脑"进行文件(夹)管理
    (1) 打开"我的电脑"，在 D:\ 上建立一个以"班级＋姓名"为名的文件夹，从 C:\ 上任意复制一个文件到该文件夹，设置文件的属性为"只读"、"系统"。
    (2) 在 C:\ 下创建一个名为"系统"的文件夹。将 C:\Windows 文件夹中的所有以字母 B 开头的文件及文件夹复制到"系统"文件夹中。
    (3) 将"系统"文件夹重命名为"System"。
    (4) 删除"System"文件夹，并将回收站中的所有内容删除。
    (5) 查看 C 盘的总空间、可用空间。
    (6) 查找 C 盘中所有扩展名为".doc"的 Word 文档。
    (7) 将(6)中的某个 Word 文件打开，输入教材第一页的部分内容并保存，然后将该文件复制到 D:\ 下，将文件名改为 lx.doc。

实验二 Windows XP 系统设置

【实验目的】

1. 掌握利用控制面板进行系统设置的方法，对 Windows XP 系统桌面、显示器属性、键盘、鼠标等进行设置。
2. 掌握字体安装的方法、添加和设置打印机等。

【实验内容】

1. "任务栏"的设置

(1) 设置任务栏可以被打开的程序或窗口挡住；(2) 自动隐藏任务栏；(3) 取消时钟的显示。

2. "开始"菜单的设置

(1) 删除"开始"菜单中的"QQ 游戏"或其他不常用的菜单；(2) 整理"程序"菜单：把所有播放音视频的软件放在名为"播放器"菜单的下一级。

3. 添加常用的汉字输入法，删除不常用的输入法并在不同的汉字输入法及英文输入法之间切换。
4. 查看并修改屏幕分辨率。
5. 用画图软件画一幅画或用在网上下载的图片作为桌面的背景。
6. 设置不使用电脑 5 分钟后的屏幕保护程序。
7. 修改鼠标的双击响应速度及指针移动速度。
8. 调整当前的系统日期及时间。
9. 练习掌握字体安装的方法、添加和设置打印机等。

实验三 WinRAR 压缩软件的使用

【实验目的】

1. 掌握利用压缩工具软件 WinRAR 对文件(夹)进行压缩的方法。
2. 掌握利用压缩工具软件 WinRAR 对文件(夹)进行解压的方法。

【实验内容】

1. 对实验二中建立的"student"文件夹进行压缩，创建文件"student.rar"并存储在 D 盘根目录。
2. 比较"student"文件夹和压缩文件"student.rar"所占空间的大小。
3. 将压缩文件"student.rar"解压到 C 盘根目录。

附：WinRAR 压缩软件使用简介

WinRAR 是在 Windows 环境下对 RAR 格式的文件进行管理和操作的一款压缩软件。其主要特点有：完全支持 RAR 和 ZIP 格式文件；支持 ARJ、CAB、LZH、JAR、ISO 等 10 种类型文件的解压缩；可方便地制作多卷压缩文件；可创建自解压文件，并制作简单的安装程序；具有方便强大的数据保护功能；可最大限度地恢复损坏的 RAR 和 ZIP 压缩文件中的数据；与资源管理器整合，操作简单快捷。

1. WinRAR 的安装

以 WinRAR 3.80 为例来介绍安装过程。其安装程序为 wrar380sc.exe，执行该安装程序，弹出如图 2-25 所示的安装界面。选择默认的安装路径，单击"安装"按钮即可开始安装。

在安装程序完成文件复制后,选择 WinRAR 关联的文件类型,如果经常使用 WinRAR,可以与所有格式的文件创建联系。如果只是偶然使用 WinRAR,也可以酌情选择。此外,可以设置 WinRAR 是否在桌面生成快捷方式和程序组,还可以把 WinRAR 添加到系统的相关菜单中,具体设置如图 2-26 所示。单击"确定"按钮,会出现一个完成安装的界面。

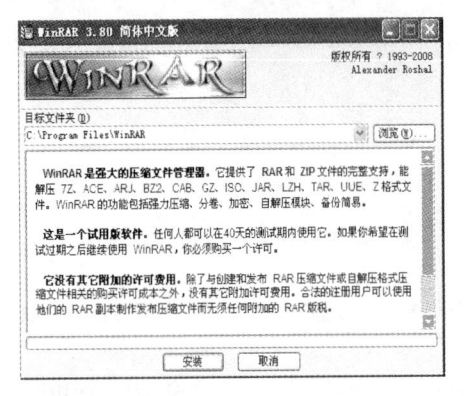

图 2-25　WinRAR 安装界面 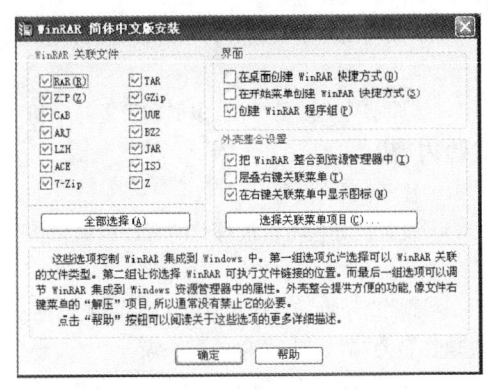　　　　图 2-26　WinRAR 安装设置

2. WinRAR 的主界面及使用

启动 WinRAR 出现的主界面如图 2-27 所示。
① "添加"按钮就是压缩按钮,可对文件进行压缩。
② "解压到"按钮用于把压缩文件解压到某一个路径。
③ "测试"按钮用于对选定的文件进行测试,它可以告诉用户文件是否有错误。
④ "查看"按钮用于在窗口中选择一个具体的文件,显示文件中的内容等。
⑤ "删除"按钮的功能是删除选定的文件。

在 WinRAR 的主界面中双击打开一个压缩包的时候,会出现几个新的按钮,其中"自解压格式"按钮是将压缩文件转化为自解压可执行文件。

3. 使用 WinRAR 快速压缩文件

如果要压缩文件,则在需要压缩的文件上右击鼠标,选择"添加到 XXX.rar"(XXX 代表文件名),就会把这个文件压缩成 RAR 压缩格式。如果选择"添加到压缩文件",会出现如图 2-28 所示的设置窗口。以下是主要选项的功能说明。

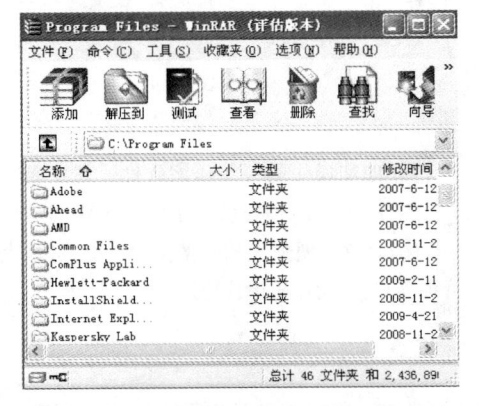

图 2-27　WinRAR 主界面 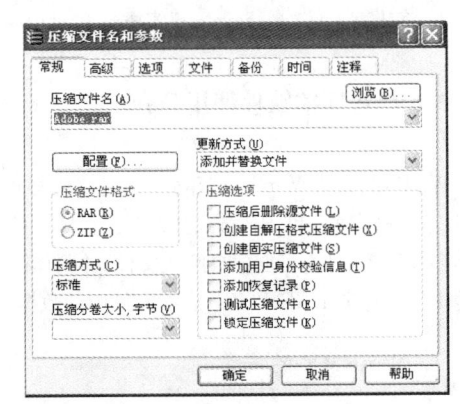　　　　图 2-28　压缩文件参数设置

(1) "常规"选项。

选择"常规"选项卡,通过"浏览"按钮选择将压缩文件保存至何处。"更新方式"中有六个选项:添加并替换文件、添加并更新文件、仅更新已存在的文件、覆盖前询问、跳过已存在的文件和同步压缩文件内容。其中"同步压缩文件内容"类似于创建一个新文件,当源文件中的文件在新文件中不存在时,此选项会删除多余的文件,压缩速度比创建一个新文件快。"压缩文件格式"是选择压缩格式,可以选择 RAR 或 ZIP 格式进行压缩。"压缩方式"中的选项是对压缩比例和压缩速度的选择,由上到下选择的压缩比例越来越大但速度越来越慢。"压缩分卷大小、字节"是选择压缩包的大小,压缩后的大文件需要分割成几个较小的文件时,这个选项很有用。

"压缩选项"中有 7 个选项,常用的有压缩后删除源文件、创建自解压格式压缩文件、创建固定压缩文件、测试压缩文件和锁定压缩文件。

"创建固定压缩文件"是 RAR 格式的文件独特的压缩形式,这种形式的文件压缩比例很大,当然速度也相对较慢,并且不便于升级。在两种情况下可以使用这个选项:一是文件压缩以后用作备份,文件基本不需要升级;二是此文件或文件中某部分不经常被解压。"创建自解压格式压缩文件"用于将文件压缩成一个可执行文件,用户点击该文件后,该文件可以自动解压。单击"配置"按钮,会出现一个下拉式菜单。这个下拉式菜单提供了几种预设的模式方便操作。当然,使用者也可以自己定制模式。

(2) "高级"选项。

"高级"选项中"保存文件安全数据"和"保存文件流数据"选项只用于 NTFS 文件。用 WinRAR 备份 NTFS 磁盘时可选择此项。"后台压缩"选项被选择后,在文件的处理进程中 WinRAR 将被最小化。"设置密码"用于对压缩文件设置密码。

(3) "文件"选项。

利用"文件"选项,可以设置要添加/删除的文件,文件路径选项可设定压缩文件存盘的路径是相对路径还是绝对路径。

(4) "备份"选项。

"备份"选项卡中,"压缩前清除目标磁盘内容"是在压缩文件前擦除目标磁盘的所有内容,但此选项只能用于可移动存储器,在选择此选项之前要确定可移动存储器中的内容是没用的。

"只添加具有'存档'属性的文件"表示只有带有"存档"属性的文件才可以被压缩;"压缩后清除'存档'属性"是在成功压缩文件后清除"存档"属性;"打开共享文件"允许文件被其他应用软件打开,此选项应该小心使用,因为在被其他应用软件打开的时候文件可能被修改;"按掩码产生压缩文件名"选项的功能是在文件名后加上时间。

(5) "注释"选项。

"注释"选项用于对压缩文件添加一些参数注释信息,通常可以忽略。

4. 使用 WinRAR 快速解压文件

在压缩文件上右击后,出现如图 2-29 所示的快捷菜单,选择"解压到当前文件夹"就可以将压缩文件解压。若选择"解压文件",则会弹出一个"解压路径和选项"窗口,如图 2-30 所示。

"目标路径"默认的是当前待解压文件所在的路径,用户可以输入其他的路径。这个路径是压缩文件解压之后存放的路径;"更新方式"是关于文件升级的内容,其中包括"解压并替换文件"、"解压并更新文件"、"仅更新已经存在的文件"三个选项;"覆盖方式"是用来规定当解压文件已经存在时是否作覆盖处理,共有四种方式:"在覆盖前询问"、"没有提示直接覆盖"、"跳过已经存在的文件"和"自动重命名";"其它"中的"解压文件到子目录"被选择时,从根目录和子目录中解压的文件都将被保存至目标文件夹内。"保留损坏的文件"被选择时,WinRAR 将不删除不能正确解压的文件。以上选项被设置好后,单击"确定"按钮,文件就可以被解压了。

图 2-29　解压快捷菜单

图 2-30　解压路径和选项

第 3 章　Word 2007 文字处理软件

本章导读　Word 2007 是 Microsoft Office 2007 办公自动化套装软件之一,是一个集文字录入、编辑、制表、绘图、排版及打印为一体的文字处理软件。本章主要介绍 Word 2007 的基本操作、格式设置、表格设置、图形处理、模板及邮件合并等内容。

3.1　Word 2007 基本操作

3.1.1　Word 2007 的启动、退出与工作窗口

1. Word 2007 的启动

Word 2007 的启动有多种方法:①通过"开始"菜单中的"程序"启动;②打开一个已有的 Word 文档;③双击桌面上"Word 2007"快捷方式图标;④直接运行 WINWORD.exe 文件。启动后的 Word 2007 窗口如图 3-1 所示。

图 3-1　Word 2007 的工作窗口

2. Word 2007 的工作窗口

如图 3-1 所示,Word 2007 窗口主要包括标题栏、Office 按钮、自定义快速访问工具栏、选项卡、选定区、标尺、状态栏和文档编辑区窗口等。

(1) 标题栏:显示 Word 2007 应用程序名称及当前文档的名称。

(2) Office 按钮:单击 Office 按钮,显示类似于如图 3-2 所示的菜单,可以完成打开、保存和打印文件等操作。

(3) 自定义快速访问工具栏:包含一组独立于当前显示选项卡的命令,如图 3-3 所示。

(4) 选项卡:Word 2007 默认显示开始、插入、页面布局、引用、邮件、审阅和视图选项卡,根据操作对象不同而发生变化,用于提供进行操作的所有命令。

(5) 水平/垂直标尺:用于标识文档位置。

图 3-2 "Office 按钮"下拉菜单 　　　　图 3-3 自定义快速访问工具栏

(6) 选定区:用于对较大范围文档的选定。
(7) 文档编辑区窗口:是输入、编辑和格式化文本,处理表格及图形的区域。
(8) 对话框启动器:单击它弹出对话框或任务窗口。
(9) 状态栏:提供有关插入点位置、页码和某些常用键状态等方面的信息。

3. Word 2007 的退出

退出 Word 2007 的方法有:①单击标题栏右端的"关闭"按钮;②选择"Office 按钮"→"退出 word"命令按钮。在退出时,如果没有保存已修改的文档,Word 会弹出一个信息框,询问是否保存对文档的修改。选择"Office 按钮"→"关闭"菜单命令,可以关闭当前文档,但不退出 Word 2007。

3.1.2　Word 2007 视图方式

文档视图是指文档的显示方式,同一个文档可以选择不同的视图方式显示。Word 2007 提供了"页面视图"、"阅读版式视图"、"Web 版式视图"、"大纲视图"和"普通视图"五种视图。可以通过"视图"选项卡中的"文档视图"组选择显示方式,如图 3-4 所示。

图 3-4 "视图"选项卡"文档视图"组

(1) 页面视图:显示排版后实际图文效果,文档中的所有元素都显示在实际的位置上。
(2) 阅读版式视图:文档以适合当前计算机屏幕的页面显示,这些页面不代表在打印文档时所看到的页面,增大或减小文本显示区域的尺寸,不会影响文档中字体的大小。
(3) Web 版式视图:将文档显示为优化了的 Web 页面,使其外观与在 Web 或 Internet 上发布时一致,还可以看到背景、自选图形和其他在 Web 及屏幕上查看文档时常用的效果。
(4) 大纲视图:通过缩进文本反映文档中不同的标题级别。但需要对文档的章、节进行大纲级别设置。
(5) 普通视图:适合于文字录入、编辑、格式编排等操作。但不显示大部分图形及页眉页脚,没有多栏显示。

3.1.3 创建文档与文档内容输入

1. 创建新文档

创建新文档的常用方法有以下两种:①选择"Office 按钮"→"新建"菜单命令,弹出"新建文档"对话框,如图 3-5 所示,选择"空白文档",单击"创建"命令按钮;②Word 2007 启动后系统会自动建立一个以"文档 1"为标题的新文档。

图 3-5 "新建文档"对话框

2. 输入文档内容

例 3-1 新建一个文档,录入如图 3-6 所示的文档内容。

图 3-6 录入文档内容

在 Word 中输入文档内容,一般要求每个段落顶格输入,每个自然段输入完毕后按回车键。如果需要输入标点和特殊符号,选择中文标点输入状态,使用键盘输入或使用如图 3-7 所示的"插入"选项卡中的"符号"或"特殊符号"组选择要输入的符号。

（1）输入数学公式，单击"符号"组的"公式"，弹出"内置"下拉菜单，如图3-8所示，选择系统提供的内置公式；或者单击"插入新公式"，此时Word 2007窗口中出现"设计"选项卡，如图3-9所示，在"设计"选择卡中选择相应的公式。

图3-7 "插入"选项卡"符号"组和"特殊符号"组

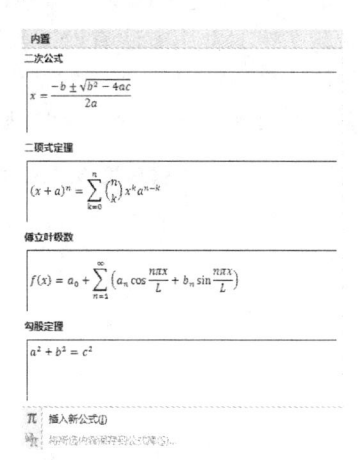

图3-8 "公式"下拉列表

图3-9 "设计"选项卡

（2）插入特殊符号，单击"符号"或者"特殊符号"组中的"符号"，分别弹出"符号"下拉菜单，如图3-10所示，选择"其他符号"或"更多…"，则分别弹出"符号"和"插入特殊符号"对话框，如图3-11和图3-12所示。

图3-10 "符号"下拉列表 　　图3-11 "符号"对话框 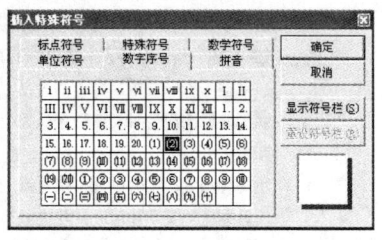　　图3-12 "插入特殊符号"对话框

3.1.4　保存文档

新建文档第一次保存时会弹出如图3-13所示的"另存为"对话框，如果要将一个已修改但不改变文件夹和文件名的文档保存，可以直接选择"Office按钮"→"保存"菜单命令或按Ctrl+S快捷键；如果要改变文件夹或文件名，则选择"Office按钮"→"另存为"菜单命令。例如，将例3-1产生的Word文档保存在D盘，文件名为text.docx，可在图3-13所

示的对话框中分别选择保存位置(D:)、文件类型("Word 文档"类型),给出文件名(text)后,单击"保存"按钮即可。

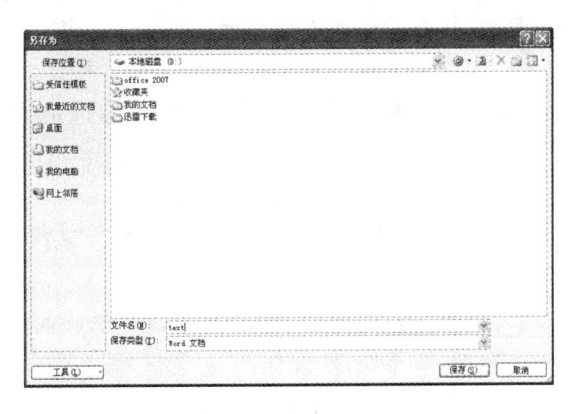

图 3-13 "另存为"对话框

3.1.5 文本编辑

Word 2007 文本编辑包括移动插入点、定位插入点、选定文本、插入文本、删除文本、移动文本、复制文本、撤消与恢复操作、查找与替换操作等。

1. 打开 Word 文档

打开文档是指将存储在外存设备上的文档调入 Word 工作窗口。选择"Office 按钮"→"打开"菜单命令、或按 Ctrl+O 或 Ctrl+F12 快捷键都可以打开文档。无论哪种方式,操作后都要弹出"打开"对话框,在该对话框中选择指定文件,完成打开操作。

如果要打开最近使用过的文档,选择"Office 按钮"→"最近使用的文档"选择对应的文档名称即可。

2. 编辑文档

1) 移动插入点

除了利用鼠标单击来移动插入点外,也可以利用键盘上编辑键区的键位移动插入点。例如,利用上、下、左、右光标移动键(↑、↓、←、→)移动插入点,利用 Home/End 键移动插入点到行首/行尾,利用 Page Up/Page Down 键上下翻页。

2) 选定文本

(1) 在选定区选定文本。工作区左侧矩形区域即选定区,移动鼠标至文本区的左端,当鼠标指针变为右上的空箭头时,表示鼠标已在选定区。选定方法是:单击鼠标,选定一行;拖动鼠标,选定多行;双击鼠标,选定一段;三击鼠标,选定全文。

(2) 在非选定区选定文本的方法有:在词语上双击鼠标,可选定所指的词语;用鼠标拖过要选定的行,可选定一行;用鼠标拖过要选定的多行,可选定多行;在段内三击鼠标,选定当前自然段;按住 Ctrl 键的同时,单击鼠标,可选定句子;按住 Alt 键的同时用鼠标拖出一个矩形,可选定矩形文本块;选择"编辑"→"全选"菜单命令或利用 Ctrl+A 组合键,可选定全文。

3) 插入与删除文本

要插入文本,首先要定位插入位置,然后确定状态栏为"插入"状态。单击状态栏的"插入",则当前状态切换为"改写"状态。按下键盘编辑区的 Insert 键,可以在插入和改写之间切换。

删除文本包括删除文本内容和清除文本格式两种。删除选定的文本内容可以直接按 Delete 键。清除文本格式则在"开始"选项卡的"字体"组中单击"清除格式"按钮即可。

4) 移动文本

文本内容的移动方法较多,如使用鼠标拖动;使用"剪切"、"粘贴"工具;使用 Ctrl+X、Ctrl+V 快捷键。

例 3-2 将 text.docx 文档的第六自然段移动到第五自然段前。

选定文档的第六自然段,按照下列方法操作。

方法一:用鼠标拖动第六自然段至第五自然段前,松开鼠标。

方法二:在"开始"选项卡的"剪贴板"组中单击"剪切",将插入点定位在第五自然段前,再单击如图 3-14 所示的"粘贴"按钮。

方法三:按 Ctrl+X 快捷键,将插入点定位在第五自然段前,按 Ctrl+V 快捷键。

图 3-14 "剪贴板"组

5) 复制文本

复制文本可以使用如下方法:按住 Ctrl 键拖动鼠标;使用"复制"、"粘贴"工具;使用 Ctrl+C、Ctrl+V 快捷键。

例 3-3 将 text.docx 文档的第六自然段复制到第五自然段前。

操作方法类似于例 3-2,只需要将"剪切"改为"复制"即可。

6) 撤消与恢复操作

如果执行了错误的编辑等操作,可以使用 Ctrl+Z 快捷键或单击自定义快速访问工具栏中的"撤消"按钮,使文本恢复到原来状态。如果要恢复被撤消的操作,则使用快捷键 Ctrl+Y 或单击"重复"按钮。

7) 查找与替换操作

查找与替换是进行文字处理的基本技能和技巧之一。使用查找可以快速定位到指定字符处,使用替换可以快速修改指定的文字,甚至完成对某些指定字符串的删除。

例 3-4 在 text.docx 文档中查找所有的"信息",并将其改为"信息技术"。

操作方法:在"开始"选项卡的"编辑"组中单击"查找"或"替换",弹出"查找和替换"对话框,如图 3-15 所示;在"查找内容"列表框中输入"信息",在"替换为"列表框中输入"信息技术";单击"全部替换"按钮。

图 3-15 "查找和替换"对话框

利用查找替换还可以进行成批删除。例如,要删除例 3-4 中的所有"技术",只需要删除"替换为"列表框中的文字,单击"全部替换"按钮,文档中的所有"技术"被删除。

3.2 Word 2007 格式设置

文档排版就是对文档格式化,包括字符格式设置、段落格式设置和页面格式设置。

3.2.1 字符格式设置

字符格式设置包括字体、字号、字型、字体颜色、下划线、字符边框、字符底纹和修饰、效果、字符间距、文字动态效果的设置等。主要使用"字体"菜单和格式工具栏设置。

1. 设置字体、字型、字号

例 3-5 将文档 text.docx 的标题设置为楷体、粗体、四号字。

方法一:选定标题,选择"开始"选项卡的"字体"组,如图 3-16 所示,在"字体"下拉列表框中选择"楷体",在"字号"下拉列表框中选择"四号",单击"**B**"加粗按钮。

方法二:选定标题,单击图 3-16 中的"字体"对话框启动器,弹出如图 3-17 所示的"字体"对话框,在"中文字体"下拉列表框中选择"楷体","字形"列表框中选择"加粗","字号"列表框中选择"四号",单击"确定"按钮。

图 3-16 "开始"选项卡"字体"组 图 3-17 "字体"对话框

2. 设置颜色、下划线(或着重号)及效果

例 3-6 将文档 text.docx 的第一自然段设置为蓝色、阴文,并加上双下划线。

操作步骤:选定第一自然段,在"字体"对话框"字体颜色"下拉列表框中选择"蓝色","下划线"下拉列表框中选择"双下划线"线形,"效果"复选框中选择"阴文",单击"确定"按钮。

3. 设置中文版式

例 3-7 给文档 text.docx 的第三自然段"钟义信教授"加拼音指南。

操作步骤:选定第三自然段"钟义信教授"一词,在"开始"选项卡的"字体"组中单击"拼音指南",弹出"拼音指南"对话框,如图 3-18 所示;在"对齐方式"下拉列表中选择"1-2-1",

"字体"下拉列表中选择"宋体","偏移量"微调框设置为"0","字号"下拉列表中选择"10",单击"确定"按钮。

例 3-8 给文档 text.docx 的第五自然段行首字加圈。

操作步骤:选定第七自然段行首汉字;在"开始"选项卡的"字体"组中单击"带圈字符",弹出"带圈字符"对话框,如图 3-19 所示;在"样式"列表中选择"增大圈号",在"圈号"列表框中选择"〇",单击"确定"按钮。

图 3-18 "拼音指南"对话框　　　　图 3-19 "带圈字符"对话框

此外,字符之间的间距、文字效果等都可以通过"字体"对话框设置,读者可以尝试。

3.2.2 段落格式设置

段落是通过段落标记来标识的,段落标记不仅标识段落的结束,而且存储了这个段落的排版格式。段落格式的设置主要包括段落对齐方式、段落缩进(左右缩进、首行缩进)、行距与段距、段落修饰、段落首字下沉、项目符号与编号、制表位等内容。

1. 设置段落缩进格式

例 3-9 将文档 text.docx 中除标题行外的所有段落首行缩进 2 字符,并对第一自然段增加左右各缩进 2 个字符的缩进量。

方法一:选定全文,向右拖动如图 3-20 所示的"首行缩进"游标 2 个字符的距离,松开鼠标;选定第一自然段,在"开始"选项卡的"段落"组中选择"增加缩进量",使选定段落向右缩进 2 字符。

图 3-20 标尺

方法二:选定全文,在"开始"选项卡的"段落"组中单击"段落"对话框启动器,弹出"段落"对话框,如图 3-21 所示,在"特殊格式"下拉列表框中选择"首行缩进","度量值"微调框中设置为"2 字符",单击"确定"按钮;选定第一自然段,利用"段落"对话框将"左"微调框的值设置为"2 字符";将"右"微调框的值设置为"2 字符",单击"确定"按钮。

2. 设置段落对齐方式

例 3-10 将文档 text.docx 的标题居中,第五自然段分散对齐,第六自然段右对齐。

操作步骤:选定标题,在"开始"选项卡的"段落"组中单击"居中",选定第五自然段,单击"分散对齐",选定第六自然段,单击"右对齐"。

读者还可以选择"段落"对话框进行设置。

3. 设置段落间距

例 3-11 将文档 text.docx 的标题段前间距设置为 1 行,段后间距设置为 1 行,第三自然段设置为 1.2 倍行距。

操作步骤:选定标题,将"段落"对话框的"段前"微调框设置为"1 行","段后"微调框设置为"1 行",单击"确定"按钮;选定第三自然段,在"段落"对话框的"行距"下拉列表框中选择"多倍行距",在设置值微调框中输入"1.2",单击"确定"按钮。

图 3-21 "段落"对话框

4. 段落修饰

例 3-12 将文档 text.docx 的第三自然段加上红色的虚框,框线宽度为 1 磅;第四自然段加上绿色的底纹。

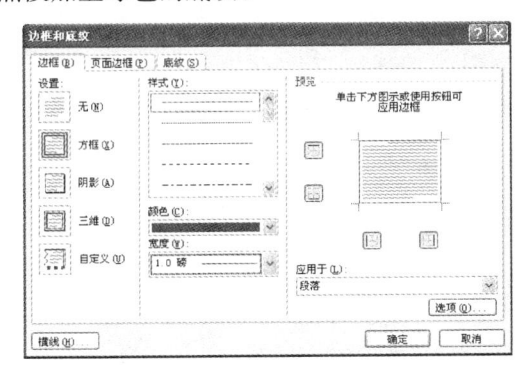

图 3-22 "边框和底纹"对话框

操作步骤:

(1) 将插入点定位在第三自然段的任意位置,选择"开始"选项卡的"段落"组,在"边框和底纹"下拉列表框中选择"边框和底纹"菜单命令,弹出如图 3-22 所示"边框和底纹"对话框,在"边框"选项卡的"设置"项中选择"方框","样式"列表框中选择"虚线"线型,"颜色"下拉列表框中选择"红色","宽度"下拉列表框中选择"1 磅","应用于"下拉列表框中选择"段落",单击"确定"按钮。

(2) 将插入点定位在第四自然段的任意位置,在"边框和底纹"对话框中选择"底纹"选项卡,从"填充"列表中选择"绿色","应用于"下拉列表框中选择"段落",单击"确定"按钮。

5. 设置段落首字下沉

例 3-13 将 text.docx 的第一自然段设置为首字下沉,下沉字体为楷体,下沉行数为 3 行。

操作步骤:将插入点定位在第一自然段的任意位置;选择"插入"选项卡的"文本"组,在"首字下沉"下拉菜单里选择"首字下沉选项…",弹出"首字下沉"对话框,在如图 3-23 所示的"位置"项中选择"下沉","字体"下拉列表框中选择"楷体_GB2312","下沉行数"微调框中输入"3",单

图 3-23 "首字下沉"对话框

击"确定"按钮。

6. 格式刷的使用

"格式刷"可以复制字符格式和段落格式。

例 3-14 将第二自然段中的"香农"设置为红色、斜体,利用格式刷工具将该段"熵的减少"设置为相同格式;将最后两个自然段的格式设置为与第四自然段相同的格式。

操作步骤:选定第二自然段中的"香农",设置字形、颜色分别为"倾斜"、"红色",在"开始"选项卡的"剪贴板"组中单击"格式刷",此时鼠标指针前带有一把小刷子,在该段"熵的减少"处刷过;选定第四自然段,双击"格式刷",分别在最后两个自然段选定区单击鼠标,即可完成格式设置。

7. 项目符号和编号

在文档处理中,经常需要在段落前面加上一些符号或编号,以使文档层次清楚,方便阅读。创建项目符号和编号的最简单方法是,选定要设置的段落(可以是若干段落),在"开始"选项卡的"段落"组中分别单击"项目符号"和"编号",利用弹出的下拉菜单完成设置,如图3-24所示。

图 3-24 "项目符号"和"编号"下拉菜单

如果要设置多级项目符号和编号,在"开始"选项卡的段落组中单击"多级列表",利用其菜单命令进行操作。项目符号可以是字符,也可以是图片。编号是连续的数字和字母,可以设置其起始值和格式,增加或删除段落时,系统自动重新编号。

3.2.3 页面格式设置

页面格式主要包括分栏、添加页眉、页脚、页码,设置纸张尺寸、页边距等。页面格式设置主要使用"页面布局"选项卡的"页面设置"组。

1. 设置纸张规格及页边距

例 3-15 将文档 text.docx 的纸型设置为 A4,页边距设置为上 3 厘米,下 2.5 厘米,左 2.5 厘米,右 2.5 厘米,纵向,页眉页脚采用奇偶页不同、首页不同的方式。

操作步骤:

(1) 选择"页面布局"选项卡的"页面设置"组,单击"页面设置"对话框启动器,在弹出的"页面设置"对话框中选择"纸张"选项卡,在"纸张大小"下拉列表框中选择"A4","应用于"下拉列表框中选择"整篇文档",如图 3-25 所示。

图 3-25 "页面设置"对话框

(2) 选择"页边距"选项卡,分别单击"上"、"下"、"左"、"右"微调框中的微调按钮,按照图 3-25 调整至合适宽度,在"方向"选项中选择"纵向","应用于"下拉列表框中选择"整篇文档"。在"版式"选项卡中选择"奇偶页不同"、"首页不同"复选框,单击"确定"按钮。

2. 设置分栏

例 3-16 将文档 text.docx 的最后两个自然段分两栏,栏宽相等,栏间距为 2 字符,并加分割线。

操作步骤:选定最后两个自然段(不要选中最后自然段的段落标记),在"页面布局"选项卡的"页面设置"组中选择"分栏"下拉列表中的"更多分栏",弹出"分栏"对话框,如图 3-26 所示;在"预设"项中选择"两栏",在"间距"微调框中单击微调按钮,调整至 2 字符;选中"分割线"复选框,选中"栏宽相等"复选框,在"应用于"下拉列表框中选择"所选文字",单击"确定"按钮。

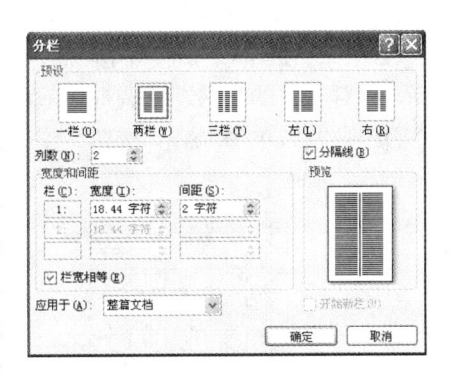

图 3-26 "分栏"对话框

3. 设置页眉页脚

例 3-17 给文档 text.docx 设置页眉为日期和"Word 练习",字号为小五号,字体为宋体;页脚插入页码,页码格式为"X/Y"型并右对齐。

操作步骤:选择"插入"选项卡中的"页眉和页脚"组;在"页眉"下拉菜单中选择"飞越型"设计,选择日期并输入文字"Word 练习";拖动鼠标至页脚处,在"页码"下拉菜单中选择"页面底端"子菜单中的"加粗显示的数字 1"设计;在"开始"选项卡的"段落"组中单击"文本右对齐"。

3.3 Word 2007 表格处理

在中文文字处理中,常采用表格的形式将一些数据分门别类、有条有理、集中直观地表现出来。Word 2007 提供了简单有效的制表功能。

一个表格通常是由若干个单元格组成的。一个单元格就是一个方框,它是表格的基本单位。处于同一水平位置的单元格即构成了表格的一行,处于同一垂直位置的单元格即构成了表格的一列。

3.3.1 表格基本操作

1. 表格的建立

例 3-18 在文档 text.docx 的最后,创建如图 3-27 所示的规则表格。

图 3-27 规则表格

方法一:将插入点定位到文档末尾,在"插入"选项卡的"表格"组中单击"表格",弹出"插入表格"下拉菜单,如图 3-28 所示,利用鼠标拖动下拉菜单中的 4 行 9 列小方格。

方法二:在图 3-28 中单击"插入表格…"菜单命令,弹出"插入表格"对话框,如图 3-29 所示,在对话框的"列数"微调框中输入"5","行数"微调框中输入"6","自动调整"操作中选择"固定列宽",单击"确定"按钮。

图 3-28 "插入表格"下拉菜单   图 3-29 "插入表格"对话框

建立表格后,在 Word 2007 窗口中会出现"设计"选项卡和"布局"选项卡,如图 3-30、

图 3-30 "设计"选项卡

图 3-31 所示,可以利用下列选项卡中的工具对表格进行修改等操作。

图 3-31 "布局"选项卡

此外,在图 3-28 中单击"快速表格",在其子菜单(见图 3-32)中选择内置表格样式,可以创建包含文字的表格。

例 3-19 在文档 text.docx 的最后,创建如图 3-33 所示的不规则表格。

操作步骤:

(1) 在"插入表格"下拉菜单中单击"绘制表格"菜单命令,此时鼠标指针变为铅笔形状,在工作区拖动鼠标,绘制出表格的外框;

(2) 在"设计"选项卡"绘图边框"组中的"笔样式"和"笔画粗细"下拉列表框中分别选择线型和线条宽度,拖动鼠标依次绘制出表格中的横线、竖线和斜线;

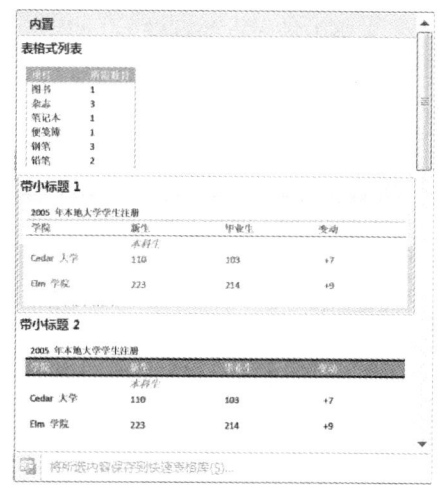

图 3-32 "快速表格"子菜单

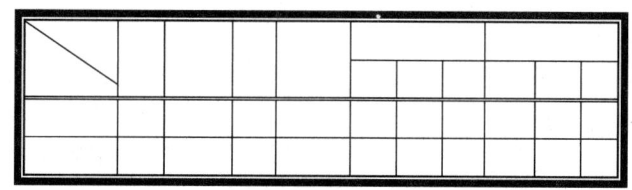

图 3-33 不规则表格

(3) 单击"表格擦除器",鼠标指针变为一个橡皮擦,在表格中的线条上拖动鼠标可擦除表格中的线条。

2. 表格的编辑

1) 表格的选定

(1) 移动鼠标到单元格的左下角,鼠标指针变为右上黑箭头时,单击鼠标可选定一个单元格,拖动鼠标可选定多个单元格。

(2) 在选定区单击鼠标可选定一行,拖动鼠标可选定连续多行。

(3) 移动鼠标到表格上方,鼠标指针变为向下的粗体箭头↓时,单击鼠标可选定一列,拖动鼠标可选定多列。

(4) 移动鼠标到表格内,此时表格左上角出现一个十字方框,如图 3-34 所示,用鼠标单击该十字方框可以选定整个表格。

(5) 在如图 3-31 所示的"布局"选项卡的"表"组中单击"选择"也可分别完成上述的选定操作。

图 3-34 表格选定标记

2) 表格中插入点的移动

移动表格中的插入点,可以将鼠标移动到所要操作的单元格中单击鼠标,或者使用如表 3-1 所示的快捷键在单元格间移动。

表 3-1 表格中移动插入点的快捷键

快捷键	操作效果	快捷键	操作效果
Tab	移至右边的单元格中	Shift+Tab	移至左边的单元格中
Alt+Home	移至当前行的第一个单元格	Alt+End	移至当前行的最后一个单元格
Alt+PgUp	移至当前列的第一个单元格	Alt+PgDn	移至当前列的最后一个单元格

3) 调整表格的列宽、行高

例 3-20 将文档 text.docx 中所建立的规则表格的列加宽。

操作步骤:移动鼠标到表格的竖框线上,鼠标指针变为垂直分隔箭头,拖动框线左移或右移到新位置。

例 3-21 将文档 text.docx 中所建立的不规则表格的列宽全部设置为 2.51 厘米。

方法一:选定表格,在"布局"选项卡的"单元格大小"组中设置"表格列宽度"微调按钮值为"2.51 厘米"。

方法二:选定表格,在"布局"选项卡中单击"单元格大小"对话框启动器,弹出"表格属性"对话框,如图 3-35 所示;选择"列"选项卡,选定"指定宽度"复选框,并设置值为"2.51 厘米",单击"确定"按钮。

例 3-22 将 text.docx 中建立的规则表格的行增高。

操作步骤:移动鼠标到表格的横框线上,鼠标指针变为水平分隔箭头,拖动框线上移或下移到新位置。

例 3-23 将 text.docx 中所建立的不规则表格的行高全部设置为 1 厘米。

图 3-35 "表格属性"对话框

方法一:选定表格,在"布局"选项卡的"单元格大小"组中设置"表格行高度"微调按钮值为"1 厘米"。

方法二:同例 3-21 的方法二,在"表格属性"对话框中的"行"选项卡中进行设置。

4) 表格中行、列的插入与删除

例 3-24 在 text.docx 的不规则表格的第三行前插入一行,在第二列右插入一列。

方法一:将鼠标定位在第三行,在"布局"选项卡的"行和列"组中单击"在上方插入";将鼠标定位在第二列,在"布局"选项卡的"行和列"组中单击"在右侧插入"。

方法二:将鼠标定位在第三行,单击"布局"选项卡中的"行和列"对话框启动器,弹出"插入单元格"对话框,如图3-36所示;选中"整行插入"单选按钮,单击"确定";将鼠标定位在第二列,打开"插入单元格"对话框;选中"整列插入"单选按钮,单击"确定"按钮。

图3-36 "插入单元格"对话框

例3-25 将文档text.docx中的不规则表格的最后一行和第二列删除。

操作步骤:选定最后一行,在"布局"选项卡的"行和列"组中单击"删除",在弹出的下拉菜单中选择"删除行"。

5) 单元格合并与拆分

例3-26 将文档text.docx中规则表格的任意六个单元格合并为一个单元格。

操作步骤:选定所要合并的六个单元格,在"布局"选项卡的"合并"组中单击"合并单元格"。合并结果如图3-37所示。

例3-27 将文档text.docx中规则表格合并的单元格重新拆分为六个单元格。

操作步骤:将鼠标定位在要拆分的单元格,在"布局"选项卡的"合并"组中单击"拆分单元格",弹出"拆分单元格"对话框,如图3-38所示,在"列数"微调框中输入要拆分的列数3,在"行数"微调框中输入要拆分的行数"2",单击"确定"按钮。拆分结果如图3-37所示。

图3-37 合并拆分单元格

图3-38 "拆分单元格"对话框

6) 表格排列

选定表格,在"开始"选项卡的"段落"组中利用"文本左对齐"、"居中"、"文本右对齐"按钮进行设置。

7) 表格的移动和缩放

例3-28 将文档text.docx中规则表格整体放大或缩小。

操作步骤:将鼠标移动到表格内,移动鼠标到"缩放"标志上(见图3-34右下角的小方框),此时鼠标指针变为斜对的双向箭头;拖动鼠标即可成比例地放大或缩小整个表格。

8) 表格中文本输入和编辑

例3-29 在文档text.docx的规则表格中输入文本,如图3-39所示。

操作步骤:将插入点定位在要输入文本的单元格,输入文本内容。

编辑表格中文本的方法与在正文文档中使用的插入、删除、移动、复制等方法相同。

9) 表格的格式设置

例3-30 将图3-39中表头部分文本内容设置为水平居中,字体设置为隶书,颜色为红色。

姓名	语文	数学	计算机	总分
张三	76	85	92	
李四	87	75	98	
王五	76	86	85	
单科平均分				

图 3-39　含有文本内容的表格

操作步骤：拖动鼠标选定文本，在"布局"选项卡的"对齐方式"组中单击"水平居中"，并设置字体为"隶书"，颜色为"红色"。

3.3.2　表格的计算和排序

1. 表格的计算

表格的单元格是用字母表示的列和数字表示的行来标识的，可表示为 A1、A2、B1、B2 等，如图 3-40 所示。

	A	B	C	D	E
1	姓名	语文	数学	计算机	总分
2	张三	76	85	92	253
3	李四	87	75	98	
4	王五	76	86	85	
5	单科平均分	79.67			

图 3-40　单元格的标识

例 3-31　计算图 3-40 中张三的总分和语文的平均分。

操作步骤：

(1) 将插入点定位在 E2 单元格；

(2) 在"布局"选项卡的"数据"组中单击"公式"，弹出如图 3-41 所示的"公式"对话框；

(3) 在"公式"文本框中输入"=SUM(LEFT)"，单击"确定"按钮；

(4) 将插入点定位在 B5 单元格，重复步骤(2)，删除"公式"文本框中的"SUM(LEFT)"，选择"粘贴函数"列表中的"AVERAGE"函数，在括号中输入函数参数为"B2:B4"或"B2,B3,B4"，单击"确定"按钮；

(5) 重复上述步骤计算其他的总分与单科平均分。

注意：上述函数字母不区分大小写，标点符号一律使用英文标点。

2. 表格内容排序

例 3-32　对图 3-40 中的计算机成绩按降序排列。

操作步骤：选定表格的前四行；在"布局"选项卡的"数据"组中单击"排序"，弹出"排序"对话框，如图 3-42 所示；在"主要关键字"下拉列表中选择"计算机"，"类型"下拉列表中选择"数字"，并选中"降序"单选按钮，单击"确定"按钮。

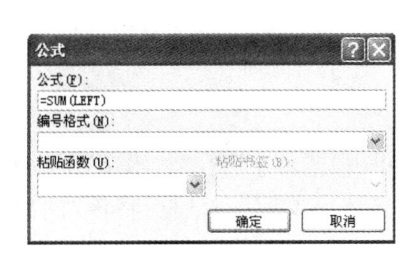

图 3-41 "公式"对话框　　　　　图 3-42 "排序"对话框

3.4　Word 2007 图形处理

3.4.1　图形的插入

在 Word 中插入的图形主要来源于图形文件、剪贴画、艺术字、自选图形、图表等。

1. 插入图形文件

例 3-33　将"我的电脑"中的图形文件插入到 text.docx 文档末尾。

操作步骤:定位插入点,在"插入"选项卡的"插图"组中单击"图片",弹出"插入图片"对话框,如图 3-43 所示;在"查找范围"下拉列表框中选择路径,在文件列表中选定图片文件,单击"插入"按钮。

2. 插入剪贴画

例 3-34　在文档 text.docx 的倒数第一段前插入一幅剪贴画。

操作步骤:定位插入点,在"插入"选项卡的"插图"组中单击"剪贴画",弹出"剪贴画"任务窗格,如图 3-44 所示;单击"搜索"按钮,则在剪贴画列表中显示出所有的剪贴画;单击要插入的剪贴画或者在剪贴画右侧的下拉菜单中单击"插入"命令。

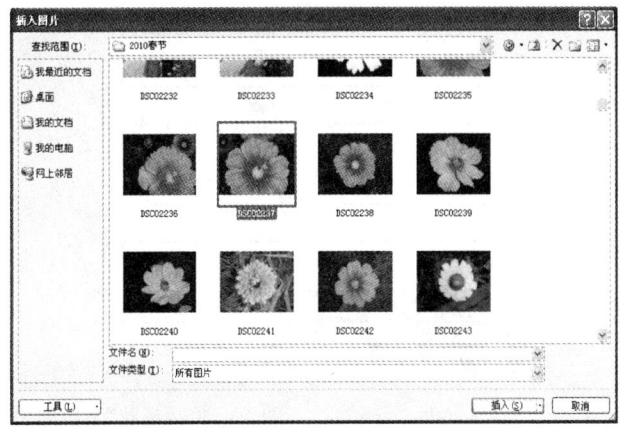

图 3-43 "插入图片"对话框　　　　　图 3-44 "剪贴画"任务窗格

3. 插入艺术字

例 3-35 在文档 text.docx 的第一自然段段后插入艺术字"嫦娥奔月",并设置字体为黑体,字号为 40 且加粗。

操作步骤:

(1) 定位插入点,在"插入"选项卡的"文本"组中单击"艺术字",在"艺术字"下拉列表中选择艺术字样式,例如选择艺术字样式 3,弹出"编辑艺术字文字"对话框,将该对话框中原来的文字删除,输入"嫦娥奔月";

(2) 在"字体"下拉列表框中选择"黑体","字号"下拉列表框中选择 40,单击加粗按钮"B",单击"确定"按钮,输入的文字即插入到当前插入点,如图 3-45 所示;

(3) 单击艺术字,此时在 Word 2007 窗口中出现"格式"选项卡,如图 3-46 所示;

图 3-45 "艺术字"示例

图 3-46 "格式"选项卡

(4) 在"艺术字样式"组中单击"更改形状"下拉列表框中的"倒三角",如图 3-47 所示,所插艺术字就设置成如图 3-48 所示的形状。

4. 插入形状

例 3-36 在文档 text.docx 的末尾插入一个"心形"。

操作步骤:在"插入"选项卡的"插图"组中单击"形状",出现"形状"下拉列表,如图 3-49 所示,在"基本形状"中选择"心形",此时鼠标指针变为"+"形状,拖动鼠标在指定位置画一个"心形"。

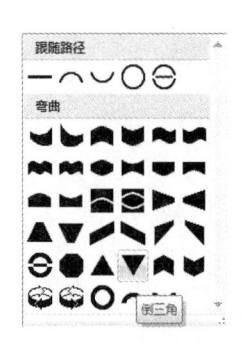

图 3-47 "更改形状"下拉列表　　图 3-48 "艺术字"示例　　图 3-49 "形状"下拉列表

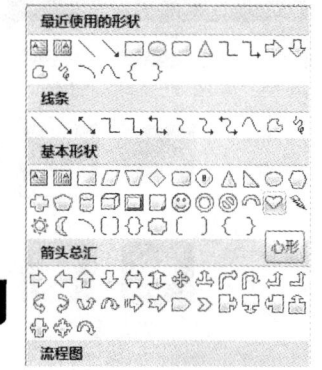

3.4.2 图形的编辑

1. 图形的选定和缩放

直接在图形上单击鼠标,即可选定图形。一个图形被选定后,由一个方框包围。方框的四条边中线和四个角上各有一个小方块或小圆圈,称为控点。

例 3-37 将例 3-34 中插入的图形缩小一半,将例 3-36 中插入的"心形"图形放大一倍并压缩高度。

操作步骤:

(1) 选定例 3-34 中插入的图形,移动鼠标至图形任意一角的控点,此时鼠标指针变为双向箭头,拖动鼠标使图形缩小后松开鼠标;

(2) 选定例 3-36 中的"心形"图形,移动鼠标至任意一角的控点,此时鼠标指针变为双向箭头,拖动鼠标使图形放大后松开鼠标,移动鼠标至图形上边或下边的控点,此时鼠标指针变为双向箭头,拖动鼠标使图形压缩后松开鼠标。

2. 图形的移动、复制、剪切和删除

例 3-38 将文档 text.docx 中插入的"心形"图形移动到文档末尾,再将插入的艺术字复制一份放在第一段后。

操作步骤:选定"心形"图形,进行"剪切"操作,将鼠标定位在文档末尾,选择"粘贴";选定艺术字,进行"复制"操作,将鼠标定位在第一段后,选择"粘贴"。

例 3-39 将文档 text.docx 中插入的自选图形"心形"的右半部分裁掉。

操作步骤:选定"心形"图形,此时 Word 2007 窗口中出现图片工具"格式"选项卡,如图 3-50 所示,单击"大小"组中的"裁剪",鼠标指针上带有剪刀形状,拖动图形右边控点向左移动至中部。

图 3-50 图片工具"格式"选项卡

例 3-40 将文档 text.docx 中插入的"心形"图形删除。

操作步骤:选定图形,选择"编辑"→"清除"菜单命令,或按 Delete 键。

3. 图形的旋转、翻转和三维效果

例 3-41 将文档 text.docx 中插入的艺术字"嫦娥奔月"水平翻转。

操作步骤:选定艺术字"嫦娥奔月",在如图 3-50 所示的"格式"选项卡的"排列"组中单击"旋转",在其下拉列表中选择"水平翻转",结果如图 3-51 所示。

例 3-42 给文档 text.docx 中"嫦娥奔月"艺术字设置如图 3-52 所示的阴影效果。

操作步骤:选定艺术字"嫦娥奔月",在"格式"选项卡的"阴影效果"组中单击"阴影效果",在其下拉列表中选择"阴影样式3",结果如图3-52所示。

图3-51 图形翻转效果

图3-52 图形三维效果

4. 图形的组合

例3-43 在文档text.docx的末尾,绘制一面旗帜,如图3-53所示。
操作步骤:
(1) 同例3-36分别插入"箭头"和"波形"形状;
(2) 选定"箭头"形状,在"格式"选项卡的"形状样式"组中选择"形状轮廓"列表中的"主题颜色"并设置箭头样式;
(3) 选定"波形"形状,在"格式"选项卡的"形状样式"组中选择"形状填充"列表中的红色;
(4) 按住Shift键的同时,选择画好的"箭头"和"波形"形状,右击鼠标,在弹出的快捷菜单中选择"组合"→"组合"菜单命令,如图3-54所示。

图3-53 "波形"与"箭头"组成的旗帜

图3-54 形状快捷菜单

3.5 Word 2007的其他功能

3.5.1 样式

样式是一组字符格式或段落格式的特定集合,可以分为字符样式和段落样式两种。字符样式是只包含字符格式和语言种类的样式,用来控制字符的外观;段落样式是同时包含字符、段落、边框与底纹、制表位、语言、图文框、项目列表符号和编号等格式的样式,用于控制段落的外观。在Word 2007文档的编排过程中,使用样式格式化文档的文本,可以简化重复设置文本的字体格式和段落格式的工作,节省文档编排时间,加快编辑速度,同时确保文档中格式的一致性。

1. 套用样式

例3-44 对文档text.docx的第一自然段套用"标题3"样式。
方法一:选定第一自然段,选择"开始"工具栏的"样式"组,在样式列表中选择"标题3"

样式；

方法二：选定第一自然段，在"开始"工具栏的"样式"组单击"样式"对话框启动器，弹出"样式"窗口，如图 3-55 所示，在其列表框中选择"标题 3"。

2. 创建样式

例 3-45 建立新样式"说明文本"，要求样式类型为"段落"，样式基于"正文"，后续段落基于"结束语"，字符格式设置为"黑体"、"四号"、"加粗"，段落格式设置为"段前"、"段后"间距各 0.5 行，应用于文档 text.docx 的最后一段。

操作步骤：

(1) 在"样式"窗口中单击"新建样式"按钮，弹出"根据格式设置创建新样式"对话框，如图 3-56 所示；

图 3-55 "样式"窗口

图 3-56 "创建新样式"对话框

(2) 在"名称"文本框中输入"说明文本"，并选择"样式类型"、"样式基准"、"后续段落样式"并设置字符格式，单击"格式"按钮设置段落格式；

(3) 选中"添加到快速样式列表"复选框，单击"确定"按钮，观察样式列表框变化；

(4) 选定文档 text.docx 的最后一段，套用"说明文本"样式。

3. 修改样式

例 3-46 将例 3-45 所创建的"说明文本"样式修改为"解释文本"，段落格式更改为"段前"、"段后"间距各 1 行，1.5 倍行距，并重新应用于文档 text.docx 的最后一段。

操作步骤：

(1) 选定文档 text.docx 的最后一段，在"样式"窗口中单击"管理样式"按钮，弹出"管理样式"对话框，如图 3-57 所示；

(2) 在"选择要编辑的样式"列表框中选择"说明文本"，单击"修改"按钮，弹出"修改样式"对话框，如图 3-58 所示；

(3) 将"名称"文本框中的"说明文本"修改为"解释文本"，单击"格式"按钮并设置段落格式为段前 1 行、段后 1 行、1.5 倍行距，选中"自动更新"复选框，单击"确定"按钮。

图 3-57 "管理样式"对话框　　　　图 3-58 "修改样式"对话框

4. 删除样式

例 3-47　将所创建的"说明文本"样式删除。

操作步骤：在"管理样式"对话框中选择"说明文本"样式，单击"删除"按钮，弹出删除提示对话框，如图 3-59 所示，单击"是"按钮。

注意：不能删除系统提供的样式。

图 3-59　删除提示对话框

3.5.2　模板

任何 Word 文档都是以模板为基础的，模板决定文档的基本结构和文档设置。例如自动图文集词条、字体、菜单、页面布局、特殊格式和样式等。模板分为共用模板和文档模板。共用模板是 Normal 模板，适用于所有文档；文档模板仅适用于以该模板为基础的文档。Word 提供了许多文档模板，用户也可以创建自己的文档模板，模板扩展名为 .dotx。

自定义模板保存在"Templates"文件夹中。保存在"Templates"文件夹中的模板文件可以出现在"新建"对话框中。保存在"Templates"文件夹中的任何文档（.docx 或 .dotx）文件都可以作为模板使用。

例 3-48　使用 Word 提供的"平衡传真"模板建立新文档，并以 text1.docx 保存。

操作步骤：选择"Office 按钮"→"新建"菜单命令，在弹出的"新建文档"对话框中选择"已安装的模板"中的"平衡传真"模板，并选中"新建文档"单选按钮，单击"创建"按钮，则建立如图 3-60 所示的模板提示文本，根据提示进行修改并以 text1.docx 为文件名保存。

例 3-49　创建自定义模板"毕业生登记表"，如图 3-61 所示。

图 3-60　"平衡传真"模板提示文本

操作步骤：新建空白文档，并按图 3-61 所示绘制表格，保存文档，输入文件名为"毕业生登记表",保存类型为文档模板(.dotx);则创建新文档时,在"新建文档"对话框中选择"根据现有内容新建",在弹出的"根据现有文档新建"对话框中选择"毕业生登记表"模板,单击"新建"按钮,如图3-62所示。

图3-61 自定义模板"毕业生登记表"

图3-62 自定义模板应用

3.5.3 邮件合并

在实际工作中,经常会遇到这种情况:需要处理的文件主要内容基本相同,只是具体数据有变化,如学生录取通知书、成绩报告单、获奖证书等。如果是一份一份编辑打印,工作量也相当大。使用Word提供的邮件合并功能,可以方便地实现这些操作。邮件合并是指先建立一个包括所有文件共有内容的主文档和一个包括变化信息数据源的文档,再使用邮件合并功能在主文档中插入变化的信息,合成后的文件可以保存为Word文档,可以打印出来,也可以以邮件形式发送。

例3-50 制作如图3-63所示的录取通知书。

操作步骤:

(1)在"邮件"选项卡的"开始邮件合并"组中单击"开始邮件合并",在其下拉菜单中选择"邮件合并分步向导",弹出"邮件合并"任务窗格。

(2)选择文档类型为"信函",单击"下一步",在"选择开始文档"列表中,如果使用已有的文件,则选择"从现有文档开始"打开相关文档,如果重新编写则选中"使用当前文档"单选按钮,然后单击"下一步"。

(3)在"选择收件人"列表中选择"键入新列表"单选按钮,然后单击"创建"按钮编辑数

图3-63 邮件合并示例

据源。在弹出的"新建地址列表"对话框中,单击"自定义"按钮,为数据源创建合适的项目。因为一份录取通知书中需要变化的内容一般包括姓名、系或专业的名称、报到日期等,所以在"自定义地址列表"对话框中可以通过使用"添加"和"删除"按钮将数据源的项目改成"姓名"、"系"、"专业"、"日期"这四个符合要求的域名,如图3-64所示。确定后返回前对话框,

输入被录取的学生信息,如图 3-65 所示。输入完毕后,保存并关闭数据源,然后单击"下一步",进入主文档的编辑。

图 3-64 输入域名　　　　　　　　　图 3-65 输入学生信息

(4) 在 Word 的编辑区输入各份通知书共有的内容,在需要输入姓名、系名称、专业名称和报到日期处,在"邮件"选项卡的"编写和插入域"组中单击"插入合并域",在其列表中选择合适的项目将其插入文档,如图 3-66 所示。和其他的文字编辑一样,可以随意设置修改段落格式、字体、字号等。

(5) 文件编辑完后,单击"下一步"按钮,选择"预览信函"。这时录取通知书中的变化部分已经被数据源中输入的数据取代,如图 3-67 所示。使用"预览信函"任务窗格中的前进、后退按钮查看不同同学的通知书并重新修改数据源。

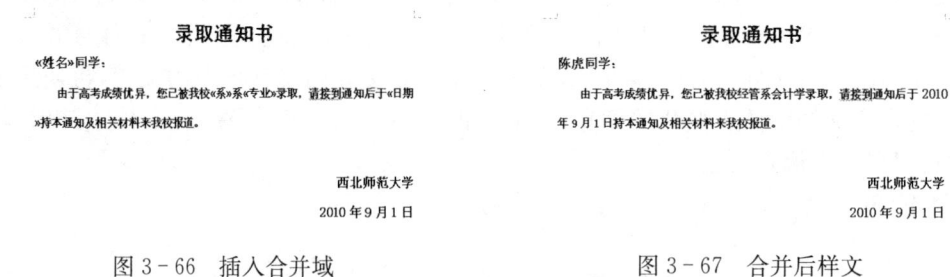

图 3-66 插入合并域　　　　　　　　图 3-67 合并后样文

(6) 单击"下一步"按钮进入最后一步的操作"完成合并",单击"编辑个人信函",在弹出的"合并到新文档"窗口中选择"全部",刚才编辑的所有文件就变成由与录取人数相同的页码组成的一个 Word 文档,选择"Office 按钮"→"打印"→"打印预览"菜单命令预览效果。

注意:可以在第(3)步中直接调用 Excel 文件、数据库文件、Word 表格中的数据等作为数据源。

3.5.4　创建目录

通过选择要包括在目录中的标题样式(如标题 1、标题 2 和标题 3)来创建目录。Word 搜索与所选样式匹配的标题,根据标题样式设置目录项文本的格式和缩进,将目录插入到文档中。Word 提供了一个样式库,其中有多种目录样式可供选择。标记目录项,然后从选项库中单击需要的目录样式。Word 2007 会自动根据所标记的标题创建目录。

例 3-51　在文档 text.docx 的开始,创建如图 3-68 所示的目录。

方法一:用内置标题样式创建目录。

(1) 创建文档,选择要应用标题样式的标题;

(2) 在"开始"选项卡的"样式"组中,单击所需的样式;

(3) 单击要插入目录的位置,通常在文档的开始处;

(4) 在"引用"选项卡的"目录"组中,单击"目录",在其下拉菜单中选择所需的目录样式。

目　　录

第1章 Visual Basic 程序设计概述 ……………………… 1
1.1 Visual Basic 的启动 …………………………………… 1
1.2 Visual Basic 集成开发环境 …………………………… 1
　1.2.1 主窗口 ……………………………………………… 2
　1.2.2 工具箱窗口 ………………………………………… 3
　1.2.3 窗体设计器窗口 …………………………………… 4
　1.2.4 工程资源管理器窗口 ……………………………… 4
　1.2.5 属性窗口 …………………………………………… 5
　1.2.6 其他窗口 …………………………………………… 5

图3-68　目录样式

方法二:用应用的自定义样式创建目录。

(1) 输入要在目录中包括的文本并选定,在"引用"选项卡的"目录"组中,单击"添加文字",在其列表中为所选文字选择级别;

(2) 重复步骤(1),直到希望显示的所有文本都出现在目录中;

(3) 单击要插入目录的位置,在"引用"选项卡的"目录"组中,单击"目录",在其下拉菜单中选择"插入目录",弹出"插入目录"对话框,如图3-69所示;

(4) 单击"选项"按钮,弹出"目录选项"对话框,如图3-70所示;

(5) 在"样式"复选框下的"有效样式"列表中,查找应用于文档中的标题样式;

图3-69　"目录"对话框

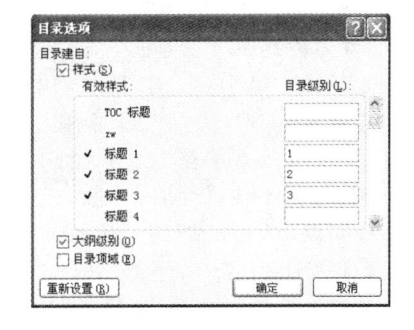

图3-70　"目录选项"对话框

(6) 在样式名旁边的"目录级别"文本框中,键入1到9中的一个数字,指示希望标题样式代表的级别;

(7) 对每个要包括在目录中的标题样式重复步骤(5)和步骤(6),单击"确定"按钮。

习题与思考题

一、选择题

1. 在 Word 编辑状态,要将文档中的所有"E-mail"替换成"电子邮件",应使用的选项卡是(　　)。
   A. 开始　　　　B. 视图　　　　C. 插入　　　　D. 引用
2. 在 Word 的编辑状态下绘制图形时,文档应处于(　　)。
   A. 普通视图　　B. 阅读版式视图　　C. 页面视图　　D. 大纲视图
3. 在 Word 中,页眉和页脚的作用范围是(　　)。
   A. 全文　　　　B. 节　　　　　C. 页　　　　　D. 段
4. 当一个 Word 窗口被关闭后,被编辑的文件将(　　)。
   A. 从磁盘中清除　　　　　　　　B. 从内存中清除

C. 从内存或磁盘中清除　　　　　　　　D. 从磁盘中删除
5. 在 Word 的编辑状态，如果要输入数学符号∑，则需要使用的选项卡是(　　)。
　　A. 开始　　　　B. 插入　　　　C. 引用　　　　D. 视图
6. 在 Word 的编辑状态下，对于选定的文字(　　)。
　　A. 可以设置颜色，不可以设置动态效果　　B. 不可以设置颜色，可以设置动态效果
　　C. 既可以设置颜色，也可以设置动态效果　　D. 不可以设置颜色，也不可以设置动态效果
7. 在 Word 编辑状态，先后打开了 d1.docx 文档和 d2.docx 文档，则(　　)。
　　A. 可以使两个文档的窗口都显现出来　　B. 只能显现 d2.docx 文档的窗口
　　C. 只能显现 d1.docx 文档的窗口　　　　D. 打开 d2.docx 后两个窗口自动并列显示
8. 在 Word 表格操作中，计算求和的函数是(　　)。
　　A. count　　　　B. sum　　　　C. average　　　　D. total
9. 在 Word 中，要使文档内容横向打印，在"页面设置"中应选择的标签是(　　)。
　　A. 纸型　　　　B. 纸张来源　　　　C. 版面　　　　D. 页边距
10. 在 Word 表格操作中，当前插入点在表格中某行的最后一个单元格内，按回车键后，则(　　)。
　　A. 插入点所在行加高　　　　　　　　B. 插入点所在列加宽
　　C. 在插入点下一行增加一空表格行　　D. 对表格不起作用
11. 在 Word 文档中插入声音文件，应在"插入"选项卡中选择(　　)。
　　A. "文本"组中的"对象"　　　　　　B. "插图"组中的"图片"
　　C. "文本"组中的"文本框"　　　　　D. "插图"组中的"剪贴画"
12. 在 Word 的编辑状态，对当前文档中的文字进行"字数统计"操作，应当使用的选项卡是(　　)。
　　A. 插入　　　　B. 引用　　　　C. 邮件　　　　D. 审阅
13. 在 Word 的编辑状态，建立了 4 行 4 列的表格，除第 4 行与第 4 列相交的单元格以外各单元格内均有数字，当插入点移到该单元格内后进行"公式"操作，则(　　)。
　　A. 可以计算出列或行中数字的和　　B. 仅能计算出第 4 列中数字的和
　　C. 仅能计算出第 4 行中数字的和　　D. 不能计算数字的和
14. Word 模板文件的扩展名是(　　)。
　　A. docx　　　　B. dotx　　　　C. pptx　　　　D. psd
15. Word 中的邮件合并能够实现(　　)。
　　A. 合并用户的电子邮件内容　　　　B. 利用数据源合并文档，批量管理
　　C. 成批发送电子邮件　　　　　　　D. 表格合并

二、简答题

1. 简述 Word 中文本选定的方法。
2. 嵌入型图片与浮动图片的区别是什么？样式和模板各有何优点？
3. 列举制作目录、表格的常用方法。
4. 字符格式、段落格式和页面格式主要用于什么地方？能否对一个文档中的部分段落进行分栏操作？可否只对指定页面进行打印？

上 机 实 验

实验一　Word 2007 基本操作

【实验目的】

1. 熟悉 Word 2007 的界面组成、视图方式。

2. 熟练掌握 Word 2007 文档的创建、文本输入与修改、文档编辑等操作。

3. 熟练掌握文档的排版。包括字符、段落和页面的格式的设置，查找与替换，项目符号和编号，分栏，中文版式，文本框等操作。

【实验内容】

新建一个 Word 文档，输入如图 3-71 所示样例提供的文字，按要求排版后以文件名 test.docx 保存在磁盘中。

bēn yuè
奔 月

小时候，我常常望着孤冷的月亮想像那是什么地方，痴痴地猜月亮上有多美，是不是"手可摘星辰"，会不会"遇仙玉蟾宫"，能不能"轻抚白兔皮"，可不可以"浅尝桂花酒"。于是翘首盼月，在梦乡里学会腾云驾雾上寒空，步蟾宫，在妈妈的臂弯里傻傻地想：如果这里就是玉蟾宫，该多好。然后随着四起的柔和蝉鸣沉沉入睡。

风谢春红，绿浓融，秋舞金菊，围霜装，不敢相信时光如此之快。在物改人散间，那轮亘古不变的月却在我心中扎根。随着年龄的增长，学业的加重，我闲暇的时间越来越少，却总能挤出时间去看月亮，只因为对月亮奇异的爱。

黑色的帷幔，嵌着无数钻石，中间托着一晕玉色，淡淡的亮着，忽而黑墨翻滚遮过月华，忽而星斗供月出光彩。绿烟清辉，美丽动人。遥想起太白名句：今人不见古时月，今月曾经照古人。不禁一阵怅惘，古人望月生情，千百年来对寒空圆魄的爱伴着古朴的神话流传，随着日月的穿梭为月披上抚慰人心的轻纱。执酒问月，领悟人生，然无奈不可攀月摘桂，于是神往着"长歌曼舞诉忠情，清风细水揽月归"，感叹着"人攀明月不可得，月行却与人相随"，又祝愿着"千里共婵娟"的美好生活。然而总归联想着无法奔月的失落，似乎咏月诗情常怀愁。为什么？难道国人千百年来美奂绝伦的梦想真的无法实现？心口不禁袭来阵阵痛楚：清皎的月啊，奔月何时不再是一纸空想！

2007 年 10 月 24 日 18 时 05 分，这一刻终于来了！"嫦娥"奔月啦！"嫦娥一号"腾空而起，破雾穿云，直奔太空。亿万华人此刻屏息凝神，共同见证了整个神圣的过程！凝聚着亿万炎黄子孙深深地祝愿，它破空而起，像祥龙昂首，直冲云霄，虽然只是电视直播，但看着那火箭灵蛇似的火尾，我的眼睛湿润了。忆起千年来古人的无奈，今朝奔月梦终于实现了！

夜晚，月儿出来了，我离开电视，直奔窗前，圆魄明丽。或许百里之外风云雨，然而在华人心中：月 是 今 夜 明，心 是 四 海 同！ 其实，月早已成为中华儿女血脉的一部分。当一切都不再是梦幻时，这种情感便毫无保留的迸出。奔月，这承载着中华爱月情怀的美好情愿，终于成为 真实。真可谓是：

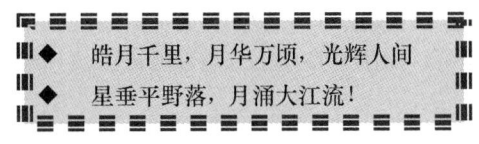

◆ 皓月千里，月华万顷，光辉人间
◆ 星垂平野落，月涌大江流！

图 3-71 样例

【实验要求】

1. 不论格式，直接输入上述文字，然后按照 2~10 题的要求完成。

2. 标题字体为"楷体"、"二号"、"红色"、"加粗"、"居中"，并加注拼音。

3. 第一段文字字体为"楷体_GB2312"、字号为"四号"、"首行缩进"2 字符、段前段后各 0.5 行、1.5 倍行距，并设置"首字下沉"，颜色为"深蓝"，行数为"2 行"，其他按照样例格式设置（使用格式刷）。

以下段落要求使用默认字体、字号。

4. 使用"中文版式"将第二段按照样例排版。

5. 第三段设置"分栏"效果，栏数为"两栏"，栏宽为"2 字符"，并加分隔线。

6. 第四段设置为文字加边框、底纹。

7. 第五段中的"夜晚"提升 5 磅,"月是今夜明,心是四海同!"间距加宽 1 磅、缩放 150%。

8. 给"真可谓是:"后面的内容加上项目符号,并将其插入文本框内,设置文本框内部边距"上"、"下"、"左"、"右"为 0.05 厘米,文字加背景色和蓝色三线虚边框、居中、文字环绕为"上下型"。

9. 将正文中所有"奔月"替换为"嫦娥奔月",并将字号改为"16 号"。

10. 设置纸张大小为 A4,页眉为"奔月",页脚为页码,居中,小五号宋体。

实验二　Word 2007 表格和图形处理

【实验目的】

1. 熟练掌握 Word 2007 中表格的使用。
2. 熟练掌握 Word 2007 中图形处理的方法。

【实验内容】

在 test.docx 文档末尾制作如图 3-72 所示表格。

课程 姓名	大学计算机基础	大学英语	大学语文	总分
张倩如	98	78	84	
李晓虎	76	73	68	
王诗强	68	95	78	
平均				

图 3-72

【实验要求】

1. 表头及列、行标题字体为黑体、字号为小四、颜色为蓝色。
2. 数据区汉字字体为宋体、数字字体为"Times New Roman"、字号为五号。
3. 除表头外,其他数据对齐方式为中部居中。
4. 使用 Word 2007 所提供的函数计算每个人的总分和各门课程的平均分。
5. 按照总分由高到低进行排序。
6. 在 test.docx 文档的第三段插入"嫦娥奔月"艺术字,按照实验一样例设置其环绕方式。
7. 在 test.docx 文档中按照样例插入图片(可以来源于剪贴画、图形文件或自己绘制),按照实验一样例设置其环绕方式。

第 4 章　Excel 2007 电子表格处理软件

本章导读　Excel 2007 是 Microsoft Office 2007 中功能强大的电子表格软件，能够方便地制作各种电子表格，有效地进行各种数据处理、统计分析和预测决策分析等。本章主要介绍 Excel 2007 的基本操作、函数及公式的使用、数据管理与分析等内容。

4.1　Excel 2007 基本操作

4.1.1　Excel 2007 概述

1. Excel 2007 的窗口组成

Excel 2007 的窗口由标题栏、标签栏、公式编辑栏、工作区、任务窗格和状态栏等组成，如图 4-1 所示。其中，活动单元格用于标识操作位置；名称框用于显示当前单元格的名称；编辑栏用于输入、编辑数据和公式；工作表标签用于显示工作表的名称；列号用字母 A,B, C,…,Z 及 AA,AB,…,IU,IV 来标记，共 256 列；行号用数字标记，共 65536 行；工作区是数据处理的主要区域。

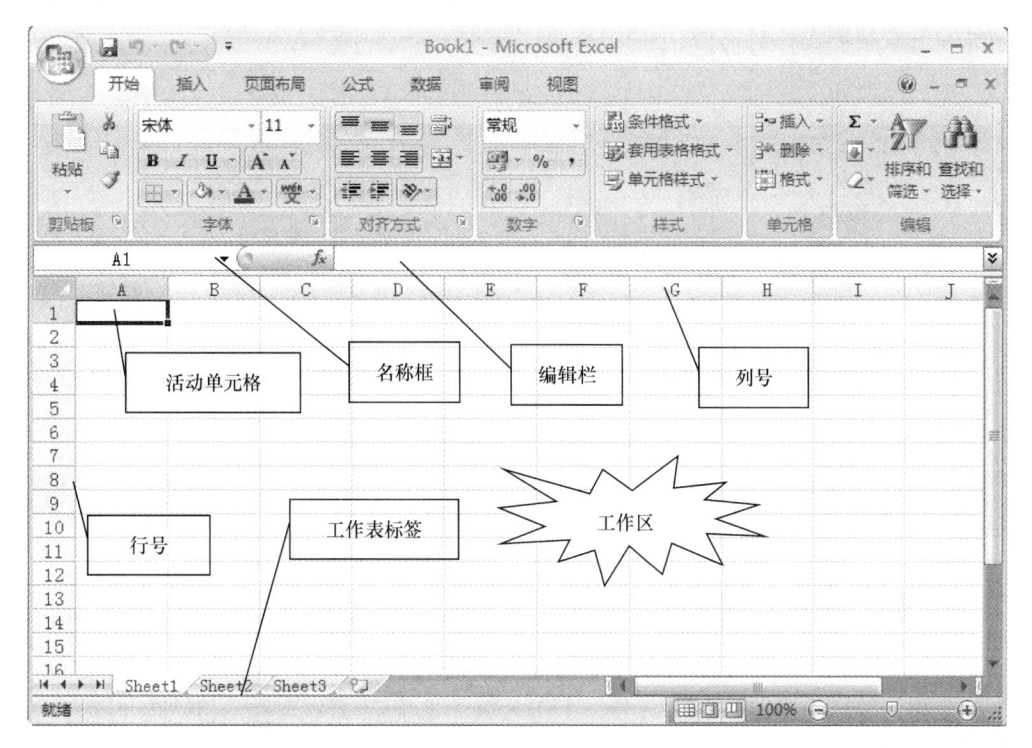

图 4-1　Excel 2007 窗口组成

2. 工作簿与工作表

工作簿(Book)是 Excel 2007 中存储电子表格的基本文件,其扩展名为.xlsx。启动 Excel 时,系统自动创建一个名为 Book1 的工作簿。一个工作簿由一张或多张工作表组成,每个工作簿最多可以包含 255 张工作表。新建一个工作簿时,默认包含三张工作表,依次命名为 Sheet1、Sheet2、Sheet3,如图 4-1 所示。

工作表(Sheet)是用于存储和处理数据的主要文档,也称为电子表格。当前被选中的工作表称为当前工作表,在图 4-1 中,Sheet1 为当前工作表。

3. 单元格与单元格地址

单元格是 Excel 2007 中处理信息的最小单位,在单元格中可以存放文字、数字和公式。一个工作表中可以包含 65536×256 个单元格。每一个单元格都有一个地址,单元格的地址有三种表示方法。

1) 相对地址

直接由列号和行号组成,如图 4-2 所示。如果公式中引用了相对地址,在进行填充和公式复制操作时,公式中的地址将发生相对位移变化。

2) 绝对地址

在列号和行号前分别加字符"$",如图 4-3 所示。如果公式中引用了绝对地址,在进行填充和公式复制操作时,公式中的地址将固定不变。

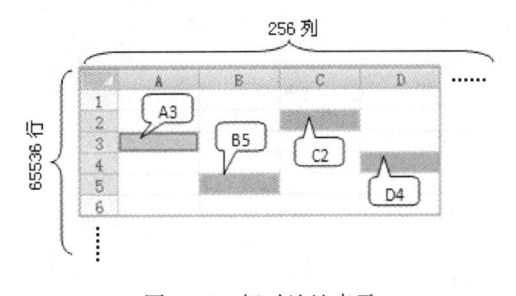

图 4-2 相对地址表示

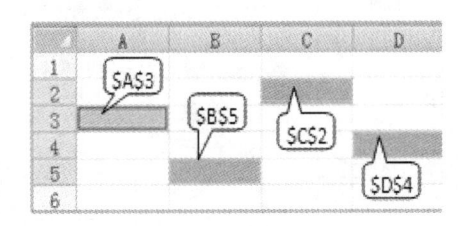

图 4-3 绝对地址表示

3) 混合地址

在列号或行号前加字符"$",如图 4-4 所示。如果公式中引用了混合地址,在进行填充和公式复制操作时,地址的绝对部分固定不变,相对部分将发生相对位移变化。

4. 工作区域

工作区域是指工作表中一些相邻单元格组成的矩形区域。一般情况下,用户实际所用的工作表格只是所有单元格的一部分。工作区域的地址表示形式是在起始地址(左上角单元格)和终止地址(右下角单元格)之间用冒号分隔,如图 4-5 所示。

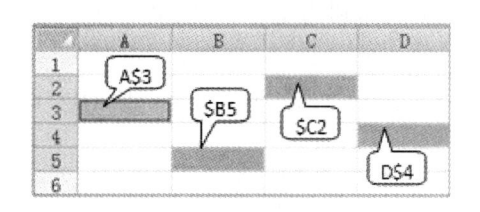

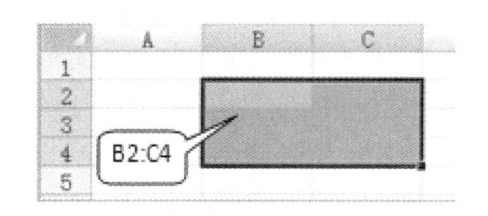

图 4-4 混合地址表示　　　　　图 4-5 工作区域地址表示

4.1.2 工作表的选定与使用

启动 Excel 2007,系统会自动建立一个以"Book1"为标题的新工作簿。也可以选择"Office 按钮"→"新建"菜单命令,在弹出的"新建工作簿"对话框中选择"空工作簿"。

1. 选定工作表

在对工作表进行操作时,需要先对工作表进行选定,被选定的工作表标签背景呈白色显示。工作表的选定方法有:用鼠标单击工作表标签,选定一个工作表;先选择一个工作表,按住 Shift 键,再用鼠标单击最后一个工作表标签,可选定连续多个工作表;选择一个工作表,按住 Ctrl 键,再用鼠标单击其他工作表标签,可选定多个不连续工作表;在工作表标签的快捷菜单中选择"选定全部工作表"菜单命令(见图 4-6),可选定全部工作表。

2. 插入工作表

在"开始"选项卡的"单元格"组中单击"插入",选择其下拉菜单中的"插入工作表"菜单命令;或者选择工作表标签快捷菜单中的"插入"命令,在弹出的"插入"对话框中选择"常用"选项卡中的"工作表"图标,单击"确定"按钮。

3. 移动、复制、删除工作表

移动工作表:选定一张工作表,拖动鼠标到指定位置;或者选定一张工作表后,选择工作表标签快捷菜单中的"移动或复制工作表"命令,弹出"移动或复制工作表"对话框,如图 4-7 所示,在"工作簿"下拉列表框中选择目标工作簿的名称,然后在"下列选定工作表之前"列表框中选择目标工作表的位置,单击"确定"按钮。

图 4-6 "工作表标签"快捷菜单　　　　　图 4-7 "移动或复制工作表"对话框

复制工作表:选定一张工作表,按住 Ctrl 键拖动鼠标到指定位置;或者选定一张工作表,选择工作表标签快捷菜单中的"移动或复制工作表"命令,在"移动或复制工作表"对话框的"工作簿"下拉列表框中选择目标工作簿的名称,在"下列选定工作表之前"列表框中选择目标工作表的位置,选择"建立副本"复选框,单击"确定"按钮。

删除工作表:选定一张工作表,在"开始"选项卡的"单元格"组中单击"删除",选择下拉菜单中的"删除工作表"菜单命令;或者选择工作表标签快捷菜单中的"删除"命令。

4. 重命名工作表

双击工作表标签,此时工作表标签名称呈反色显示,输入新工作表名称;或者选定一张工作表,选择工作表标签快捷菜单中的"重命名"命令,此时工作表标签名称呈反色显示,然后输入新的工作表名称。

例 4-1 新建名为 exam.xlsx 的工作簿文件,该工作簿中有四张工作表,其工作表标签如图 4-8 所示。

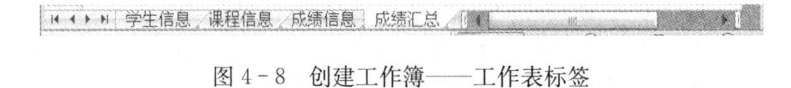

图 4-8 创建工作簿——工作表标签

操作步骤:

(1) 启动 Excel 2007,选择"Office 按钮"→"保存"菜单命令,弹出"另存为"对话框,在"另存为"对话框的"保存位置"列表框中选择 D 盘,在"文件名"文本框中输入"exam",从"保存类型"列表框中选择"Microsoft Office Excel 工作簿"类型,单击"保存"按钮;

(2) 选择 Sheet1 工作表,在"开始"选项卡的"单元格"组中单击"插入",选择其下拉菜单中的"插入工作表"菜单命令,插入后的工作表名称默认为 Sheet4,选择工作表标签快捷菜单中的"重命名"命令,输入"学生信息";

(3) 同步骤(2),分别将 Sheet1、Sheet2、Sheet3 重命名为"课程信息"、"成绩信息"、"成绩汇总",最后保存文件。

4.1.3 工作表数据输入与编辑

可以在编辑栏或单元格中输入数据,输入完成后,按回车键或在其他单元格处单击鼠标予以确定。

1. 选定单元格

图 4-9 全选标志

用鼠标单击,选定一个单元格;单击行标记或列标记,选定整行或整列;从区域左上角拖动鼠标到右下角,用来选定区域;按 Ctrl+A 组合键或单击全选标志(见图 4-9)可以选定全部单元格。

除此之外,可以利用键盘快速移动活动单元格,如表 4-1 所示。

表 4-1　快捷键

键　　位	功　　能
↑、↓、←、→	上、下、左、右移动活动单元格
Tab	活动单元格右移
Enter	确定输入后活动单元格下移
Esc	取消当前输入

2. 数据输入

1）文本输入

文本默认对齐方式是左对齐。若输入一般文本则直接输入；若输入数字文本，可以使用的方法有：先输入单引号“'”，再输入数字；或者先输入等号“＝”，再输入数字，并且要将数字加引号。输入时，标点符号必须在英文状态下输入。

2）数值输入

数值默认对齐方式是右对齐。若输入的数据长度超过 11 位，系统将自动转换为科学记数法表示。输入分数时，要先输入整数部分，再输入空格，最后输入分数，格式为：整数 分子/分母。

3）日期时间输入

输入日期时，默认按“年/月/日”或“年-月-日”的格式。输入时间时，默认按“小时：分：秒”的格式。若在同一单元格中输入日期和时间，需在日期和时间之间用空格分隔。

4）逻辑型数据输入

逻辑型数据默认对齐方式为居中，有两个值 TRUE 和 FALSE，表示逻辑判断的结果。

例 4-2　分别在“学生信息”和“课程信息”工作表中输入数据，如图 4-10 所示，其中“学生信息”工作表中的 E 列和“课程信息”工作表中的 A 列及 C 列数据暂不输入。

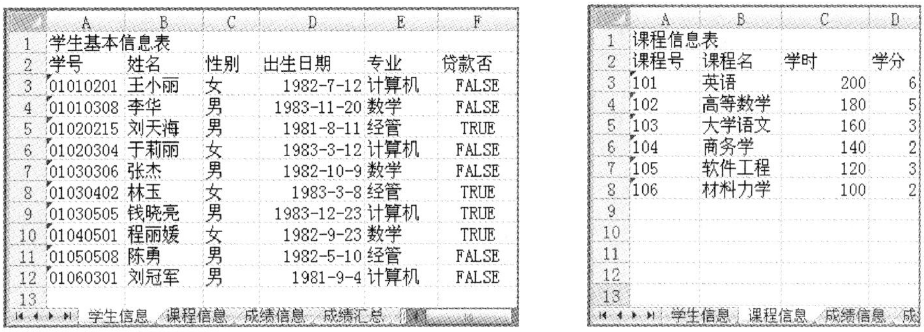

	A	B	C	D	E	F
1	学生基本信息表					
2	学号	姓名	性别	出生日期	专业	贷款否
3	01010201	王小丽	女	1982-7-12	计算机	FALSE
4	01010308	李华	男	1983-11-20	数学	FALSE
5	01020215	刘天海	男	1981-8-11	经管	TRUE
6	01020304	于莉丽	女	1983-3-12	计算机	FALSE
7	01030306	张杰	男	1982-10-9	数学	FALSE
8	01030402	林玉	女	1983-3-8	经管	TRUE
9	01030505	钱晓亮	男	1983-12-23	计算机	TRUE
10	01040501	程丽媛	女	1982-9-23	数学	TRUE
11	01050508	陈勇	男	1982-5-10	经管	FALSE
12	01060301	刘冠军	男	1981-9-4	计算机	FALSE
13						

学生信息 / 课程信息 / 成绩信息 / 成绩汇总

	A	B	C	D
1	课程信息表			
2	课程号	课程名	学时	学分
3	101	英语	200	6
4	102	高等数学	180	5
5	103	大学语文	160	3
6	104	商务学	140	2
7	105	软件工程	120	3
8	106	材料力学	100	2
9				
10				
11				
12				
13				

学生信息 / 课程信息 / 成绩信息 / 成

图 4-10　数据输入

操作步骤：

选定“学生信息”工作表中的 A1 单元格，输入“学生基本信息表”，用同样的方法在 A2：F2、A3：C12 区域的单元格中分别输入文本型数据；选定 D3 单元格，输入“1982-7-12”，用同样的方法在 D4：D12 区域的单元格中输入日期型数据；选定 F3 单元格，输入“FALSE”，用同样的方法在 F4：F12 区域的单元格中输入逻辑型数据；选定“课程信息”工作表,参照上述方法,在 A1:D2、B3:B8、D3:D8 中输入数据。

5) 快速输入数据

对于有一定规律的数据,Excel 2007 提供了快速输入的功能。

(1) 使用填充柄。

例4-3　在"课程信息"工作表中输入 A 列数据。

选定"课程信息"工作表中的 A3 单元格,输入"'101",将鼠标指针指向 A3 单元格右下角,鼠标指针变为"+"字形(称为填充柄),拖动鼠标至 A8 单元格后松开鼠标。

(2) 使用序列填充。

例4-4　在"课程信息"工作表中输入 C 列数据。

操作步骤:选定"课程信息"工作表中的 C3 单元格,输入"200";选定 C3:C8 区域,在"开始"选项卡的"编辑"组中单击"填充",选择其下拉菜单中的"系列"菜单命令,弹出如图 4-11 所示的"序列"对话框,在该对话框中选择序列产生在"列",类型为"等差数列",步长值设为-20,单击"确定"按钮。

图 4-11　"序列"对话框

注意:如果选定 C3 单元格,则在"序列"对话框中,需要给出终止值 100。

(3) 使用自定义序列。

例4-5　在"学生信息"工作表中输入 E 列数据。

方法一:选定"学生信息"工作表;分别在 E3、E4、E5 单元格中输入"计算机"、"数学"、"经管";选定 E3:E5 区域,将鼠标指针指向 E5 单元格右下角,拖动填充柄至 E12 单元格。

方法二:选定"学生信息"工作表;在"Office 按钮"菜单中单击"Excel 选项"按钮,在弹出的"Excel 选项"对话框中单击常用列表的"编辑自定义列表"按钮,弹出如图 4-12所示的"自定义序列"对话框;在"自定义序列"列表框中选择"新序列","输入序列"列表框中输入"计算机,数学,经管",单击"添加"按钮,观察"自定义序列"列表框;单击"确定"按钮;选定 E3 单元格,输入"计算机";将鼠标指向 E3 单元格右下角,拖动填充柄至 E12 单元格。

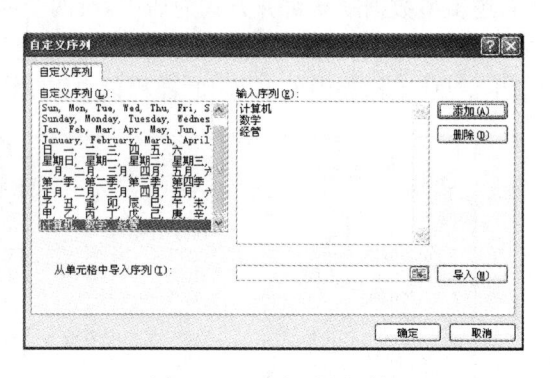

图 4-12　"选项"对话框

注意:输入序列时,各项之间可以使用逗号","分隔,也可以使用回车键。"自定义序列"列表框中已经存在的序列,可以直接利用填充的方法输入。

3. 工作表的编辑

可以在工作表中插入或删除单元格、行和列,但工作表中单元格的个数固定不变,只是在进行插入和删除操作时,单元格的相对位置发生了变化。

1) 插入单元格

例 4-6 在"学生信息"工作表中插入新的单元格,如图 4-13 所示。

图 4-13 插入单元格

操作步骤:

(1) 选定"学生信息"工作表,选定第二行,在"开始"选项卡的"单元格"组中单击"插入",选择其下拉菜单中的"插入工作表行"菜单命令;选定 D 列,在"开始"选项卡的"单元格"组中单击"插入",选择其下拉菜单中的"插入工作表列"菜单命令。

(2) 选定 A8 单元格,在"开始"选项卡的"单元格"组中单击"插入",选择其下拉菜单中的"插入单元格"菜单命令,弹出"插入"对话框,如图 4-14 所示,选择"活动单元格下移"单选按钮,单击"确定"按钮。

图 4-14 "插入"对话框

(3) 选定 G9 单元格,同步骤(2),在弹出的"插入"对话框中选择"活动单元格右移"单选按钮,单击"确定"按钮。

2) 删除单元格

例 4-7 将例 4-6 中插入的单元格全部删除。

操作步骤:

图 4-15 "删除"对话框

(1) 分别选定第二行和第 D 列,在"开始"选项卡的"单元格"组中单击"删除",选择其下拉菜单中的"删除工作表行"或"删除工作表列"菜单命令;

(2) 选定 A7 单元格,在"开始"选项卡的"单元格"组中单击"删除",选择其下拉菜单中的"删除单元格",弹出"删除"对话框,如图 4-15 所示,选择"下方单元格上移"单选按钮,单击"确定"按钮;

(3) 选定 F8 单元格,同步骤(2),在弹出的"删除"对话框中选择"右侧单元格左移"单选按钮,单击"确定"按钮。

3) 调整行高和列宽

方法一:将鼠标指向行(列)标志的行(列)线上,鼠标指针变为"+"字形,拖动鼠标改变行高(列宽)。

方法二：选定一行(列)，在“开始”选项卡的“单元格”组中单击“格式”，选择其下拉菜单中的“行高”(“列宽”)菜单命令，弹出“行高”(“列宽”)对话框；在“行高”(“列宽”)文本框中输入数值调整。

4）移动单元格数据

例 4－8 将“学生信息”工作表中 B7:D9 区域中的数据移动到 B14:D16 区域，如图 4－16 所示。

方法一：选定 B7:D9 区域，将鼠标指针指向区域边缘，鼠标指针上带有双向箭头时，拖动鼠标到 B14 单元格。

方法二：选定 B7:D9 区域，在“开始”选项卡的“剪贴板”组中单击“剪切”；选定 B14 单元格，在“开始”选项卡的“剪贴板”组中单击“粘贴”。

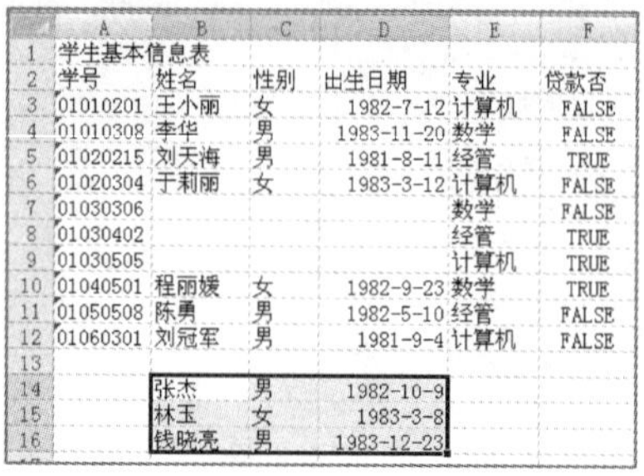

	A	B	C	D	E	F
1	学生基本信息表					
2	学号	姓名	性别	出生日期	专业	贷款否
3	01010201	王小丽	女	1982-7-12	计算机	FALSE
4	01010308	李华	男	1983-11-20	数学	FALSE
5	01020215	刘天海	男	1981-8-11	经管	TRUE
6	01020304	于莉丽	女	1983-3-12	计算机	FALSE
7	01030306				数学	FALSE
8	01030402				经管	TRUE
9	01030505				计算机	TRUE
10	01040501	程丽媛	女	1982-9-23	数学	TRUE
11	01050508	陈勇	男	1982-5-10	经管	FALSE
12	01060301	刘冠军	男	1981-9-4	计算机	FALSE
13						
14		张杰	男	1982-10-9		
15		林玉	女	1983-3-8		
16		钱晓亮	男	1983-12-23		

图 4－16　移动单元格数据

5）复制单元格数据

例 4－9 将例 4－8 中移动到 B14:D16 区域中的数据复制一份重新放回 B7:D9 区域。

方法一：选定 B14:D16 区域，按住 Ctrl 键，将鼠标指针指向区域边缘，鼠标指针上带有“＋”字形时，拖动鼠标到 B7 单元格。

方法二：选定 B14:D16 区域，在“开始”选项卡的“剪贴板”组中单击“复制”；选定 B7 单元格，在“开始”选项卡的“剪贴板”组中单击“粘贴”。

6）清除单元格数据

例 4－10 将例 4－9 中 B14:D16 区域中的数据清除。

方法一：选定 B14:D16 区域，按 Delete 键。

方法二：选定 B14:D16 区域，在“开始”选项卡的“编辑”组中单击“清除”，选择其下拉菜单中的“全部清除”或“清除内容”菜单命令。

4. 工作表格式化

1）设置数字、对齐、字体、边框和底纹

例 4－11 将“课程信息”工作表格式化，如图 4－17 所示。

操作步骤：

(1) 选定 A1:D1 区域，在“开始”选项卡的“对齐方式”组中单击“对齐方式”对话框启动器，弹出“设置单元格格式”对话框，如图 4－18 所示；

(2) 在“对齐”选项卡的“水平对齐”下拉列表框中选择“居中”，“垂直对齐”下拉列表框中选择“居中”，并选择“合并单元格” 复选框，单击“确定”按钮；

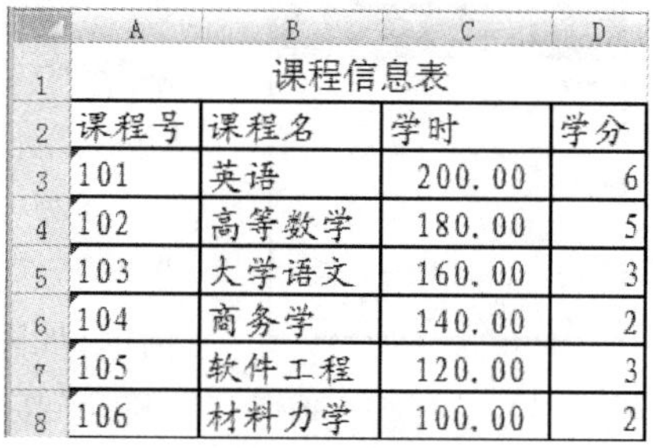

	A	B	C	D
1	课程信息表			
2	课程号	课程名	学时	学分
3	101	英语	200.00	6
4	102	高等数学	180.00	5
5	103	大学语文	160.00	3
6	104	商务学	140.00	2
7	105	软件工程	120.00	3
8	106	材料力学	100.00	2

图 4－17　工作表格式化

(3) 选定 C3:C8 区域，在“设置单元格格式”对话框中选择“数字”选项卡，如图 4－19 所示，在“分类”列表框中选择“数值”，调整“小数位数”为 2，单击“确定”按钮；

(4) 选定 A2:D8 区域，在“设置单元格格式”对话框中选择“边框”选项卡，如图 4－20 所示，在“样式”列表中选择“粗线条”，在“预置”选项中分别选择“外边框”和“内部”，单击“确定"按钮。最后对 A2:D8 区域设置字体、字号等。

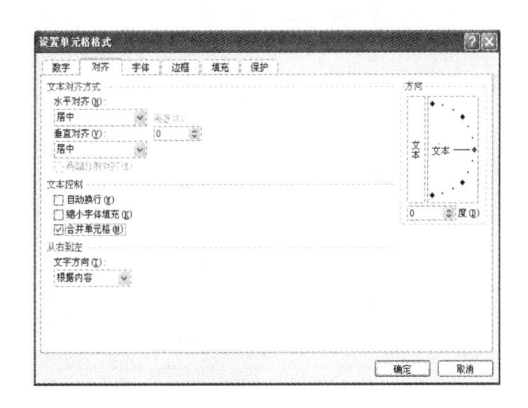

图 4-18 "对齐"选项卡

图 4-19 "数字"选项卡

2) 条件格式设置

例 4-12 将"课程信息"工作表中学分为 3 的单元格中的数据加粗倾斜,将学时在 150 以上 200 以下的单元格中的数据加下划线,如图 4-21 所示。

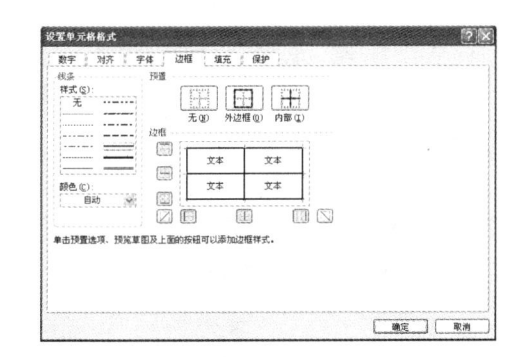

图 4-20 "边框"选项卡

图 4-21 条件格式设置

操作步骤:

(1) 选定 D 列,在"开始"选项卡的"样式"组中选择"条件格式"下拉菜单中的"突出显示单元格规则"菜单命令,在其子菜单中单击"等于",弹出"等于"对话框,如图 4-22 所示;

(2) 在文本框中输入 3,在"设置为"下拉列表中单击"自定义格式",在"设置单元格格式"对话框中将字体设置为"加粗、倾斜";

图 4-22 "等于"对话框

(3) 选定 C 列,在"开始"选项卡的"样式"组中单击"条件格式",选择其下拉菜单中的"新建规则"菜单命令,弹出"新建格式规则"对话框,如图 4-23 所示;

(4) 在"选择规则类型"列表框中选择"只为包含以下内容的单元格设置格式",在"编辑规则说明"选项中依次选择"单元格值"、"介于",在其后的文本框中分别输入 150 和 200,单击"格式"按钮设置格式后返回,单击"确定"按钮。

3）自动套用格式

例 4-13　利用 Excel 2007 提供的自动套用格式功能将"课程信息"工作表重新格式化，如图 4-24 所示。

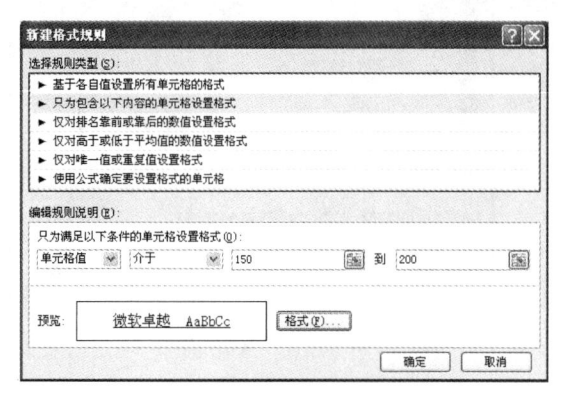

图 4-23　"新建格式规则"对话框

图 4-24　自动套用格式

操作步骤：选定 A1:D8 区域，在"开始"选项卡的"样式"组中单击"套用表格格式"，并在其下拉菜单中选择如图 4-24 所示的样式。

4）页面设置

例 4-14　在对工作表打印之前，需要先进行页面设置。

操作步骤：在"页面布局"选项卡的"页面设置"组中，单击"页面设置"对话框启动器，弹出如图 4-25 所示的"页面设置"对话框；依次在"页面"选项卡中设置打印方向、缩放比例及纸张大小，在"页边距"选项卡中设置上、下、左、右边距及居中方式，在"页眉/页脚"选项卡中设置页眉和页脚，在"工作表"选项卡的"打印区域"文本框中输入要打印的区域的地址，并设置打印标题及打印顺序等，单击"确定"按钮。

图 4-25　"页面设置"对话框

5）清除格式

例 4-15　将例 4-14 中设置的格式全部清除。

选定 A1:D8 区域，在"开始"选项卡的"编辑"组中单击"清除"，选择其下拉菜单中的"清除格式"菜单命令。

4.2 公式和函数

4.2.1 公式

公式是工作表中对数据进行运算、分析的表达式。公式由数据、函数、单元格地址、运算符等组成。

1. 运算符

1）算术运算符

算术运算符用于完成基本的数学运算。算术运算符及操作举例，如表 4-2 所示。

表 4-2 算术运算符

运算符号	含义	举例	结果
+	加	=4+8	12
-	减	=4-8	-4
*	乘	=4*8	32
/	除	=4/8	0.5
%	百分比	=5%	0.05
^	乘方	=5^2	25

2）比较运算符

比较运算符用于比较两个数值并产生布尔逻辑值 True 或 False。比较运算符及操作举例如表 4-3 所示（假定 A1 单元格的值为 30）。

表 4-3 比较运算符

运算符号	含义	举例	结果
=	等于	=A1=15	False
>	大于	=A1>15	True
>=	大于或等于	=A1>=15	True
<	小于	=A1<15	False
<=	小于或等于	=A1<=15	False
<>	不等于	=A1<>15	True

3）文本运算符

文本运算符用于连接两段文本。文本运算符及操作举例，如表 4-4 所示。

表 4-4 文本运算符

运算符号	含义	举例	结果
&	文字连接	="abc"&"你好"	abc你好

4）运算符的优先级

运算符的优先级顺序如表 4-5 所示，利用括号可以改变优先级。

表 4-5　运算符优先级

运算符号	优先级	说明
−	高	负号
%		百分号
∧		指数
*、/		乘、除
+、−		加、减
&		连接文字
=、<、>、<=、>=、<>	低	比较符号

2. 公式的输入

可以在单元格或编辑栏中输入公式，输入时必须以等号"="或加号"+"开始。

例 4-16　在"成绩信息"工作表中输入数据，并利用公式计算第一位学生的总分和平均分，如图 4-26 所示。

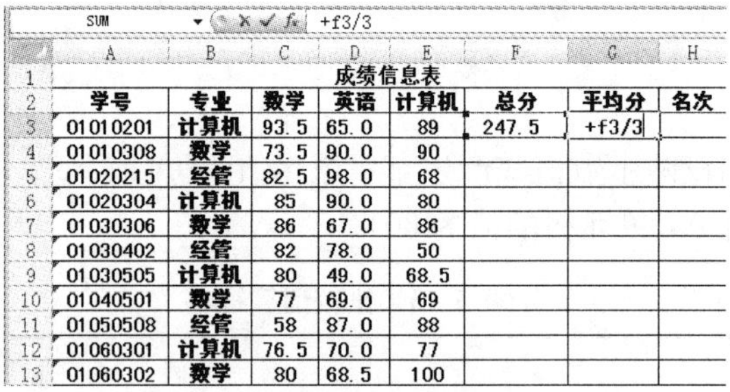
SUM　+f3/3

	A	B	C	D	E	F	G	H
1	成绩信息表							
2	学号	专业	数学	英语	计算机	总分	平均分	名次
3	01010201	计算机	93.5	65.0	89	247.5	+f3/3	
4	01010308	数学	73.5	90.0	90			
5	01020215	经管	82.5	98.0	68			
6	01020304	计算机	85	90.0	80			
7	01030306	数学	86	67.0	86			
8	01030402	经管	82	78.0	50			
9	01030505	计算机	80	49.0	68.5			
10	01040501	数学	77	69.0	69			
11	01050508	经管	58	87.0	88			
12	01060301	计算机	76.5	70.0	77			
13	01060302	数学	80	68.5	100			

图 4-26　成绩信息表

操作步骤：选定"成绩信息"工作表并输入数据，选定 F3 单元格，输入"=C3+D3+E3"，按回车键，选定 G3 单元格，在编辑栏中输入"+F3/3"，按回车键。

3. 地址引用

在公式中如果引用了不同的地址，则在进行复制和填充操作时公式中的相对地址会发生相对位移的变化，而绝对地址则保持不变。

1）相对地址引用

例 4-17　将例 4-16 中 F3 单元格中的公式复制到 F6 单元格中，观察公式变化。

2）绝对地址引用

例 4-18　将例 4-16 中 F3 单元格中公式的地址改为绝对地址复制到 F6 单元格中，观察公式变化。

3) 混合地址引用

例 4-19 将例 4-16 中 F3 单元格中公式的地址改为混合地址复制到 F6 单元格中，观察公式变化。

以上 3 种地址的公式变化如表 4-6 所示。

表 4-6 地址引用

地址类型	F3 单元格中公式	F6 单元格中的公式变化
相对地址	=C3+D3+E3	=C6+D6+E6
绝对地址	=$C$3+$D$3+$E$3	=$C$3+$D$3+$E$3
混合地址	=$C3+D$3+$E3	=$C6+D$3+$E6

4.2.2 函数

Excel 提供了大量功能强大的函数，可以方便快速地进行数据处理，提高工作效率。

1) 函数定义

函数由函数名和自变量组成，即函数名(自变量1,自变量2,…)，其中自变量可以是数据、单元格地址、区域等。表 4-7 列举了一些常用函数。

表 4-7 常用函数

函数格式	函数意义
Sum(number1,number2,…)	计算单元格区域中所有数值的和。例如,sum(34,78,56)=168
Average(number1,number2,…)	计算单元格区域中所有数值的算术平均值。例如,average(34,78,56)=56
Count(value1,value2,…)	计算参数的数目个数。例如,count(34,78,56)=3
Max(number1,number2,…)	计算参数中的最大值。例如,max(34,78,56)=78
Sin(number)	计算给定弧度的正弦值。例如,sin(800)=0.89
If(logical_test,value_if_true,value_if_false)	判断一个条件是否满足,如果满足条件则返回一个值,否则返回另外一个值(假设 x=80)。例如,if(x>56,34,67)=34
Sumif(range,criteria,sum_range)	对满足条件的单元格求和(假设 a1:a3 中的数据分别为 34,56,78,b1:b3 中的数据分别为 78,56,34)。例如,sumif(a1:a3,">50",b1:b3)=90
Stdev(number1,number2,…)	计算给定样本的标准偏差。例如,stdev(34,78,56)=16.8
Rank(number,ref,order)	返回某数在一列数中相对其他数的大小排位。例如,假设 a1:a3 中的数据为 34,78,56,则 rank(56,a1:a3)=2

2) 函数的使用

例 4-20 利用函数计算例 4-16 中所有学生的总分和平均分。

操作步骤：

(1) 选定"成绩信息"工作表中的 F3 单元格,在"公式"选项卡的"函数库"组中单击"插

入函数",弹出"插入函数"对话框,如图 4-27 所示;

(2) 在"选择类别"下拉列表框中选择"常用函数",在"选择函数"列表框中选择"SUM",单击"确定"按钮,弹出"函数参数"对话框,如图 4-28 所示;

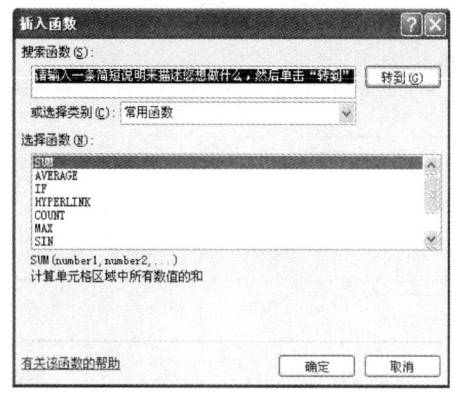

图 4-27 "插入函数"对话框　　　　　图 4-28 "函数参数"对话框

(3) 在"Number1"文本框中输入"C3:E3",单击"确定"按钮;

(4) 选定 F3 单元格,利用填充柄填充 F4:F13;

(5) 同(1)~(4),计算所有学生的平均分,只是在选择函数时,选择常用函数中的"AVERAGE"。

4.3 数 据 管 理

4.3.1 数据有效性

Excel 2007 中经常输入大量数据,为了检验数据的正确性,通常在输入数据前设置数据有效性以防止数据的错误输入。

例 4-21 为"成绩信息"工作表中的"数学"列数据设置数据有效性,要求数学成绩是 0~100 的整数且不允许出现空值,并设置出错信息。

操作步骤:选定 C3:C13 区域,在"数据"选项卡的"数据工具"组中单击"数据有效性",选择下拉菜单中的"数据有效性"菜单命令,弹出"数据有效性"对话框,如图 4-29 所示;选择"设置"选项卡,设置允许为"整数",数据"介于"的最小值为 0、最大值为 100,并取消"忽略空值"复选框;选择"出错警告"选项卡,如图 4-30 所示,设置样式为"警告"、标题为"输入错误"、错误信息为"数据越界",并选定"输入无效数据时显示出错警告"复选框,单击"确定"按钮。

例 4-22 在"成绩信息"工作表中的"数学"列中输入新的数据,检验数据有效性。

操作步骤:选定 C12 单元格,重新输入新的数据(如"23.5"),按回车键,弹出"输入错误"对话框,如图 4-31 所示,单击"是"按钮,忽略错误值;单击"否"按钮,则重新输入数据。

例 4-23 检查"成绩信息"工作表中的"数学"列中的数据,并将错误数据标注出来,如图 4-32 所示。

图 4-29 "数据有效性"对话框

图 4-30 "出错警告"选项卡

图 4-31 "输入错误"对话框

图 4-32 标注错误数据

操作步骤:选定 C3:C13,在"数据"选项卡的"数据工具"组中单击"数据有效性",选择下拉菜单中的"圈释无效数据"菜单命令,则错误数据被用红色标注,重新输入正确数据,则红色标注自动消失;选择"清除无效数据标识圈"菜单命令,红色标注被取消。

4.3.2 排序

例 4-24 将"成绩信息"工作表中的数据按总分降序排序,总分相同的按数学成绩降序排序,并给出名次,结果如图 4-33 所示。

操作步骤:

(1) 选定 A2:H13 区域中的任意单元格;

(2) 在"数据"选项卡的"排序和筛选"组中单击"排序",弹出"排序"对话框,如图 4-34 所示;

(3) 选择主要关键字为"总分",排序依据为"数值",次序为"降序";

(4) 单击"添加条件"按钮,选择次要关键字为"数学",排序依据为"数值",次序为"降序",单击"确定"按钮;

(5) 选定 H3 单元格,输入"'1",利用 H3 中数据填充 H4:H13。

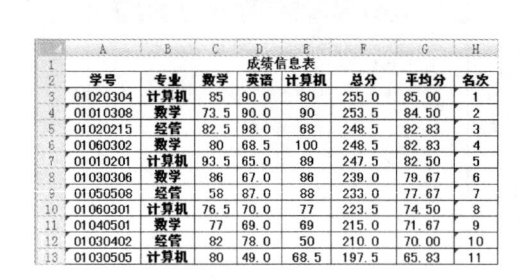

图 4-33 排序结果

图 4-34 "排序"对话框

注意：在本例中，尽管对数据进行排序后得出了每个学生的名次，但是却改变了原有数据的输入顺序，因此还需以"学号"为关键字再次对数据表进行升序排序才可恢复。为了在获得名次的同时不改变原有记录的顺序，可以使用函数实现。

例 4-25 求出例 4-24 中"成绩信息"工作表中每位学生的名次。

操作步骤：选定 H3 单元格，在"公式"选项卡的"函数库"组中单击"插入函数"，在弹出的"插入函数"对话框的"类别"下拉列表框中选择"统计"，在"选择函数"列表框中选择"RANK"，单击"确定"按钮；在"函数参数"对话框的"Number1"文本框中输入"F3"，在"Ref"文本框中输入"＄F＄3:＄F＄13"，单击"确定"按钮，利用 H3 单元格中的数据填充 H4:H13。

4.3.3 筛选

使用数据筛选功能，可以快速查找满足指定条件的数据记录。

1. 自动筛选

1) 简单自动筛选

例 4-26 在"成绩信息"工作表中筛选所有计算机专业的学生信息，如图 4-35 所示。

图 4-35 例 4-26 筛选结果

操作步骤：选定 A2:H13 区域中的任意单元格，在"数据"选项卡的"排序和筛选"组中单击"筛选"，则在第二行每一个单元格右侧出现一个下拉列表箭头，选中"专业"下拉菜单中的"计算机"复选框，单击"确定"按钮。

2) 自定义自动筛选

例 4-27 在"成绩信息"工作表中筛选总分大于 220 且小于 250 的学生信息，结果如图 4-36 所示。

操作步骤：同例 4-26 步骤，选择"总分"下拉菜单中的"数字筛选"菜单命令，并在其子菜单中选择"介于"菜单命令，弹出"自定义自动筛选方式"对话框，如图 4-37 所示；在"总分"下拉列表框中依次选择"大于"、"小于",设置值分别为 220、250,并选中"与"单选按钮,单击"确定"按钮。

图 4-36 例 4-27 筛选结果

图 4-37 "自定义自动筛选方式"对话框

3) 取消自动筛选

在"数据"选项卡的"排序和筛选"组中再次单击"筛选",即可恢复显示所有数据。

自动筛选只能对单个关键字进行快速查找,如果需要同时对符合条件的多个关键字进行查找,可以使用高级筛选实现。

2. 高级筛选

高级筛选需要单独输入筛选条件,如果两个条件之间是"与"的关系,则将条件输入在同一行;如果条件之间是"或"的关系,则将条件输入在不同行;若为其他复合条件,则将条件输入在不同行、列。

例 4-28 在"成绩信息"工作表中筛选所有专业为"计算机"或总分大于 220 且数学成绩在 80 分以上的学生信息,结果如图 4-38 所示。

操作步骤:

(1) 输入 A15:C17 区域中的条件;
(2) 选定 A2:H13 区域中的任意单元格;

图 4-38 例 4-28 筛选结果

(3) 在"数据"选项卡的"排序和筛选"组中单击"高级",弹出"高级筛选"对话框,如图 4-39 所示;

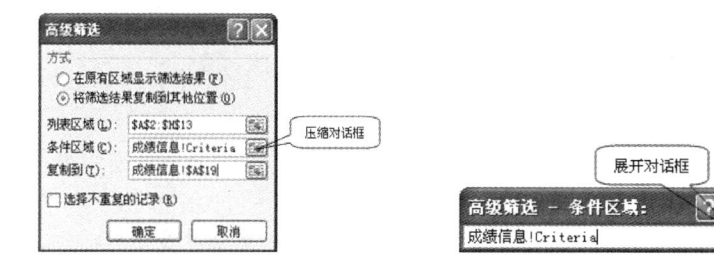

图 4-39 "高级筛选"对话框

(4) 在"列表区域"自动显示"＄A＄2:＄H＄13",单击"条件区域"文本框右侧的压缩对话框,在工作表中选定 A15:C17 区域,单击展开对话框,如图 4-39 所示,则在"条件区域"

文本框自动显示"成绩信息！Criteria"；

（5）选择"将筛选结果复制到其他位置"单选按钮，单击"复制到"文本框右侧的压缩对话框；

（6）在工作表中选定 A19 单元格，单击展开对话框，则在"复制到"文本框自动显示"成绩信息！＄A＄19"，单击"确定"按钮。

4.3.4 分类汇总

分类汇总是将工作表中的数据按照指定的关键字段进行分类，并按照类别对数据进行汇总，且汇总前必须先按分类关键字段进行排序。

例 4-29 将"成绩信息"工作表中的部分数据复制到"成绩汇总"工作表，添加"性别"数据，如图 4-40 所示，统计出所有男生和女生的数学、英语、计算机总分和平均分，汇总后的结果如图 4-41 所示。

图 4-40 汇总前的数据

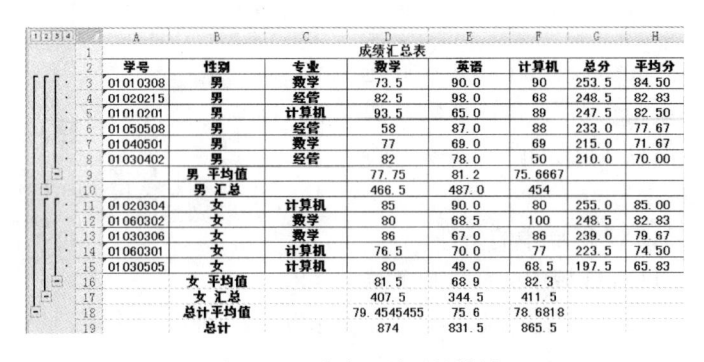

图 4-41 分类汇总后的结果

图 4-42 "分类汇总"对话框

操作步骤：

（1）选定"成绩汇总"工作表中的 A2:H13 区域，按"性别"进行排序；

（2）在"数据"选项卡的"分级显示"组中单击"分类汇总"，弹出"分类汇总"对话框，如图 4-42 所示；

（3）选择分类字段为"性别"，汇总方式为"求和"，选定汇总项为"数学"、"英语"、"计算机"，并选中"替换当前分类汇总"和"汇总结果显示在数据下方"复选框，单击"确定"按钮；

（4）重复步骤（2），在弹出的"分类汇总"对话框中选择分类字段为"性别",汇总方式为"平均值",选定汇总项为"英语"、"数学"、"计算机",并取消"替换当前分类汇总"复选框,单击"确定"按钮。

如果要删除分类汇总,则单击"分类汇总"对话框中的"全部删除"按钮。

4.3.5 数据透视

分类汇总每次只能选择一个分类字段进行汇总,如果要对两个或两个以上的字段进行汇总,则可以使用 Excel 2007 提供的数据透视功能。若要创建数据透视表,可以通过运行"数据透视表和数据透视图向导"来实现。在向导中,从工作表列表或外部数据库选择源数据。然后利用向导选择报表的工作表区域和可用字段的列表。将字段从列表窗口拖到分级显示区域,Microsoft Excel 会自动汇总并计算报表。

例 4-30 利用"成绩汇总"工作表中的数据,按专业统计每个专业男生和女生的总分和平均分,结果如图 4-43 所示。

专业	数据	性别 男	女	总计
计算机	求和项:总分	247.50	676.00	923.50
	平均值项:平均分	82.50	75.11	76.96
经管	求和项:总分	691.50		691.50
	平均值项:平均分	76.83		76.83
数学	求和项:总分	468.50	487.50	956.00
	平均值项:平均分	78.08	81.25	79.67
求和项:总分汇总		1407.50	1163.50	2571.00
平均值项:平均分汇总		78.19	77.57	77.91

图 4-43 数据透视表

操作步骤:

(1) 取消"成绩汇总"工作表中的分类汇总;

(2) 选定 A2:H13 区域中的任意单元格,在"插入"选项卡的"表"组中单击"数据透视表",弹出"创建数据透视表"对话框,如图 4-44 所示;

(3) 选中"选择一个表或区域"单选按钮,在"表/区域"文本框中自动显示"成绩汇总!$A$2:$H$13",选中"现有工作表"单选按钮,将鼠标定位在"位置"文本框,选定 A16 单元格,则在"位置"文本框自动显示"成绩信息!$A$16",单击

图 4-44 "创建数据透视表"对话框

"确定"按钮,此时在原数据表下方显示数据透视表设计界面,如图 4-45 所示,并且显示"数据透视表字段列表"任务窗格,如图 4-46 所示;

(4) 分别将"数据透视表字段列表"任务窗格中的"专业"、"性别"、"总分"、"平均分"等字段拖放到设计界面的相应位置即可。

4.3.6 图表

在 Excel 2007 中,工作表的数据除了以表格的形式显示外,还可以将数据以各种统计图表的形式表示出来,使其能够直观形象地反映出数据之间的关系。当工作表中数据发生变化时,图表也随之发生相应的变化。生成的图表可以直接嵌入到当前工作表中,也可以在

图 4-45　数据透视表设计界面　　　　图 4-46　"数据透视表字段列表"任务窗格

另一个工作表中形成一个独立的新图表。常用的图表类型有柱形图、条形图、折线图、饼图、散点图、面积图、圆环图、雷达图、曲面图、气泡图、圆柱图、圆锥图和棱锥图等，如图 4-47 所示。

例 4-31　按每个同学的成绩绘制"成绩信息"工作表的个人总分分布柱形图。

操作步骤：

（1）选定 A 列和 F 列数据区域；

（2）在"插入"选项卡的"图表"组中单击"柱形图"，选择其下拉菜单中的"三维簇状柱形图"菜单命令，如图 4-48 所示，此时 Excel 2007 窗口中出现"图表工具"的"设计"、"布局"和"格式"选项卡，也可以利用选项卡中的工具修改图表样式和格式等，如图 4-49 所示；

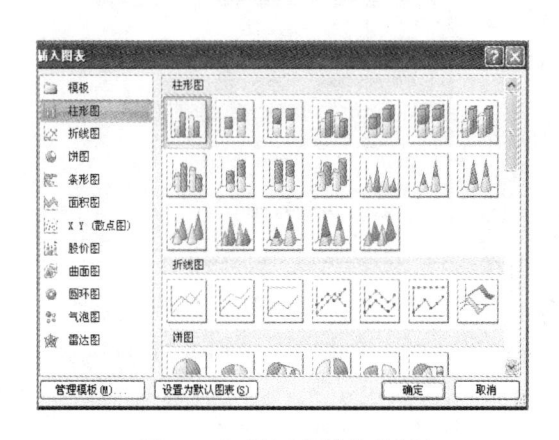

图 4-47　"插入图表"对话框　　　　图 4-48　选择图表类型

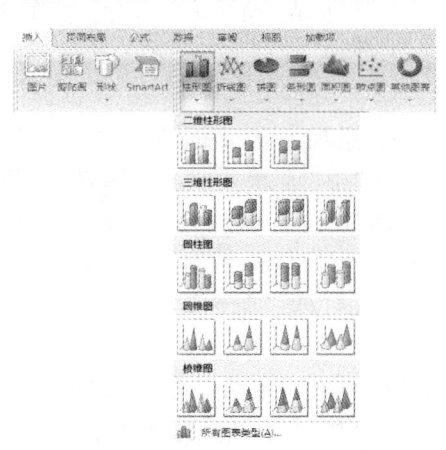

（3）在图表上直接修改图表标题为"个人总分分布"，结果如图 4-50 所示。

在编辑图表的过程中，选定不同的图表区域就代表选定不同的操作对象。例如，右击图表标题，选择"设置图表标题格式"。打开相应对话框后，再单击其他区域，对话框的标题和内容就会自动做出相应的变化，进而再对图表区、绘图区、图例项、数据系列、坐标轴等格式进行编辑。通过相同的方法还可以完成更改图表类型的操作。

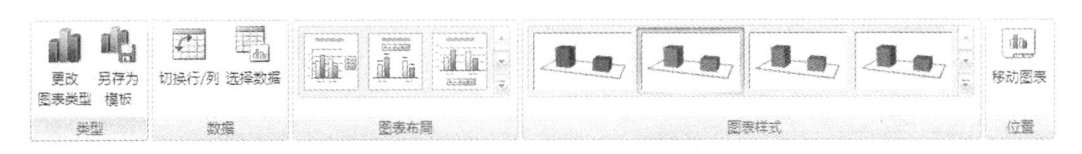

第 4 章　Excel 2007 电子表格处理软件

图 4-49　"设计"、"布局"和"格式"选项卡

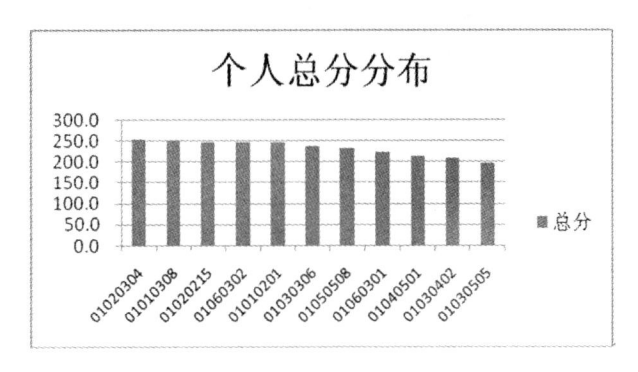

图 4-50　例 4-31 结果示例

在"选择数据…"快捷菜单项中,还可以单击"切换改变行/列",将需要更改的数据交换至左侧的图例项区域中,进行添加、编辑和删除等操作,如图 4-51 所示。

嵌入式图表的移动、复制、缩放和删除方法与 Word 中图形的相应操作基本类似,通过"移动图表"快捷菜单选项还可以完成图表嵌入至其他工作表和移动成为图表工作表的操作,如图 4-52 所示。

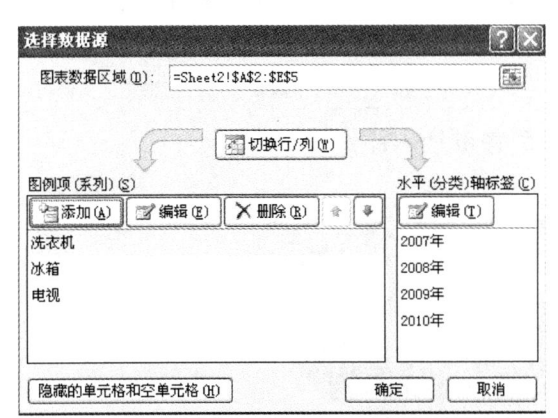

图 4-51　"选择数据源"对话框　　　　图 4-52　"移动图表"对话框

例 4-32　利用折线图表制作正弦和余弦函数的图像。

操作步骤:

(1) 插入一个新工作表,在 A2:A14 添加序号(0~12),在 B2 中输入"=(A2/6)*3.14",利用填充柄填充至 B14,即以 π/6 为公差制作等差数列;

(2) 在 C2 中输入"=sin(B2)",在 D2 中输入"=cos(B2)",均填充至 14 行,结果如图 4-53 显示;

(3) 选择 C1:D14,在"插入"选项卡的"图表"组中单击"折线图";

(4) 选择"图表布局"工具栏中的"布局 1",修改图表标题为"正弦余弦曲线",结果如图 4-54 所示。

图 4-53　正弦余弦数据表　　　　　图 4-54　正弦余弦曲线图像

例 4-33　利用圆饼图显示商场销售额比例。

操作步骤：

(1) 插入一个新工作表,在 A 列中输入商场代码,在 B 列中输入商场销售额；

(2) 选择 A1:B5,在"插入"选项卡的"图表"组中单击"饼图"中的"三维饼图"；

(3) 右击图表区域,单击"选择数据"菜单项,在"选择数据源"对话框中,将"销售额"条目上移至第一行,对水平分类轴单击"编辑"按钮,在轴标签区域选择 A2:A5；

(4) 选择"图表布局"中工具栏的"布局 6",修改图表标题为"销售额所占比例表",结果如图 4-55 所示。

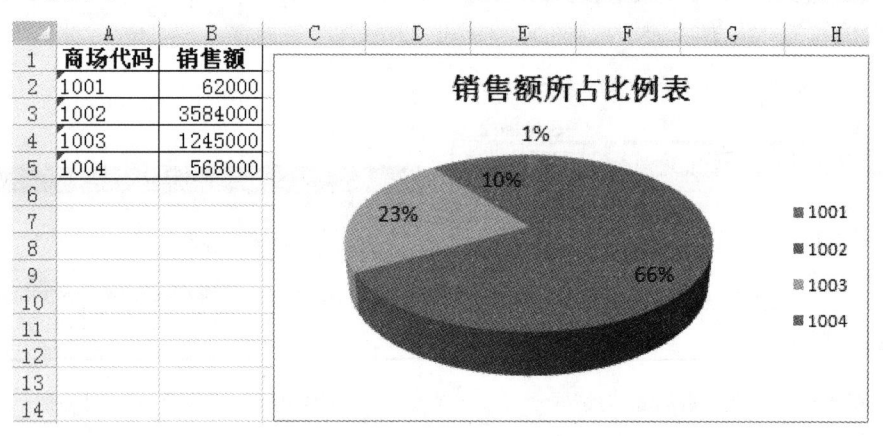

图 4-55　销售额所占比例表

习题与思考题

一、选择题

1. Excel 2007 中,工作簿的最小组成单位是(　　)。

　　A. 工作表　　　　B. 单元格　　　　C. 字符　　　　D. 标签

2. Excel 2007 中,每一张工作表中最多能有( )个单元格。
   A. 128×128   B. 256×256   C. 65536×256   D. 65536×128
3. Excel 2007 中,数值型数据的默认对齐方式是( )。
   A. 右对齐   B. 左对齐   C. 居中   D. 分散对齐
4. Excel 2007 中,文本型数据的默认对齐方式是( )。
   A. 右对齐   B. 左对齐   C. 居中   D. 分散对齐
5. Excel 的默认文件类型是( )。
   A. .docx   B. .txtx   C. .pptx   D. .xlsx
6. Excel 2007 中,选取整个工作表的方法是( )。
   A. 在"开始"选项卡的"编辑"组中单击"全选"
   B. 单击工作表的"全选"标志
   C. 单击 A1 单元格,然后按住 Shift 键单击当前屏幕的右下角单元格
   D. 单击 A1 单元格,然后按住 Ctrl 键单击工作表的右下角单元格
7. Excel 2007 中,要在同一工作簿中把工作表 Sheet3 移动到 Sheet1 前面,应进行的操作是( )。
   A. 单击工作表 Sheet3 标签,并沿着标签行拖动到 Sheet1 前
   B. 单击工作表 Sheet3 标签,并按住 Ctrl 键沿着标签行拖动到 Sheet1 前
   C. 单击工作表 Sheet3 标签,在"开始"选项卡的"剪贴板"组中单击"复制",然后单击工作表 Sheet1 标签,再在"开始"选项卡的"剪贴板"组中单击"粘贴"
   D. 单击工作表 Sheet3 标签,在"开始"选项卡的"剪贴板"组中单击"剪切",然后单击工作表 Sheet1 标签,再在"开始"选项卡的"剪贴板"组中单击"粘贴"
8. 当向 Excel 2007 工作表单元格输入公式时,使用单元格地址 D$2 引用 D 列 2 行单元格,该单元格的引用称为( )。
   A. 交叉地址引用   B. 混合地址引用   C. 相对地址引用   D. 绝对地址引用
9. 在 Excel 2007 工作表的单元格中输入公式时,应先输入( )号。
   A. '   B. "   C. &   D. =
10. 在 Excel 2007 工作表的单元格里输入的公式,运算符有优先顺序,下列( )说法是错的。
    A. 百分比优先于乘方   B. 乘和除优先于加和减
    C. 字符串连接优先于关系运算   D. 乘方优先于负号
11. 在 Excel 2007 工作表中已输入的数据如图 4-56 所示,如将 D2 单元格中的公式复制到 B2 单元格中,则 B2 单元格的值为( )。

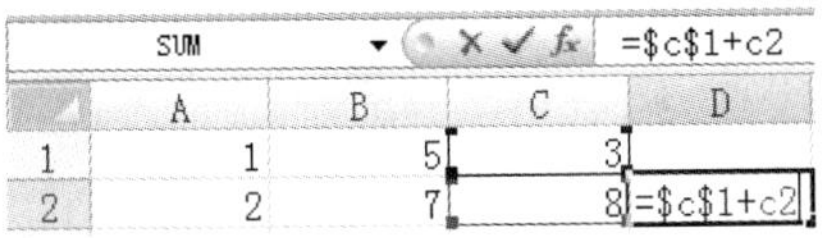

图 4-56

    A. 5   B. 10   C. 11   D. #REF!
12. Excel 2007 中,设区域 B1:B6 的各单元格中均已有数据,A1、A2 单元格中数据分别为 3 和 6,若选定 A1:A2 区域并双击填充柄,则 A3:A6 区域中的数据序列为( )。
    A. 7,8,9,10   B. 3,4,5,6   C. 3,6,3,6   D. 9,12,15,18
13. Excel 2007 中,如果选择不连续区域,只需在选择不同区域时按住( )键即可。
    A. Ctrl   B. Shift   C. Tab   D. Alt
14. Excel 2007 中,区域 A1:A4 的值分别为 10、20、30、40,B1:B4 的值分别为 40、30、20、10,则函数=

SUMIF(A1:A4,">25",B1:B4)的值是( )。

  A. 40   B. 70   C. 30   D. 100

15. 要在 Excel 2007 的当前工作表(Sheet1)的 A1 单元格中引用另一个工作表(Sheet2)中的 A1 到 A4 单元格的和,则在当前工作表的 A1 单元格中输入的表达式为( )。

  A. =SUM(Sheet2! A1:Sheet2! A4)   B. =SUM(Sheet2! A1:A4)
  C. =SUM((Sheet2)A1:A4)   D. =SUM((Sheet2)A1:(Sheet2)A4)

二、简答题

1. 数据删除与数据清除有何区别?
2. 举例说明绝对引用、相对引用及混合引用的区别。
3. 能否按照用户自行定义的序列进行填充?
4. 说明自动筛选与高级筛选的区别。
5. 分类汇总与数据透视表有何不同?

上 机 实 验

实验一   Excel 2007 基本操作

【实验目的】

  掌握 Excel 2007 的基本操作,包括工作簿的创建、工作表的编辑、各类数据的输入及表格格式化设置。

【实验内容】

  新建一个工作簿 test.xlsx,包括三张工作表,工作表名称分别为"学生平时成绩"、"学生期末成绩"、"学生总评成绩",其中"学生平时成绩"和"学生期末成绩"工作表中数据如图 4-57 所示。

图 4-57

【实验要求】

1. 在"学生平时成绩"工作表中按如下要求输入上述成绩:

 ① 合并单元格 A1:H1,填写标题"学生平时成绩表"(字体:隶书,字体颜色:白色,字体大小:20,加粗居中显示,褐色底纹);

 ② 第二行标题:字体:黑体,字体大小:11;

 ③ 学号字段值:以文本的形式显示、利用填充柄填充有规律的学号;

④ 分组字段值:利用自定义序列添加分组:第一组、第二组、第三组;

⑤ D3:H11 区域:设置数据的有效范围为 0～100(输入信息中提示平时成绩满分为 100;进行出错警告提示),不及格的单元格用红色字体显示并且加以灰色 25%底纹;

⑥ F9 单元格插入批注:英语口语竞赛一等奖、红色字体、字号 11,并练习删除批注(提示:利用"审阅"选项卡的"批注"组进行操作)。

2. 将"学生平时成绩"中的数据复制到"学生期末成绩"工作表,修改标题和各门课程成绩值,并对"学生期末成绩"工作表利用自动套用格式重新格式化。

实验二　Excel 2007 数据管理

【实验目的】

掌握 Excel 2007 的数据管理功能,熟练使用各类函数及地址引用,并能对数据进行排序、筛选、分类汇总及制作各种类型的图表。

【实验内容】

"学生期末成绩"工作表中的数据如图 4-58 所示。

学号	姓名	分组	高等数学	数据结构	英语	C语言	数据库	总分	平均分	等级
200800001	钱海宝	第一组	70	79	89	78	76	393	78.6	良好
200800002	张平光	第二组	91	94	78	53	59	375	75.0	良好
200800003	郭建峰	第三组	48	59	59	74	51	292	58.4	不及格
200800004	张是宇	第一组	74	91	85	68	63	379	75.9	良好
200800005	徐飞	第二组	69	76	89	89	81	403	80.7	优秀
200800006	王伟	第三组	75	86	83	88	84	415	83.0	优秀
200800007	沈迪	第一组	65	81	92	82	79	399	79.9	良好
200800008	宋国爱	第二组	66	68	69	72	74	350	69.9	及格
200800009	汪到松	第三组	79	69	72	82	92	393	78.6	良好

图 4-58

【实验要求】

1. 将"学生平时成绩"工作表的部分数据复制到"学生总评成绩"工作表。

① D3:H3 区域中的数据为每个学生各门课程的总评成绩,总评成绩的计算公式为:平时成绩*0.3+期末成绩*0.7,整数值保留(提示:引用不同工作表中的数据,地址表示格式为"工作表名!单元格地址",例如 D3 中的公式为"=学生平时成绩!D3*0.3+学生期末成绩!D3*0.7");

② 分别在 I、J 列添加"总分"、"平均分"两个字段,并利用 SUM()函数和 AVERAGE()函数求出每个学生所有课程的总分和平均分;

③ 在 K 列添加"等级"字段,利用 IF()函数根据平均分字段判断每个学生的等级,判断标准为:优秀(>=80)、良好(>=70)、及格(>=60)、不及格(<60)(提示:使用 IF()函数的嵌套完成,如 K3 单元格中的公式为"=IF(J3>=80,"优秀",IF(J3>=70,"良好",IF(J3>=60,"及格","不及格")))")。

2. 筛选出总分大于等于 380 且英语大于 85 分以上的学生信息。

3. 以总分(降序)、英语(降序)为关键字段进行排序。

4. 统计出小组总分和平均分。

5. 绘制小组平均分的折线图和小组平均分比例的三维饼形图,并将结果保存在新工作表中。

第 5 章　PowerPoint 2007 演示文稿软件

本章导读　PowerPoint 2007 是 Microsoft Office 2007 办公自动化套装软件之一,是一款集文字、图形、图像、声音及视频剪辑于一体的媒体演示制作软件。本章主要介绍 PowerPoint 2007 的基本操作、格式化与外观设计、动画及超链接设计、幻灯片放映等内容。

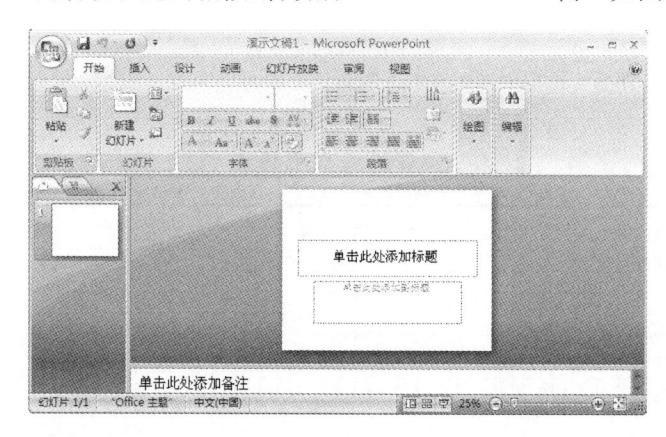

5.1　PowerPoint 2007 基本操作

与 Word 2007 的启动和退出相似,启动后 PowerPoint 2007 窗口如图 5-1 所示。

图 5-1　PowerPoint 2007 窗口

5.1.1　演示文稿的组织结构

每个演示文稿由若干张幻灯片组成,每一张幻灯片由若干对象组成,如图 5-2 所示。每一张幻灯片上用户可以根据需要添加不同的对象,如文本框、图形、图表、影片和声音等。一个演示文稿基本上有一致的背景颜色和图案,这样的背景被称为模板。每一张幻灯片中所有文本、图像、表格等各种对象的布局,包括多少、大小及位置关系等被称为版式。用户可以直接使用系统提供的版式,也可以在所提供版式的基础上做进一步修改和设计,如增加、删除一些对象,修改它们所在的位置,更改对象属性等,形成自己的版式。

图 5-2　演示文稿的组织结构

5.1.2 演示文稿的创建

在 PowerPoint 2007 中的"Office 按钮"中选择"新建"菜单命令,系统弹出如图 5-3 所示的"新建演示文档"对话框。"新建演示文档"对话框分三个区:模板列表区、模板内容显示区、模板预览区,用户根据需要可以新建不同类型的演示文稿。

图 5-3 "新建演示文档"对话框

新建演示文档对话框提供了一系列创建演示文稿的选项,其中主要选项有空白文档和最近使用过的文档、已安装的模板、已安装的主题、我的模板、根据现有内容新建等,所有这些选项都是以模板的形式提供的。

使用模板可以快速而轻松地创建自己的演示文稿。Office PowerPoint 2007 模板包括各种主题和版式,其中大部分都是"内容提示向导"中现有的主题和版式。用户可以以模板作为起点,快速而轻松地创建自己的演示文稿。用户可以修改模板的文本和设计,添加公司徽标,添加自己的图像,还可以删除模板的文本或其他内容。

Office PowerPoint 2007 中包含一些内置模板,用户也可以访问 Office Online 模板以下载更多的 Office PowerPoint 2007 模板。

例 5-1 根据已安装的模板创建一个电子相册。

操作步骤:

(1) 启动 PowerPoint 2007,选择"Office 按钮"中的"新建"菜单命令,弹出如图 5-3 所示的"新建演示文稿"对话框;

(2) 在"模板"列表中选择"已安装的模板";

(3) 在"已安装的模板"列表中选择"现代型相册",单击"创建"按钮;

(4) 以"电子相册"为名保存演示文稿,创建的电子相册演示文稿包含六张幻灯片,如图 5-4 所示。

5.1.3 PowerPoint 2007 的视图方式

PowerPoint 2007 有四种主要视图:普通视图、幻灯片浏览视图、备注页视图和幻灯片

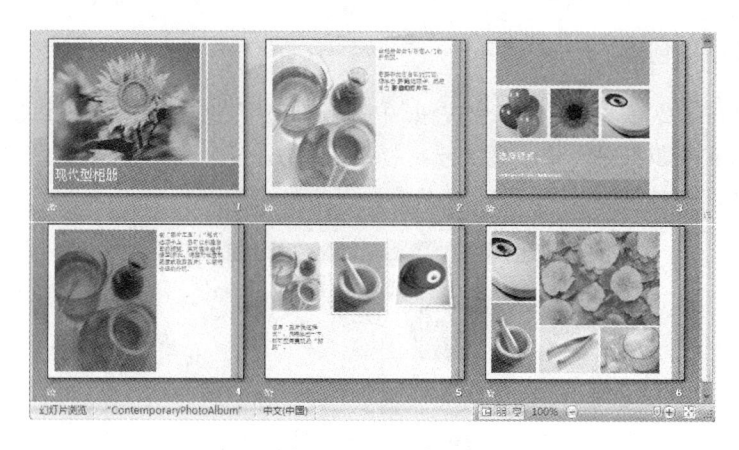

图5-4 电子相册

图5-5 "演示文稿视图"组

放映视图。各种视图之间可以方便地进行切换。通过选择"视图"选项卡,在"演示文稿视图"组中选择所需的视图,如图5-5所示;也可以通过选择任务栏上的视图切换按钮进行切换,如图5-6所示。

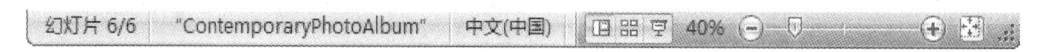

图5-6 状态栏中的视图切换按钮

1) 普通视图

普通视图是主要的编辑视图,用于撰写或设计演示文稿。普通视图有四个工作区:幻灯片选项卡、大纲选项卡、幻灯片窗格和备注窗格。四个工作区为当前幻灯片和演示文稿提供全面的显示。普通视图适合用户进行幻灯片的编辑和浏览,用户可以对幻灯片进行逐张处理,如编辑文本、图表等,也可以改变显示比例或放大幻灯片的一部分进行细致的修改。选择"视图"选项卡,在"演示文稿视图"组中选择"普通视图"工具按钮,可进入普通视图。

(1) 大纲选项卡。在普通视图模式下,选择左边窗格中的"大纲"选项卡即选择了大纲模式,如图5-7所示。在大纲模式中,左边窗格只显示幻灯片的标题,用户可以查看并整理贯穿所有幻灯片的主要构思,轻松地移动幻灯片或文本,改变标题和缩进级别等。

(2) 幻灯片选项卡。在普通视图模式下,选择左边窗格中的"幻灯片"选项卡即选择了幻灯片模式,如图5-8所示。在幻灯片模式中,左边窗格只显示缩小了的幻灯片,用户可以快速的定位、移动、复制、删除和插入幻灯片。

(3) 幻灯片窗格。在PowerPoint工作窗口的右上方,"幻灯片窗格"显示当前幻灯片的大视图。在这个视图中显示当前幻灯片时,可以添加文本,插入图片、表、SmartArt图形、图表、图形对象、文本框、电影、声音、超链接和动画。

(4) 备注窗格。在幻灯片窗格下的备注窗格中,用户可以键入应用于当前幻灯片的备注。用户也可以打印备注,并在展示演示文稿时进行参考,同时将它们分发给观众,也可以将备注包括在发送给观众或在网页上发布的演示文稿中。

图 5-7 "普通视图"的大纲选项卡 　　　　图 5-8 "普通视图"的幻灯片选项卡

2) 幻灯片浏览视图

幻灯片浏览视图是将演示文稿中所有的幻灯片以缩略图的形式按行列顺序显示出来，如图 5-9 所示。用户在此视图方式下可以一目了然地查看多张幻灯片的效果，方便地在幻灯片之间进行移动、复制、插入、删除等操作。选择"视图"选项卡，在"演示文稿视图"组中选择"幻灯片浏览"工具按钮，可进入幻灯片浏览视图。

3) 幻灯片放映视图

幻灯片放映视图是从当前幻灯片开始，按顺序将幻灯片的全貌以全屏的形式显示出来，如图 5-10 所示。用户在此视图方式下可以便捷地进行幻灯片的放映，也可以利用快捷菜单方便地进行翻页、强调重点等操作。按 Esc 键或利用快捷菜单可以结束放映。选择"视图"选项卡，在"演示文稿视图"组中选择"幻灯片放映"工具按钮，即可进行幻灯片放映。

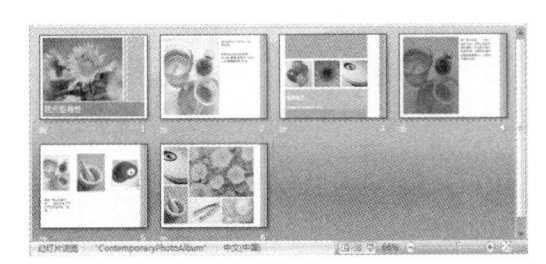

图 5-9 "幻灯片浏览"视图 　　　　图 5-10 "幻灯片放映"视图

例 5-2　以不同的视图方式显示例 5-1 创建的演示文稿。

方法一：在"视图"选项卡的"演示文稿视图"组，分别选择普通视图、幻灯片浏览、备注页、幻灯片放映，观察演示文稿视图的变化。

方法二：分别单击如图 5-6 所示任务栏上的"视图切换按钮"，观察演示文稿的变化。

5.1.4　演示文稿的编辑

在多媒体演示文稿中，根据需要可以对幻灯片进行插入、移动、复制和删除等操作。

1) 选择幻灯片

操作方法：选择"普通视图"或"幻灯片浏览视图"方式；选择单张幻灯片，用鼠标单击；选择不连续的多张幻灯片，按住 Ctrl 键的同时，单击要选择的幻灯片；选择连续的多张幻灯片，按住 Shift 键的同时，单击要选择的幻灯片。选择全部幻灯片，选择"开始"选项卡，再在"编辑"组中选择"选择"列表的"全选"命令。

例 5-3　在例 5-1 所创建演示文稿的第四张幻灯片之后插入一张新幻灯片。

操作步骤:选择"普通视图"或"幻灯片浏览视图"方式;选定第四张幻灯片,选择"开始"选项卡;在"幻灯片"组中选择"新建幻灯片",即在第四张幻灯片之后插入一张新幻灯片。

2) 移动、复制、删除幻灯片

例 5-4 将例 5-1 演示文稿的第一张幻灯片移到最后。

操作步骤:在"视图"选项卡的"演示文稿视图"组选择"普通视图"或"幻灯片浏览视图",然后选择第一张幻灯片,用鼠标将其拖动到最后一张幻灯片之后,松开鼠标。

例 5-5 将例 5-1 演示文稿的第一张幻灯片复制一份放到最后。

操作步骤:在"视图"选项卡的"演示文稿视图"组选择"普通视图"或"幻灯片浏览视图";选择第一张幻灯片,在"开始"选项卡的"剪贴板"组选择"复制";选择最后一张幻灯片,在"剪贴板"组选择"粘贴"。

例 5-6 将例 5-1 演示文稿的最后一张幻灯片删除。

操作步骤:在"视图"选项卡的"演示文稿视图"组选择"普通视图"或"幻灯片浏览视图";选择最后一张幻灯片,在"开始"选项卡的"幻灯片"组选择"删除"或按 Delete 键。

例 5-7 在演示文稿例 5-1 的基础上,制作一个 2008 北京奥运会吉祥物福娃的相册,要求:

(1) 该多媒体演示文稿包括四张幻灯片;

(2) 相册第一张幻灯片显示福娃欢欢,相册第二张幻灯片显示福娃贝贝,相册第三张幻灯片显示福娃晶晶、迎迎和妮妮,相册第四张幻灯片显示福娃贝贝、晶晶、欢欢、迎迎和妮妮的运动图片,如图 5-11 所示。

图 5-11 例 5-7 示例

操作步骤:

(1) 准备福娃照片素材;

(2) 在"视图"选项卡的"演示文稿视图"组中选择"普通视图";

(3) 删除第四、第五张幻灯片；
(4) 删除第一张幻灯片上的图片对象"太阳花"；
(5) 选择"插入来自文件的图片"图标，插入图片"福娃欢欢"；
(6) 重复步骤(4)、(5)，分别在其他三张幻灯片上插入如图 5-11 所示的图片。
3) 演示文稿的保存

例 5-8　将例 5-1 创建的演示文稿文件命名为 pptest1.pptx。

演示文稿的保存与 Word 文档的保存方法相似，只需要在"保存类型"列表框中选择"演示文稿"类型。

5.2　PowerPoint 2007 格式化与外观设置

5.2.1　模板与版式

1. 模板的概念

模板是包含有关已完成演示文稿的主题、版式和其他元素的信息的一个或一组文件。

PowerPoint 2007 中，可以应用 PowerPoint 内置模板、其他演示文稿中的模板、用户自己创建并保存到计算机中的模板、从 Microsoft Office Online 或第三方网站下载的模板。

使用 PowerPoint 2007 各类模板的方法如下：

(1) 选择"Office 按钮"，单击"新建"，弹出如图 5-3 所示的"新建演示文稿"对话框。

(2) 在"新建演示文稿"对话框中，执行下列操作之一。

① 在"模板"下，选择"空白文档和最近使用的文档"、"已安装的模板"或"已安装的主题"，选择所需的内置模板，单击"创建"按钮；

② 在"模板"下，单击"根据现有内容新建"，找到并单击包含该模板的其他演示文稿文件，单击"新建"按钮；

③ 在"模板"下，单击"我的模板"，选择用户自己创建的自定义模板，单击"确定"按钮；

④ 在"Microsoft Office Online"下，单击模板类别，选择一个模板，单击"下载"从 Microsoft Office Online 下载该模板。

2. 版式的概念

版式就是幻灯片上标题和副标题文本、列表、图片、表格、图表、形状和视频等元素的排列方式。图 5-12 显示了 PowerPoint 2007 幻灯片中可以包含的所有版式元素。

使用 PowerPoint 2007 版式的方法如下：

(1) 在"视图"选项卡的"演示文稿视图"组选择"普通视图"，并在"幻灯片/大纲"窗格中选择"幻灯片"选项卡；

(2) 选择要应用版式的幻灯片，在"开始"选项卡的"幻灯片"组中选择"版式"，并在版式列表中选择一种版式，如图 5-13 所示。

例 5-9　利用"主题"模板，制作以介绍"大学计算机基础"为主题的多媒体演示文稿，如图 5-14 所示，文件名为 pptest2.pptx，要求：该多媒体演示文稿包括两张幻灯片，第一张幻灯片有标题和副标题，第二张幻灯片的标题为"目录"。

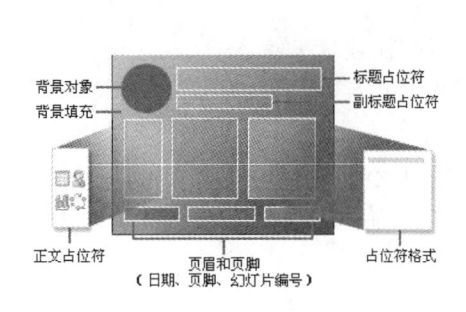

图 5-12　所有版式元素

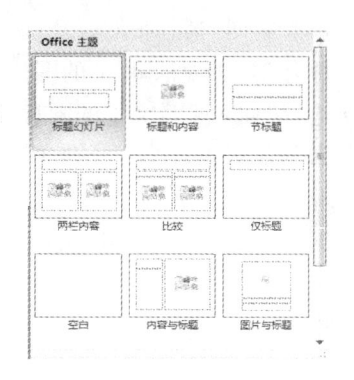

图 5-13　版式列表

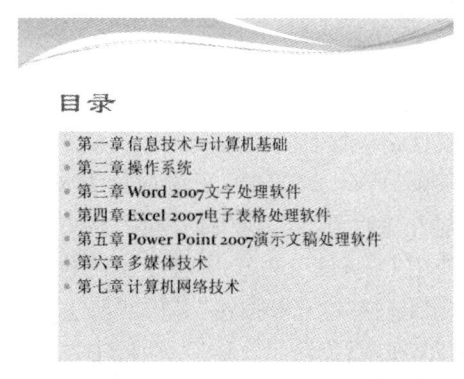

图 5-14　多媒体演示文稿示例

操作步骤：

(1) 启动 PowerPoint 2007，选择"Office 按钮"，单击"新建"，弹出如图 5-3 所示的"新建演示文稿"对话框；

(2) 在"新建演示文稿"对话框的"模板"中选择"已安装的主题"，在"已安装的主题"列表中选择"流畅"主题，输入标题文本"大学计算机基础"，副标题文本"西北师范大学"；

(3) 在"开始"选项卡的"幻灯片"组中选择"新建新幻灯片"，在"版式"列表中选择版式"标题与内容"；

(4) 在"单击此处添加标题"处单击鼠标，输入"目录"，在"单击此处添加文本"处单击鼠标，按照图 5-14 的样式输入相应文字，每输入一行后按回车键，并调整文本框的大小以适应文字，将演示文稿保存（文件名为 pptest2.pptx）。

5.2.2　主题、背景样式和背景

1. 主题

PowerPoint 2007 的主题包括主题颜色、主题字体和主题效果三者的组合。主题可以作为一套独立的选择方案应用于文件中。PowerPoint 2007 主题取代了在 PowerPoint 的早期版本中使用的设计模板。当用户设置演示文稿格式时，它可以为用户提供广泛的选择余地。过去，演示文稿格式设置工作非常耗时，因为用户必须分别为表格、图表和图形选择颜色和样式选项，并要确保它们能相互匹配。主题简化了专业演示文稿的创建过程。用户只需选择所需的主题,PowerPoint 2007 便会执行其余的任务。单击一次鼠标,背景、文字、图形、图表和表格全部都会发生变化,以反映用户选择的主题,这样就确保了演示文稿中的所有元素能够互补。最重要的是,可以将应用于演示文稿的主题应用于 Word 2007 文档或 Excel 2007 工作表。

选择"设计"选项卡的"主题"组,用户可以从中选择自己所需要的主题。

例 5-10 利用"主题",制作一个以"2010 上海世博会"为主题的多媒体演示文稿,如图 5-15 所示,文件名为 pptest3.pptx,要求:该多媒体演示文稿包括两张幻灯片,第一张幻灯片有标题和副标题,第二张幻灯片版式为"图片与标题"。

图 5-15 利用"主题"创建的多媒体演示文稿示例

操作步骤:

(1) 启动 PowerPoint 2007,在"设计"选项卡的"主题"组中选择主题"华丽";

(2) 输入标题文本"2010 世博会欢迎您",副标题文本"中国上海";

(3) 在"开始"选项卡的"幻灯片"组中选择"新建新幻灯片",在"版式"列表中选择版式"图片与标题";

(4) 在"单击此处添加图片"处单击鼠标,插入 2010 世博会徽标,在标题文本框输入"城市,让生活更美好",在正文文本框输入"上海世博会将是探讨人类城市生活的盛会;是一曲以创新和融合为主旋律的交响乐;将成为人类文明的一次精彩对话";

(5) 将演示文稿保存(文件名为 pptest3.pptx)。

2. 背景样式

背景样式是 Office PowerPoint 2007 独有的样式,系统使用新的主题颜色模型,新的模型定义了将用于文本和背景的两种深色和两种浅色。浅色总是在深色上清晰可见,而深色也总是在浅色上清晰可见。例如在浅色背景上使用深色文本时,背景样式中提供了六种强调文字颜色,在四种可能出现的背景色中的任意一种背景色上均清晰可见。

背景样式是格式设置选项的集合,使用它更易于设置文档和对象的格式,简称"样式"。可以更改各种颜色、字体和效果的组合方式及占主导地位的颜色、字体和效果。当用户将指针停留在背景样式缩略图上时,可以看到背景样式是如何对表格、SmartArt 图形、图表或形状产生影响的。

主题的设计说明提供始终与文档主题匹配的快速样式库。主题和背景样式都是由视觉设计人员创建的,以便用户所有的文档看起来都是由专业人士创建的。当用户从各种背景样式库中选择时,内容将完全匹配总体文档主题。

在演示文稿中应用主题之后,"背景样式"库将发生变化,以适应该主题。结果是在该演示文稿中插入的所有新 SmartArt 图形、表格、图表、艺术字或文字均会自动与现有主题匹配。由于具有一致的主题颜色,所有对象就会具有一致而专业的外观。

例 5-11 更改演示文稿 pptest3.pptx 的样式,观察背景样式的功能作用。

操作步骤:打开演示文稿 pptest3.pptx;在"设计"选项卡的"背景"组中选择"背景样式",选择"样式 6",观察结果如图 5-16 所示。继续选择其他样式,观察结果。

图 5-16 更改了"样式"的多媒体演示文稿示例

3. 背景

除了使用背景样式更改幻灯片的背景颜色、填充效果之外,用户也可以自定义背景颜色和填充效果。在"设计"选项卡的"背景"组启动"设置背景格式"对话框,如图 5-17 所示,可以设计背景颜色和效果。

例 5-12 新建一个演示文稿 pptest4.pptx,利用"设置背景格式"对话框设置其背景。

操作步骤:启动 Office PowerPoint 2007,在"设计"选项卡的"背景"组启动"设置背景格式"对话框,如图 5-17 所示,在"设置背景格式"对话框中选择渐变填充,预设颜色选择彩虹出岫,类型选择线性,方向选择线性对角,角度为 225°;单击"全部应用"按钮,观察设计效果并保存文档。

图 5-17 "设置背景格式"对话框

5.2.3 幻灯片格式化

1. 字符格式化

字符格式设置包括字体、字号、字型、字体颜色、修饰和效果的设置等。

字符格式设置选择"开始"选项卡的"字体"组。

例 5-13 将例 5-11 设计的多媒体演示文稿的第二张幻灯片的正文文本的字体设置为黑体、18 磅、加粗并倾斜。

操作步骤:打开演示文稿 pptest3;选定第二张幻灯片的正文文本框,选择"开始"选项卡的"字体"组;在"字体"列表中选择"黑体",在"字号"列表中选择"18";单击"加粗",单击"倾斜",最后保存文档。

2. 段落格式化

段落格式设置主要包括段落的对齐方式、提高/降低列表级别、项目符号、编号、分栏、行距与段距等格式设置。通过"开始"选项卡的"段落"组可以完成上述内容的设置。

例 5-14 将例 5-11 设计的多媒体演示文稿的第二张幻灯片正文文本设置为两端对齐,首行缩进 1.5 厘米,1.5 倍行距,段前 6 磅。

操作步骤:

(1) 打开演示文稿 pptest3;

(2) 选定第二张幻灯片的正文文本框,选择"开始"选项卡的"段落"组;

(3) 选择"显示段落对话框",弹出"段落"对话框,如图 5-18 所示;

图 5-18 "段落"对话框

(4) 在"段落"对话框的"对齐"列表中选择"两端对齐",在"特殊格式"列表中选择"首行缩进",将"度量值"微调框的值设置为 1.5 厘米,在"段前"列表中选择"6 磅",在"行距"列表中选择"1.5 倍行距",单击"确定",保存文档。

5.2.4 使用母版

1. 母版的概念

在 PowerPoint 中,幻灯片母版是一类特殊的幻灯片,它存储字形、占位符大小和位置、背景设计和配色方案等元素。利用幻灯片母版可以控制幻灯片中的文字特征、背景颜色和一些特殊的效果,这样整个演示文稿便可以具有统一的风格,并使用户快速进行全局更改,比如替换字形,并使该更改应用到演示文稿中的所有幻灯片。

PowerPoint 2007 提供了幻灯片母版、讲义母版和备注母版,它们分别用于控制演示文稿的幻灯片、讲义页和备注页的格式。

2. 设计与编辑幻灯片母版

在幻灯片母版中,可以像更改任何幻灯片一样更改幻灯片母版,可以根据具体的需要或习惯来修改字体、修改不同编辑区的大小和位置、修改项目符号。如果用户对母版中的某些内容进行了修改,则随后添加的幻灯片都会显示出所修改的效果。

在"视图"选项卡的"演示文稿视图"组中选择"幻灯片母版",显示幻灯片母版视图,如图 5-19 所示。幻灯片母版中包含了幻灯片母版标题区、幻灯片母版副标题区、幻灯片母版文本区、自动版式的对象区、日期区、页脚区和数字区等。标题母版用来设置选用了标题版式的幻灯片的格式。

利用"编辑母版"组可以插入幻灯片母版,插入版式,删除幻灯片,重命名自定义版式和保留选择的母版;利用"母版版式"组可以设置母版版式、插入占位符、插入标题和页脚等;利用"编辑主题"组可以设置主题、颜色、文字和效果;利用"背景"组可以设置背景样式等;利用"页面设置"组可以设置页面和幻灯片方向等;利用"关闭"组可以关闭幻灯片母版视图。

例 5-15 设置演示文稿 pptest3 的幻灯片母版。在第一张幻灯片母版的左上角插入一个"笑脸",并设置日期和页脚。

操作步骤:

(1) 打开演示文稿 pptest3;

(2) 选择第二张幻灯片,在"视图"选项卡的"演示文稿视图"组选择"幻灯片母版",显示幻灯片母版视图,如图 5-19 所示;

(3) 在"插入"选项卡的"插图"组选择"形状",在弹出的"形状"列表中选择"笑脸",拖动鼠标在指定的位置绘制"笑脸";

(4) 在"插入"选项卡的"文本"组选择"日期和时间",弹出如图 5-20 所示的"页眉和页脚"对话框,选中"日期和时间"复选框和"自动更新"选项按钮,在"日期和时间"下拉列表中选择自己需要的日期和时间格式;

图 5-19 幻灯片母版视图   图 5-20 "页眉和页脚"对话框

(5) 选中"页脚"复选框,在"页脚"文本框中输入"西北师范大学",单击"全部应用"按钮,单击"关闭母版视图"按钮;

(6) 选择"插入"→"新幻灯片"菜单命令,观察母版样式在新幻灯片上的应用,如图 5-21 所示。

3. 设计与编辑讲义母版

讲义母版在一个页面上显示不同数量的幻灯片以便用户使用。默认情况下,讲义母版在一个页面上显示六张幻灯片。

在"视图"选项卡的"演示文稿视图"组选择"讲义母版",显示讲义母版视图,如图 5-22 所示。

图 5-21　修改母版后的幻灯片

讲义母版的上下两端分别为页眉区、日期区、页脚区和数字区。利用"页面设置"组可以设置页面、讲义方向、幻灯片方向和每页幻灯片数量；利用"占位符"组可以设置页眉、页脚、日期和页码等；利用"主题"组可以设置主题、颜色、文字和效果；利用"背景"组可以设置背景样式等；利用"关闭"组可以关闭讲义母版视图。

例 5-16　设置演示文稿 pptest3 的幻灯片讲义母版。每页显示 3 张幻灯片，并预览。

操作步骤：

(1) 打开演示文稿 pptest3；

图 5-22　讲义母版视图

(2) 在"视图"选项卡的"演示文稿视图"组选择"讲义母版"，显示讲义母版视图，如图 5-22 所示，在"页面设置"组选择"每页幻灯片数量"，在弹出的列表中选择"3 张幻灯片"，单击"关闭母版视图"按钮；

(3) 选择"Office 按钮"的"打印"菜单命令，弹出如图 5-23 所示的"打印"对话框；

(4) 在"打印内容"下拉列表中选择"讲义"，单击"预览"命令按钮，如图 5-24 所示。

图 5-23　打印对话框

图 5-24　讲义母版设置结果

4. 设计与编辑备注母版

利用幻灯片进行演示时，可以将每张幻灯片及其说明打印在一张纸上，以作为自己在讲解过程中的提示,这就是备注页。在"视图"选项卡的"演示文稿视图"组选择"备注母版",显示备注母版视图,如图 5-25 所示。

备注母版的上下两端分别为页眉区、日期区、页脚区和数字区。利用"页面设置"组可以设置页面、备注页方向和幻灯片方向;利用"占位符"组可以设置页眉、页脚、日期、页码、幻灯片图像和正文等;利用"编辑主题"组可以设置主题、颜色、文字和效果;利用"背景"组可以设置背景样式等;利用"关闭"组可以关闭幻灯片备注视图。

图 5-25 备注母版视图

例 5-17 设置演示文稿 pptest3 的幻灯片备注母版,其文本为华文彩云,24 磅,加粗,左对齐,在幻灯片视图下查看设置的结果。

操作步骤:

(1) 打开演示文稿 pptest3;

(2) 在"视图"选项卡的"演示文稿视图"组选择"备注母版",显示备注母版视图,如图 5-25 所示;

(3) 选定备注母版中的备注文本框,在"开始"选项卡的"字体"组选择字体"华文彩云",选择字号 24 磅,选择"加粗",在"段落"组中选择"左对齐";

(4) 选择"备注母版"选项卡,在"关闭"组单击"关闭备注视图"按钮;

(5) 在备注窗格内输入"备注页的设计与应用",然后在"视图"选项卡的"演示文稿视图"组中选择"备注页",查看备注母版的设计效果在所制作的幻灯片上的反映。

5.2.5 设置幻灯片编号、日期、页眉和页脚

用户可以为单张幻灯片添加幻灯片编号及日期和时间,也可以为所有幻灯片添加幻灯片编号及日期和时间。

在"插入"选项卡的"文本"组选择"页眉和页脚"、"日期和时间"或者"幻灯片编号",将弹出"页眉和页脚"对话框,如图 5-20 所示。在"页眉和页脚"对话框的幻灯片选项卡中,复选"日期和时间",可以在日期区插入日期和时间;选中"自动更新",插入在幻灯片上的日期和时间则会自动更新;选中"固定",插入在幻灯片上的日期和时间将不会变化;选中"幻灯片编号",将在数字区插入幻灯片编号,复选"页脚"并在文本框输入文本,输入的文本将显示在页脚的文本区。要将添加的幻灯片编号、页脚及日期和时间显示在当前幻灯片上,单击"应用"按钮;要将添加的幻灯片编号、页脚及日期和时间显示在全部幻灯片上,单击"全部应用"按钮。

例 5-18 为演示文稿 pptest2 的每张幻灯片添加幻灯片编号、日期和时间,并观察结果。

操作步骤:

(1) 打开演示文稿 pptest2,在"插入"选项卡的"文本"组选择"页眉和页脚"、"日期和时间"或者"幻灯片编号",将弹出"页眉和页脚"对话框,如图 5-20 所示;

(2) 选择"日期和时间"复选框,在"自动更新"列表中选择需要的日期时间格式;

(3) 选择"幻灯片编号"复选框,单击"全部应用"按钮,观察设置的效果。

5.3 演示文稿的动画设计和超链接

5.3.1 演示文稿的动画设计

通过将声音、超链接、文本、图形、图片、图示、图表及对象制作成动画可以突出重点,控制信息流,还可以增添演示文稿的趣味性。制作演示文稿时,可以对幻灯片中的标题、文本、自选图形、图片或者其他对象设置各种动画效果,用户可以通过放映演示文稿来欣赏设置的各种动画效果。

在"动画"选项卡的"动画"组选择"自定义动画",弹出"自定义动画"窗格,如图5-26所示,利用"自定义动画"窗格设置动画。

图5-26 自定义动画窗格

例5-19 使用已经创建的演示文稿pptest4.pptx,制作一个祝贺朋友生日的动感演示文稿,要求:

(1)该多媒体演示文稿包括两张幻灯片。

(2)第一张幻灯片版式为标题和副标题,内容如图5-27所示;第二张幻灯片版式为空白,包含艺术字和图片,内容如图5-27所示。

图5-27 多媒体演示文稿示例

(3)第一张幻灯片的标题动画设置为"圆形扩展",声音效果设置为"爆炸",副标题动画设置为"玩具风车",声音效果设置为"照相机"。

(4)第二张幻灯片的艺术字"Happy Birthday"动画设置为"中心旋转",声音效果设置为"风铃";剪贴画的动画效果设置为"百叶窗",声音效果设置为"鼓掌"。

操作步骤:

(1)打开演示文稿pptest4.pptx,在"单击此处添加标题"处单击鼠标,输入"给 我的朋友",在"单击此处添加副标题"处单击鼠标,输入"祝福生日",并设置字体和字号;

(2)在"开始"选项卡的"幻灯片"组选择"新建幻灯片",在列表中选择"空白",插入第二张幻灯片;

(3) 在"插入"选项卡的"文本"组选择"艺术字",插入艺术字"Happy Birthday"并设置格式;

(4) 在"插入"选项卡的"插图"组选择"剪贴画",插入图片并设置格式;

(5) 在"动画"选项卡的"动画"组选择"自定义动画",弹出"自定义动画"窗格,如图5-26所示;

(6) 选定第一张幻灯片的标题,在"自定义动画"窗格中选择"添加效果"→"进入"→"其他效果",弹出如图5-28所示的"添加进入效果"对话框,选择"圆形扩展",单击"确定"按钮;

(7) 在如图5-29所示的"自定义动画"对话框的动画顺序列表中选择"效果选项"命令,弹出"圆形扩展"对话框,如图5-30所示,在声音列表中选择"爆炸";

图5-28 "添加进入效果"对话框　　图5-29 "动画顺序"列表　　图5-30 "圆形扩展"对话框

(8) 重复(6)、(7),为第一张幻灯片的副标题设置"玩具风车"动画效果和"照相机"声音效果;

(9) 重复(6)、(7),为第二张幻灯片的艺术字"Happy Birthday"添加"中心旋转"动画效果和"风铃"声音效果;

(10) 重复(6)、(7),为第二张幻灯片的剪贴画添加"百叶窗"动画效果和"鼓掌"声音效果,保存演示文稿。

5.3.2 演示文稿的超链接

在PowerPoint中,超链接是从一个幻灯片到另一个幻灯片、自定义放映、网页或文件的链接。可以在演示文稿中添加超链接或动作按钮,通过该链接跳转到不同的位置。

超链接的起点可以是任何对象,如文本、表格、图片、图形或艺术字。如果图形中包含文本,那么可以为图形和文本分别创建超链接。超链接的最终效果在幻灯片放映时才能体现出来。

1. 创建超链接

在"插入"选项卡的"链接"组选择"超链接"可以创建指向网页、图片、电子邮件地址或程序的链接;在"插入"选项卡的"链接"组选择"动作"可以为对象创建一个操作,以指定单击该对象时或者鼠标在其上悬停时应该执行的操作。

例 5-20 给演示文稿 pptest1.pptx 设置超链接,要求将第四张幻灯片上的乒乓球图片链接到第一张幻灯片,将游泳图片链接到文档 pptest2.pptx。

操作步骤:

(1) 打开演示文稿 pptest1.pptx;

(2) 选定第四张幻灯片上的乒乓球图片,在"插入"选项卡的"链接"组选择"动作",弹出如图 5-31 所示的"动作设置"对话框,在超链接到列表中选择"第一张幻灯片",单击"确定"按钮;

(3) 选定第四张幻灯片上的游泳图片,在"插入"选项卡的"链接"组选择"超链接",弹出如图 5-32 所示的"插入超链接"对话框,在"查找范围"选择文件的保存位置,在文件列表中选择要链接的文件 pptest2.pptx,单击"确定"按钮;

图 5-31 "动作设置"对话框   图 5-32 "插入超链接"对话框

(4) 放映演示文稿,当鼠标移到图片上面时,鼠标变成手形,单击图片,就可以跳转到相应的对象上去。

2. 编辑和删除超链接

选中超链接的起点,在"插入"选项卡的"链接"组选择"超链接"或"动作",打开"插入超链接"对话框或"动作设置"对话框,可以对超链接进行编辑。在"插入超链接"对话框中单击"删除链接"按钮可以删除该链接,在"动作设置"对话框中选择"无动作"可以取消超链接。

3. 使用动作按钮

PowerPoint 2007 预设了一些图形按钮,如左箭头和右箭头分别表示转到上一张、下一张,这些按钮就是动作按钮。可以将动作按钮插入到演示文稿中并为之定义超链接。

在"插入"选项卡的"插图"组选择"形状",弹出"形状"列表,如图 5-33 所示。在动作按钮组中选择某一动作按钮,此时鼠标变为十字形,用户在幻灯片的相应位置上拖动鼠标,在出现动作按钮的同时会弹出"动作设置"对话框,如图 5-31 所示。在该对话框中可以选择单击鼠标或鼠标移过时链接到本演示文稿中的某一张幻灯片、其他文件等;还可以选择运行某个程序及播放的声音。

例 5-21 给演示文稿 pptest2.pptx 的幻灯片母版设置动作按钮,要求将每张幻灯片超链接到上一张幻灯片、下一张幻灯片、第一张幻灯片、最后一张幻灯片。

操作步骤:

(1)打开演示文稿 pptest1.pptx;

(2)在"视图"选项卡的"演示文稿视图"组选择"幻灯片母版",显示幻灯片母版视图,如图 5-19 所示;

(3)在"插入"选项卡的"插图"组选择"形状",弹出"形状"列表,如图 5-33 所示;

(4)在动作按钮组中选择"开始",拖动鼠标在当前幻灯片的右下角拖出"开始"按钮,同时打开"动作设置"对话框,如图 5-31 所示,在超链接到列表中选择"第一张幻灯片";

(5)重复步骤(4),依次画出"后退或前一项"、"前进或下一项"和"结束"按钮;

图 5-33 "形状"列表

(6)在"幻灯片母版"选项卡的"关闭"组选择"关闭母版视图",放映演示文稿,查看设置效果。

5.4 演示文稿的放映

5.4.1 幻灯片放映控制

1. 放映幻灯片

放映幻灯片有三种形式:从头开始放映、从当前幻灯片开始和自定义放映。

(1)从头开始放映。在"幻灯片放映"选项卡的"开始放映幻灯片"组选择"从头开始",将从第一张幻灯片开始逐一放映、观看幻灯片。

(2)从当前幻灯片开始。在"幻灯片放映"选项卡的"开始放映幻灯片"组选择从"当前幻灯片开始",将从当前幻灯片开始逐一放映,观看幻灯片。

(3)自定义放映。通过创建自定义放映,用户可以选择一个演示文稿中的全部或部分幻灯片进行播放,并能够调整幻灯片的播放顺序,从而使一个演示文稿有多种播放形式。

设置自定义放映的方法是:

① 在"幻灯片放映"选项卡的"开始放映幻灯片"组选择"自定义放映",弹出"自定义放映"对话框,如图 5-34 所示。单击"新建"按钮,弹出"定义自定义放映"对话框,如图 5-35 所示。

② 在"定义自定义放映"对话框中,用户可以设置幻灯片放映的名称,从"在演示文稿中的幻灯片"列表中选择要添加到自定义放映序列中的幻灯片,在自定义放映中的幻灯片序列中删除不需要的幻灯片和

图 5-34 "自定义放映"对话框

调整自定义放映中的幻灯片顺序等(这样就可以建立一个用户规定幻灯片数量和播放顺序

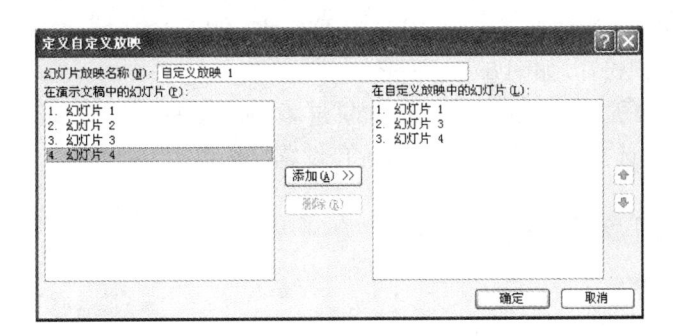

图 5-35 "定义自定义放映"对话框

的一个幻灯片集合,即自定义幻灯片的放映序列)。

③ 单击"确定"按钮,返回到"自定义放映"对话框。在"自定义放映"对话框中,单击"放映"按钮立即播放当前自定义的幻灯片序列。

例 5-22 设置自定义放映,要求把演示文稿 pptest4.pptx 的第一张幻灯片和第二张幻灯片定义为自定义放映 1,然后观看自定义放映 1。

操作步骤:

(1) 打开演示文稿 pptest4.pptx,在"幻灯片放映"选项卡的"开始放映幻灯片"组选择"自定义放映",弹出"自定义放映"对话框,如图 5-34 所示,单击"新建"按钮,弹出"定义自定义放映"对话框,如图 5-35 所示;

(2) 输入幻灯片放映名称为"自定义放映 1",从"在演示文稿中的幻灯片"列表中分别选择第一张和第二张幻灯片,单击"添加"按钮;

(3) 单击"确定"按钮,返回"自定义放映"对话框,单击"放映"按钮,观看自定义放映 1。

2. 在放映过程中使用的工具

在放映幻灯片的过程中,用户可以在幻灯片上书写或者绘画。

操作步骤:

(1) 放映幻灯片的同时单击右键,弹出"放映"快捷菜单,如图 5-36 所示;

(2) 在快捷菜单中选择"指针选项"命令,弹出级联菜单,如图 5-37 所示,在级联菜单中选择不同的画笔或墨迹颜色;

图 5-36 "放映"快捷菜单图   图 5-37 "放映"级联菜单

(3) 这时光标变成画笔形状,拖动鼠标左键可以在幻灯片的任意位置上添加注释或绘画;选择"橡皮擦"或"擦除幻灯片上的所有墨迹"命令可以擦除部分或全部墨迹;

(4) 如果幻灯片上有注释或绘画,用户选择"结束放映"命令时会弹出"是否保留墨迹注释"对话框,要求用户选择,如图 5-38 所示。

选择如图 5-36 所示的"放映"快捷菜单的"屏幕"命令,弹出"屏幕"级联菜单,如图 5-39 所示,在级联菜单中选择不同的命令,进行屏幕设置。说明如下:

图 5-38 "是否保留墨迹"对话框

图 5-39 "屏幕"级联菜单

(1) 选择"黑屏"或"白屏"命令,整个屏幕显示为黑板或白板状态,用户可在黑板或白板上书写。

(2) 如果曾经做过保留墨迹操作,选择"显示或隐藏墨迹标记"来显示隐藏墨迹。

(3) 选择"演讲者备注"命令,可以编辑或显示演讲者的备注信息。

(4) 选择"切换程序"命令,则会在放映状态显示 Windows 的状态栏,用户可以在已经打开的应用程序之间进行切换。

3. 结束放映

放映幻灯片时,可在所有的幻灯片播放完后结束放映,也可以随时终止放映,方法有:
(1) 播放完所有的幻灯片后,在屏幕上单击或者按回车键。
(2) 按 Esc 键,终止幻灯片的放映。
(3) 在放映过程中,选择"放映"快捷菜单中的"结束放映"命令。

5.4.2 设置排练计时

排练计时就是当用户开始放映幻灯片时,系统将自动记录当前幻灯片放映的时间、演示文稿中所有幻灯片放映的总时间。在排练计时过程中用户可以暂停幻灯片的放映、转到下一项动画和重复执行当前幻灯片放映等操作。

图 5-40 "预演"工具栏

在"幻灯片放映"选项卡的"设置"组选择"排练计时",在放映幻灯片的同时,弹出"预演"工具栏,如图 5-40 所示。

排练计时结束后或关闭"预演"工具栏时,系统会弹出一个对话框,询问用户是否保留当前幻灯片的排练时间,用户根据需要进行选择即可。若保留了排练时间,在设置放映方式时通过选择"若存在排练时间,则使用它",可以达到幻灯片自动放映的目的。

5.4.3 设置放映方式

设置放映方式就是对幻灯片的放映类型、放映幻灯片的范围、放映选项、换片方式和性能等的设置。在"幻灯片放映"选项卡的"设置"组选择"设置放映方式",弹出"设置放映方式"对话框,如图 5-41 所示,在其中设置以下项目:

1) 设置放映类型

放映类型有三个选择,演讲者放映、观众自行浏览和在展台浏览。用户可以根据需要选择其中之一。

2) 设置幻灯片放映范围

用户可以从演示文稿中选择部分或全部进行放映。选择"全部"即对演示文稿中的所有幻灯片进行放映,选择"从……到……"即对演示文稿中指定范围的幻灯片进行放映。

3) 设置放映选项

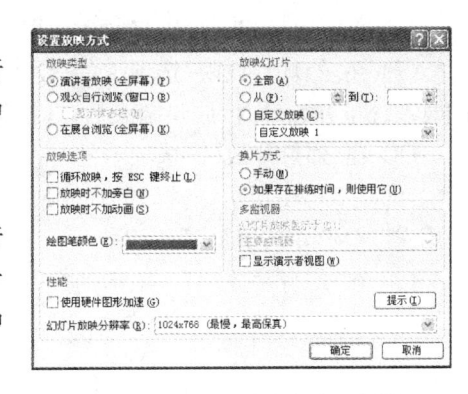

图 5-41 "设置放映方式"对话框

放映选项有四个选择,循环放映、按 Esc 键终止、放映时不加旁白和放映时不加动画。用户可以根据需要选择部分或全部。

4) 设置换片方式

换片方式有两个选择,手动和如果存在排练时间,则使用它。用户可以选择手动换片放映或使用排练时间自动换片放映。

例 5-23 通过设置排练计时和放映方式,自动放映演示文稿 pptest4.pptx。

操作步骤:

(1) 打开演示文稿 pptest4.pptx;

(2) 在"幻灯片放映"选项卡的"设置"组选择"排练计时",弹出"预演"工具栏,如图 5-40 所示;

(3) 单击鼠标开始放映幻灯片的同时系统也开始计时,放映结束后,弹出"询问"对话框,选择"是";

(4) 在"幻灯片放映"选项卡的"设置"组选择"设置放映方式",弹出"设置放映方式"对话框,如图 5-41 所示;

(5) 选择"如果存在排练时间,则使用它"选项,单击"确定"按钮;

(6) 在"幻灯片放映"选项卡的"开始放映幻灯片"组选择"从头开始",系统开始自动放映。

例 5-24 通过设置自定义动画、排练计时和放映方式,设计一个闪烁的霓虹灯,霓虹灯的内容为"发展就是硬道理",并以 pptest5.pptx 为文件名保存。

操作步骤:

(1) 启动 PowerPoint 2007,在"设计"选项卡的"背景"组启动"设置背景格式"对话框,如图 5-17 所示。选中"纯色填充",并在"颜色"列表中选择填充颜色为"黑色",单击"全部应用"按钮;

(2) 在"开始"选项卡的"幻灯片"组选择"版式",在"幻灯片应用版式"列表中选择"只有标题";

(3) 选定标题文本框,设置字体颜色为白色,然后输入文本"发展就是硬道理",并设置字体、字型和字号;

(4) 设置标题文本的自定义动画为"出现";

(5) 把设置好效果的文本复制一份,设置文本颜色为"红色",然后和原文本重叠;

(6) 重复第(5)步,分别将颜色设置为"黄、蓝、绿、青、紫";

(7) 在"幻灯片放映"选项卡的"设置"组选择"排练计时",单击鼠标开始放映幻灯片的同时系统也开始计时,放映结束后,选择保存排练时间;

(8) 在"幻灯片放映"选项卡的"设置"组选择"设置放映方式",弹出"设置放映方式"对话框,如图 5-41 所示,选择"循环放映,按 Esc 键终止"复选框,选择"如果存在排练时间,则使用它"选项,单击"确定"按钮;

(9) 在"幻灯片放映"选项卡的"开始放映幻灯片"组选择"从头开始",系统开始自动放映。最后以 pptest5.pptx 为文件名保存演示文稿。

5.4.4 设置幻灯片间的切换效果

幻灯片放映时,可以对幻灯片设置不同的切换效果,以更好地体现幻灯片放映时的演示效果。切换效果主要包括换片效果、换片方式、切换速度和切换声音等。

在"动画"选项卡的"切换到此幻灯片"组,进行幻灯片切换效果的设置。如果在列表中选择了某种切换效果,则选择的效果将应用于当前幻灯片;如果选择了某种切换效果,再单击"全部应用",则选择的效果将应用于所有的幻灯片。

例 5-25 设置演示文稿 pptest4.pptx 幻灯片间的切换效果为"条纹右下展开",速度为"中速",声音为"照相机",换片方式为"单击鼠标时"。

操作步骤:

(1) 打开演示文稿 pptest4.pptx;

(2) 选择"动画"选项卡的"切换到此幻灯片";

(3) 在如图 5-42 所示的切换效果列表中选择"条纹右下展开";

(4) 在"切换声音"列表中选择"照相机","切换速度"列表中选择"中速","换片方式"选项中选择"单击鼠标时";

(5) 单击"全部应用"按钮;

(6) 单击"播放"按钮,查看设置效果。

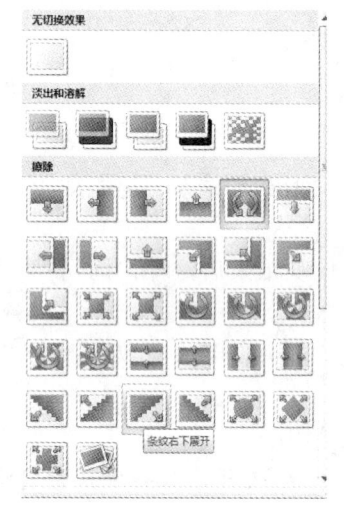

图 5-42 "切换效果"列表

习题与思考题

一、选择题

1. PowerPoint 2007 演示文档的扩展名是(   )。
   A. .pptx　　　　B. .pwt　　　　C. .xslx　　　　D. .docx

2. PowerPoint 2007 中,可以轻松地按顺序组织幻灯片,进行插入、删除、移动等操作的视图是(   )。
   A. 备注页视图　　B. 浏览视图　　C. 幻灯片放映视图　　D. 普通视图

3. PowerPoint 2007 中,可以定位到某特定的幻灯片的视图是(   )。
   A. 备注页视图　　B. 浏览视图　　C. 幻灯片放映视图　　D. 普通视图

4. PowerPoint 2007 中,为了使所有幻灯片具有一致的外观,可以使用母版,母版视图有幻灯片母版、备注母版和(   )。
   A. 备注母版　　B. 讲义母版　　C. 幻灯片母版　　D. A 和 B 都对

5. 在 PowerPoint 2007 中,将某张幻灯片版式更改为"垂直排列文本",应选择的选项卡是(   )。
   A. 视图   B. 插入   C. 开始   D. 设计
6. PowerPoint 2007 中,下列说法中错误的是(   )。
   A. 可以动态显示文本和对象   B. 可以更改动画对象的出现顺序
   C. 图表中的元素不可以设置动画效果   D. 可以设置幻灯片切换效果
7. PowerPoint 2007 中,下列说法中错误的是(   )。
   A. 可以在浏览视图中更改某张幻灯片上动画对象的出现顺序
   B. 可以在普通视图中设置动态显示文本和对象
   C. 可以在浏览视图中设置幻灯片切换效果
   D. 可以在普通视图中设置幻灯片切换效果
8. PowerPoint 2007 中,用户可以看到画面变成上下两半,上面是幻灯片,下面是文本框,可以记录演讲者讲演时所需的一些提示重点的视图是(   )。
   A. 备注视图   B. 幻灯片浏览视图   C. 普通视图   D. 黑白视图
9. PowerPoint 2007 中,有关幻灯片母版的说法中错误的是(   )。
   A. 只有标题区、对象区、日期区、页脚区   B. 可以更改占位符的大小和位置
   C. 可以设置占位符的格式   D. 可以更改文本格式
10. PowerPoint 2007 中,有关排练计时的说法中错误的是(   )。
    A. 可以首先放映演示文稿,进行相应的演示操作,同时记录幻灯片之间切换的时间间隔
    B. 在"幻灯片放映"选项卡的"设置"组选择"排练计时"进行排练计时
    C. 系统以窗口方式播放
    D. 如果对当前幻灯片的播放时间不满意,可以单击"重复"按钮

二、简答题

1. PowerPoint 中母版与模板的区别是什么?
2. PowerPoint 中超链接和动作按钮有何区别?
3. PowerPoint 的幻灯片中能否插入其他可插入对象?
4. 如何放映一个演示文稿?

上 机 实 验

实验一　PowerPoint 2007 基本操作

【实验目的】
1. 熟悉并掌握 PowerPoint 2007 的界面组成、视图方式。
2. 熟练掌握 PowerPoint 2007 演示文稿的创建、文本的输入编辑等操作。
3. 熟悉制作简单图形、熟悉图片的插入与修改、掌握幻灯片背景设计的方法、熟悉幻灯片配色方案、熟悉幻灯片母版的用法。

【实验内容】
根据已安装的模板创建一个主题演示文稿,以文件名 test1.pptx 保存在磁盘中。

【实验要求】
1. 本演示文稿利用"已安装的主题"创建,主题选择"跋涉",包含三张幻灯片。
2. 第一张幻灯片使用幻灯片版式为"标题幻灯片",第二、三张幻灯片使用幻灯片版式为"空白"。
3. 第一张幻灯片的主标题为"嫦娥奔月",副标题为"千年梦想",第二、三张幻灯片上有两个对象,第一

个是插入的一幅图片,内容与奔月有关,第二个是插入的艺术字,内容为与奔月有关的名言名句。
4. 给演示文稿添加日期和页脚,日期自动更新,页脚内容为"学校班级姓名"。
5. 合理设置文本对象的字体、字型、字号,设置插入的图形、艺术字形状、大小、颜色以达到美观。
6. 更改第三张幻灯片的配色方案。

实验二　　PowerPoint 2007 高级操作

【实验目的】
1. 掌握设计幻灯片的动画效果。
2. 掌握幻灯片切换效果的用法及学会设置放映方式。

【实验内容】
在实验一的基础上,创建一个符合实验要求的演示文稿,以文件名 test2.pptx 保存在磁盘中。

【实验要求】
该实验是一个综合设计实验。要求图片和文字均设置动画,其中文字为霓虹灯形式,图片要能体现"奔月"的主题。

第 6 章　多媒体技术及其应用

本章导读　起源于 20 世纪 80 年代的多媒体技术,目前已经广泛应用于人们生活、学习、工作的各个方面,成为计算机应用领域中最热门的技术之一。本章主要介绍多媒体技术的基本概念、多媒体基本技术、多媒体信息的数字化处理和多媒体制作与处理软件——Photoshop、Flash。

6.1　多媒体基本概念

6.1.1　多媒体及其含义

1. 多媒体的定义

多媒体 Multimedia 是由 Multiple 和 media 复合而成的,关键词是媒体。在计算机中媒体有两种含义:一是指存储信息的实体,如磁盘、光盘等,也译为媒质;二是指传递信息的载体,如文字、声音、图形和图像等,也译作媒介,多媒体技术中的媒体是指后者。

多媒体是指多种信息载体的表现形式和传递方式。根据国际电报电话咨询委员会(CCITT)的定义,目前媒体可分为下列五大类。

(1) 感觉媒体:是指能直接作用于人们的感觉器官,使人能直接产生感觉的一类媒体,如人类的各种语言、音乐、自然界中的声音、图形、图像、动画、文本等都属于感觉媒体,它是其他媒体的基础。

(2) 表示媒体:是为了加工、处理和传输感觉媒体而人为构造出来的一种媒体,如文字编码、声音编码、静止或运动图像编码等各种编码方式。借助于表示媒体,可以很方便地将感觉媒体从一个地方传输到另一个地方。

(3) 显示媒体:是指感觉媒体与用于通信的电信号之间转换用的一类媒体。它又分为两种:一种是输入显示媒体,如键盘、鼠标器、话筒和扫描仪等;另一种是输出显示媒体,如显示器、打印机、音箱和投影机等。

(4) 存储媒体:又称存储介质,用来存放表示媒体,以便计算机随时调用和处理信息编码。这类存储媒体有磁带、磁盘、光盘和内存等。

(5) 传输媒体:又称传输介质,是用来将媒体从一处传送到另一处的物理载体,这类媒体有双绞线、同轴电缆、光纤和无线传输介质等。

"多媒体"不仅指多种媒体信息本身,而且还指处理和应用多媒体信息的相应技术。在计算机中"多媒体"常被当作"多媒体技术"的同义词。

多媒体技术就是计算机交互式综合处理多种媒体信息——文本、图形、图像和声音等,使多种信息建立逻辑连接,集成为一个系统并具有交互性。

2. 多媒体的特性

多媒体技术的特性主要包括媒体的多样性、集成性、交互性和实时性。

(1) 多样性:指综合处理多种媒体信息,包括文本、图形、图像、动画、音频和视频等。

(2) 集成性:指多种媒体信息的集成及与这些媒体相关的设备的集成。前者是指将多种不同的媒体信息有机地进行同步组合,使之成为一个完整的多媒体信息系统;后者是指多媒体设备应该成为一体,包括多媒体硬件设备、多媒体操作系统和创作工具等。

(3) 交互性:传统的媒体系统(如电视、广播)中,人们只能被动接收节目,不能对播放节目进行控制,如倒放节目、让某个节目暂停等。而多媒体系统能够为用户提供更加有效的控制和使用信息的手段,交互性可以增加用户对信息的注意和理解,延长信息的保留时间。

(4) 实时性:当多种媒体集成时,多种媒体在时间和空间上都存在着密切的相关性。如视频信息中的声音和运动图像是与时间密切相关的,甚至是实时的。

6.1.2 多媒体计算机系统的组成

多媒体计算机系统由软件系统和硬件系统组成。软件系统包括多媒体驱动软件、多媒体操作系统、多媒体数据处理软件、多媒体创作工具软件和多媒体应用软件等。硬件系统主要包括计算机主要配置和各种外部设备,以及与各种外部设备连接的控制接口卡(其中包括多媒体实时压缩和解压缩电路),如视频卡、声卡等。

1. 多媒体软件系统

多媒体计算机软件系统按功能主要分为系统软件和应用软件,其软件层次结构图如图 6-1 所示。多媒体计算机系统的主要软件如下。

(1) 多媒体驱动程序:是最底层硬件的软件支撑环境,是直接与计算机硬件相关的,完成设备初始化、各种设备操作、设备的打开和关闭、基于硬件的压缩/解压缩、图像快速变换及功能调用等。

(2) 多媒体设备接口程序:是高层软件与驱动程序之间的接口软件,为高层软件建立虚拟设备。

(3) 多媒体操作系统:实现多媒体环境下的多任务调度,保证音频视频同步控制及信息处理的实时性,提供多媒体信息的各种基本操作和管理,具有对设备的相对独立性和可操作性。操作系统还具有独立于硬件设

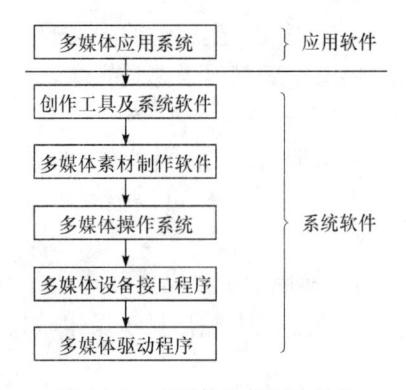

图 6-1 多媒体软件层次结构

备和较强的可扩展性等性质。

(4) 多媒体素材制作软件:为多媒体应用程序进行数据准备的程序,主要为多媒体数据采集软件,作为开发环境的工具库,供设计者调用。

(5) 创作工具及系统软件:主要用于编辑生成多媒体特定领域的应用软件,是在多媒体操作系统上进行开发的软件工具。

(6) 多媒体应用系统:又称多媒体产品,是由各种应用领域的专家或开发人员利用多媒体编程语言或多媒体创作工具编制的最终多媒体产品,直接面向用户,如各种多媒体教学软件、培训软件、声像俱全的电子图书等,产品多以光盘形式面世。

2. 多媒体硬件系统

多媒体硬件系统除了需要具有较高配置的计算机主机以外，还需要音频/视频处理设备、光盘驱动器、各种媒体输入/输出设备等。多媒体硬件系统的基本组成如图 6-2 所示。

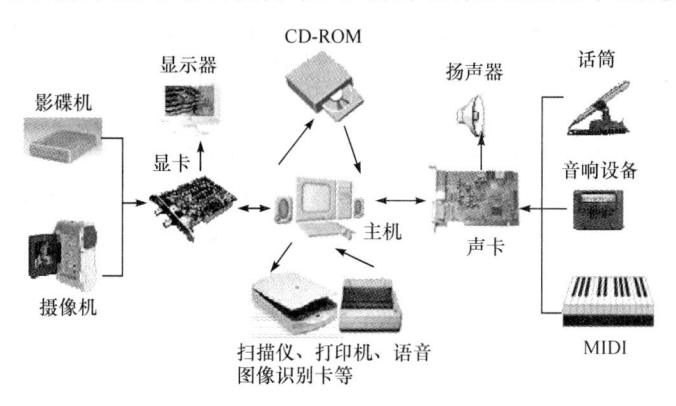

图 6-2 多媒体硬件系统组成

(1) 主机。多媒体计算机主机可以是中、大型机，也可以是工作站，然而目前更普遍的是多媒体个人计算机，即 MPC(Multimedia Personal Computer)。

(2) 多媒体接口卡。多媒体接口卡是根据多媒体系统获取、编辑音频或视频的需要而插接在计算机上，以解决各种媒体数据的输入输出问题的一种设备。常用的接口卡有声卡、显示卡、解压卡、视频采集卡、电视卡等。

(3) 多媒体外部设备。多媒体外部设备工作方式分为输入和输出，按其功能又可分为如下四类：

① 视频、音频输入设备(摄像机、录像机、扫描仪、数字相机、话筒等)。
② 视频、音频播放设备(电视机、投影电视、大屏幕投影仪、音响等)。
③ 人机交互设备(键盘、鼠标、触摸屏、数位板、光笔及手写输入设备等)。
④ 存储设备(磁盘、光盘等)。

开发多媒体应用程序比运行多媒体应用程序需要的硬件环境更高。基本原则是多媒体开发者使用的硬件设备要比用户的速度更快，功能更强，外部设备更多。

3. MPC 的标准

MPC 是指多媒体个人计算机。它是在传统的个人计算机的基础上增加各种多媒体部件组成的，个人计算机通过这种扩充具有图形、声音及视频处理能力。目前，采用的技术标准是 MPC 4.0 标准。MPC 4.0 标准规定系统硬件的最低配置如下：

内存：至少为 16MB。
硬盘：1.6GB 硬盘容量。
CPU：主频 133MHz Pentium CPU。
显示器：分辨率为 1280×1024，32 位真彩色显示器。
CD-ROM 驱动器：传输速率为 1500kbit/s，最大寻址时间 200ms，CD-ROM XA。
声卡：采样频率 44.1kHz、采样精度 16bit 和波表 MIDI 合成器。

简单来说，多媒体计算机＝个人计算机＋只读光驱＋声卡。

6.1.3 多媒体技术的应用

1）教育与培训

以多媒体计算机为核心的现代教育技术使教学手段丰富多彩，多媒体教学系统有学习效果好、说服力强、教学信息丰富、整体感官交互、学习效率高等优点。

2）办公自动化

多媒体技术为办公室增加了控制信息能力和充分表达思想的机会。先进的数字影像和多媒体计算机技术，把文件扫描仪、图文传真机、文件资料微缩系统等和通信网络等现代化办公设备综合管理起来，构成全新的办公自动化系统。无纸化办公系统软件已趋于成熟。

3）多媒体电子出版物

它是以数字代码方式将图、文、声、像等信息存储在磁、光、电介质上，通过计算机或类似设备阅读使用，并可复制发行的大众传播媒体。电子出版物的特点有媒体种类多，表现力强，交互性高，信息的检索和使用更加方便。

4）多媒体通信

在通信工程中的多媒体终端和多媒体通信也是多媒体技术的重要应用领域之一。多媒体通信有着极其广泛的内容，对人类生活、学习和工作产生深刻影响的当属信息点播(Information Demand)和计算机协同工作CSCW(Computer Supported Cooperative Work)系统。

5）多媒体网络技术

随着计算机网络技术和多媒体技术的发展，可视电话、视频会议系统将为人们提供更全面的信息服务。可通过高速信息网实现数据与信息的查询、高速通信服务（如电子邮件、电视电话、电视会议、文档传输等）、交互式电视、网络游戏、电子购物、虚拟现实、远程医疗和会诊、交通信息管理等。

6.2 多媒体信息处理基本技术

6.2.1 视频音频数据压缩/解压缩技术

在多媒体系统中，由于涉及大量数字化的图像、音频和视频，数据量是非常大的。例如，一幅中等分辨率(640像素×480像素)的真彩色(24位/像素)图像约占900KB，若以每秒25帧图像的速度播放，每秒全运动视频画面约占22MB。即使是存储容量为650MB的CD-ROM也只能播放30s左右。因此，视频、音频数字信号的编码和压缩算法成为一个重要的研究课题。评价图像压缩技术要考虑三个方面的因素：压缩比、算法的复杂程度（实时性）和恢复效果。因此，选用合适的数据压缩技术，有可能将字符的数据量压缩到原来的1/2左右，语音数据量压缩到原来的1/2～1/10，图像数据量压缩到原来的1/2～1/60。

1）多媒体数据的冗余类型

冗余是信息所具有的各种性质中多余的无用空间。如果能够有效地去除这些冗余，就可以达到压缩数据的目的。常见的数据冗余类型如下：

（1）空间冗余。空间冗余是图像数据中经常存在的一种冗余。在同一幅图像中,规则物体和规则背景的表面物理特性具有相关性,在此区域中所有像素点的亮度、色彩及饱和度都是相同的,因此数据有很大的空间冗余。

（2）时间冗余。时间冗余是图像序列和语音数据中经常包含的冗余。图像序列中的两幅相邻的图像之间有较大的相关性,这反映为时间冗余。在语言中,由于人在说话时发音的音频是一连续的渐变过程,而不是一个时间上完全独立的过程,因而存在时间冗余。

（3）视觉冗余。人类视觉系统对于图像场的任何变化,并不是都能感知的。人眼对于图像的视觉特性有:对亮度信号比对色度信号敏感,对低频信号比对高频信号敏感等。若在记录原始图像数据时,将对视觉敏感和不敏感部分同等对待产生编码,由于不敏感的部分编码对图像的清晰度影响较小,因而无须使用与敏感部分相同的数据量表示,这种编码就被认为是存在冗余。

（4）结构冗余。有些图像从大域上看存在着非常强的纹理结构,我们称它们在结构上存在冗余。例如布纹图像和草席图像。

2）数据压缩方法简介

压缩处理一般由两个过程组成:一是编码过程,即将原始数据经过编码压缩,以便存储与传输;二是译码过程,为编码过程的逆过程,还原为可以使用的数据。数据压缩可分成两种类型,一种叫做无损压缩,另一种叫做有损压缩。

无损压缩是指对压缩后的数据进行解压缩后,解压数据与原来的数据完全相同。例如磁盘文件的压缩。常用的无损压缩算法有哈夫曼（Huffman）算法和 LZW（Lempel-Ziv & Welch）压缩算法。

有损压缩是指对压缩后的数据进行解压缩后,解压数据与原来的数据有所不同,但不影响人对原始资料表达的信息的理解。例如,图像和声音的压缩就可以采用有损压缩,因为其中包含的数据往往多于我们的视觉系统和听觉系统所能接收的信息,丢掉一些数据不至于对声音或者图像所表达的意思产生误解,但可大大提高压缩比。常用的有损压缩方法有 PCM（脉冲编码调制）、预测编码、变换编码等。

6.2.2 多媒体专用芯片技术

多媒体的大数据量和实时应用的特点,要求计算机有很高的处理速度,因此要求有高速的 CPU 和大容量的 RAM,以及多媒体专用的数据采集和还原电路,对数据进行压缩和解压缩等的专用芯片。专用芯片可分为两种类型:一种是固定功能芯片,另一种是 DSP（Digital Signal Processor,数字信号处理器）,DSP 是一种内含微处理器的专用芯片,在音调控制、失真效果器等领域有广泛的应用。

6.2.3 大容量光盘存储技术

数字化的多媒体信息经过压缩处理仍然包含大量的数据,因此多媒体信息和多媒体软件的发行不能用传统的磁盘存储器。这是因为软盘存储量太小,硬盘虽存储量较大,但不便于交换。近几年快速发展起来的光盘存储器,由于其原理简单,存储容量大,价格低廉,便于大量生产,而被越来越广泛地应用于多媒体信息和软件的存储。

6.2.4 多媒体通信技术

多媒体通信技术是指利用通信网络综合性地完成多媒体信息的传输和交换的技术。这种技术突破了计算机、通信、广播和出版的界限，使它们融为一体，向人类提供了诸如多媒体电子邮件、视频会议等全新的信息服务。多媒体通信是建设信息高速公路的主要手段之一，是一种综合性的技术。它集成了数据处理、数据通信和数据存储等技术，涉及多媒体、计算机及通信等技术领域，并且给这些领域带来了很大的影响。

6.2.5 多媒体数据库技术

在多媒体系统中存在着文本、图形、图像、动画、视频和音频等多媒体信息，与传统的数据库应用系统中只存在字符、数值相比扩充了很多，这就需要一种新的数据库管理系统对多媒体数据进行管理。这种多媒体数据库管理系统 MDBMS 能对多媒体数据进行有效的组织、管理和存取，而且还可以实现以下功能：多媒体数据库对象的定义，多媒体数据存取，多媒体数据库运行控制，多媒体数据组织、存储和管理，多媒体数据库的建立和维护，多媒体数据库在网络上的通信等。

6.2.6 多媒体输入/输出技术

多媒体输入/输出技术包括媒体变化技术、媒体识别技术、媒体理解技术和媒体综合技术。媒体变换技术是指改变媒体的表现形式，如视频卡、音频卡都属于媒体变换设备。媒体识别技术是对信息一对一的映像过程，如语音识别和触摸屏技术等。媒体理解技术是对信息进行更进一步的分析处理和信息内容理解，如自然语言理解、图像理解及模式识别等技术。

6.3 多媒体信息的计算机表示

多媒体计算机需要综合处理声音、文字和图像等媒体信息。在计算机世界中，文字是表达信息的一种重要形式，而图形、图像则更加直观，更能吸引人们的注意力。因此，多媒体计算机中图形、图像信息的获取及其文件格式就显得非常重要。

6.3.1 文本

文本是计算机文字处理程序的基础，可以在文本编辑软件里制作。文本分为非格式化文本文件和格式化文本文件。格式化文本文件是带有多种格式信息的文本文件。非格式化文本文件是只有文本信息没有格式信息的文件，又称为纯文本文件。

文本输入后，通常都是矢量图形，可以对其内容、字体、大小、颜色等进行改变。若要对文本（如某个字）的局部进行修改，应将其转化为图像文字。Photoshop 软件称这种方法为"栅格化"，Flash 软件中称为"分离"。但这种转换一般是不可逆的。图像文字要通过 OCR 技术才能转换为矢量文字。

6.3.2 音频

1. 声音的三要素

声音是多媒体信息的重要组成部分之一,是多媒体技术研究中的一个重要内容。它能与文字、图像等一并传递信息。通过语音识别技术,它可以听懂人们说话;通过音乐合成技术,它可以唱歌。声音在介质中传播时,实际上是一种波,称为声波。声波的物理元素包含振幅、频率和周期。三种物理元素分别决定了声音的音量、振动强弱和声波之间的距离。图6-3中表现了声音的两个物理特性——振幅和周期。

音频(Audio)是声音的信息表示,通常指在15~2000Hz频率范围的声音信号。数字音频分为波形文件、音乐和语音。Windows所用的标准数字音频称为波形文件,文件的扩展名是".WAV",它记录了对自然界声音进行采样的数据,产生的文件较大。目前有一种较流行压缩音频文件,即MP3。它是MPEG标准中的音频文件。MPEG音频文件的压缩是一种有损压缩,MPEG3音频编码具有10:1~12:1的高压缩率。相同长度的音乐文件,用MP3格式来储存,一般只有WAV文件的1/10,而音质要次于CD格式或WAV格式的声音文件。由于其文件尺寸小,音质好,所以在它问世之初还没有什么别的音频格式可以与之匹敌,因而为MP3格式的发展提供了良好的条件。

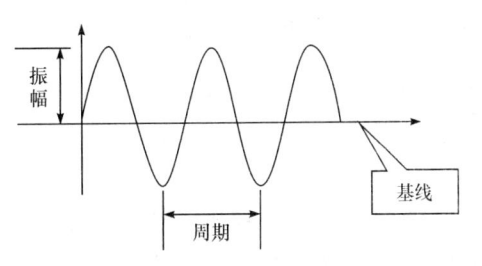

图6-3 声音的物理特性

2. 音频信号数字化

音频进入计算机的前提是必须进行数字化。数字化过程包括采样、量化和编码。图6-4、图6-5中展现了模拟的音频信号数字化的过程。

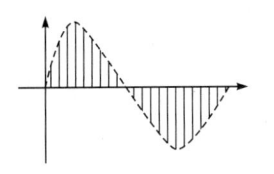

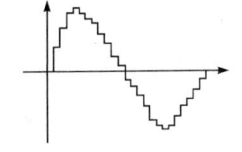

图6-4 音频信号采样 图6-5 采样信号的量化

从模拟到数字的转换中,采样频率、采样精度和声道数是非常重要的三个指标。采样频率是指每秒钟要采集多少个声音样本。采样频率越高,声音的保真度越高,声音的质量就越好。采样频率一般为11.025kHz、22.05kHz、44.1kHz等。采样精度是指每个声音样本需要用多少位二进制数来表示,它反映出度量声音波形幅度值的精确程度。一般分为8位采样和16位采样。样本位数的大小影响到声音的质量,位数越多,声音的质量就越好。如8位采样以二进制表示,精度是输入信号的1/256。声道数是指使用的声音通道的个数,用来表明声音记录只产生一个波形还是两个波形即通常讲的单声道或立体声。声音的录制除了使用MPC标准的计算机硬件平台外,还需要使用相应的声音制作软件,如Adobe Audition和GoldWave等应用软件。

模拟波形声音被数字化后，其音频文件的存储量(假定未经压缩)以字节为单位，计算公式为：存储量＝采样频率×量化位数/8×声道数×时间。

例 6-1 用 44.1KHz 的采样频率进行采样并且量化位数选用 16 位，则录制 1 秒的立体声节目其波形文件所需的存储量为

$$44100×16/8×2×1＝176400(字节)$$

3. MIDI 简介

MIDI(Musical Instrument Digital Interface，乐器数字接口)是对音乐的速记，它记录的不是声音本身，而是用来描述一段音乐的音符、音调、使用什么乐器等，并通过声音合成器(Voice Synthesizers)解释播放，产生音乐。

MIDI 文件的内容和波形文件的内容是完全不同的。MIDI 文件不是具体记录每个时刻频率的高低、声波的强弱，而是用数字信号把 MIDI 音乐设备上产生的每个动作记录下来。例如，在电子键盘上演奏，MIDI 文件记录弹奏时弹的是第几个键，力度大小，按键持续时间等。

MIDI 与波形声音各有优势，波形声音比较自然，但占用大量的存储空间。MIDI 可以比较方便地修改、处理细节，比较适用于音乐创作。MIDI 和 WAV 的比较如表 6-1 所示。

表 6-1 MIDI 和 WAV 比较

	MIDI	WAV
内容	MIDI 指令	数字音频数据
音源	MIDI 乐器	麦克风、磁带、CD 唱盘、音响
容量	小	与音质成正比
效果	与声卡质量有关	与编码指标有关
使用性	易编辑，声源受限，数据量很小	不易编辑，声源不限，数据量大

MIDI 文件本身是没有声音的。要使 MIDI 文件发出声音，需要音源和电子合成器。音源就是一些录制好的乐器的声音。如果 MIDI 文件中有钢琴、电子琴，音源中就要有钢琴、电子琴的声音。电子合成器就是按照 MIDI 文件的描述将音源中相应的声音组合起来，形成可以播放的乐曲。

4. 声音文件格式

在多媒体音频技术中存储声音信息的文件格式有多种。

(1) WAV 格式：Microsoft 音频文件格式，记录声音波形，支持多种音频位数、采样频率和声道，具有很高的音质，但文件长度过大。

(2) MID 格式：音乐文件格式，主要用于作曲、演奏歌曲、背景音乐等，文件长度较小。

(3) MP3 格式：是一种波形声音压缩技术，全称叫 MPEG Audio Layer3，简称为 MP3。能够在音质丢失很小的情况下把文件压缩到很小的程度，且能非常好的保持原来的音质。

(4) CDA 格式：用于存储声音信号轨道如音乐和歌的标准 CD 格式，近似无损，基本上忠实于原声。

(5) WMA 格式：是微软力推的一种音频格式，全称为 Windows Media Audio。它是以

减少数据流量但保持音质的方法来达到更高的压缩率的目的,生成的文件大小只有相应 MP3 文件的一半。

(6) RA(RealAudio)格式:是一种流式音频媒体格式,主要用来在低速率的网络上实时传输数字音频流,其目标是实现实时的网上传播,但在高保真方面不如 MP3 格式的。要播放 RA 文件,需要使用 Real Player。

6.3.3 图像

1. 位图图像

图像(Image)是指由输入设备捕捉的实际场景画面或数字化形式存储的任意画面。静态的图像是一个矩阵,由一些排成行列的点组成,这些点称为像素(Pixel),这种格式的图像称为位图(Bitmap)。位图适用于逼真、精细的照片式图像。

位图图像按颜色分为灰度图像和彩色图像,灰度图像的 RGB 颜色值都是等值的,因此颜色只有黑白和深浅之分。如果只有黑白两种颜色则称为单值图像(或称二值图像)。灰度图像可以分为 16 级、256 级等,彩色图像可以有 16 色、256 色和 24 位真彩色。

图像可用画笔一类的程序绘出,或从屏幕上硬拷贝,或用数字化设备(如扫描仪、数码相机、摄像头等)获取,如在大商场见到的"电脑画像"、"电脑婚纱摄影"等。

2. 图像的技术参数

描述一个图像的技术参数有分辨率和图像深度,其中分辨率又分为图像分辨率、扫描分辨率和屏幕分辨率。

1) 图像分辨率

图像分辨率是指图像中每单位长度所包含的像素(即点)的数目,用"行数×每行点数"来表示。例如,320×200 的图像表示有 320 行,每行 200 个像素。图像分辨率常以像素/英寸(pixel percent inch,ppi)来表示。

2) 扫描分辨率

对图像扫描采样时单位长度内采样的点数,扫描分辨率以点数/英寸(dots percent inch,dpi)来表示。例如,用 150dpi 来扫描一幅 4 英寸×5 英寸的图像,就得到一幅 600 像素×750 像素的数字图像。

3) 屏幕分辨率

屏幕分辨率是指显示屏上可以显示出的像素个数,数目的多少与显存及显示模式有关。相同大小的屏幕显示的像素越多,表明设备的分辨率越高,显示的图像质量也就越高。

总之,图像分辨率越高,图像越清晰,但过高的分辨率会使图像文件过大,对设备要求也越高;因此在设置分辨率时,应考虑所制作图像的用途。下面是几种常用的图像分辨率设置:

(1) 发布于网页上的图像分辨率是 72ppi 或 96ppi。

(2) 报纸图像通常设置为 120ppi 或 150ppi。

(3) 打印的图形分辨率为 150ppi。

(4) 彩版印刷图像分辨率通常设置为 300ppi。

(5) 大型灯箱图形一般不低于 30ppi。

(6) 只有一些特大的墙面广告等有时可设定在 30ppi 以下。

图像深度是指一幅位图图像中最多能使用的颜色数。由于每个像素上的颜色被量化后将用颜色值来表示,所以在位图图像中每个像素所占位数被称为图像深度。若每个像素只有一位颜色位则该像素只能表示亮或暗,这就是二值图像。若每个像素有 8 位颜色位,则在一副图像中可以有 256 种不同的颜色。若每个像素具有 15 位颜色位,则可使用的颜色数达 $2^{15}=32768$ 种,也就是通常指的"增强色"。若每个像素具有 24 位颜色位,则可使用的颜色数达 $2^{24}=16777216$ 种颜色,即真彩色。

3. 常用图像文件格式

图像文件在计算机中的储存格式很多,常用的有以下几种。

(1) BMP 格式:颜色深度有 1 位、4 位、8 位和 24 位,4 位、8 位 BMP 图像有调色板。其压缩比很小,因此占用磁盘空间较大。处理 BMP 图像最常用的程序是 Windows 的画图软件工具。

(2) GIF 格式:使用 LZW 压缩方法,压缩比较高,并且最大颜色数只有 256 色,文件容量较小,被广泛采用于 Internet 中。该格式可一次存储多帧图像,用来产生动画效果。

(3) JPG 格式:使用 JPEG 技术进行图像数据压缩。最大特点是文件非常小。它是一种有损压缩的静态图像文件格式,支持灰度图像、RGB 真彩色图像和 CMYK 真彩色图像。

(4) TIF 格式:是一种多变的图像文件格式标准,特点是图像复杂、存储信息多。3ds Max中的大量材质贴图就是 TIF 格式。采用 LZW 压缩方法,最大色深为 32 位。

(5) PCX 格式:是使用游程长编码(RLE)方法进行压缩的图像文件格式。支持黑白图像、16 色和 256 色的伪彩色图像、灰度图像及 RGB 真彩色图像。

(6) PSD 格式:是 Photoshop 软件专用格式。它能保存图像数据的每一个细节,包括图像的层、通道等信息,确保各层之间相互独立,便于以后进行修改。PSD 格式还可以保存 RGB 或 CMYK 等色彩模式的文件,唯一的缺点是保存的文件比较大。

6.3.4 图形

图形是对图像运动规律的描述,图形强调"形",它是一个个的几何图形,是由线(直线、曲线)构成的。它是对图像抽象化的结果,用图元指令(画图函数)来描述。图形的图元有直线、矩形、椭圆形、多边形、矢量文字等。图形多用于计算机辅助设计(CAD)、三维动画创作等。图像与图形的区别表现在以下几个方面:

(1) 图像的存储方式按像素从左至右、从上到下的顺序进行;而图形是按图元指令的先后顺序进行存储。

(2) 图像放大、缩小会损失像素,因此图像放大、缩小会产生失真;而图形放大、缩小只是修改图元指令中的参数,然后重画,不会产生失真。

(3) 对图形可以进行旋转、扭曲、拉伸等操作;而对图像可以进行对比度增强、亮度调整等操作。

(4) 图形的存储容量远远少于图像的存储容量,但图形是以计算时间为代价的,位图的刷新速度则相对要快一些。

总之,图形、图像技术是相互关联的。把图形处理技术和图像处理技术相结合可以使视觉效果和质量更加完善,特别是利用图形和图像相结合的技术能够进行立体成像。同时,真实感图形计算的结果是以数字图像的方式提供的。

6.3.5 动画

动画是活动的画面,实质上是一幅幅静态图像的连续播放。它利用了视觉暂留特征,是在眼睛里形成的连续画面。这种连续画面在时间和内容上都是连续的。组成动画的每一个静态画面叫做一"帧"(frame),动画的播放速度通常称为"帧速率",以每秒钟播放的帧数表示,简记为帧/秒(f/s)。一般情况下,动画每秒播放 12 帧画面,视频每秒播放 25 帧画面以上,则人眼看到的就是连续的画面。

动画有两种表现形式:一种是帧动画,另一种是造型动画。图 6-6 所示的帧动画是由一幅幅图像组成的连续画面,它的运动只能是平移。造型动画是对每一个运动物体分别进行设计,赋予它们各自的特征,如对每个运动物体设计其位置、形状、大小、灯光及颜色等,帧动画文件的格式有 FLC、CEL、SWF、GIF 等。造型动画文件的格式有 MAX、DXF 等。

图 6-6 帧动画

(1) FLI 格式:是 Autodesk 公司开发的属于较低分辨率的文件格式,具有固定的画面尺寸(320×200)及 256 色的颜色分辨率。由于画面尺寸约为全屏幕的 1/4,计算机可用 320×200 或 640×400 的分辨率播放。

(2) FLC 格式:是 Autodesk 公司开发的属于较高分辨率的文件格式。FLC 格式改进了 FLI 格式尺寸固定与颜色分辨率低的不足,是一种可使用各种画面尺寸及颜色分辨率的动画格式。FLC 格式可适应各种动画的需要。

(3) SWF 格式:是 Flash 支持的矢量动画格式。这种格式的动画在缩放时不会失真,文件的存储量很小,还可以带有声音,因此被广泛应用。

现有的常见的动画制作工具有:二维动画创作软件 Animator Pro、Flash,三维动画创作软件 3DS MAX、Poser、MAYA 等。

6.3.6 视频

1. 视频技术

视频技术是将一幅幅独立图像组成的序列按一定的速率连续播放,利用人的视觉暂留形成连续运动的画面。视频信息常用的参数有以下几个。

(1) 帧速:每秒播放的静止画面数,用帧/秒表示。PAL 制式为 25 帧/秒,NTSC 制式为 30 帧/秒。

(2) 数据量:未压缩的每帧图像数据量乘以帧速。

(3) 画面质量:与原始图像和视频数据压缩比有关,压缩比越高,数据量却越小,图像质量就越差。

计算机视频可来自录像带、摄像机等视频信号源的影像,但由于这些视频信号的输出大多是标准的彩色全电视信号,要将其输入计算机不仅要进行视频捕捉,实现模拟信号向数字信号的转换,还要有压缩、快速解压缩及播放的相应硬软件处理设备。

视频采集是把模拟视频转换成一连串的计算机图像。在回放过程中,图像在屏幕上以一定速度连续显示,从而在人眼中产生动作。在视频采集时,可以同时采集同步的声音,或者在编辑视频文件时再添加相应的声音。

常用的视频文件格式有以下几个。

(1) AVI 文件:AVI(Audio Video Interleaved)文件允许视频和音频交错在一起同步播放,是最常见的视频格式,数据量较大。一般通过 Windows Media Player 来播放。

(2) MPG 文件:是 PC 机上全屏幕活动视频的标准文件格式,是使用 MPEG 技术进行压缩的全运动视频图像,数据量较小。MPEG 的平均压缩比为 50∶1,最高可达 200∶1。

(3) ASF 文件:ASF(Advanced Streaming Format)是一种高级流媒体格式,以网络数据包的形式传输,可以在 Internet 上实现实时播放。它使用 MPEG-4 压缩算法,压缩比很高,并且图像质量很好。其特点是:数据量小、本地或网络回放、可以邮件下载。

(4) RM 文件:RM(Real Media)是 Real Networks 公司开发的一种流媒体视频文件格式。RM 可以根据网络数据传输的不同速率制定不同的压缩比率,以便在低速的 Internet 上进行视频文件的实时播放与传输。RM 包括 RealAudio、RealVideo 和 RealFlash 三部分。

(5) WMV 文件:WMV(Windows Media Video)是微软推出的一种流媒体格式,是 ASF 格式的升级延伸。在同等视频质量下,WMV 格式的数据量非常小。

(6) DV 文件:DV(Digital Video)是由索尼、松下、JVC 等多家厂商联合提出的一种家用数字视频格式。目前非常流行的数码摄像机就是使用这种格式记录视频数据的。它可以通过 IEEE 1394 端口传输视频数据到计算机,也可以将计算机中编辑好的视频数据回录到数码摄像机中。

2. 彩色空间的表示及转换

在多媒体计算机中,常常涉及几种不同的色彩空间表示颜色。如计算机显示时采用 RGB 彩色空间,彩色印刷时采用 CMYK 彩色空间,为了便于色彩处理和识别,视觉系统又经常采用 HSB 彩色空间。

1) 色彩的概念

颜色有 3 个特征:色调、亮度和饱和度。色调表示颜色的种类,如红、绿和蓝等。饱和度表示色彩的浓度,即鲜艳程度,越饱和色彩越鲜艳。亮度是指色彩所引起的人眼对明暗程度的感觉。同一种色调的亮度会因光源的强弱不同产生不同的变化,同一色调如果加上不同比例的黑色或白色混合后亮度也会发生变化。

2) 色彩空间的表示

(1) RGB 彩色空间。

RGB 彩色空间采用三种基本颜色,其中 R 为红色、G 为绿色、B 为蓝色,取值范围为 0~255。通过 3 个分量的不同比例合成所需的任意颜色。RGB 彩色空间又称加色系统,当三基色按不同强度相加时,总的光强增强,并可得到任何一种颜色。三个颜色数值加到一起就可以确定一种颜色,如 255,0,0 就是纯红色;255,255,0 就是纯黄色;255,255,255 就是白色。三基色相加的结果如图 6-7 所示。RGB 彩色空间针对的媒介是显示器。

补色是指由两种原色(完全不含第 3 种颜色)混合产生的颜色,该颜色即为第 3 种原色的补色。如黄色是由红绿两色合成,完全不含蓝色,因此黄色成为蓝色的补色,从色相图中可以看出两个补色隔着白色相对。将两个补色相加会得到白色。三对互补色是蓝和黄,绿和品红,红和青。当它们同时对比时相互能使对方达到最大的鲜明性,但它们互相混合时,就互相消除,变成一种灰黑色。补色在医疗方面有所应用,如做手术的大夫穿绿色手术服,是因为手术中有大量品红色(红色)的血,人看久了就会倦怠,从而延误手术。绿色是品红色的补色,大夫穿上了绿色手术服,手术中既看到品红色,也看到绿色,从而避免倦怠。

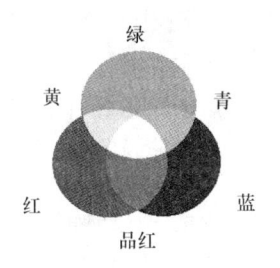

图 6-7 相加混色

(2) CMYK 彩色空间。

用彩色墨水或颜料进行混合,得到的颜色称为相减色。在理论上说,任何一种颜色都可以用三种基本颜料按一定比例混合得到。这三种颜色是青色(Cyan)、品红(Magenta)和黄色(Yellow),称为 CMY 彩色空间。用这种方法产生的颜色之所以称为相减色,是因为它减少了视觉系统识别颜色所需要的反射光。相减混色中,当三基色等量相减时得到黑色;等量黄色(Y)和品红(M)相减而青色(C)为 0 时,得到红色(R);等量青色(C)和品红(M)相减而黄色(Y)为 0 时,得到蓝色(B);等量黄色(Y)和青色(C)相减而品红(M)为 0 时,得到绿色(G)。三基色相减结果如图 6-8 所示。

图 6-8 相减混色

彩色打印机采用的就是这种原理,印刷彩色图片也是采用这种原理。由于彩色墨水和颜料的化学特性,用等量的三基色得到的黑色不是真正黑色,因此在印刷术中常加一种真正的黑色(black ink),所以 CMY 又写成 CMYK。CMYK 彩色空间针对的媒介是印刷品。

(3) HSB 彩色空间。

在 HSB 彩色空间中,人们常用 H、S 和 B 参数描述人的眼睛看到的颜色,其中 H 表示色调,S 表示颜色的饱和度,B 表示光的强度。HSB 色彩空间能够减少彩色图像处理的复杂性,而且更接近人对色彩的认识和解释。HSB 彩色空间针对的媒介是人的眼睛。

6.4 多媒体输入/输出设备

6.4.1 音频卡

1. 音频卡的主要功能

音频卡是处理各种类型数字化声音信息的硬件,多以插件的形式安装在微机的扩展槽上,也有的与主板做在一起。音频卡又称声音卡,简称声卡。其主要功能包括录制与播放、编辑与合成处理、MIDI 接口三个部分。

(1) 录制与播放。通过声卡,人们可将外部的声音信号录入计算机,并以文件形式保存,需要时只需调出相应的声音播放即可。使用不同的声卡和软件录制的声音文件格式可能不同,但它们之间可以相互转换。

(2) 编辑与合成处理。可以对声音文件进行多种特殊效果的处理,包括加入回声、倒放、淡入淡出、往返放音及左右两个声道交叉放音等。

（3）MIDI 接口。用于外部电子乐器与计算机之间的通信,实现带 MIDI 接口的电子乐器的控制和操作。

声卡除了具有上述功能之外,还可以通过语音合成技术使计算机朗读文本,通过采用语音识别功能,让用户通过说话指挥计算机等。

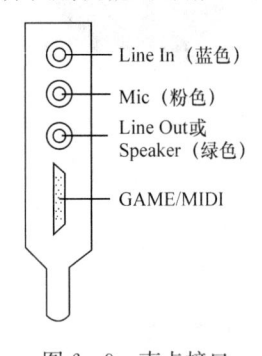

2. 声卡的组成

声卡主要由数字声音处理器(Digital Sound Processor)、FM 音乐合成器、MIDI 接口控制器组成。通过声卡侧面的插孔和 D 形连接器与外设进行连接,如图 6-9 所示。

(1) 插孔包括:线路输入(Line In)插孔,用于连接外部音频输入端口;麦克风(Mic)输入插孔,用来连接话筒;线路输出插孔(Line Out 或 Speaker),用来连接耳机、扬声器或功率放大器等设备。

图 6-9 声卡接口

(2) D 形连接器:用于连接游戏操纵杆或 MIDI 合成器。

3. 声卡的工作原理

声卡从话筒中获取声音模拟信号,通过模数转换器(ADC),将声波振幅信号采样转换成数字信号进行处理后,存储到计算机中。当播放声音时,将数字信号送到数模转换器(DAC),还原为模拟波形,放大后输出。

4. 声卡的主要指标

主要指标有采样频率、采样精度、声道数、信噪比和音效等指标。信噪比是指音频信号振幅与噪声信号振幅的比率,用分贝(dB)来衡量。声卡应具有优良的信噪比,一般信噪比在 85~95dB 之间。音效是指一个性能优越的声卡应具有良好的声音效果。

6.4.2 显示卡

显示卡工作在 CPU 和显示器之间,基本作用是将主机的输出信息转换成字符、图形和颜色等信息,传送到显示器上显示。通常显示卡以附加卡的形式安装在电脑主板的扩展槽中,或集成在主板上(多为品牌机使用)。

现在的显示卡都已经是图形加速卡,它们多多少少都可以执行一些图形函数。通常所说的加速卡的性能,是指加速卡上的芯片集能够提供的图形函数计算能力,这个芯片集通常也称为加速器或图形处理器。

显存是显卡的重要组成部分,用来存储显示芯片(组)所处理的数据信息。当显示芯片处理完数据后会将数据输送到显存中,然后将数字信号转换为模拟信号使显示器能够显示图像,并提供显卡能够达到的刷新率。一块采用新型显存的加速卡可以支持 1024×768,24 位真彩色和 85Hz 刷新率。刷新率是指每秒重绘屏幕的次数,标准单位是 Hz。

6.4.3 视频卡

视频卡是多媒体计算机系统中用于对视频进行采集、处理和播放的设备。视频卡按功能不同可分为视频采集卡、解压卡、电视卡、DV 视频采集卡。

1) 视频采集卡

视频采集卡又称视频捕捉卡。视频采集卡的主要功能是从动态视频中实时或非实时捕获图像并存储。它可以将摄像机、录像机和其他视频信号源的模拟视频信号转录到计算机内部，也可以用摄像机将现场的图像实时输入计算机。视频采集卡能在捕捉视频信息的同时获得伴音，使音频部分和视频部分在数字化时同步保存、同步播放。视频采集卡不但能把视频图像以不同的视频窗口大小显示在计算机的显示器上，而且能提供许多特殊效果，如冻结、淡出、旋转及镜像等。

2) 解压卡

用于视频数据的解压和回放的硬件设备，特点是解压和回放的速率不受计算机主机速率的影响，色彩效果和稳定性也较好，用于速率较慢的计算机。

3) 电视卡

电视卡的作用是通过个人计算机来看电视，也可以采集电视信号。电视卡和计算机连接的方式分为外置的电视接收盒和内置的电视接收卡两种。使用外置的电视接收盒连接比较方便，也不容易受到计算机内部的电磁干扰。内置电视卡要注意减少计算机内部的电磁干扰问题。

4) DV 视频采集卡

当前的数码摄像机的输出已经是数字化的视频信号，但要通过一种新的外部串行接口——1394 接口与计算机相连接。目前多媒体计算机大多没有配置 1394 接口，因此需要专门的接口卡，即 DV 视频采集卡。

6.4.4 CD-ROM 驱动器

1) CD-ROM

CD-ROM（Compact Disc-Read Only Memory）是指只读激光存储器，CD-ROM 已逐步取代磁盘而成为新一代的软件载体，成为多媒体计算机不可缺少的标准配置。目前，大量的文献资料、视听材料、教育节目、影视节目、游戏、图书、计算机软件等都通过 CD-ROM 来传播。CD-ROM 只能读，不能写。通常用的光盘直径为 12 cm，厚度约为 1 mm，中心孔直径为 15 mm，重为 14～18g。

2) CD-ROM 驱动器的工作原理

从 CD-ROM 激光头射出来的激光照到盘片平的地方和有小坑的地方反射率不同，这时在激光头旁边的光敏元件感应到有强有弱的反射光，就产生高低电平输出到光驱的数字电路，而高电平和低电平在计算机中分别代表 0 和 1，这就是 CD-ROM 把数据光盘转换成数据输出的原理和过程，如图 6-10 所示。

3) CD-ROM 主要性能指标

（1）数据传输率。指光驱在 1 秒时间内所能读取的数据量，用 KB/s 表示。该数据量越大，则光驱的数据传输率就越高。倍数、双速、四

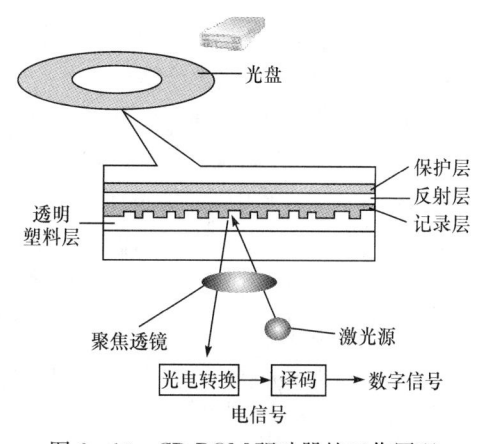

图 6-10 CD-ROM 驱动器的工作原理

速、八速光驱的数据传输率分别为150KB/s、300KB/s、600KB/s和1.2MB/s,以此类推。

(2) 平均访问时间。又称平均寻道时间,是指CD-ROM光驱的激光头从原来位置移动到一个新指定的目标(光盘的数据扇区)位置并开始读取该扇区上的数据这个过程中所花费的时间。一般说来,4速及更高速度光驱的平均访问时间至少应低于250ms。

4) 一次写光盘CD-R

CD-R是一种一次写入、永久读的光盘。CD-R光盘写入数据后,该光盘就不能再进行刻录了。刻录得到的光盘可以在CD-ROM驱动器上读取。CD-R与CD-ROM的工作原理相同,都是通过激光照射到盘片上的"小坑"和"平地"的反射光的变化来读取信息;差别在于CD-R盘上增加了一层有机染料作为记录层,反射层用金,而不是CD-ROM中的铝。当写入激光束聚焦到记录层上时,染料被加热后烧熔,形成一系列代表信息的凹坑。这些凹坑与CD-ROM盘上的凹坑类似,但CD-ROM盘上的凹坑是用金属压模压出的。

6.4.5 扫描仪

扫描仪是一种可将静态图像输入到计算机里的图像采集设备。扫描仪对于桌面排版系统、印刷制版系统都十分有用。如果配上文字识别(OCR)软件,用扫描仪可以快速方便地把各种文稿录入到计算机内,大大加速了计算机文字录入过程。

1) 扫描仪的工作原理

扫描仪内部具有一套光电转换系统,可以把各种图片信息转换成计算机图像数据,并传送给计算机,再由计算机进行图像处理、编辑、存储、打印输出。其工作过程如下:

(1) 扫描仪的光源发出均匀光线照到图像表面;
(2) 经过A/D模数转换,把当前"扫描线"的图像转换成电平信号;
(3) 步进电机驱动扫描头移动,读取下一次图像数据;
(4) 经过扫描仪CPU处理后,图像数据暂存在缓冲器中,为输入计算机做好准备工作;
(5) 按照先后顺序把图像数据传输至计算机并存储起来。

2) 扫描仪的分类

按扫描原理可将扫描仪分为以CCD(电荷耦合器件)为核心的平板式扫描仪、手持式扫描仪和以光电倍增管为核心的滚筒式扫描仪;按操作方式分为手持式、台式和滚筒式;按色彩方式分为灰度扫描仪和彩色扫描仪;按扫描图稿的介质可将扫描仪分为反射式(纸质材料)扫描仪、透射式(胶片)扫描仪及既可扫描反射稿又可扫描透射稿的多用途扫描仪。

3) 扫描仪的主要性能指标

(1) 分辨率。分辨率是衡量扫描仪的关键指标之一。它表明系统能够达到的最大输入分辨率,以每英寸扫描像素点数(DPI)表示。常用"水平分辨率×垂直分辨率"的表达式作为扫描仪的标称。其中水平分辨率又称为"光学分辨率";垂直分辨率又称为"机械分辨率"。光学分辨率越高,扫描仪解析图像细节的能力越强,扫描的图像越清晰。

(2) 色彩位数。色彩位数是影响扫描仪表现的另一个重要因素。色彩位数越高,所能得到的色彩动态范围越大,也就是说,对颜色的区分能够更加细腻。例如一般的扫描仪至少有30位色,也就是能表达2^{30}种颜色(大约10亿种颜色),好一点的扫描仪拥有36位颜色,大约能表达687亿种颜色。

(3) 速度。在指定的分辨率和图像尺寸下的扫描时间。

(4) 幅面。扫描仪支持的幅面大小，如 A4、A3、A1 和 A0。

6.4.6 触摸屏

触摸屏(Touch Screen)是一种定位设备，系统主要由三部分组成：传感器、控制部件和驱动程序。当用户用手指或者其他设备触摸安装在计算机显示器前面的触摸屏时，所摸到的位置（以坐标形式）被触摸屏控制器检测到，并通过串行口送到 CPU，从而确定用户所输入的信息。它主要用于触摸式多媒体信息查询系统。触摸屏比键盘、鼠标等设备使用方便、灵活。使用者只要用手触摸屏幕上的图像、导航文字等提示标志就可以进行信息的查询。触摸式查询系统在商场、车站和机场等交通枢纽、金融机构、体育场馆、世博会中应用非常普遍。

触摸屏按其原理可以分为以下几种。

(1) 红外线式触摸屏：将红外线发射管及接收管安装在显示器的四周，利用手指对红外线的遮挡来检测并定位用户触摸的位置。

(2) 电阻式触摸屏：电阻式触摸屏是一种多层的复合薄膜，它以一层玻璃或硬塑料平板作为基层，内表面涂有一层透明金属(透明的导电电阻)导电层，上面再盖有一层外表面硬化处理、光滑防擦的塑料层，它的内表面也涂有一层透明金属导电层，在它们之间有许多细小的(小于 1/1000 英寸)透明介质隔离点，把两层导电层隔开绝缘，如图 6-11 所示。当触摸时，外层薄膜的金属导电层会接触到基层上层的金属导电层，经由感应器传出一个信息，以此来检测并定位用户触摸的位置。

(3) 电容式触摸屏：电容式触摸屏把透明的金属层涂在玻璃板上作为导电体，在触摸屏四边有狭长的电极，在导电体内形成一个低电压交流电场。利用人体的电流感应进行工作。用户触摸屏幕时，由于人体电场，用户和触摸屏表面形成一个耦合电容，电容是导体，于是手指从接触点吸走一个很小的电流。这个电流从触摸屏的四角上的电极中流出，四个电极的电流与手指到四角的距离成正比，控制器通过对这四个电流比例的精确计算，得出触摸点的位置，如图 6-12 所示。

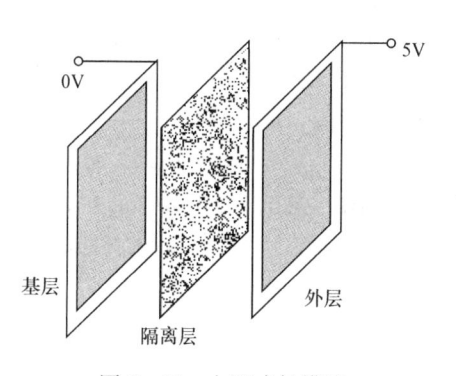

图 6-11 电阻式触摸屏　　　　　图 6-12 电容式触摸屏

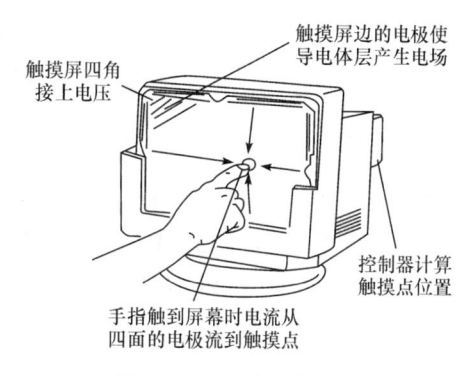

(4) 表面声波触摸屏：表面声波是超声波的一种，是一种可以在介质(如玻璃或金属等刚性材料)表面浅层传播的机械能量波。玻璃屏的左上角和右下角各固定了竖直和水平方向的超声波发射装置，右上角则固定了两个相应的超声波接收装置。玻璃屏的四个周边则

刻有45°角由疏到密间隔非常精密的反射条纹,如图6-13所示。当手指接触屏幕时,会吸收一部分声波能量,控制器依据减弱的信号计算出触摸点的位置。

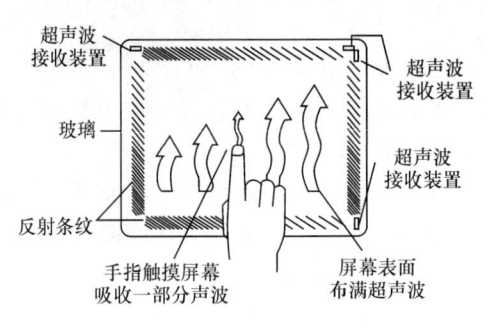

图6-13 电容式触摸

6.5 多媒体信息处理工具

6.5.1 Windows XP 中的多媒体附件

1. 录音机

在 Windows XP 系统中录音机与日常生活中使用的录音机的功能基本相同,具有声音文件的播放、录制和编辑功能。可以帮助用户完成录音工作,并把录制结果存放在扩展名为.WAV的文件中,利用录音机录制声音文件需要有声卡和麦克风的配合,录制时间长度最长1分钟。声音录制基本步骤如下:

（1）选择"开始"→"程序"→"附件"→"娱乐"→"录音机"菜单命令,出现如图6-14所示的界面;

（2）单击"录音"按钮,开始录制声音;

（3）通过麦克风,"录音机"接收声波信号;

（4）当录音结束时,单击"停止"按钮结束录音操作,此时在窗口右侧的"长度"框中显示录制的声音文件时间长度;

（5）选择"文件"菜单中的"另存为"命令,进行保存。

图6-14 音量控制器

2. 音量控制

Windows 系统中提供了用户调整各种设备输入、输出音量的工具。例如,可以使用音量控制程序调节声卡中合成器的输出音量的高低。双击任务栏上的"音量"图标按钮,可快捷地打开音量控制窗口进行音量的设置。

3. 媒体播放器

Windows Media Player 是一种通用的多媒体播放器,可用于接收以当前最流行格式制作的音频、视频和混合型多媒体文件。使用"Windows Media Player"可收听或查看新闻报道或广播。选择"开始"→"所有程序"→"附件"→"娱乐"→"Windows Media Player"菜单命令,打开"Windows Media Player"窗口,如图6-15所示。

媒体播放器的主要功能有：

1）播放多媒体文件

一次可以打开一个文件或多个文件。选择"播放"→"DVD、VCD或CD音频"可以直接播放DVD、VCD或CD音频光盘。媒体播放器还可以连接到一个网站上，播放其中的流媒体文件。

2）媒体库

在媒体播放器中建立自己喜欢的视频、音频的集锦，以便于选择播放。这些文件可以放在不同的文件夹中。

3）翻录

将音乐光盘中的文件录制到媒体库中，可以全部录制，也可以录制一部分文件。

图6-15 Windows Media Player

4）刻录

在已有光盘刻录机的条件下，通过媒体播放器将自己喜欢的文件刻录到CD光盘上。

5）同步

"同步"功能使得用户将媒体库中的全部或者部分喜爱的节目复制到便携设备上，如MP3播放器。当媒体库中的内容改变时，下次将MP3播放器接入时，会自动更新播放器中的文件，使媒体库与播放器"同步"。

4. 电影编辑器

Windows Movie Maker（以下简称WMM）是Windows XP中自带的电影制作工具。使用该工具，用户可以自编、自导出具有独立风格的电影，并可通过网络进行传递。选择"开始"→"所有程序"→"附件"→"娱乐"→"Windows Movie Maker"菜单命令，打开"电影编辑器"窗口，如图6-16所示。WMM的界面分为五个主要部分：菜单栏、电影任务区、素材预览、视频预览区和编辑区。电影任务区基本包含了菜单栏中的命令，因此大部分操作都可以在这里选择。

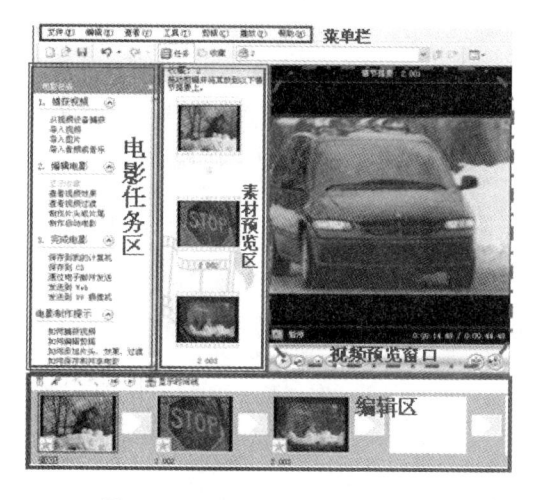

Windows Movie Maker的基本功能有导入素材、分隔剪辑、编辑和存储电影及录制音频或视频文件。

1）导入素材

素材收集整理是非常重要的前期工作。WMM支持多种格式的素材，包括视频文件、静止图像文件、音频文件（如MP3、WAV）。例如，导入一段视频，其操作步骤如下：

（1）在"电影任务区"窗格中的"捕获视

图6-16 Windows Movie Maker

频"下,单击"导入视频"命令;

(2) 在弹出的对话框中选择视频文件,单击"导入"按钮,将视频导入素材预览区。

说明:将素材文件导入到"收藏"窗格后,Windows Movie Maker 会自动创建一个新的收藏夹,用于存放所有素材。

2) 分隔剪辑

导入或录制的多媒体文件还需要进行分割剪辑。根据观看的情况,随时决定如何来分割剪辑,操作步骤如下:

(1) 在素材预览区选中导入的视频文件;

(2) 在视频预览区下面的滑杆上拖动滑条,直到出现你需要的部分;

(3) 在视频预览区右下角单击"视频拆分"按钮 ,此时在编辑区自动将视频文件拆分为两个视频。可将不需要的视频删去。

3) 添加素材到编辑区中的时间线上

Windows Movie Maker 有两种工作模式,分别是"情节提要"模式和"时间线"模式。用户可以进行切换。通过时间线模式可以了解所有素材、过渡、效果等之间的时间及次序关系,如图 6-17 所示。

图 6-17 编辑区

在素材区选中所需的素材,用鼠标拖拽到编辑区的方格中,调整编辑区中的素材顺序。

4) 添加过渡效果

在编辑区的"情节提要"模式中可以看到大方格旁边有个小方格,这个小方格就是进行过渡效果处理的。WMM 提供了许多视频过渡效果,如图 6-18 所示。将视频过渡效果拖拽到小方格中。在视频预览窗口中预览。

图 6-18 过渡效果

5) 音频编辑

将选中的音频素材拖拽到"时间线"模式中的音频线上。如果音频情节占用的时间较长,拖动音频线左右两边可以把它调整得与视频情节的时间一致。

6) 加入片头、片尾

使用 WMM 可以向电影添加片头、片尾和其他文本。

操作步骤:单击"电影任务区"中的"制作片头或片尾"命令,选择添加片头的位置,在文本框中输入要添加的片头文字。如果片头需要两行,可在第二文本框中输入第二行文字。单击"更改片头动画效果"命令,可以看到 Windows Movie Maker 中提供的多种动画效果,如打字机、纸带、新闻横幅、闪烁、拉伸等,单击之后可在右侧的"视频预览窗口"中观看。单击"更改文本字体和颜色"可以对字幕进行设置。在字体一栏中选择文字的字体,后面的三个按钮可以改变字体粗细、倾斜和下滑线。可以改变字体、背景的颜色,字体透明度,字体大小。完成电影编辑后,可将它们保存为 MSWMM 电影文件,保存后可以立即观看或通过电子邮件发送。

6.5.2 Photoshop 图像处理软件

Photoshop 软件主要应用于图像处理和广告设计,是由 Adobe 公司开发的一种常用的图像处理软件。Photoshop 汇集了绘图编辑工具、色彩调整工具、特殊效果工具并可以外挂不同的滤镜。Photoshop 的主要功能有图像编辑、图像合成、校色调色及特效制作等。

1. Photoshop CS2 的工具

在 Photoshop CS2 中,创建选区是许多操作的基础,因为大多数操作都不是针对整幅图像的,而是针对部分的,所以需要创建选区。特定图层上由流动蚂蚁线选定的范围称为选区。选区是 Photoshop 最基本的要素。

1) 规则选框工具——矩形、椭圆选框工具

用矩形或椭圆选框工具可以创建外形为矩形或椭圆的选区,属性栏的主要选项有:

(1) 新建选区 ▢ :默认模式,这种模式下可以用鼠标移动选区。

(2) 增加选区 ▢ :选取两个选区的并集。

(3) 减少选区 ▢ :选取两个选区的差集。

(4) 重合选区 ▢ :选取两个选区的交集。

例 6-2 利用矩形选框工具及其属性栏中的选区,写一个"凹"字,如图 6-19 所示。

| 用"矩形选框工具"画一矩形 | 利用"从选取减去"选项,再画一矩形 | 利用"从选取减去"选项,再画一矩形 | 利用"从选取减去"选项,再画一矩形 | 填充"红色" |

图 6-19 矩形选框与选项栏的使用

2) 不规则选取工具的种类——套索工具

套索工具组是一种常用的创建不规则选区的工具,它包括套索工具 、多边形套索工具 和磁性套索工具 三种工具。

(1) 套索工具 :用于定义任意形状的区域。使用时按住鼠标在图像中进行拖拉,松开鼠标后即形成选区范围。

(2) 多边形套索工具 :用于选取多边形的选区,如六边形等。使用时单击鼠标产生起始点,然后拖动鼠标就会拖出直线,在下一个点再单击产生第 2 个固定点,依次类推直到形

成完整的选取区域。

(3) 磁性套索工具：用于边缘与背景对比强烈且边缘复杂的对象。使用时按住鼠标在图像中不同对比度区域的交界附近拖拉，Photoshop 会自动将选取边界吸附到交界上，当鼠标回到起始点时，磁性套索工具的小图标右下角就会出现一个小圆圈，这时松开鼠标就可形成一个封闭的选区。

例 6-3 如图 6-20 所示利用磁性套索工具选取飞机，拖拽飞机到另一图像中，按 Ctrl+T 进行大小、旋转等变形调整，如图 6-21 所示。

图 6-20 磁性套索工具选取飞机

图 6-21 将飞机移入另一图像中并进行变形调整

3) 选取颜色相近的区域——魔棒工具

魔棒工具可选取颜色相近的区域。在单击某个点时，附近的与它颜色相同或相近的点自动溶入选区内。魔棒工具的属性栏如图 6-22 所示。

图 6-22 魔棒工具属性栏

(1) 容差：设置颜色选取范围为 0~255，值越小，选取的颜色越接近，选区越小。
(2) 连续：该项有效时表示只能选取连续区域。
(3) 作用于所有图层：所有图层上颜色相近的区域都被选中。

例 6-4 利用魔棒工具及羽化进行图像编辑。

操作步骤：

(1) 选择"魔棒工具"，设置"容差"为 50 左右，选取天空的蓝色区域，并结合"矩形选框"工具及属性栏将飞机以外的区域选择出来，如图 6-23 所示。
(2) 选取"选择"→"羽化"菜单命令，并将羽化值设为 30，按 Delete 键将飞机以外的区域删除，结果如图 6-24 所示。

图 6-23 魔术棒工具的使用

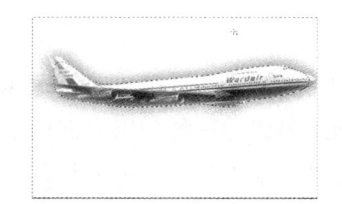

图 6-24 羽化的最终结果

羽化是把选区边缘虚化，使选区的边缘产生模糊、过渡的效果，从而在进行图像的合成等操作时能把不同的图像区域无缝地组合在一起。利用"羽化"和"反选"可以对图像进行光晕效果处理。方法是用"椭圆选框工具"进行选取操作,然后对选区进行"反选",设置"羽化"值,最后按 Delete 键删除即可,如图 6-25 所示。

4) 绘画与装饰工具——Photoshop 的核心工具

(1) 修复工具:具有很强的局部修复能力。如图 6-26 所示,主要包括污点修复画笔工具(多用于去斑)、修复画笔工具(可以取代图章工具)、修补工具(利用无缝复制另外一块区域,亮度色彩融合最佳)、红眼工具(快速移去用闪光灯拍摄的人物照片中的红眼,也可以移去用闪光灯拍摄的动物照片中的白色或绿色反光)。

图 6-25 光晕效果

(2) 绘图工具:主要有"画笔工具"和"铅笔工具"两种,如图 6-27 所示,利用它们可以绘制出各种效果。

图 6-26 修复工具

图 6-27 绘图工具

"画笔工具"具有很强的局部修饰能力,可以绘制出比较柔和的线条,其效果如同用毛笔画出的线条。在使用画笔绘图工具时,必须在工具选项栏中选定一个适当大小的画笔,才可以绘制图像。画笔工具的核心概念是模式选择,它与图层的模式相同(关于模式在图层中介绍)。

选取工具箱中的"画笔工具",此时工具选项栏将切换到画笔工具的选项,其中有一个"画笔"下拉列表框,单击其右侧的小三角按钮,将打开一个下拉面板。在"画笔"下拉面板中,Photoshop CS2 提供了多种不同类型的画笔,使用不同类型的画笔,可以绘出不同的效果,如图 6-28 所示。

图 6-28 画笔工具

注意:铅笔工具绘制出的直线或线段都是硬边的。

(3) 历史画笔工具:包括"历史记录画笔工具"和"历史记录艺术画笔"两种,如图 6-29 所示。

利用"历史记录画笔"并配合历史记录面板可以很方便地恢复图像,在恢复图像的过程中可以自由调整恢复图像的某一部分。历史记录面板可以查看操作步骤,单击要复原的那个步骤左边的小方框,用历史记录画笔涂抹,就可以恢复到该时刻图像的样子。

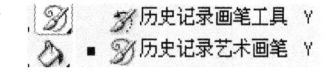

图 6-29 历史记录画笔

"历史记录艺术画笔"主要用于对图像做特殊效果,以指定历史记录状态作为数据源,通过使用不同的绘画样式、区域和容差选项来模拟不同的色彩和艺术风格绘画的纹理。

例 6-5 利用"历史记录艺术画笔"制作艺术效果。

操作步骤:

(1) 打开一幅图像,选择"历史记录艺术画笔"工具。

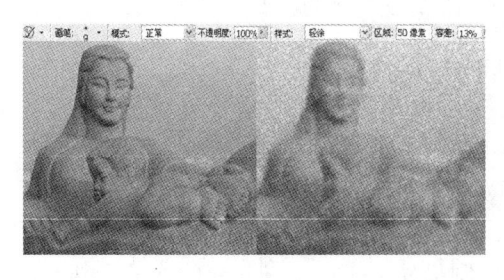

图 6-30 "历史记录艺术画笔"制作效果

（2）在当前图像的背景层上新建图层，并填充白色。

（3）在历史记录艺术画笔的属性栏中选择样式为"轻涂"模式，直接在新建图层上涂抹即可，效果如图 6-30 所示。

小技巧：恢复可以用快捷键 Ctrl+Z 恢复一步；Ctrl+Shift+Z 恢复多步（最多 20 次）。

5）擦除工具

擦除工具包括橡皮擦工具、背景色橡皮擦工具和魔术橡皮擦工具三种，如图 6-31 所示。

（1）橡皮擦工具：作用于背景图层时将擦除位置填入背景色，否则抹成透明色。

（2）背景色橡皮擦工具：擦除后变为透明色，若是背景图层则自动变为普通图层。

（3）魔术橡皮擦工具：相当于魔棒与背景色橡皮擦的结合。设置好魔术橡皮擦的容差值后，单击鼠标，就可以擦除预定的图像。

6）调焦工具

调焦工具包括模糊工具、锐化工具和涂抹工具，如图 6-32。此组工具可以使图像中某一部分像素边缘模糊或清晰，可以使用此组工具对图像细节进行修饰。

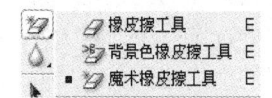

图 6-31 擦除工具

图 6-32 调焦工具

（1）模糊工具：用于降低图像中相邻像素的对比度，将较硬的边缘柔化，使图像变得柔和。

（2）锐化工具：用于增加相邻像素的对比度，将模糊的边缘锐化，使图像聚焦。

（3）涂抹工具：效果相当于在没有干透的画布上，用手指涂抹的效果。可以用来制作"毛发"，图 6-33 所示为用"涂抹"工具（画笔大小为 1，强度 85%）给鸭子添加毛发。

注意：模糊工具尽量少用，锐化工具会产生杂质效果，一般不用，涂抹工具使用较少。

图 6-33 涂抹工具的使用

7）渐变填充

渐变填充工具可以在图像区域或图像选择区域填充一种渐变混合色。包括渐变填充工具和油漆桶工具，如图 6-34 所示。

图 6-34 渐变填充

（1）渐变工具：可以绘制出多种颜色间的逐渐混合，实质上就是在图像中或图像的某一区域中添入一种具有多种颜色过渡的混合色。这个混合色可以是从前景色到背景色的过渡，也可以是前景色与透明背景间的相互过渡或者是其他颜色间的相互过渡。

（2）渐变类型：主要有线性、角度、对称、径向、菱形等，如图6-35所示。

图6-35　渐变工具属性栏

可以使用预设渐变颜色，也可以使用自定义渐变色填充图像，如图6-36所示。当设置好渐变颜色和渐变模式等参数后，将鼠标指针移到图像窗口中适当的位置处单击并拖动，在需要的位置处释放鼠标键，即可进行渐变填充，拖动的方向和距离不同，得到的渐变效果也不相同。拖动鼠标时按住Shift键，就可保证渐变的方向水平、垂直或成45°角。

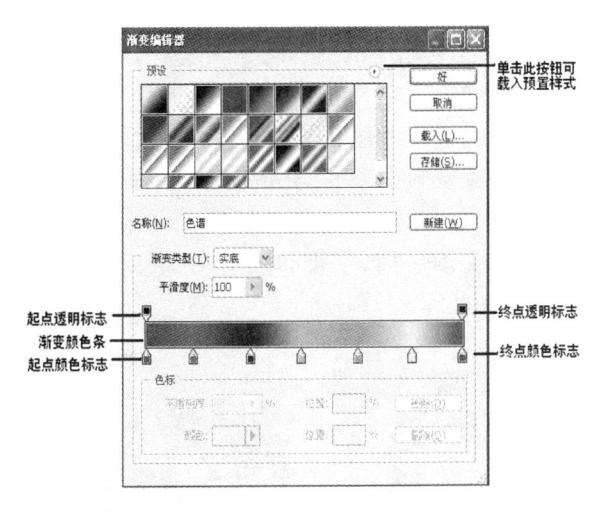

图6-36　渐变编辑器

要使"油漆桶工具"在填充颜色时更准确，可以在其属性栏中设置参数，如模式、透明度等。如果在"填充"下拉列表中选择"前景"选项，则以前景色进行填充；如果选择"图案"选项，则工具栏中的"图案"下拉列表框被激活，可以选择已经定义的图像进行填充。

例6-6　利用渐变填充制作雨后彩虹效果。

操作步骤：

（1）打开Photoshop"样本"文件夹中的"湖.tif"文件。

（2）添加一个新的图层1，并在该图层上选择"椭圆选框工具"画一个大的椭圆，选择"渐变工具"，打开渐变编辑器，选择"彩虹颜色"类型，类型选择"径向渐变"，拖动颜色标志和透明标志，将其集中在中部较小的区域内。最后用"渐变工具"从下到上填充渐变。

（3）选择"椭圆选框工具"，画一个椭圆，右键单击，设置"羽化"，将羽化值设为20左右。把椭圆拖到彩虹的两端按Delete键删除羽化边缘，两端分别羽化，使彩虹边缘与图像更好地融合。

（4）将图层1的不透明度设为66%左右，最终效果如图6-37所示。

图6-37　最终效果

8) 文本工具

Photoshop 的文本工具包括"横排文字工具"、"直排文字工具"、"横排文字蒙版工具"、"直排文字蒙版工具",如图 6-38 所示。利用"文本工具"可以在图像中任意放置文本,同时这些文本自动创建一个单独的文本图层。

Photoshop CS2 有"点文字"和"段落文字"两种文字输入方式。其中,"点文字"输入方式是指在图像中输入单独的文本行,如图 6-39 所示。"段落文字"输入大篇幅的文字内容。输入段落文字时,文字会基于文字框的尺寸自动换行。用户可以根据需要自由调整定界框的大小,使文字在调整后的矩形框中重新排列,也可以在输入文字时或创建文字图层后调整定界框,甚至还可以使用定界框旋转、缩放和斜切文字。

输入"段落文字"的操作步骤为:

(1) 选择如图 6-38 所示工具箱中的"横排文字工具",在要输入文本的图像区域内沿对角线方向拖出一个文本定界框;

(2) 在文本定界框内输入文本,此时不用按 Enter 键就可以进行换行输入。输入完毕后,单击文本工具属性栏中的 ✓ 按钮,就可以完成输入,如图 6-40 所示。

选择"窗口"→"字符"菜单命令,打开"字符面板",如图 6-41 所示。利用"字符面板",对文字格式进行精确设置,如更改字体、字符的大小、字距、对齐方式、颜色、行距和字符距等,以及对文字做拉长、压扁等处理。

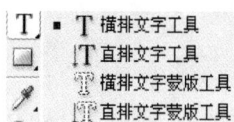

图 6-38 文本工具　　图 6-39 点文字　　图 6-40 段落文字　　图 6-41 字符面板

蒙版文字工具创建的是文字选区,要先设置好文字的字体、字号等属性后,才能输入所需的文字,输入后可以直接进行颜色填充,它不能自动生成一个图层,而其他的文字可以在输入后自动生成一个文字图层。

例 6-7 沿路径排列文字。

沿路径排列文字是指将输入的文字沿着指定的路径排列。首先选择工具箱上的 ♦ (钢笔工具)绘制路径,然后选择工具箱上的横排文字工具,将鼠标移动到路径上,当指针变为 ⱡ 时,单击输入文字即可,结果如图 6-42 所示。

图 6-42 沿路径排列文字

9) 路径工具

路径是指由贝塞尔曲线形成的一段闭合或者开放的曲线段。使用路径可以很方便地为光滑图像选择区域、绘制光滑线条,还可以和选区进行相互转换。路径工作组中包含 5 个工具,如图 6-43 所示。

(1) 钢笔工具:路径工具组中最精确的绘制路径工具,可以绘制光滑而复杂的路径。

(2) 自由钢笔工具:类似于钢笔工具,只是在绘制过程中将自动生成路径。通常情况下,该工具生成的路径还需要再次编辑。

(3) 添加锚点工具:为已创建的路径添加锚点。

(4) 删除锚点工具:从路径中删除锚点。

(5) 转换点工具:将平滑曲线转换成尖锐曲线或直线,反之亦然。

图 6-43 路径工具

例 6-8 用钢笔工具绘制一个心的图案。

操作步骤:

(1) 选择"视图"→"标尺"菜单命令,从标尺上拖拽出水平参考线和垂直参考线,在工具箱中选择"钢笔工具",并从属性工具栏中选取"路径"选项,用"钢笔工具"画出如图 6-44 所示的图形。

(2) 选取"转换点工具",对每个锚点进行平滑曲线处理,如图 6-45 所示。

(3) 在路径控制面板的下方按钮组中选取"将路径作为选区载入",如图 6-46 所示。

(4) 选取"填充工具",并在属性栏中选取一种填充图案,进行填充,如图 6-47 所示。

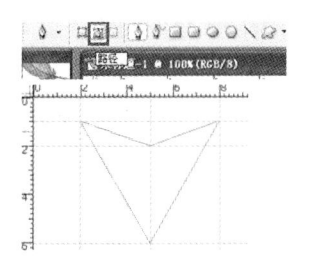

图 6-44 绘制图形

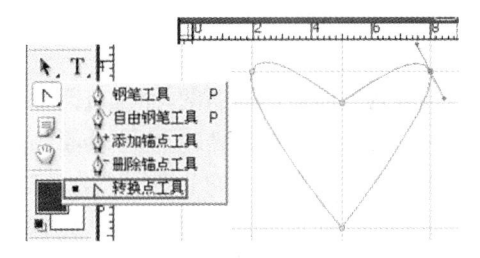

图 6-45 对锚点平滑处理

图 6-46 路径作为选区载入

图 6-47 填充效果

绘制完成的路径往往需要进行编辑,可以选择路径中的锚点或整条路径。若要选择路径中的锚点,只需选择工具箱中的"直接选择工具",然后单击或框选路径中的锚点。选中的锚点为黑色小正方形,未选中的锚点为空心小正方形。用"直接选择工具"选择锚点时,按 Shift 键的同时单击锚点,可以连续选择多个锚点。

若在编辑过程中需要选择整条路径,可以选择工具箱中的"路径选择工具",然后单击要选择的路径即可,此时路径上的全部锚点显示为黑色小正方形,如图 6-48 所示。

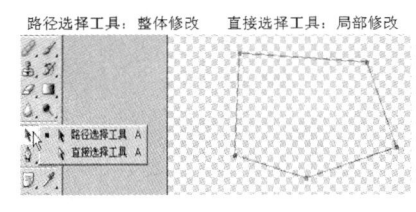

图 6-48 路径选择工具

10) 色彩控制器

色彩控制器如图 6-49 所示,主要包括如下功能。

（1）色彩控制：可以设定前景色和背景色，按箭头键可以切换前景色和背景色，按 X 键同样也可以进行前景色和背景色的切换。"默认的前景色和背景色"图标用于恢复缺省设置，即前景色为黑色，背景色为白色。按 D 键同样也可以恢复默认设置。

图 6-49　色彩控制器

（2）模式编辑：左边的图标是"以标准模式编辑"，右边的图标为"以快速蒙版模式编辑"，它可以很容易地建立、显示和编辑蒙版。

（3）屏幕模式：是指屏幕显示模式间的相互转换，它包括标准屏幕模式、带有菜单的屏幕模式和全屏模式。

（4）ImageReady 切换：用于快速切换到缺省的图形编辑应用程序 Adobe ImageReady。

2. Photoshop 的图层

1）图层的含义及图层控制面板

图层是 Photoshop CS2 的主要特色之一，可将多个图像存放在不同图层上，由所有的图层组合成复合图像。使用类似"透明薄膜"的概念可方便地进行图像处理，图层上有图像的部分可以是透明或不透明的，而没有图像的部分一定是透明的。多图层图像的最大优点是可以对某个图层做单独处理，而不会影响到图像中的其他图层。

使用图层面板可以调节图层叠放顺序、图层不透明度及图层混合模式等参数。它通常与通道和路径面板整合在一起。一幅图像中至少必须有一个层存在。如果新建图像时背景内容选择白色或背景色，那么新图像中就会有一个背景层存在，并且有一个锁定的标志，如图 6-50 所示。如果背景内容选择透明，就会出现一个名为"图层 1"的层，如图 6-51 所示。

图 6-50　与背景相同的图层　　　　　图 6-51　透明图层

选择"窗口"→"图层"命令，则窗口中出现如图 6-52 所示的图层控制面板。从中可以看出各个图层在面板中依次自下而上排列，最先创建的图层在最底层，最后创建的图层在最上层，最上层图像不会被任何图层所遮盖，而最底层的图像将被其上面的图层所遮盖。

（1）图层混合模式：设置图层间的混合模式，与画笔模式相似。

（2）眼睛图标：显示或隐藏图层。

（3）当前图层：以蓝色显示的图层。一幅图像只有一个当前图层。

（4）图层不透明度：用于设置图层的总体不透明度。

（5）填充不透明度：用于设置图层内容的不透明度。

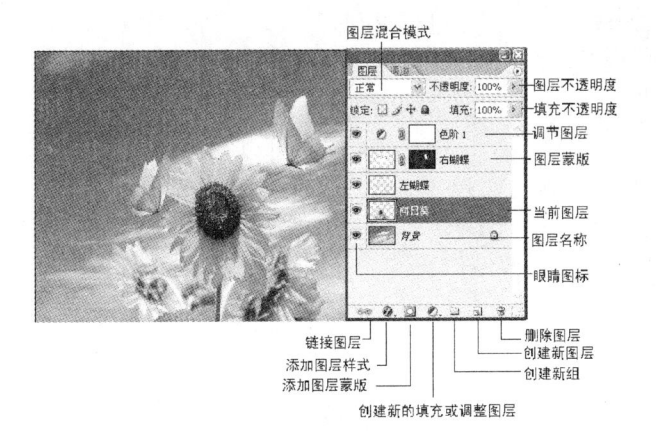

图 6-52 图层控制面板简介

(6) 图层样式:表示该层应用了图层样式。

(7) 图层蒙版:用于控制其左侧图像的显现和隐藏。

2) 图层的类型

Photoshop CS2 中图层的类型有普通图层、背景图层、调整图层、文本图层和形状图层等。图层的类型不同,其特点和功能、操作和使用不完全相同。

(1) 普通图层是指用一般方法建立的图层,普通图层可以通过图层混合模式实现与其他图层的融合。常见的建立普通图层的方法有两种。

方法一:在图层面板中单击 (创建新图层)按钮,从而建立一个普通图层。

方法二:选择"图层"→"新建"→"图层"菜单命令,在弹出的"新建图层"对话框中设置图层的名称、颜色、模式等参数,单击"确定"按钮,即可新建一个普通图层。

(2) 背景图层是一种不透明的图层,用于图像的背景。在该层上不能应用任何类型的混合模式。如果要更改背景图层的不透明度和图层混合模式,应先将其转换为普通图层。操作方法为双击背景层,或选定背景层后选择"图层"→"新建"→"背景图层"菜单命令。

(3) 调整图层可以对图像试用颜色和色调进行调整,而不会永久地修改图像中的像素。颜色或色调更改位于调整图层内,该图层像一层透明薄膜一样,下层图像图层可以透过它显示出来。即通过单个图层的调整来校正多个图层,而不是分别对每个图层进行调整。调整图层中的子菜单如图 6-53 所示。

(4) 文本图层是使用"横排文字工具" T 和"直排文字工具" IT 建立的图层。

例 6-9 建立文本图层举例。

操作步骤:

(1) 打开一幅图像文件,利用工具箱上的"横排文字工具"输入文字"西北师范大学",此时自动产生一个文本图层。

(2) 选择"图层"→"栅格化"→"文字"菜单命令,将图形文字栅格化成图像,才能对文字

图 6-53 "新建调整图层"子菜单

图6-54 文本图层举例

图层进行"扭曲"、"透视"等操作。

(3) 选择"编辑"→"变换"→"透视"菜单命令,对栅格化的文字图层进行处理,结果如图6-54所示。

(4) 填充图层可以在当前图层中进行"纯色"、"渐变"和"图案"三种类型的填充,并结合图层蒙版的功能产生一种遮罩效果。

例6-10 建立填充图层举例。

操作步骤:

(1) 新建一个文件,打开一幅图像文件,然后新建一个图层。

(2) 选择工具箱中的"横排文字蒙版工具",在新建图层上输入文字"西北师范大学"。

(3) 单击图层面板下方的"添加图层蒙版"按钮,建立了一个输入文字的图层蒙版。

(4) 按下 Ctrl 键并单击图层面板中的"图层蒙版缩览图",选取该文字,调整其位置,选择"图层"→"合并图层"菜单命令,合并图层。选择"选择"→"反向"菜单命令,进行反选操作,按 Delete 键将文字没有覆盖的区域全部删除,得到如图6-55所示的结果。

图6-55 填充图层举例

3) 图层的简单操作

图层常用的操作有移动、复制、删除和合并等。

图层移动的方法是利用工具箱中的"移动工具"将图层中的对象移动到适当位置。

复制图层的方法是在图层面板中选择要复制的图层,按右键在弹出的快捷菜单中选择"复制图层"菜单命令。

如果几个图层的相对位置和显示关系已经确定下来,不再需要进行修改时,可以将这几个图层合并。这样不但可以节约空间,提高程序的运行速度,还可以整体修改这几个合并后的图层。Photoshop CS2 提供了"向下合并"、"合并可见图层"和"拼合图层"三种图层合并命令。

(1) 向下合并:将当前图层与其下一图层图像合并,其他图层保持不变。合并图层时,需要将当前图层下的图层设为可视状态。

(2) 合并可见图层:将图像中的所有显示的图层合并,而隐藏的图层则保持不变。

(3) 拼合图层:将图像中所有图层合并,如果在合并过程中存在隐藏的图层,会出现图6-56所示的对话框,单击"确定"按钮,将删除隐藏图层。

4) 图层蒙版

图层蒙版用于控制当前图层的显示或者隐藏。通过更改蒙版,可以将许多特殊效果运用到图层中,而不会影响原图像上的像素。在蒙版中,白色表示显示范围,黑色表示遮罩范围,不同数值表示可以渐隐显示。蒙版是一种遮挡,通过蒙版的遮挡,可以将两个毫不相关的图像天衣无缝地融合在一起。

图6-56 拼合图层

5) 图层样式

图层样式是指图层中的一些特殊的修饰效果。Photoshop CS2 提供了"投影"、"内阴影"、"内发光"、"外发光"、"斜面与浮雕"等样式。通过这些样式不仅能为作品增色，还可以节省空间。如"投影"样式对于平面处理来说使用非常频繁。无论是文字、按钮、边框，还是一个物体，如果添加一个投影效果，就会产生立体感，为图像增色不少。选择"图层"→"图层样式"→"投影"菜单命令（或按 Ctrl 键的同时双击该图层），打开"图层样式"对话框，如图 6-57 所示，进行"投影"参数设置。效果如图 6-58 所示，其他效果操作类似。

图 6-57 "投影"图层样式对话框   图 6-58 投影效果

6) 混合图层

混合图层分为一般图层混合和高级图层混合两种模式。一般图层混合模式包括"图层不透明度"、"填充不透明度"和"混合模式"，通过这 3 个功能可以制作出许多图像合成效果。其中"图层不透明度"用于设置图层的总体不透明度；"填充不透明度"用于设置图层内容的不透明度；"混合模式"是指当图像叠加时，上方图像的像素如何与下方图像的像素进行混合，以得到结果图像。

Photoshop CS2 提供了 23 种图层混合模式，如图 6-59 所示。这里简单介绍几个主要的混合模式。

（1）正常模式：这是系统默认的状态，当图层不透明度为 100% 时，设置为该模式的图层将完全覆盖下层图像。

（2）溶解模式：根据本层像素位置的不透明度，随机分布下层像素，产生一种两层图像互相融合的效果。该模式对经过羽化过的边缘作用非常显著，图 6-60 为溶解模式下的图层分布和画面显示。

图 6-59 图层混合模式   图 6-60 溶解模式

（3）变暗模式：该模式进行颜色混合时，会比较绘制的颜色与底色之间的亮度，较亮的像素被较暗的像素取代，而较暗的像素不变。

（4）变亮模式：正好与变暗模式相反，它是选择底色或绘制颜色中较亮的像素作为结果颜色，较暗的像素被较亮的像素取代，而较亮的像素不变。

（5）正片叠底模式：将两个颜色的像素相乘，然后再除以255，得到的结果就是最终色的像素值。通常执行正片叠底模式后颜色比原来的两种颜色都深，任何颜色和黑色执行正片叠底模式得到的仍然是黑色，任何颜色和白色执行正片叠底模式后保持原来的颜色不变。简单地说，正片叠底模式就是突出黑色的像素。

（6）滤色模式：与正片叠底模式正好相反，它是将两个颜色的互补色的像素值相乘，然后再除以255得到最终色的像素值。通常执行滤色模式后的颜色都较浅。任何颜色和黑色执行滤色模式，原颜色不受影响；任何颜色和白色执行滤色模式得到的是白色。而与其他颜色执行此模式都会产生漂白的效果。简单地说，滤色模式就是突出白色的像素。如图6-61所示，将一张人物相片图层再复制一个图层副本，然后两个图层用滤色模式混合就会变亮，即去掉黑色。

图6-61 滤色模式混合

Photoshop CS2还提供了一种高级混合图层的方法，即使用"混合选项"功能进行混合。选择"图层"→"图层样式"→"混合选项"菜单命令，打开"混合选项"对话框，其中混合选项默认的混合方式有常规混合、高级混合和混合颜色带。

3. Photoshop的通道与蒙版

1）通道的含义

通道是用来记录颜色信息的，因为RGB的色阶有0～255个，所以通道用256个位置来保存颜色信息。有了通道才能保存图像像素的位置及颜色，有了通道才能保存选区。通道是Photoshop中最重要的功能，其主要作用如下。

（1）利用颜色通道来保存并显示图像的色彩信息；

（2）利用Alpha通道保存图像的选区并加以重复使用；

（3）可在以Alpha通道形式保存的选区中应用各种效果，对选区做进一步特效处理后反过来再作用于图像，从而制作图像的特殊效果或进行图像合成等；

（4）选区或通道以蒙版的形式存在，并作用于图层上，构成图层蒙版，从而完成图像合成。

2）通道的分类

通道分为颜色通道、Alpha通道和专色通道三种类型。

一幅RGB模式的图像，其每一个像素的颜色数据是由红、绿、蓝三个通道记录的，而这三个色彩通道组合形成了一个RGB主通道。改变红、绿、蓝各通道之一的颜色数据，都会马上反映到RGB主通道中。从通道中可以看出，各个不同区域的色彩表现不同。高光区域强调红色，其次是绿色，蓝色在高光区域被弱化，因此高光区域往往呈现红色和黄色；暗调区域则强调绿色和蓝色，红色被大幅度弱化，因此暗调区域往往呈现绿、蓝、青色；中间调则呈现一种胶着状态或比较浑浊。

在 CMYK 模式的图像中，颜色数据则分别由青色、洋红色、黄色、黑色四个单独通道组合成一个 CMYK 主通道。将 CMYK 四原色的数据分别输出为青色、洋红、黄色和黑色四张胶片。在印刷时将这四张胶片叠合，即可印刷出色彩斑斓的彩色图像。

专色通道是 CMYK 通道中增加的一个通道，也用 256 阶灰度值表示，即在印刷时增加一道专色工序，在 K 颜色印刷完之后增加 1 个专色印刷，实际应用于镀金、镀银等印刷上。

Alpha 通道用来记录选区，Alpha 通道也有 256 阶，白色表示选择，黑色表示不选择，灰色表示羽化选区，选择羽化数值 X 表示以边缘线向内向外同时渐变 X 个数值的过渡。

通道与选区的关系是选区可以保存为通道，保存的选区或制作选区的通道就是 Alpha 通道。如图 6-62 所示，先用"磁性套索工具"沿连衣裙边界选取，将选区进行羽化，选择"选择"→"存储选区"菜单命令，将选区转换为 Alpha 通道。另外还有一种将选区作为通道的方法是单击通道面板下方的 ◯（将选区存储为通道载入）按钮，即可将选区保存为通道。反之，利用通道获取选区（选区载入）的最简单的方法是按 Ctrl 键同时单击通道，可以直接选取该通道所保存的选区。

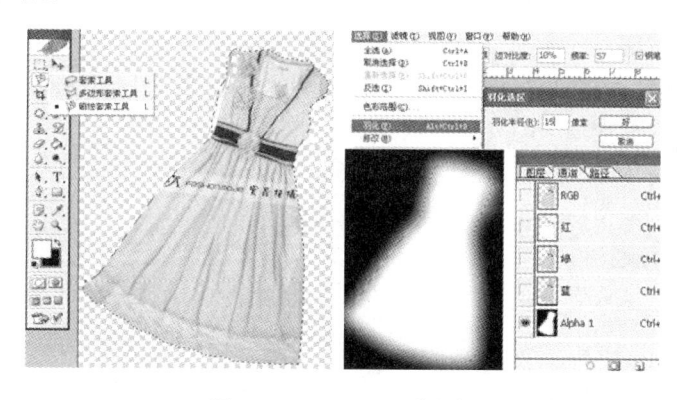

图 6-62 Alpha 通道举例

3) 通道的操作

对选区进行编辑时，一般要先将该通道的内容复制后再编辑，以免编辑后不能还原，另外还可以将不用的通道删除。选取要复制或删除的通道，在快捷菜单中选取"复制通道"或"删除通道"。

对于一幅包含多个通道的图像，可以将每个通道分离出来，然后对分离后的通道经过编辑和修改后，再重新合并成一幅图像。单击通道面板右上角的下三角图标，从弹出的快捷菜单中选择"分离通道"命令，此时每一个通道都会从原图像中分离出来，同时关闭原图像文件。分离后的图像都将以单独的窗口显示在屏幕上。这些图像都是灰度图，不含有任何彩色。然后选择一个分离后经过编辑修改的通道图像，单击通道面板右上角的下三角图标，从弹出的快捷菜单中选择"合并通道"命令，在弹出的对话框中选择合并后图像的颜色模式及指定 RGB 通道，这样就重新合并成了一幅图像。

4) 通道应用举例

将选区保存为通道，在通道中绘制选区，或在通道中做各种图像修饰、特效滤镜处理或进行通道的运算，可制作各种复杂的选区。

下面的例子是将图像颜色通道复制成 Alpha 通道,以不同颜色通道作为图像的选区。

例 6-11 利用颜色通道抠图的一种方法。本例介绍利用颜色通道与选区相互转换,达到一种抠图的方法。将图 6-63 所示的火焰完整抠出,放入另一个图像中,如图 6-64 所示。

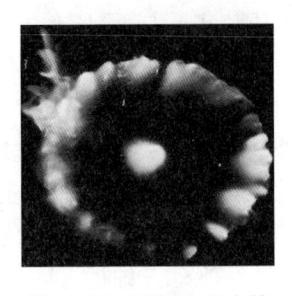

图 6-63 要抠出的火焰

图 6-64 最终效果

操作步骤:

(1) 将 RGB 每个通道里的颜色信息都复制,然后分别建立 3 个名为"红"、"绿"、"蓝"的图层,如图 6-65 所示。

(2) 因为红色 R 通道只有一个,所以以红色副本建立的通道是 Alpha 通道。按 Ctrl 键点击"红副本"图层,选取火焰中的红色区域。

(3) 返回"图层"面板,将前景色设为纯红色,然后选取"红色"图层,按 Alt+Delete 组合键填充纯红色。

(4) 同理将绿色通道副本区域,以纯绿色前景色填充到绿色图层;将蓝色通道副本区域,以纯蓝色前景色填充到蓝色图层,并将背景层删除。

(5) 将红色和绿色图层混合模式选择为"滤色"模式,将所有图层合并,最终结果如图 6-66 所示。

图 6-65 分别复制 RGB 通道

图 6-66 图层设置效果

(6) 按 Ctrl 键,单击该合并图层,将火焰全部选中,复制、粘贴到其他图像中去。

5) 蒙版的含义

蒙版是 Photoshop 中一种独特的图像处理方式,主要用于保护被屏蔽的图像区域,并可将部分图像处理成透明和半透明效果。图层蒙版的特点有:

(1) 在蒙版层上操作,只有白灰黑系列。

(2) 蒙版中的白色表示透明,黑色表示遮盖,而灰白系列的则表示半透明。

(3) 蒙版的实质是将原图层的画面进行适当的遮盖,从而显示出设计者需要的部分。

蒙版与选取范围的功能相同,但有本质上的区别。选取范围是一个透明无色的虚框(蚂蚁线),在图像中只能看出它的虚框形状,不能看出经过羽化边缘后的选取范围效果。但蒙版可以当作图形来编辑,如蒙版可以使用画笔工具、橡皮擦工具等编辑遮罩范围,或者选择滤镜功能、旋转和变形等做一些特殊处理。选区的创建是临时的,一旦创建新选区后,原来的选区便自动消失,而蒙版可以是永久的。蒙版产生的方法有以下几种:

(1) 选中要进行蒙版处理的图层,单击图层面板下方的"添加图层蒙版"按钮,将选区转换为蒙版。

(2) 首先在通道面板先建立一个 Alpha 通道,然后利用绘图工具或其他编辑工具在该通道上编辑,按 Ctrl 键并单击 Alpha 通道,将 Alpha 通道转为选区,然后选择图层面板下方的"添加图层蒙版"按钮也可以产生一个蒙版。

(3) 使用工具箱中的快速蒙版功能产生一个快速蒙版。

(4) 使用"编辑"菜单中的"贴入"命令。

例 6-12 图层蒙版举例。

操作步骤:

(1) 打开两个图像文件,分别放在两个不同的图层上。

(2) 单击图层面板下方的"添加图层蒙版"按钮,给"图层1"添加一个图层蒙版。此时蒙版为白色,表示全部显示当前图层的图像。

(3) 利用工具箱中的"渐变工具",渐变类型选择"径向渐变",然后对蒙版进行黑-白渐变处理,蒙版设置如图 6-67 所示。此时蒙版左上角为黑色,其余为白色。相对应的"图层1"的左上角会隐藏当前图层的图像,从而显示出背景中的图像;而右下角大部分依然显现当前图层的图像,而灰色部分会渐隐渐显当前图层的图像,结果如图 6-68 所示。

图 6-67 图层蒙版设置   图 6-68 图层蒙版效果

贴入命令是加蒙板的粘贴。贴入是将剪切或复制的选区粘贴到同一图像或不同图像的另一个选区内。

例 6-13 贴入命令举例。

(1) 选取两个图像文件,如图 6-69、图 6-70 所示。

(2) 在图 6-69 上选择一个区域,进行复制,然后在图 6-70 的向日葵中心选取一个椭圆区域,选择"编辑"→"贴入"菜单命令。将源选区粘贴到新图层,而目标选区边框将转换为图层蒙版,如图 6-71 所示,最终结果如图 6-72 所示。

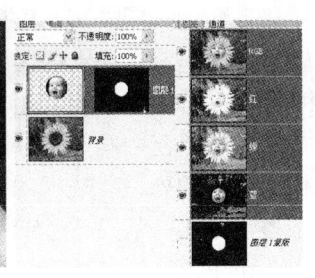

图 6-69 原图　　图 6-70 目标图　　图 6-71 图层及通道效果　　图 6-72 最终效果

4. 图像色彩和色调调整

调整图像颜色是 Photoshop CS2 的重要功能之一，在 Photoshop 中有十几种调整图像颜色的命令，利用它们可以对图像进行相应处理，从而得到所需的效果。

图像调整分为整体色彩的快速调整、图像色调的精细调整和特殊效果的色调调整。

1) 整体色彩的快速调整

当需要处理的图像要求不是很高时，可以运用"亮度/对比度"、"自动色阶"、"自动颜色"和"变化"等命令对图像的色彩或色调进行快速而简单的总体调整。

(1) 亮度/对比度。使用"亮度/对比度"命令可以简便、直接地完成亮度和对比度的调整。

(2) 自动色阶。"自动色阶"命令可以自动调整图像的色阶，不会出现参数调整对话框。它会将每个颜色通道中最亮和最暗的像素设置为白色和黑色，中间色调按比例重新分布，因此使用该命令会增加图像的对比度。使用该命令，可以快速调整色调。

(3) 自动颜色。"自动颜色"命令可以对图像进行颜色校正，如图像中的颜色过暗、饱和度过高等，都可以使用该命令进行调整。它可以使图像更加圆润、丰满，色彩也更自然，能够快速纠正色偏和饱和度过高等问题。

(4) 变化。变化命令可以让用户很直观地调整色彩平衡、对比度和饱和度。使用此命令时，可以显示在各种情况下待处理图像的缩略图，使用户可以一边调节，一边观察比较图像的变化。

2) 色调的精细调整

用"色阶"、"曲线"、"色彩平衡"和"匹配颜色"等命令对图像的细节、局部进行精确地色彩和色调调整。

(1) 色阶。

"色阶"命令主要是对图像明暗度进行调整，它是调节画面颜色好坏的首选命令。通过调整图像的暗调、中间调和高光等强度级别，校正图像的色调范围和色彩平衡。可以对整幅图像进行，也可以对图像某一选取范围、某一图层或者某一个颜色通道进行。对打开的一幅图像选择"图像"→"调整"→"色阶"菜单命令，弹出如图 6-73 所示的对话框。该对话框中主要选项的含义如下。

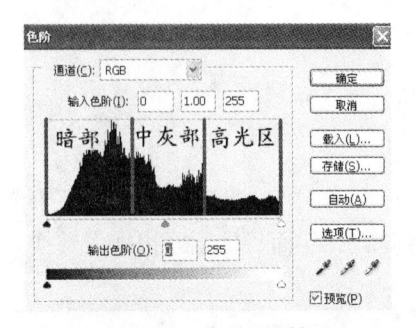

图 6-73 色阶对话框

① 通道：该下拉列表框用于选择色调调整通道。如果选中"RGB"，则色调调整将对所有通道起作用；如果只选中 R、G、B 通道中的单一通道，则"色阶"命令将只对当前选中的通道起作用。

② 输入色阶：在"输入色阶"后面有 3 个文本框，分别对应通道的暗调、中间调和高光。这 3 个文本框分别与其下方的直方图上的 3 个小三角形滑块对应，分别拖动这三个滑块可以很方便地调整图像暗调、中间调和亮部色调。缩小"输入色阶"的范围可以提高图像的对比度。将白色箭头往左拉动，图像逐渐变亮。因为白色箭头代表纯白，因此它所在的地方就必须提升到 255，之后的亮度也都统一停留在 255 上，形成一种高光区域合并的效果。同理，将黑色箭头向右移动就是合并暗调区域。灰色箭头代表调在黑场和白场之间的分布比例，如果往暗调区域移动图像将变亮，往高光区域移动图像将变暗。

③ 输出色阶：可以限定处理后图像的亮度范围。缩小"输出色阶"范围会降低图像的对比度。减少暗调输出值，画面变亮；减少高光区输出值，画面变黑。

④ 自动：单击"自动"按钮，将以所设置的自动校正选项对图像进行调整。

(2) 曲线。

"曲线"命令是使用非常广泛的色调控制方式，其功能和色阶功能的原理相同。该命令比"色阶"命令能进行更多、更精密的设定，除了可以调整图像的亮度外，还能实现调整图像的对比度和控制色彩等功能。该命令是由反相、亮度、对比度等多个命令组成的。该命令功能较为强大，"色阶"命令只是用 3 个变量（高光、暗调、中间调）进行调整，而"曲线"命令可以调整 0～255 范围内的任意点，最多可同时使用 16 个变量。对打开的一幅图像选择"图像"→"调整"→"曲线"菜单命令，弹出如图 6-74 所示的对话框。该对话框中主要选项的含义是：横坐标表示输入，纵坐标表示输出，初始斜线表示线上的点的输入和输出值相等。点的移动引起输入值与输出值的变化。上弦线条表示调亮，下弦线条表示调暗。可以用铅笔工具进行手画。如图 6-75 所示，利用"曲线"命令将左图的钥匙，通过图中对话框的设置，制作成右图所示的金属质感的钥匙。

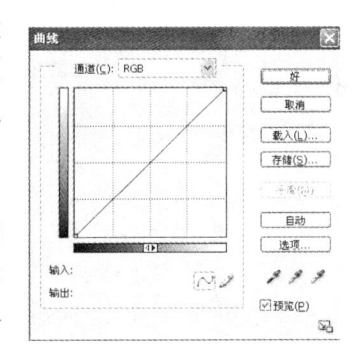

图 6-74 "曲线"对话框

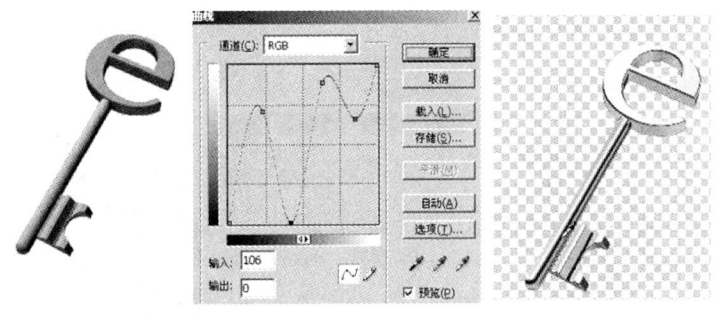

图 6-75 "曲线"命令的使用

(3) 色彩平衡。

"色彩平衡"命令主要用于调整整体图像的色彩平衡，可以调节图片偏冷或偏暖。对打开的一幅图像,选择"图像"→"调整"→"色彩平衡"菜单命令,打开"色彩平衡"对话框,利用该对话框就可以控制调整色彩平衡,如图 6-76 所示。

3 个滑块分别对应上面"色阶"的 3 个文本框,拖动滑块或者直接在文本框中输入数值都可以调整色彩。3 个滑块的变化范围均为 $-100 \sim +100$。

色调平衡用于调节某个色阶区域的色彩,有中间调、阴影和高光等。中间调是物件本身的颜色,高光与阴影是光的影响效果。

提示:如果选中"保持亮度"复选框,则可以保持图像的亮度不变,而只改变颜色。

(4) 色相/饱和度。

"色相/饱和度"命令主要用于改变像素的色相及饱和度,还可以给去色图像添加色彩。对打开的一幅图像选择"图像"→"调整"→"色相/饱和度"菜单命令,打开"色相/饱和度"对话框,如图 6-77 所示。该对话框中主要选项的含义如下。

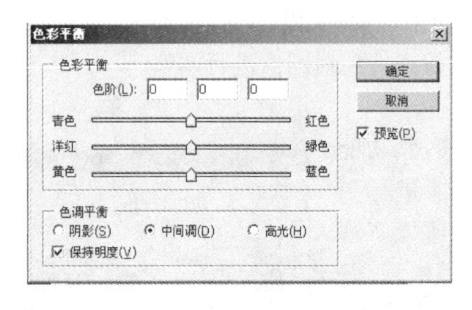

图 6-76 "色彩平衡"对话框　　　　图 6-77 色相/饱和度

① 编辑:用于选择调整颜色的范围,包括"全图"、"红色"、"黄色"、"绿色"等 7 个选项。

② 色相/饱和度/亮度:拖动对话框中的色相(范围为 $-180 \sim 180$)、饱和度(范围为 $-100 \sim 100$)和明度(范围为 $-100 \sim 100$)滑块或在其文本框中键入数值,可以分别控制图像的色度、饱和度及明度。

③ 吸管:选择 (吸管工具)按钮后,在图像中单击,可选定一种颜色作为调整的范围;单击 (添加到取样)按钮后,在图像中单击,可以在原有颜色变化范围上添加当前单击处的颜色范围;单击 (从取样中减去)按钮后,在图像中单击,可在原有颜色变化范围上减去当前单击处的颜色范围。

④ 着色:选中该复选框后,可将一幅去色或黑白的图像处理为某种颜色的图像。

如图 6-78 所示,对左图通过设置色相值,将蓝色的衣服变成红色的衣服。

图 6-78 色相/饱和度举例

(5) 阴影/高光。

"阴影/高光"命令适用于由强逆光而形成剪影的照片,或者校正由于相机闪光灯而有些发白的焦点。可以选择阴影部分针对阴影调节,选择高光部分针对高光调节细节。

例 6 - 14 使用"阴影/高光"命令调整图像色彩举例。

操作步骤:

① 打开 Photoshop 目录下"样本"子目录中的"岛上的女孩.jpg"图像,如图 6 - 79 所示。

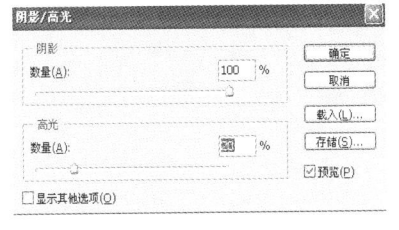

② 选择"图像"→"调整"→"阴影/高光"菜单命令,弹出图 6 - 80 所示的对话框。设置参数,单击"确定"按钮,结果如图 6 - 81 所示。

图 6 - 79 原图像　　　图 6 - 80 "阴影/高光"对话框　　　图 6 - 81 阴影/高光效果

3) 特殊效果的色调调整

"渐变映射"、"反相"、"色调均化"、"阈值"和"色调分离"命令可以更改图像中的颜色或亮度值,从而产生特殊效果。但它们不用于校正颜色。

(1) 渐变映射。"渐变映射"命令可以在图像上蒙上一种指定的渐变图,产生一种特殊的效果。

(2) 反相。"反相"命令可以将像素颜色改变为它们的互补色,如黑变白、白变黑等,该命令是不损失图像色彩信息的变换命令。

例 6 - 15 使用"反相"命令产生特殊效果举例。

操作步骤:

① 打开如图 6 - 82 所示的图像。

② 选择"图像"→"调整"→"反相"菜单命令,结果如图 6 - 83 所示。

图 6 - 82 原图　　　图 6 - 83 反相后的结果

(3) 色调均化。"色调均化"命令可以重新分配图像像素的亮度值,以便于更平均地分布整个图像的亮度色调。使用此命令时,Photoshop CS2 会查找图像中最亮和最暗的值并重新映射这些值,以使最亮的值表示白色,最暗的值表示黑色。然后对亮度进行色调均化处理。

例 6-16 使用"色调均化"命令产生特殊效果举例。

操作步骤:

① 打开如图 6-84 所示的图像。

② 选择"图像"→"调整"→"色调均化"菜单命令,结果如图 6-85 所示。

图 6-84 原图

图 6-85 色调均化结果

5. 滤镜

1) 滤镜的概念及注意事项

滤镜是 Photoshop 最重要的功能之一,其原理是通过对图像中像素的分析,按照每种滤镜的数学算法进行像素色彩和亮度等参数的调节,制作出令人眼花缭乱的图像效果。

使用滤镜时要注意以下几点:

(1) 区域选择问题。Photoshop 针对选取区域进行滤镜效果处理,即可以对图像的局部区域进行滤镜效果处理。如果没有定义选取区域,则对整个图像进行处理。如果当前选中的是一个图层或者通道,则滤镜只应用于当前层或通道。如果当前层是文字层,则必须将文字栅格化为普通图层,才能使用滤镜。

(2) 色彩模式问题。不是所有的滤镜都可以使用所有的颜色模式。一些滤镜不能应用于位图模式、索引颜色或者 16 位/通道图像,一些滤镜只能用于 RGB 图像模式。因此可以在改变图像颜色模式后,再使用滤镜。

(3) 有些滤镜必须在内存里处理,内存容量对滤镜效果的生成速度影响较大。

(4) 重复使用滤镜。通过按 Ctrl+F 键,重复使用刚刚完成的滤镜效果,直到达到一个满意的效果。

2) "滤镜"菜单

"滤镜"菜单包含所有的滤镜,从"滤镜"菜单中选取一个滤镜,如果不出现对话框,说明已应用了该滤镜效果;如果出现对话框,则可在对话框中进行编辑。刚刚使用过的滤镜位于"滤镜"菜单的顶部。按 Esc 键即可结束正在生成的滤镜效果。"滤镜"菜单如图 6-86 所示。

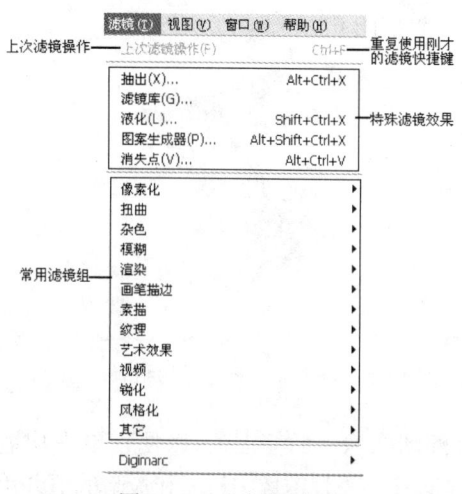

图 6-86 "滤镜"菜单

3) 滤镜库的使用

使用"滤镜库"可以在同一个对话框中添加并调整一个或多个滤镜,"滤镜库"中包含多种滤镜,如图 6-87 所示。其最大特点就是在应用和修改多个滤镜时,效果直观,修改方便。但是"滤镜库"没有将所有的滤镜命令都包含其中,有些命令还需通过"滤镜"菜单来实现。

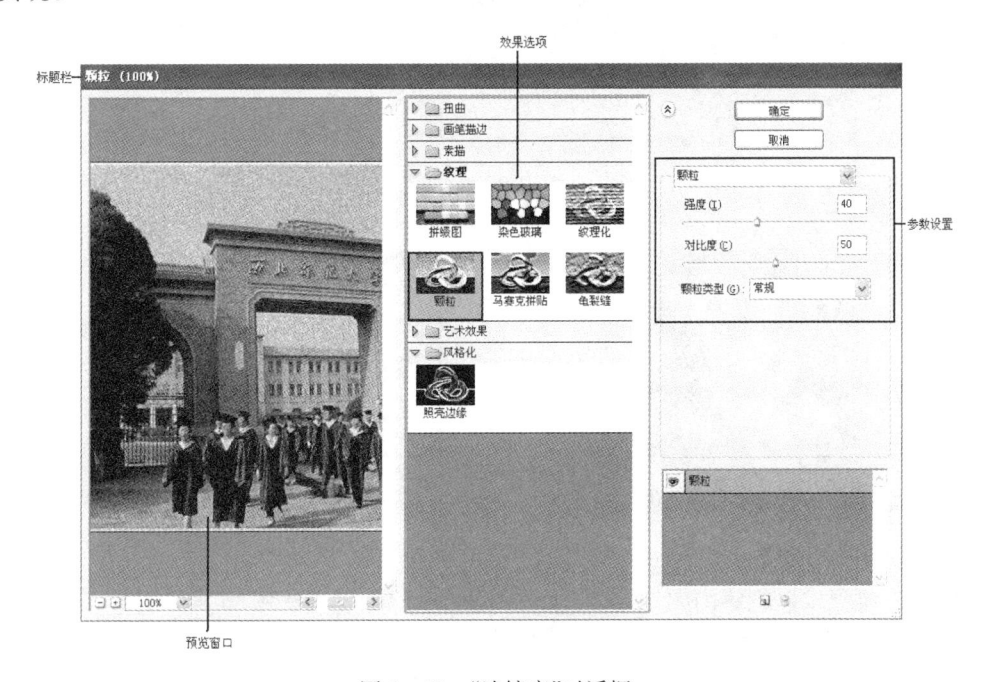

图 6-87 "滤镜库"对话框

4) 特殊滤镜的使用

Photoshop 滤镜菜单中的特殊滤镜工具有抽出、液化、图案生成器、消失点等。特殊滤镜通过修改图像本身达到特殊效果,如可以将图像抽出,对人物的脸部、身材进行编辑修改,也可以自动生成图案。

(1) "抽出"滤镜。

"抽出"命令与工具箱中的"背景橡皮擦工具"类似,都可以将图层中的背景删除,保留需要的图像主体。"抽出"滤镜是将图像的某个部分提取出来,与其他图像合成。该图像的主体部分与背景部分应相差较大。

例 6-17 应用"抽出"滤镜抽出人物并进行图像合并。

操作步骤:

① 打开一人物图像,选择"滤镜"→"抽出"菜单命令,在弹出的"抽出"对话框中使用"边缘高光器工具"按钮,沿着人物的边缘绘制,直到将整个人物边缘绘制完成,再单击对话框中的"填充工具"按钮,将所要抽出的区域进行填充,如图 6-88 所示。

② 单击"确定"按钮,返回到图像窗口,此时人物图像已被抽出,背景颜色已被透明区域替代,如图 6-89 所示;将一幅打开的背景图像拖入,调整图层将人物图像置于上部,最终结果如图 6-90 所示。

图 6-88　填充所选区域

图 6-89　人物被抽出

图 6-90　最终合成图像效果

(2)"液化"滤镜。

"液化"命令可以创建出图像弯曲、旋转和变形的效果。"液化"工具常用来修饰人物的外形，还可以模拟出旋转的波浪、流动的液体等效果。

例 6-18　应用"液化"滤镜对人物的脸部进行修改示例。

操作步骤：

① 打开一人物图像，执行"滤镜"→"液化"菜单命令，弹出如图 6-91 所示的"液化"对话框，在对话框中的左侧选择"向前变形工具"按钮，将人物的鼻头向外拉长一点；选择"顺时针旋转扭曲工具"按钮，将头发和唇笔进行旋转扭曲处理；选择"皱褶工具"按钮，将嘴唇变小；选择"膨胀工具"按钮，将眼睛变大。

② 单击"确定"按钮，效果如图 6-92 所示。

图 6-91　"液化"对话框

图 6-92　人物"液化"效果

5) 常用滤镜组的使用

(1)"风格化"滤镜。

"风格化"滤镜通过置换像素和查找并增加图像的对比度，在选区中生成绘画或印象派的效果。该类别滤镜命令位于"滤镜"→"风格化"菜单中,包括 9 种滤镜,分别为查找边缘、曝光过度、等高线、风、浮雕效果、拼贴、凹凸、扩散和照亮边缘。

①"查找边缘"滤镜:主要用于突出图像边缘,中间区域以白色显示。

例 6-19 应用"查找边缘"滤镜制作木板画。

需要两张图片,一张是木纹图片,另一张是与木纹合成的图片(这里用福娃的图片)。

操作步骤:打开一张人物的彩图,选择"滤镜"→"风格化"→"查找边缘"菜单命令;选择"图像"→"模式"→"灰度"菜单命令,将图片变成灰度图像;将处理后的灰度图像保存为一个 PSD 格式文件,并关闭;再打开一个木纹材质图片,选择"滤镜"→"纹理"→"纹理化"菜单命令,效果如图 6-93 所示。

图 6-93 木板画效果

②"风"滤镜:用于模拟风吹的效果。图 6-94 为选择"滤镜"→"风格化"→"风"菜单命令前后的效果比较图。

执行"风"命令前　　　　执行"风"命令后

图 6-94 执行"风"命令的前后效果比较图

③"拼贴"滤镜:可以将图像分解为多个拼贴块,并使每块拼贴做一定的偏移。图 6-95 所示为选择"滤镜"→"风格化"→"拼贴"菜单命令前后的效果比较图。

④"查找边缘"滤镜:可以查找并用黑色线条勾勒图像的边缘。把低对比度变成白色,高对比度变成黑色,中等对比度变成灰色。该滤镜没有选项对话框。图 6-96 为执行"查找边缘"命令的前后效果比较图。

拼贴前　　　　拼贴后　　　　查找边缘前　　　　查找边缘后

图 6-95 执行"拼贴"命令的前后效果比较图　　图 6-96 执行"查找边缘"命令的前后效果比较图

(2)"渲染"滤镜。

"渲染"滤镜可以制作云彩图案、折色图案、镜头光晕,还可以模拟不同光线所产生的照明效果。

①"镜头光晕"滤镜：模拟照相时的光晕效果，该对话框有三个选项：亮度(用于设置光晕大小和亮度)；光晕中心(拖动中间图像窗口中的十字光标可设定光晕的位置)；镜头类型(提供4种镜头类型)。

例 6-20 应用"镜头光晕"滤镜制作阳光效果。

操作步骤：打开 Photoshop"样本"文件夹中的"湖.tif"文件；选择"滤镜"→"渲染"→"镜头光晕"菜单命令，打开"镜头光晕"对话框，设置阳光发光位置、强度和镜头类型，如图 6-97 所示。

②"分层云彩"滤镜：与原来背景图像的色彩进行混合叠加。

图 6-97 "镜头光晕"对话框设置

例 6-21 应用"分层云彩"滤镜制作闪电。

操作步骤：新建一 RGB 模式文件，设前景色为黑色，背景色为白色，如图 6-98 所示；用渐变工具从右上角到左下角进行由黑到白的线性渐变，如图 6-99 所示；选择"滤镜"→"渲染"→"分层云彩"菜单命令，重复按 Ctrl+F 键多次得到一种满意的云彩效果；选择"图像"→"调整"→"色调均化"菜单命令，增大黑白对比度；选择"图像"→"调整"→"亮度/对比度"菜单命令，调整亮度和对比度，如图 6-100 所示；选择"图像"→"调整"→"反相"菜单命令，翻转图像的颜色；选择"图像"→"调整"→"色阶"菜单命令，调节色阶的值，忽略掉很多白色，如图 6-101 所示；选择"图像"→"调整"→"色相/饱和度"菜单命令，把着色勾选上，并调节闪电的颜色，参数设置如图 6-102 所示，最终结果如图 6-103 所示。

图 6-98 新建文件    图 6-99 线性渐变 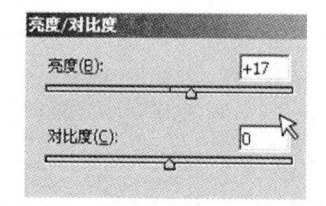   图 6-100 亮度和对比度调整

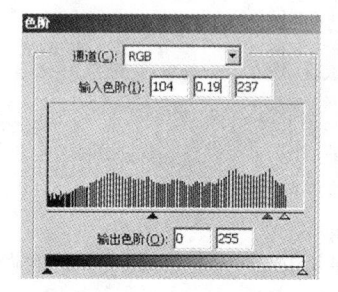

图 6-101 色阶调整 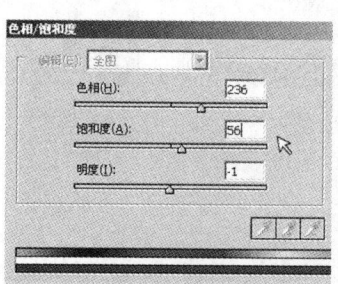   图 6-102 色相/饱和度调整    图 6-103 闪电效果

(3)"扭曲"滤镜。

"扭曲"滤镜组可以对图像中所选择的区域或图层进行各种几何扭曲,实现各种神奇的特殊效果。

①"波纹"滤镜。

"波纹"滤镜的作用是将图像扭曲为细腻的波纹样式,产生波纹涟漪的效果。"波纹"滤镜对话框有两个选项:数量(波纹的数量)和大小(调整波纹的大小,有大、中、小三个选项),如图 6-104 所示。

例 6-22　应用"波纹"、"风"滤镜制作火焰字。

操作步骤:新建一个文件为 RGB 模式,将背景填充为黑色;点击文字工具,输入文字"火焰字",将图层进行栅格化,然后合并图层;选择"图像"→"旋转画布"→"逆时针旋转 90 度"菜单命令,然后选择"滤镜"→"风格化"→"风"菜单命令;选择"图像"→"旋转画布"→"顺时针旋转 90 度"菜单命令,然后选择"滤镜"→"扭曲"→"波纹"菜单命令;选择"图像"→"模式"→"灰度"菜单命令,然后选择"图像"→"模式"→"索引模式"菜单命令;选择"图像"→"模式"→"颜色"菜单命令,在列表框中选择黑体;最后,将图像模式调整为 RGB 模式,效果如图 6-105 所示。

图 6-104　"波纹"对话框　　　　图 6-105　火焰字效果

②"水波"滤镜。"水波"滤镜的作用是使图像产生同心圆状的波纹,好像石块投入水中以后产生的涟漪效果。"水波"滤镜对话框有三个选项:数量(波纹的数量);起伏(控制波纹的波幅);样式(设置波纹的类型,有围绕中心、从中心向外和水池波纹三种类型)。效果如图 6-106 所示。

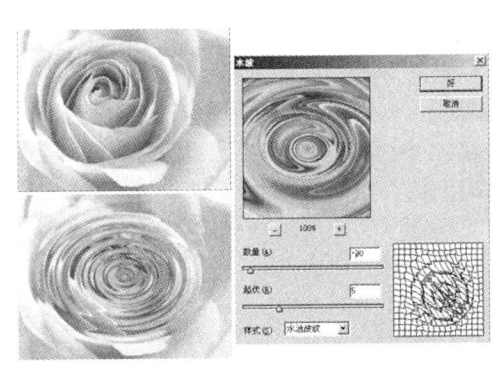

图 6-106　"水波"滤镜效果

(4)"模糊"滤镜。

"模糊"滤镜组用于柔化图像,使选区或图层变得模糊,淡化图像中不同色彩的边界,包括11种滤镜,全部都不在滤镜库中使用。

①"动感模糊"滤镜。动感模糊滤镜的作用是将物体沿某一方向运动而产生动感模糊效果,对话框有两个选项:角度和距离。

例 6-23 应用"动感模糊"滤镜制作 3D 晶体字。

操作步骤:新建一个文件,宽度与高度为 300 像素×200 像素,RGB 颜色模式,背景为白色;单击"横排文字工具"输入文字,文字内容为"NBA",然后合并图层;选择"滤镜"→"模糊"→"动感模糊"菜单命令,参数设置如图 6-107 所示;选择"滤镜"→"风格化"→"查找边缘"菜单命令;选择"图像"→"调整→"反相"菜单命令,选择"图像"→"调整"→"色阶"菜单命令,参数设置如图 6-108 所示;单击"渐变工具",将填充颜色设为"透明彩虹",类型设为"对称渐变",模式调整为"颜色"模式,然后从左下角向右上角拖拽出渐变,最终效果如图 6-109 所示。

图 6-107 动感模糊设置 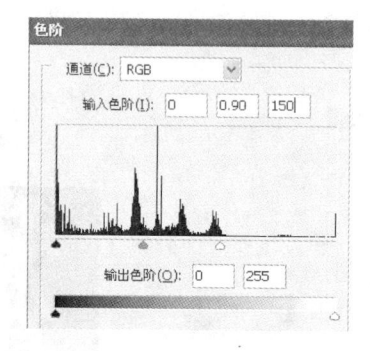　　图 6-108 色阶设置 　　图 6-109 3D晶体字效果图

②高斯模糊。"高斯模糊"滤镜是一个非常有用的滤镜,它依据高斯曲线对图像进行模糊,并且可以控制模糊的程度,对话框选项只有模糊"半径"。

(5)艺术效果。

"艺术效果"滤镜是通过对图像进行处理,使它看起来像传统的手工绘画,或者像天然生成的效果。

"霓虹灯光"滤镜:可以使图像呈现霓虹灯般的发光效果,并可调整霓虹灯的亮度及辉光的颜色。

例 6-24 应用"霓虹灯光"滤镜制作光辉字。

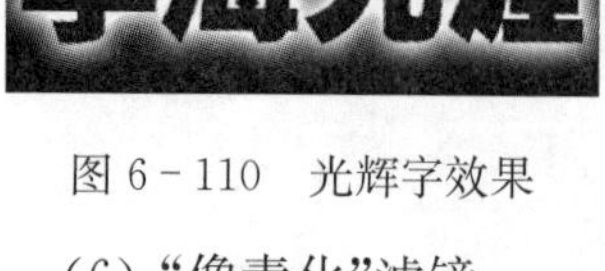

图 6-110 光辉字效果

操作步骤:新建一个文件,宽度与高度为 300 像素×200 像素,RGB 颜色模式,前景设为白色;单击"横排文字工具",用黑色前景色输入文字,内容为"学海无涯";右键单击字体图层进行栅格化,然后合并图层;选择"滤镜"→"艺术效果"→"霓虹灯光"菜单命令,效果如图 6-110 所示。

(6)"像素化"滤镜。

"像素化"滤镜的作用是将图像分成一定的区域,并将这些区域转变为相应的色块,再由色块构成图像,类似于色彩构成的效果。

①"马赛克"滤镜。"马赛克"滤镜用于模拟马赛克拼出图像的效果。图6-111为执行"滤镜"→"像素化"→"马赛克"菜单命令前后的效果比较图。

②"晶格化"滤镜。"晶格化"滤镜用于模拟图像中像素结晶的效果。

例6-25 应用"晶格化"滤镜制作撕开的照片。

操作步骤:打开一幅图像,如图6-112所示;选择"图像"→"画布大小",将画布宽度、高度扩大一些;将前景色选择为棕黄,选择"编辑"→"描边"菜单命令,填充图片的边缘;选择"图层"→"图层样式"→"阴影"命令,增添阴影效果,如图6-113所示;在"通道"面板中添加一个新的Alpha通道,用"套索"工具任意选择图像的部分区域,并用白色填充,如图6-114所示;选择"滤镜"→"像素化"→"晶格化"菜单命令,进行滤镜,产生晶格化效果,参数设置如图6-115所示;返回有图像的图层,按Ctrl键移动选择区域,按Ctrl+T键转动选择区域,最终效果如图6-116所示。

图6-111 马赛克效果

图6-112 原图

图6-113 图像描边及投影

图6-114 新建一Alpha通道

图6-115 "晶格化"对话框

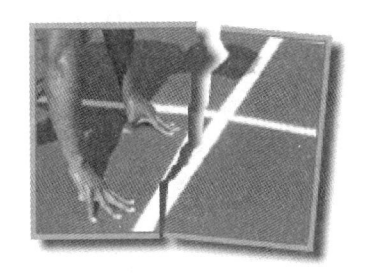

图6-116 最终效果

6.5.3 动画制作软件Flash

Flash 8.0是美国Macromedia公司于Flash MX 2004之后推出的矢量图形编辑和动画制作软件,主要应用于网页设计和多媒体创作等领域,功能十分强大。利用该软件制作的矢量图和动画具有文件尺寸小、交互性强、可带音效和兼容性好等特点,能够创作出效果细腻而独特的网页和多媒体作品。

1) Flash 8.0的工作环境

选择"开始"→"程序"→"Macromedia"→"Macromedia Flash 8"菜单命令,即可启动Flash 8.0。在"开始页"中单击"Flash文档"选项,即可进入Flash 8.0的用户操作界面。如图6-117所示,Flash界面主要由工具箱、时间轴、各种面板等组成。

图 6-117 Flash 8.0 的用户操作

(1) 编辑栏。选择"窗口"→"工具栏"→"编辑栏"菜单命令,显示如图 6-118 所示的编辑栏。其左边部分用于显示当前正在编辑的场景和元件,右边部分的"编辑场景"按钮用于选择要编辑的舞台,"编辑元件"按钮用于选择要编辑的元件,最右边的下拉列表用于更改舞台的视图大小,是最常用的一个控件。

图 6-118 编辑栏

(2) 工具箱。默认位于 Flash 8.0 用户操作界面的左侧,以"工具"图像来标识。工具箱提供了绘制和编辑图形的所有工具,根据功能将工具箱分为四个区:工具区、查看区、颜色控制区和选项区,如表 6-2 所示。

表 6-2 主工具栏中图标按钮的名称和功能

分区	工具	名 称	功 能
工具区		选择工具	用于选择和移动舞台上的文字、图画等对象,还可以缩放、旋转、倾斜对象
		部分选取工具	用于选取图画对象中的锚点和路径以改变形状
		线条工具	用于绘制直线
		套索工具	用于创建选区,还可以拖动所选取的区域
		钢笔工具	利用锚点与路径来制作曲线
		文本工具	用于输入文字
		椭圆工具	用于绘制圆或椭圆

续表

分区	工具	名称	功能
工具区		矩形工具和多角星形工具	用于绘制矩形、正方形、多边形或星形等
		铅笔工具	用于绘制任意形状的线条
		刷子工具	用于涂色,以绘制任意形状色块的矢量图
		任意变形工具	利用旋转、倾斜、大小调节、扭曲、封套等特效对图像进行变形操作
		填充变形工具	用于调节填充颜色及区域
		墨水瓶工具	用于填充线或图形轮廓的颜色
		颜料桶工具	用于填充图形的内部颜色
		滴管工具	用于萃取线条和填充区域的颜色
		橡皮擦工具	用于擦除对象
查看区		手形工具	用于移动舞台的位置
		缩放工具	用于改变舞台上编辑窗口的显示比例,缩放画面
颜色控制区		笔触颜色	用于指定笔触的颜色
		填充色	用于设置图形的填充色
		黑白	编辑图形时用于设置笔触颜色为黑色,填充色为白色
		没有颜色	用于将填充色设置为无色
		交换颜色	用于将笔触颜色和填充色进行交换
选项区			选项区的显示内容取决于工具区所选取的工具,工具不同,选项区的显示内容就不同

(3) 时间轴面板。位于工具栏的正下方,用于设计动画、组织管理动画对象和控制动画的播放,如图6-119所示。"时间轴"面板由图层控制区和帧控制区组成,图层控制区位于时间轴左侧,帧控制区位于时间轴右侧。

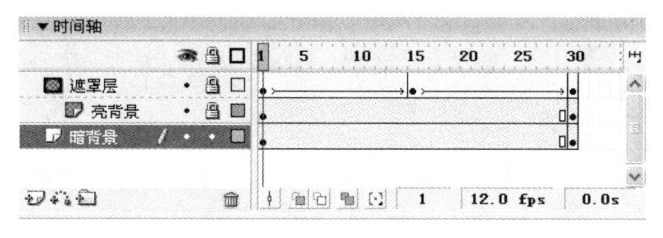

图6-119 "时间轴"面板

(4) 工作区。在Flash 8.0中,工作区由两部分组成:舞台和后台。白色区域是舞台,它是动画制作和播放区。灰色区域是后台,它是动画对象的等候区。当满足一定条件时,动画对象就会从后台进入舞台参与"表演"。

(5) 属性面板。用于显示和设置文档或对象的属性。根据用户选择对象的不同,属性面板中的内容也不同。单击面板上灰蓝色的标题栏,可以展开或折叠相应的面板。单击面板右上角的按钮,可以在弹出菜单中选择关闭面板等选项。

(6) 颜色面板。位于 Flash 8.0 用户操作界面的右侧,用于编辑颜色。

(7) 库面板。位于 Flash 8.0 用户操作界面的右侧,用于查看、编辑文件中使用的元件、声音、位图、视频等对象。

2) Flash 8.0 的基本操作

(1) 文件的基本操作。

① 新建动画文件。在 Flash 8.0 中,新建一个动画文件的方法有三种:在"开始页"中单击"Flash 文档";选择"文件"→"新建"菜单命令;单击主工具栏中的"新建"按钮。

Flash 8.0 允许同时建立或打开多个文件。当打开某个文件时,"时间轴"面板的左上方将出现这些文件相应的标签,用来显示动画文件的名称,默认情况下,新建文件的名称为"未命名-1"、"未命名-2"、"未命名-3"等。用鼠标在标签上单击即可转换到相应文件的编辑场景中。Flash 8.0 的动画文件扩展名为"*.FLA"。

② 观看动画文件的效果。动画制作完毕后,如果想观看动画效果,可以使用以下方法之一。

选择"控制"→"播放"菜单命令或按"回车键",即可在舞台中观看动画效果。

选择"控制"→"测试影片"菜单命令或按 Ctrl+Enter 组合键,将动画文件导出为影片来观看动画效果,同时自动生成一个与动画文件同名但扩展名为".SWF"的影片文件。

(2) "时间轴"面板的使用。

时间轴是动画的核心,制作动画离不开时间轴。

① 图层的分类。图层就像透明的幻灯片,一层一层地向上叠加从而产生最终的动画效果。在一个图层上绘制和编辑对象不会影响其他图层上的对象,图层越往上越在前面显示。Flash 有三种图层。

普通图层:用"插入图层"按钮创建,用于在当前图层上方增加一个新图层。

运动引导层:用"添加运动引导层"按钮来建立,用于为当前图层添加一个引导层,从而制作引导层动画。

遮罩层:用来屏蔽其下面关联图层的播放显示,是 Flash 动画制作的主要特色。

② 帧的分类。帧是制作动画的基础,动画是通过每一帧来体现的。帧可以分为关键帧、空白关键帧和静止帧。用户只能在关键帧或空白关键帧上进行操作。

关键帧的表示图标是,它用于插入图片、对象或声音文件等,是时间轴上记录动画画面变化的帧。

空白关键帧的表示图标是,它是一种特殊的关键帧,表示其内不包括任何对象,可用于清除前一个关键帧中的对象,或用于为无对象的帧加入 ActionScript 或声音文件。

静止帧的表示图标是,它用于关键帧的顺延,按 F5 键进行关键帧的顺延。图标表示静止帧结束。

③ 帧的编辑。

插入帧:在时间轴上需要插入帧的地方右击鼠标,就可以弹出一个菜单,如果要插入关键帧,则选择"插入关键帧";如果要插入空白关键帧,则选择"插入空白关键帧";如果要插入静止帧,则选择"插入帧"。还可以使用快捷键直接插入所需要的帧,方法是:在时间轴上需要插入帧的地方单击鼠标进行选择,然后按 F6 键就可以插入关键帧,按 F5 键插入静止帧。

选择帧:用鼠标单击某帧,就可以选中它。如果要选择多个帧,可以用鼠标拖动指针,指针经过的地方所包含的帧都被选中;或者按下 Shift 键的同时分别单击要选择的头帧和尾帧,也可以同时选中多个帧。

删除帧:选择要删除的帧,然后单击鼠标右键,从弹出菜单中选择"删除帧"即可。

移动帧:选择要移动的帧,然后用鼠标将其拖动到所需的位置即可。

复制帧:选择要复制的帧,单击鼠标右键,从弹出菜单中选择"复制帧",然后将指针移到需要复制的地方右击鼠标,从弹出菜单中选择"粘贴帧"即可。还可以选择将要复制的帧区间,再按住 Alt 键,利用鼠标将帧区间向需要的区域拖动即可实现复制帧区间。

(3) 基本绘图工具。

在 Flash 8.0 中,绘制图形可分为两种情况:一是绘制规则图形,如线、圆、矩形、多边形等;二是绘制不规则图形。

① 绘制规则图形的工具主要包括线条工具、椭圆工具、矩形工具和多角星形工具。下面以多角星形工具的使用为例,说明这些工具的使用方法。

Flash 对象都由两部分组成,一是笔触颜色(边框),二是填充颜色。线条工具默认有笔触颜色、填充颜色不设;文本工具默认有填充颜色、笔触颜色不设;椭圆工具、矩形工具等均不默认。在工具箱中用鼠标单击矩形工具并保持一段时间再弹起鼠标,会出现一个下拉菜单,在其中选择多角星形工具,这时,"属性"面板如图 6-120 所示。

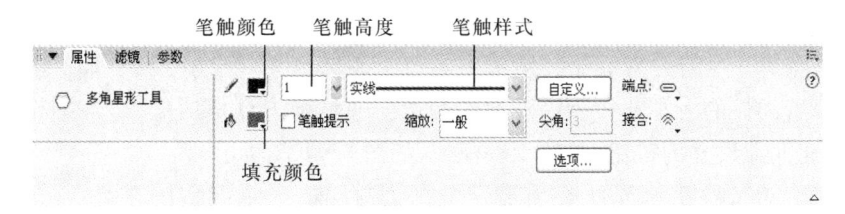

图 6-120 线条工具的"属性"面板

② 不规则图形一般使用铅笔工具或钢笔工具进行绘制。使用铅笔工具可以随意地画出任意的曲线或直线。选择铅笔工具后,在工具箱的选项区单击选项按钮,可以设置铅笔的绘图模式,如图 6-121 所示。

绘图模式的作用如下。

伸直模式:对绘制出的线条进行自动拉直处理。

平滑模式:对绘制出的线条进行曲线般的平滑处理。

墨水模式:对绘制出的线条基本保持原样,接近手绘效果,光滑程度介于伸直模式和平滑模式之间。

图 6-121 铅笔的绘图模式

钢笔工具用于绘制精细曲线,可以绘制矢量图中的贝塞尔曲线,并通过锚点和正切手柄来控制贝塞尔曲线的形状,从而制作出柔和的曲线及精巧的图案,如图 6-122 所示。

图 6-122 钢笔的正切手柄

（4）选择工具。

选择工具主要用于对象的选取和移动，同时还具备使矢量图形变形的功能。通常，使用选择工具时因光标所处位置不同而呈现以下 4 种形式。

① 框选光标：光标所在位置不存在可编辑对象时呈现此光标形式。此时，单击鼠标并拖动可以出现一个矩形区域，如果该区域内有可编辑对象，则此对象将被选中。

② 移动光标：光标所在位置存在可编辑对象时呈现此光标形式。此时，单击鼠标并拖动可以移动对象。

③ 直角光标：光标所在位置为矢量图形的尖角结点（如矩形的顶点、直线的两端）时呈现此光标形式。此时，单击鼠标并拖动可改变相应结点的位置，从而改变图形的形状。

④ 弧形光标：光标所在位置为矢量图形的边界时呈现此光标形式。此时，单击鼠标并拖动可以调整矢量图形边界的弧度，从而改变图形的形状。如果拖动鼠标的同时按下 Alt 键，则调整的是矢量图形边界的折角。

（5）填充色彩工具。

创建了基本图形以后，如果需要修改它的轮廓线颜色和填充色，可以使用各种色彩墨水瓶工具、颜料桶工具来进行。

① 墨水瓶工具。用来修改线条的颜色、粗细及样式，方法是：在工具箱中选择"墨水瓶"工具，在其"属性"面板中设置笔触颜色、高度、样式等。将鼠标移到线条上单击，就可以改变线条的属性。

② 颜料桶工具。用来为填充区域填充颜色。如果填充区域有缺口，必须先设置缺口的大小才能为图形填充颜色。颜料桶工具选项区中有设置填充间隙尺寸的按钮，包括 4 种模式，如图 6-123 所示。

"不封闭空隙"：要求填充区必须是一个完全封闭的矢量线包围区，否则无法填充。

"封闭小空隙"：允许被填充的矢量线包围区有一个小的缺口。

"封闭中等空隙"：允许被填充的矢量线包围区有一个中等大小的缺口。

图 6-123 填充间隙模式

"封闭大空隙"：允许被填充的矢量线包围区有一个稍大一点的缺口。

用套索工具制作完选区后，可以用鼠标直接进行拖动，从而改变选中图形的位置。

（6）文本工具。

利用文本工具可以制作静态文本、动态文本、输入文本 3 种文本格式的文本。在工具箱中选择文本工具，在舞台上单击鼠标，出现一个文本录入区，在其中输入文本。同时，"属性"面板中显示文本工具的各个属性，如图 6-124 所示。

第一行的选项和 Word 中的相应文本工具作用相同，其他的各个选项作用如下：

① "文本类型"下拉列表框：用于选择文本的类型，包括静态文本、动态文本和输入文本三种类型。

图 6-124 文本工具的"属性"面板

② "字母间距"文本框：用于调节文字的间距。可以直接在文本框中输入数据，也可以单击其右侧的按钮，并同时移动滑块来进行设置。

③ "字符位置"下拉列表框：用于提供标准、上标和下标 3 种字体位置。

④ "自动调整字距"复选框：用于调节字体间不必要的间距。

⑤ "URL 链接"文本框：用于设定超链接。

⑥ "目标"下拉列表：用于设定超链接的浏览器页面。

3) Flash 8.0 的基本概念

(1) 动画分类。

在 Flash 中，根据动画制作方法的不同，可以将动画分为逐帧动画、补间动画。

① 逐帧动画。

逐帧动画适合于制作复杂的动画，它将大量的静态图片在时间轴中进行合成，由于相邻图片之间的变化极其微小，而眼睛对于所看到的画面具有视觉暂留特点，因此快速、连续地切换这些图片就会观看到动画的效果，如图 6-125 所示。

图 6-125 逐帧动画示例

② 补间动画。

补间动画分为两种：一种是形状补间动画，另一种是动画(运动)补间动画。创建补间动画时，只要确定首、末两个关键帧中的对象，不必像逐帧动画那样在每个关键帧中都绘制对象，大大缩短了动画的创作时间。

形状补间动画以图像为基本元素，由一种图像变形成另一种图像。图 6-126 是利用形状补间动画制作的"三角形内角和等于 180°"的小积件。

动画补间动画又称为运动补间动画。运动补间动画是以元件(可以是图形元件，也可以是影片剪辑元件)为基本元素，是为了减小动画的文件容量及方便动画的修改而创建的元件，并将其在动画中加以引用。运动动画可以实现对象的移动、对象的缩放、对象颜色及透明度的变化等。

运动补间动画又分为直线动画和引导层动画。引导层动画是运动动画的扩展，引导层动画中的物体沿着一定的轨迹进行移动。在创建引导层动画的过程中必然要完成运动动画的制作，也就是说，引导层动画的制作通常需要两个图层才能完成：一个图层是引导层，用于

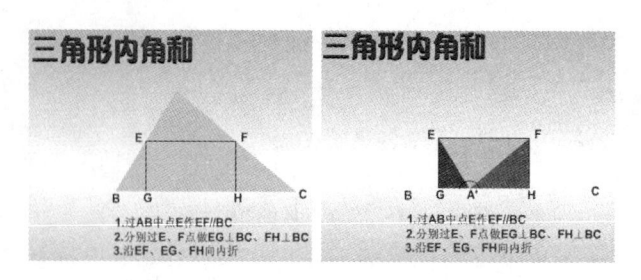

图 6-126　形状补间动画示例——三角形内角和等于 180°

确定运动物体的轨迹；另一个图层是被引导层，用于制作运动物体的动画。需要注意的是，在创建引导层动画时，这两个图层之间必须相互关联，引导层图层必须位于被引导层图层的正上方，图 6-127 是一个引导层动画的示例。使用引导层时应注意以下三点：引导层上只能画运动轨迹，轨迹必须是图像；运动轨迹不能完全闭合，必须有且仅有一个起点和一个终点；运动轨迹在设计时是可见的，运行时是不可见的。

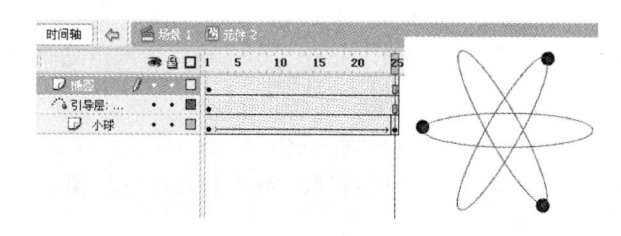

图 6-127　引导层动画的示例

(2) 元件。

在 Flash 中，元件是指具有独立时间轴的特殊对象，是可以重复使用的图像、动画或按钮。将元件应用到舞台上，就称为实例。使用元件可以简化动画的修改、缩小文件的大小、加快动画的播放速度。

① 元件的类型。根据使用方法的不同，元件可以分为 3 类：图形元件、影片剪辑元件和按钮元件。

图形元件中通常放置一些静态的图形，它具有与时间轴同步运行的功能。

影片剪辑元件用来创建可重复使用的动画片段，它拥有独立于主动画的时间轴，可以独立进行播放，因此可以将影片剪辑视为主动画中的子动画。

按钮元件的主要功能是制作按钮动画，通过它，可以在动画中创建响应鼠标单击、滑过或者其他事件的交互式按钮。

② 创建元件。创建元件的方法有两种：一是直接把原有的对象转换为元件；二是在元件编辑窗口中绘制元件。

利用原有的对象创建元件：

原有的对象包括一般的图形、组合的图形、位图或文字。首先，选择要转换成元件的对象，然后选择"修改"→"转换为元件"菜单命令或右击鼠标在弹出的快捷菜单中选取"转换为元件"菜单或直接按下 F8 键，弹出"转换为元件"对话框，如图 6-128 所示。在该对话框的"名称"文本框中输入元件的名称，"类型"选项栏中选择元件的类型，单击"确定"按钮，将对象转换为元件。

在元件编辑窗口中绘制元件：

选择"插入"→"新建元件"菜单命令或直接按 Ctrl+F8 键，出现如图 6-129 所示的"创建新元件"对话框。在该对话框的"名称"文本框中输入元件名称，"类型"选项栏中选择元件类型，单击"确定"按钮，可以直接进入元件的编辑窗口。这个窗口与场景的编辑窗口基本一样。

图 6-128 "转换为元件"对话框 　　图 6-129 "创建新元件"对话框

（3）遮罩技术。

遮罩技术可以非常方便地制作类似于探照灯、放大镜效果的动画。制作遮罩动画也需要两个图层，处于上面的图层为遮罩层，处于下面的图层为被遮罩层。只有当这两个图层相互关联、共同作用时，才会生成遮罩效果。遮罩层可以同时遮罩多层。

遮罩效果是透过上面的遮罩层显示下面被遮罩层中的对象，遮罩层制作的是显示区域。实际显示过程中，被遮罩层遮住的部分被显示出来，而没有遮住的部分不显示。也可以这样来说，遮罩层上的对象就像是在一张白纸上开的孔，遮罩动画就是透过这张白纸看到下面的被遮罩层的效果。使用遮罩层可以制作许多非常有趣的动画，图 6-130 是用遮罩技术制作的文字探照灯效果，图 6-131 也是利用遮罩技术制作的"红绿蓝三基色"小积件。

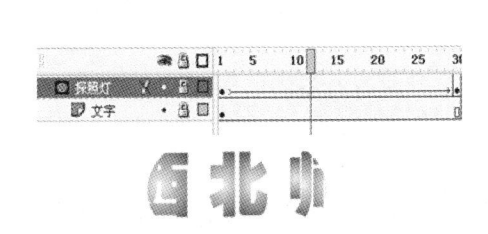

图 6-130　遮罩技术制作的文字探照灯效果 　　图 6-131　遮罩技术制作的红绿蓝三基色

（4）按钮。

按钮是实现交互的基础，Flash 8.0 中提供了一种特殊类型的元件——按钮元件。制作按钮时，必须先创建按钮元件，再将其应用到场景上。按钮元件的时间轴上只有四个帧，如图 6-132 所示。

① "弹起"帧：按钮本来的状态。在该帧中可以绘制鼠标指针不在按钮上时的按钮状态。

② "指针经过"帧：鼠标放在按钮上时的状态。在该帧中可以绘制鼠标指针在按钮上时的按钮状态。

图 6-132　按钮元件编辑

③ "按下"帧：鼠标单击按钮时的状态。在该帧中可绘

制鼠标单击按钮时的按钮状态。

④ "点击"帧：按钮的相应区域，用来制作隐藏按钮。在该帧中绘制一个区域，这个区域不显示。在没有定义"点击"帧的时候，它的触发范围是前面 3 个帧中的图形。

按钮可以自己设计，可以是文字按钮、图像按钮等。图 6 - 133 是利用"点击"帧制作隐藏按钮的一个英语教学小积件。

（5）动作脚本简介。

Flash 动作脚本采用面向对象的脚本编写语言，语法和风格与 JavaScript 极其相似。"动作"面板是动画制作过程中进行脚本编写的重要场所，Flash 为动画创作人员提供了非常人性化的脚本编写环境。单击"动作"面板将其展开，如图 6 - 134 所示。

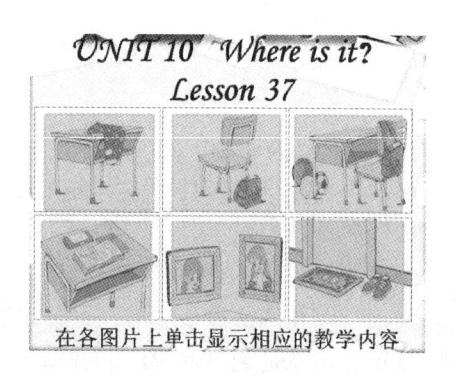

图 6 - 133　用"点击"帧制作隐藏按钮的实例

图 6 - 134　"动作"面板

Flash 所提供的脚本编写环境是半自动化的。首先，在"动作"面板的动作选择区中选择脚本语句，双击该脚本语句后即会出现在脚本编写区。然后在脚本语句中添加相关参数的设置，完成一句脚本语句的输入。当然，也可以在脚本编写区直接使用键盘输入脚本语句。Flash 动作脚本有三种类型。

① 动作-帧：用于控制"时间轴"上所有层在同一帧所有对象的动作或一些初始化工作。

② 动作-按钮：用于处理相应鼠标事件，如按钮、影片剪辑等。

③ 动作-影片剪辑：用于处理影片剪辑事件。

所选的内容不同，"动作"面板标题也会相应变为"动作-按钮"、"动作-影片剪辑"或"动作-帧"。

4）Flash 应用实例

例 6 - 26　物体的简单绘制举例——奥运五环的制作。

操作步骤：

（1）新建一个 Flash 文档，在工具箱中选取"椭圆工具"，设置笔触颜色为"黑色"，取消填充颜色的设置；在场景上按住 Shift 键画一个圆，选中该圆按 Ctrl＋G 键进行组合，用"选择工具"按 Ctrl 键对刚才的圆进行拖拽后复制一个圆，并将复制的圆用"任意变形工具"等比例放大一点；将这两个圆选中，选择"窗口"→"对齐"菜单命令，并且不选相对舞台对齐（即物体间对齐），将两个圆水平、垂直对齐，按 Ctrl＋G 键进行组合，效果如图 6 - 135 所示。

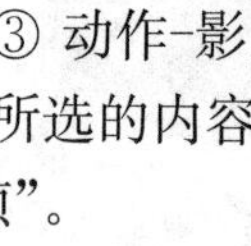

图 6 - 135　一个圆环

(2) 按 Ctrl 键并用"选择工具"拖拽出四个圆,并调整五环的位置。

(3) 将五个环全部选中,按 Ctrl+B 键打散两次(变成图像),效果如图 6-136 所示。

(4) 对五环相交的部分,用"选择工具"和 Delete 键将内部的线(遮住的线)选中并删除,实现一种嵌套的效果,效果如图 6-137 所示。

(5) 用"颜料桶工具"填充相应五环的颜色,效果如图 6-138 所示。

图 6-136　五个圆环　　　图 6-137　五个圆环嵌套　　　图 6-138　五环效果图

例 6-27　"引导层"动画举例——带电粒子在磁场中运动课件。

操作步骤:

(1) 新建一个 Flash 文档,选择"插入"→"新建元件"菜单命令,新建一个"图形"元件,命名为"磁场"。用"线条工具"将笔触高度设为 5,颜色为蓝色,画一磁场,如图 6-139 所示。

(2) 选择"插入"→"新建元件"菜单命令,新建一个"图形"元件,命名为"粒子",选取"椭圆工具"工具,笔触颜色设为无色,填充设为红色到白色的放射状(通过"混色器"自己设定),效果如图 6-140 所示。

(3) 返回场景 1,双击图层 1 名字处将图层 1 改名为"文字"。用"文本工具"输入文字"带点粒子在垂直于匀强磁场方向运动时做匀速圆周运动,向心力等于洛伦兹力"。调整文字到适当的位置。单击该图层的第 25 帧按 F5 键顺延到 25 帧。

(4) 单击时间轴左下方"插入图层"按钮，新建一个图层(图层 2),命名为"磁场"层。选中该图层的第 1 帧,从库中拖拽出"磁场"元件放入到场景中,在该图层的第 25 帧按 F5 键顺延到 25 帧;选择"椭圆工具",在"属性"面板中将笔触形状设为"虚线",填充色为"无",按 Shift 键画一圆,效果如图 6-141 所示。

图 6-139　"磁场"元件　　　图 6-140　粒子元件　　　图 6-141　画一虚线圆

(5) 创建一个新的图层,命名为"粒子"层,从库中拖拽出"粒子"元件放入到场景中。选中该图层,单击时间轴左下方的"添加运动引导层"按钮，建立一个引导层。在引导层的第 1 帧,选择"椭圆工具",在"属性"面板中将笔触形状设为"虚线",按 Shift 键画一圆。用"橡皮擦工具"将该圆的左部擦除一点,使引导路径有"起点"和"终点"。用"任意变形工具"对该圆进行调整使其与"磁场"层中的圆完全重合,如图 6-142 所示。

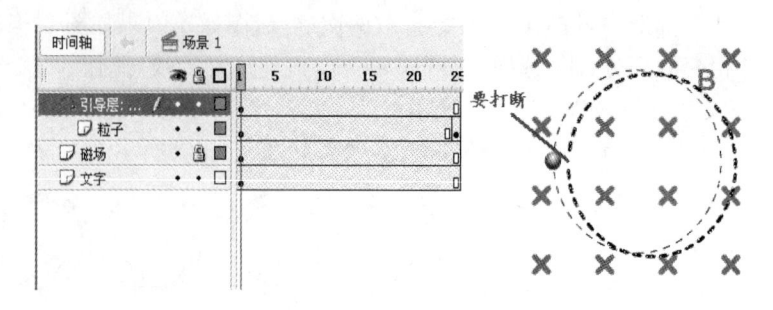

图 6-142　引导层的创建

（6）单击"粒子"图层的第 25 帧,按 F6 键添加一关键帧。将"粒子"层的第 1 帧"粒子"移到引导线的"起点"处,再将"粒子"层的第 25 帧"粒子"移到"终点"处。选取粒子图层的 1~24 帧的任意一帧,按右键选取"创建补间动画"菜单命令。

（7）在引导层的上方插入一普通图层,命名为"公式"。在该图层的第 25 帧处按 F7 键插入一空白关键帧,在该帧上用"文本工具"输入洛伦兹力公式。

（8）插入一个新的图层,命名为"AS"（ActionScript 动作脚本的意思）。在该图层的第 25 帧处按 F7 键插入一空白关键帧,打开"动作面板",在"动作-帧"中输入命令"stop()",如图 6-143 所示。

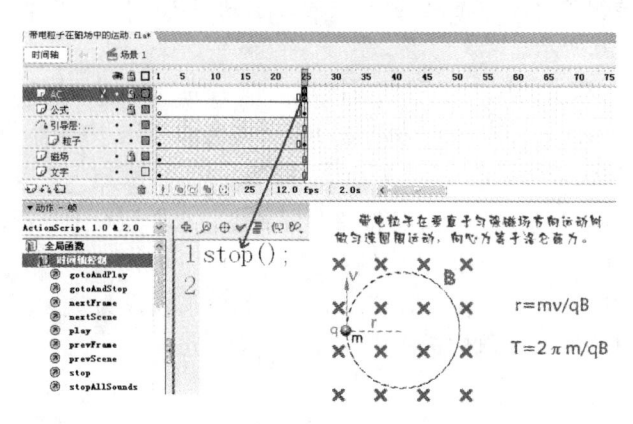

图 6-143　输入脚本命令

（9）按 Ctrl+Enter 组合键,测试动画。

例 6-28　遮罩技术举例 1——利用遮罩技术制作探照灯效果。

（1）新建一个 Flash 文档,设定背景颜色为黑色,将"宽"和"高"设置为 550px×100px。

（2）把"图层 1"的图层名称改为"文本"。

（3）选取"文字工具",并在"属性"面板中,将"字体"设置为黑体,将"字号"设置为 70,将"颜色"设置为黄色;输入文字"西北师范大学"。

（4）选取"窗口"→"对齐"菜单,打开"对齐"面板,相对舞台水平、垂直对齐。

（5）单击"插入图层"按钮,插入一个新图层,命名为"圆"。选取"椭圆工具",将笔触颜色设为无色,填充色设为红色。按住键盘上的"Shift"键,用鼠标在场景上画一个稍大于一个文字的正圆形,用鼠标将其拖拽到场景的最左边。

(6) 选取"文本"层的第 30 帧,按 F5 键顺延到 25 帧。
(7) 选取"圆"层的第 30 帧,按 F6 键插入关键帧并用鼠标将其拖拽到场景的最右边。
(8) 选取"圆"层的 1~29 帧的任意一帧,再在"属性"面板上,设置"形状补间"动画。
(9) 在"圆"层的图层名称上单击右键,在弹出的快捷菜单中选择"遮罩层"菜单命令,效果如图 6-144 所示。
(10) 按 Ctrl+Enter 组合键,测试影片效果。

例 6-29 遮罩技术举例 2——利用遮罩技术制作红星闪闪。

操作步骤:

(1) 新建一个 Flash 文档,在"属性"面板上设置文件大小为 400px×400px,将"背景色"设为深蓝色。

图 6-144 探照灯效果

(2) 选择"插入"→"新建元件"菜单命令,新建一个"图形"元件,命名为"矩形"。用"矩形工具"将笔触颜色设为无色,填充颜色设为黄色,画一细长矩形,如图 6-145 所示。

(3) 选择"插入"→"新建元件"菜单命令,新建一个"图形"元件,名称为"组合",从库中将"矩形"元件拖入该元件编辑窗口中。用"任意变形工具"将该矩形的轴心移到左端点处,如图 6-146 所示;选择"窗口"→"变形"菜单命令,打开"变形"面板,将"旋转"角度设为 10°,连续单击"复制并应用变形"按钮,在场景中复制出的效果如图 6-147 所示。选中全部图形,按 Ctrl+B 键,把矩形分离成图像,以便遮罩。

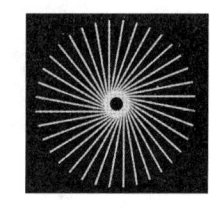

图 6-145 "矩形"图形元件　　图 6-146 轴心的运动　　图 6-147 "组合"元件

(4) 创建"闪烁"影片剪辑元件,选择"插入"→"新建元件"菜单命令,新建一个影片剪辑,名称为"闪烁"。在该元件编辑窗口中,从库里把名为"组合"的元件拽入。选取"窗口"→"对齐"菜单,打开"对齐"面板,相对舞台水平、垂直对齐(对齐中心点)。鼠标单击第 20 帧,按 F6 键插入关键帧,选取第 1 帧到第 19 帧的任意一帧建立动作补间动画,同时在"属性"面板上设置顺时针旋转一次。

将"图层 1"的第 1 帧选中,按右键选择"复制帧";然后新建一图层,在第 1 帧中选择"编辑"→"粘贴到当前位置"命令,使其与下层中的"组合"完全重合。再执行"修改"→"变形"→"水平翻转"命令,让复制过来的"组合"图形和第一层的"组合"图形方向相反,在舞台中形成交叉的图形,如图 6-148 所示。在图层 2 的第 20 帧处按 F6 键建立关键帧,选取第 1~19 帧的任意一帧建立动作补间动画,同时在"属性"面板上设置逆时针旋转一次,最后将鼠标移到"图层 2"名字处右击,在弹出的快捷菜单中选取"遮罩层"命令,此层设为遮罩层,如图 6-149 所示。

图 6-148 "闪烁"剪辑元件

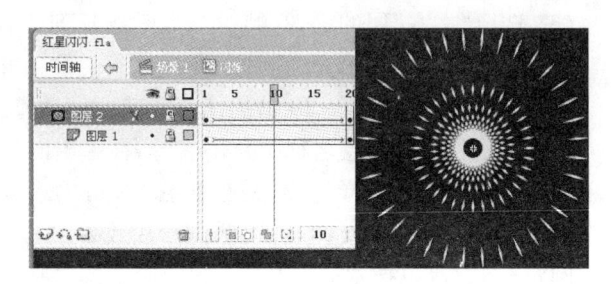

图 6-149 遮罩效果制作

(5) 创建"红星"元件,选择"插入"→"新建元件"菜单命令,新建一个图形元件,名称为"红星"。在该元件编辑状态,按住工具栏中"矩形工具"不放,选择"多角星形工具",将笔触颜色设为白色,填充色不设。在"属性"面板上单击"选项"按钮,在弹出的"工具设置"对话框中进行如图 6-150 所示的设置。

图 6-150 参数设置

画一个五边形,用"线形工具"连成一个五角星,将多余的线按 Delete 键删除。再用"线形工具"首位相连。将"混色器"面板设为"放射状"类型,其中左色块设为黄色,右色块设为红色。用"颜料桶工具"一上一下进行填充,效果如图 6-151 所示。

图 6-151 五角星的制作过程

(6) 回到场景 1 中,把"闪烁"影片剪辑元件拖入,再将"红星"图形元件拖入,在场景的下方写下"西北师范大学电影制片厂"的文字,按 Ctrl+B 键两次将矢量文字转换成图像,用刚才设置的放射状颜色进行填充,完成后效果如图 6-152 所示。

(7) 按 Ctrl+Enter 组合键,测试动画。

例 6-30 交互按钮的使用(一)。

在本例中,主要制作交互按钮的常见状态,即鼠标指针移入、按下按钮及松开按钮时可看到不同的按钮效果。并为按钮加上鼠标单击事件,使它链接到指定的网址。当单击该按钮后,会在指定的窗口中打开所链接的网页。

图 6-152 红星闪闪最终效果

操作步骤:

(1) 新建一个 Flash 文档,选择"插入"→"新建元件"菜单命令,在弹出的对话框中设置名称为"交互按钮",类型为"按钮"。在按钮编辑的"弹起"帧上,使用"绘图工具",在编辑区绘制出如图 6-153 所示的图形。

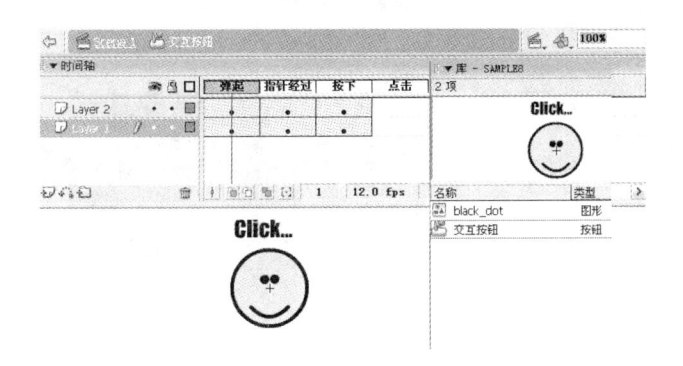

图 6-153　按钮的状态

(2) 选取"指针经过"帧,按 F6 键插入关键帧。单击工具箱中的"油漆桶工具",以红色填充按钮;同理,在"按下"帧上插入一个关键帧,然后用蓝色填充按钮。

(3) 单击"插入新层"按钮,添加一个新层,然后输入文字:Click...。

(4) 返回到场景中。从"库"面板,将按钮元件拖拽到场景的适当位置。

(5) 单击按钮对象,在"动作"面板的"动作-帧"中输入 ActionScript 语句:
on (release){ getURL("http://www.nwnu.edu.cn","_blank");}

(6) 按 Ctrl+Enter 组合键,测试动画。

例 6-31 交互按钮的使用(二)。

编写 ActionScript 动作脚本来控制声音的播放和停止。

操作步骤:

(1) 新建一个 Flash 文档,选择"文件"→"导入"→"导入到库"菜单命令,导入一个 mp3 文件到库中。

(2) 在"库"面板中选取导入的 mp3 文件,按右键选取"链接..."菜单项。在弹出的"链接属性"对话框中,选择"为 ActionScript 导出"复制框,为标识符起一个简单的名字(如 sound1),如图 6-154 所示。

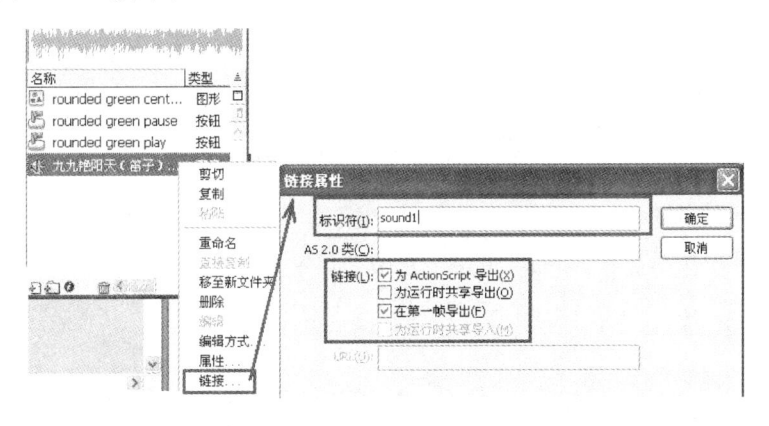

图 6-154　声音"链接"属性的设置

(3) 选择"窗口"→"公用库"→"按钮"菜单命令,弹出 Flash 系统自带的按钮库,从"playback rounded"文件夹中选取"rounded green pause"和"rounded green play"两个按钮,

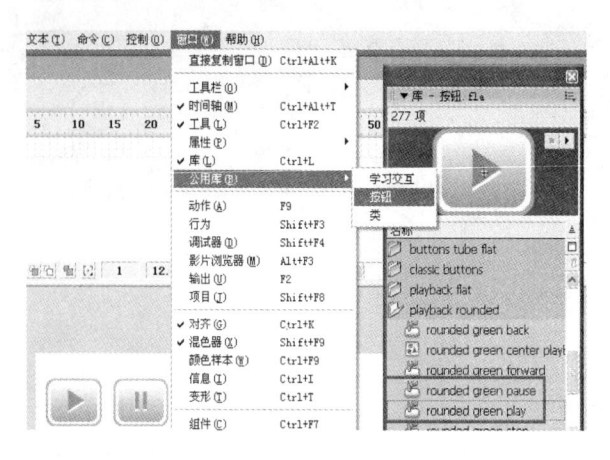

改变其大小,如图 6-155 所示。

图 6-155 按钮的选取及设置

(4) 选取"rounded green play"按钮,在其"属性"面板中将"实例名称"设为 p1。同理将"rounded green pause"按钮的"实例名称"设为 p2。

(5) 在场景空白处单击鼠标,打开"动作"面板,在"动作-帧"中输入下列语句:

```
s1=new Sound();              //定义一个声音对象
s1.attachSound("sound1");    //将 s1 对象与库中的 mp3 文件进行绑定
p1._visible=1;               //play 按钮可见
p2._visible=0;               //stop 按钮不可见
```

(6) 选中 p1 按钮,在"动作"面板的"动作-按钮"中输入下列语句:

```
on(release){
    s1.start(s1.position/1000);  //s1.position 表示上一次播放的位置(以毫秒计)
    p1._visible=0;               //play 按钮不可见
    p2._visible=1;               //stop 按钮可见
}
```

同理,选中 play 按钮,在"动作"面板的"动作-按钮"中输入下列语句:

```
on(release){
    s1.stop();                   //播放暂停
    p1._visible=1;               //play 按钮可见
    p2._visible=0;               //stop 按钮不可见
}
```

(7) 将两个按钮叠放在一起,按 Ctrl+Enter 组合键,测试动画。

例 6-32 ActionScript 动作脚本的应用——利用复制功能制作下雨动画。

操作步骤:

(1) 新建一个 Flash 文档,选择"插入"→"新建元件"菜单命令,新建一个元件,类型为"图形",名称为"雨"。选取"线条工具",笔触颜色设为白色,笔触高度设为 2,画一条短斜线,如图 6-156 所示。

(2) 选择"插入"→"新建元件"菜单命令,新建一个元件,类型为"图形",名称为"涟漪",选取"椭圆工具",笔触颜色为白色,填充色不设,画一个椭圆,如图 6-157 所示。

图 6-156 "雨"元件　　　　　　　　图 6-157 "涟漪"元件

(3) 选择"插入"→"新建元件"菜单命令,新建一个元件,类型为"影片剪辑",名称为"下雨",从库中把"雨"元件拽入到"图层1"的第1帧,将"雨"对象放在场景的中间。选取第15帧按F6插入关键帧,将"雨"往下方拽一定距离,添加运动补间动画。

插入图层2,在第15帧处按F7插入空白关键帧,将"涟漪"元件拽入,放到"雨"的下方。在第35帧处按F6键插入关键帧,用"任意变形工具"将椭圆拉大一些,并将其Alpha值设为0。

插入图层3,将"图层2"的第15～35帧复制,然后在"图层3"的20帧处开始粘贴。

同理,再添加"图层4",将"图层2"的第15～35帧再复制、粘贴到30帧开始处,如图6-158所示。

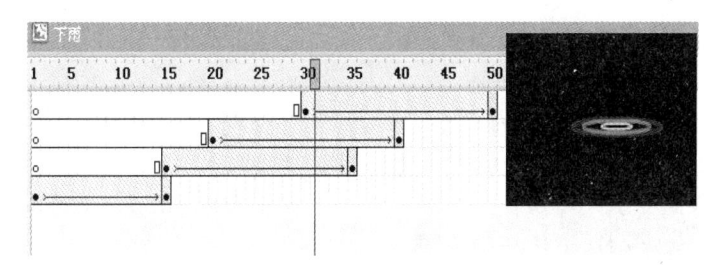

图 6-158 "下雨"影片剪辑效果

(4) 回到"场景1"中,在"图层1"的第1帧处将"下雨"的影片剪辑拽入,在"属性"面板"实例名称"中输入"rain"。在"图层1"的第2帧按F5键顺延1帧(第1帧生成雨,第2帧下雨)。

(5) 添加图层2,命名为AS层,选取AS层的第1帧,在"动作"面板的"动作-帧"中输入下列语句:

```
duplicateMovieClip("rain","rain"+i,i);            //进行复制操作
setProperty("rain"+i,_x,random(500));             //设置x坐标
setProperty("rain"+i,_y,random(350));             //设置y坐标
setProperty("rain"+i,_alpha,random(100));         //设置透明度坐标
i++;                                              //i=i+1
```

(6) 选取AS层的第2帧,按F7键插入一空白关键帧,在"动作"面板的"动作-帧"中输入下列语句:

```
if(i<100)              //100表示当雨滴名字达到100后,可从头再命名
  gotoAndPlay(1);      //回到第1帧播放
else
  i=1;
```

（7）按 Ctrl+Enter 组合键，测试动画，效果如图 6-159 所示。

请读者模仿"下雨"Flash 动画制作如图 6-160 所示的下雪动画效果。

图 6-159　下雨动画效果　　　　　　　　图 6-160　下雪动画效果

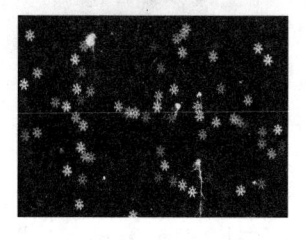

习题与思考题

一、选择题

1. 图像序列中的两幅相邻图像，后一幅与前一幅之间有较大的相关，这是(　　)。
   A. 空间冗余　　　　B. 时间冗余　　　　C. 结构冗余　　　　D. 视觉冗余
2. 以下不属于多媒体静态图像文件格式的是(　　)。
   A. .MPG　　　　　B. .BMP　　　　　C. .PCX　　　　　D. .GIF
3. 声卡是按照(　　)分类的。
   A. 采样频率　　　　B. 声道数　　　　C. 采样量化位数　　D. 压缩方式
4. 下列配置中，属于 MPC 必不可少的是(　　)。
   A. CD-ROM 驱动器　　　　　　　　　B. 音频卡
   C. 视频采集卡　　　　　　　　　　　D. 高分辨率图形、图像显示器
5. 下列功能中，哪些是目前声卡具有的功能(　　)。
   (1) 录制和播放数字音频文件　　　　(2) 混音
   (3) 语音特征识别　　　　　　　　　(4) 实时压缩与解压缩数字音频文件
   A. (1)(2)(4)　　B. (1)(3)(4)　　C. (1)(2)(3)　　D. (1)(2)(3)(4)
6. 在 RGB 模式的图像中加入一个新通道时，该通道是下面哪一种？(　　)。
   A. 红色通道　　　　B. 绿色通道　　　C. Alpha 通道　　　D. 蓝色通道
7. 两分钟双声道、16 位采样位数、22.05kHz 采样频率的声音，不压缩时的数据量为(　　)。
   A. 10.09MB　　　B. 10.58MB　　　C. 10.35MB　　　D. 5.05MB
8. 多媒体当中的媒体指的是(　　)。
   A. 感知媒体　　　　B. 表现媒体　　　C. 表示媒体　　　　D. 存储媒体
9. 下列哪种工具可以存储图像中的选区(　　)。
   A. 路径　　　　　　B. 画笔　　　　　C. 图层　　　　　　D. 通道
10. CMYK 模式的图像有多少个颜色通道(　　)。
    A. 1　　　　　　　B. 2　　　　　　　C. 3　　　　　　　D. 4
11. 下面哪个工具可以减少图像的饱和度？(　　)。
    A. 加深工具
    B. 减淡工具
    C. 海绵工具
    D. 任何一个在选项面板中有饱和度滑块的绘图工具

12. 时间轴上用小黑点表示的帧是（　　）。
    A. 空白帧　　　　　B. 关键帧　　　　　C. 空白关键帧　　　　D. 过渡帧
13. 下列名词中不是 FLASH 专业术语的是（　　）。
    A. 关键帧　　　　　B. 引导层　　　　　C. 遮罩效果　　　　　D. 交互图标
14. 在 Flash 中,对帧频率的正确描述是（　　）。
    A. 每小时显示的帧数　　　　　　　　　B. 每分钟显示的帧数
    C. 每秒钟显示的帧数　　　　　　　　　D. 以上都不对
15. 矢量图形的文件大小一般比位图文件的大小（　　）。
    A. 小　　　　　　　B. 大　　　　　　　C. 一样大　　　　　　D. 不确定
16. 二值图像的一个像素使用（　　）二进制位表示。
    A. 1 位　　　　　　B. 2 位　　　　　　C. 4 位　　　　　　　D. 16 位
17. MIDI 文件本身是没有声音的。要使 MIDI 文件发出声音,需要（　　）。
    A. 音序器和电子合成器　　　　　　　　B. 音源和电子合成器
    C. 电子乐器和合成器　　　　　　　　　D. 音源和电子乐器
18. 下面文件格式不属于声音文件的是（　　）。
    A. MP3 文件　　　　B. MIDI 文件　　　 C. AVI 文件　　　　　D. WAV 文件
19. 要达到比较好的声音质量（音乐 CD）,声卡的采样频率应该至少是（　　）。
    A. 22.05kHz　　　　B. 44.1kHz　　　　C. 48kHz　　　　　　D. 96kHz
20. 适合做二维动画的工具软件是（　　）。
    A. 3ds Max　　　　 B. Photoshop　　　 C. AutoCAD　　　　　D. Flash

二、简答题

1. 什么是多媒体？什么是多媒体技术？多媒体技术的主要特性有哪些？
2. 简述多媒体计算机的系统组成。
3. 简述声音数字化的过程。
4. 简述 MIDI 文件和 WAV 文件的区别。
5. 简述图形与图像的区别。
6. 简述扫描仪的主要性能指标。
7. 简述音频卡的主要功能。
8. 在 Photoshop 中,使用图层的优点是什么？
9. 在 Photoshop 中,蒙版的作用是什么？有哪几种产生蒙版的方法？
10. 常见的 Flash 文件格式有哪些？
11. 简述 Flash 元件的含义及类型的含义。
12. 简述 Flash 动画的类型。

三、计算题

1. 采用 22.05kHz 的采样频率和 16 位采样精度对 3min 的立体声进行数字化,需要多少存储空间？
2. 分辨率为 320 像素×240 像素的单色图像需要占据多大的存储空间？
3. 用 300dpi 来扫描一幅 8in×10in 的彩色图像,得到图像的像素数目是多少？

上 机 实 验

实验一 Photoshop 图像处理

【实验目的】
1. 熟悉 Photoshop 软件界面,掌握工具箱中工具的基本用法。
2. 掌握 Photoshop 图层的基本操作。
3. 熟练掌握 Photoshop 的蒙版、路径操作。
4. 掌握图像调整的基本操作及应用。
5. 掌握 Photoshop 的滤镜操作及常用滤镜的基本操作。

【实验内容】
按照教材中 Photoshop 应用实例讲解的步骤,完成全部例题的图像处理。

实验二 Flash 动画制作实验

【实验目的】
1. 熟悉 Flash 8 的工作环境及操作界面,掌握 Flash 8 绘图工具的使用。
2. 熟练掌握动画补间动画、形状补间动画的制作。
3. 掌握元件的应用。
4. 掌握遮罩层动画、引导层动画。
5. 掌握声音和场景的编辑。
6. 掌握动作脚本语言和含有脚本语言的动画制作。

【实验内容】
按照教材 Flash 应用实例所述的步骤,完成全部实例制作。

第 7 章　计算机网络技术基础

本章导读　计算机网络技术是计算机应用领域中的热门技术之一。目前，计算机网络向着开放、集成、高性能和智能化的方向发展。本章主要介绍计算机网络的基本概念、网络体系结构、IP 地址与域名、网络互连设备、网络操作系统、局域网技术及基于 Windows XP 的对等网构建技术。

7.1　计算机网络概述

7.1.1　计算机网络及其演变与发展

1. 计算机网络的概念

计算机网络的出现正在或已经改变着人们的生活，21 世纪是一个以网络为核心的信息时代，"网络就是计算机"已经成为我们这个时代的格言。

所谓计算机网络就是利用通信线路和设备将分布在不同地理位置的、功能独立（独立自主）的多个计算机系统互连起来，以功能完善的网络软件（如网络通信协议、信息交换方式及网络操作系统等）实现网络中信息传递和资源共享的系统。

这里，"不同地理位置"是一个相对概念，范围可以很小，也可以很大；"功能独立"是指能够独立自主运行，不依赖于其他计算机；"互连"是指以任何可能的通信方式连接。因此，只有互连，才能实现相互通信，最终实现相互操作。

2. 计算机网络的演变与发展

追溯计算机网络的发展历程，它的演变和发展可以概括为面向终端的计算机通信网络、计算机-计算机网络、开放式体系结构标准化网络、网络互连与高速网络四个阶段。

1）面向终端的计算机通信网络

20 世纪 50 年代初，出现了以一台计算机（称为主机，Host）为中心，通过通信线路，将许多分散在不同地理位置的"终端"（Terminal）连接到该主机上，所有终端用户的事务在主机中进行处理的系统，这种单机联机系统又称为面向终端的计算机网络。随着连接终端数量的增加，为了减轻计算机的负担，在通信线路和计算机之间设置一个前端处理机 FEP（Front End Processor）或通信控制器 CCU（Communication Control Unit），专门负责与终端之间的通信控制，使得数据处理与通信控制分开，以便更好地发挥中心计算机的数据处理能力，如图 7-1 所示。这种通信网络的典型代表是美国 20 世纪 50 年代的半自动地面防空系统（SAGE），它把远距离的雷达和其他测量控制设备的信号通过通信线路送到一台计算机进行处理和控制，首次实现了计算机技术与通信技术的结合。

面向终端的计算机通信网络中，终端不具备自主工作能力，只能共享主机的软硬件资源，中心计算机处于主控地位，承担数据处理和通信控制，因此是一种主从式结构，这种网络与现在的计算机网络的概念不同，只是现代计算机网络的雏形。

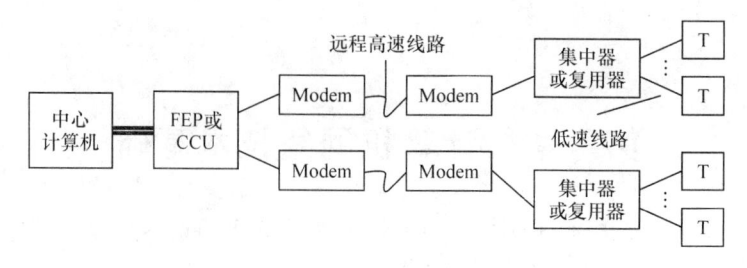

图 7-1 以单个计算机为中心的远程联机系统结构

2) 计算机-计算机网络

1957年,前苏联发射了第一颗人造卫星,引起了美国对争夺太空的重视,艾森豪威尔总统为此设立了美国国防部高级研究计划署 DARPA(Defence Advanced Research Projects Agency),旨在发展太空技术,并于1969年建成了 ARPANET(Advanced Research Projects Agency Network),该网络首先只连接了四台主机,这四台主机分布在四所高校。ARPANET 的产生开创了计算机-计算机通信的时代,在 ARPANET 中,首次采用了分组交换技术进行数据传递,该网络在概念、结构、实现和设计等方面为现代计算机网络的发展奠定了基础。图 7-2 所示是一个以多计算机为中心的网络结构。这种计算机-计算机网络是多个终端联机系统以分组交换网为中心互连,形成的多主机互连网络,网络内各用户之间的连接必须经过交换机(也称为通信控制处理机),交换机以存储转发交换方式实现分组的交换。同时,网络结构从"主机-终端"转变为"主机-主机"。

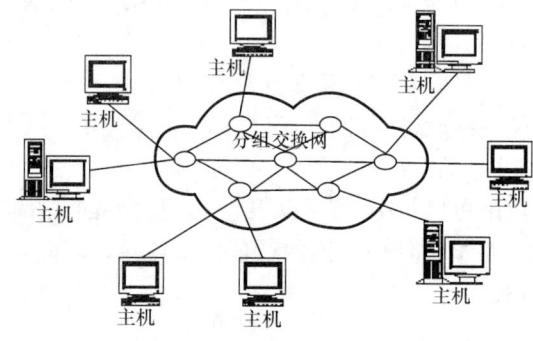

图 7-2 以多计算机为中心的网络结构

这一阶段计算机网络的主要特点是:分组交换、资源的多向共享、分散控制、采用专门的通信控制处理机、分层的网络协议,这些特点被认为是现代计算机网络的典型特征。但是这个时期的网络产品彼此之间是相互独立的,不同网络设备之间不能实现兼容和互操作,没有统一的标准。

3) 开放式体系结构标准化网络

由于 ARPANET 的成功应用,20 世纪 70 年代中期,各大计算机公司都陆续推出了自己的网络体系结构和相应的软硬件产品。例如,1974 年 IBM 公司的 SNA(System Network Architecture)和 1975 年 DEC 公司的 DNA(Digital Network Architecture)。但是各厂家提供的、自成体系的网络产品实现互连十分困难,迫切希望建立一系列的国际标准。因此,国际标准化组织 ISO(International Standard Organization)在 1977 年设立了一个分委员会,专门研究开放式网络体系结构,并于 1984 年提出了开放系统互连参考模型 OSI 七层模型。从此网络产品有了统一的标准可以遵循,为计算机网络向国际标准化方向发展提供了重要依据。同时,20 世纪 80 年代,随着微机的广泛使用,局域网获得了迅速发展。美国电气与电子工程师协会(IEEE)为了适应微机和局域网发展的需要,于 1980 年 2 月成立了 IEEE 802 局域网络标准委员会,并制定了一系列局域网络标准。在此期间,各种局域网大量涌现,为推动计算机局域网络技术的进步及应用奠定了良好的基础。这一阶段典型的标准化网络结构如图 7-3 所示,通信子网的交换设备主要是路由器和交换机。

4) 网络互连与高速网络

20 世纪 90 年代,随着网络技术的迅猛发展,特别是 1993 年美国宣布建立国家信息基础设施(National Information Infrastructure,NII)后,世界许多国家都纷纷制定和建立本国的 NII,从而极大地推动了网络技术的发展,以异步传输模式(ATM)为代表的高速传输技术和以网络计算为代表的协同工作技术的发展,以及网络安全技术的研究与发展,使计算机网络的发展进入了网络互连和高速网络时代。其连接模式如图 7-4 所示。

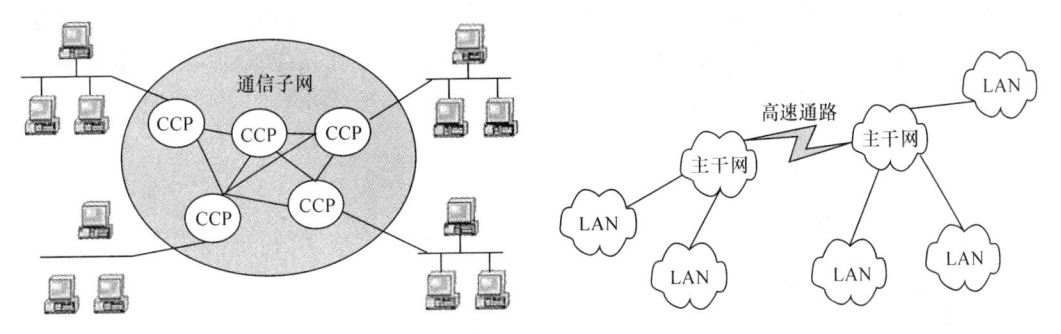

图 7-3 标准化网络结构

图 7-4 网络互连与高速网络结构

1993 年 9 月,美国政府做出了一项重大决策,放弃已经花费 300 亿美元的星球大战计划,终止拟投入 80 亿~120 亿美元的超导对撞机计划,放慢航天计划步伐,推出国家信息基础设施,即信息高速公路计划。信息高速公路是一个由许多客户机/服务器和同等层与同等层组成的大规模网络,它能以每秒数十兆位、数千兆位甚至数万兆位的速率在其主干网上传输数据。由通信网、计算机、数据库及日用电子产品组成所谓的无缝网络。这个阶段计算机网络发展的特点是高效、互联、高速和智能化应用。目前,全球以 Internet 为核心的高速计算机互连网络已经形成,Internet 已经成为人类最重要的、最大的知识宝库。

7.1.2 计算机网络的功能与组成

1. 计算机网络的功能

计算机网络的主要功能是实现数据传递和资源共享。

(1) 数据通信:包括连接建立和拆除、数据传输控制、差错检测、流量控制、路由选择、多路复用等。

(2) 资源共享:包括数据资源共享、软件资源共享、硬件资源共享。

(3) 分布式处理:所谓分布式处理,是指网络系统中若干台计算机可以互相协作共同完成一个任务,使整个系统的性能大为增强。

(4) 提高计算机系统的可靠性和可用性:在计算机网络中,某台机器出现故障时,可以使用网络中的另一台机器;某条通信线路不通时,可以取道另一条线路。

2. 计算机网络的组成

从计算机网络的物理构成上讲,计算机网络由网络硬件和网络软件构成。从逻辑功能上可以将计算机网络分为通信子网和资源子网两个部分。

1) 通信子网(Communication Subnet)

如图7-3所示,通信子网负责数据通信,由通信控制处理机(Communication Control Processor,CCP)、通信线路与其他通信设备组成,其功能是为主机提供数据传输,负责完成网络数据传输、转发等通信处理任务。

2) 资源子网(Resource Subnet)

资源子网主要对数据进行加工和处理,由访问网络和处理数据的硬件、软件组成。主要包括主机和终端、网络操作系统、网络数据库、应用系统等。

现代广域网结构中,资源子网的概念已经有了变化,随着接入局域网的微型计算机数目日益增多,一般通过路由器将局域网与广域网相连接。从组网的层次角度看,网络的组成结构也不一定是一种简单的平面结构,可能变成一种分层的立体结构。

7.1.3 计算机网络的分类

对计算机网络进行分类的方式很多,这里给出几种常见的分类。

1. 按网络的作用范围进行分类

按网络的作用范围进行分类,计算机网络可以分为局域网、城域网和广域网。

1) 局域网(Local Area Network,LAN)

局域网是最常见的计算机网络,一般覆盖范围为几百米到几千米,为一个单位或部门组建的小型网络。局域网具有规模小、速度快、管理方便等特点。局域网技术是当前计算机网络研究和应用的一个热点,也是目前技术发展最快的领域之一,最有代表性的网络产品是以太网(Ethernet)。

2) 广域网(Wide Area Network,WAN)

广域网分布范围广,一般覆盖数百千米到数千千米,可覆盖一个国家或一个洲。由于速度慢、延迟长、入网站点无法参与网络管理,网络管理工作主要由诸如交换机、路由器等负责,入网站点只管收发数据。

3) 城域网(Metropolitan Area Network,MAN)

城域网的范围介于局域网和广域网之间,是一座城市或一个地区组建的网络,作用范围一般在10~100km的区域。宽带城域网的建设是目前网络建设的热点。

在一个学校范围内的计算机网络通常称为校园网,可以看作是一个介于普通局域网和城域网之间的、规模较大的、结构较复杂的局域网络。需要指出的是,随着计算机网络技术的发展,局域网、广域网、城域网的界限已经变得模糊了。

2. 按通信传输方式进行分类

按照通信传输方式,可以将计算机网络分为点到点式网络和广播式网络。

1) 点对点式网络(Point-to-Point Network)

点对点式的网络由一对机器之间的多条连接构成,网络中的每对主机、交换机及主机与交换机之间都存在一条物理信道,沿某信道发送的数据确定无疑的只有信道另一端的唯一一台机器能收到。在这种结构中,没有信道竞争,几乎不存在访问控制问题。绝大多数广域网都采用点对点的拓扑结构。

2) 广播式网络(Broadcast Network)

在广播式网络中,所有主机共享一条信道,某主机发出的数据,其他主机都能收到。在广播信道中,由于信道共享而引起信道访问冲突,因此信道访问控制是要解决的关键问题。广播式网络主要用于局域网,微波、卫星通信网也是广播式网络。

3. 按网络拓扑结构进行分类

拓扑结构一般是指点和线的几何排列或组成的几何图形。计算机网络的拓扑结构是指一个网络的通信链路和结点的几何排列或物理布局图形。链路是网络中相邻两个结点之间的物理通路,结点是指计算机和有关的网络设备,甚至指一个网络。

网络拓扑可以根据通信子网中通信信道的类型分为点对点线路通信子网拓扑和广播信道通信子网拓扑。在点对点线路通信子网中,每条物理线路连接一对结点,基本拓扑有四种:星型、环型、树型和网状型;在广播信道通信子网中,一个公共的通信信道被多个网络结点共享,其基本拓扑有四种:总线型、环型、树型、无线通信和卫星通信型。因此,按照拓扑结构的不同,计算机网络可分为以下五类,其对应结构如图 7-5 所示。

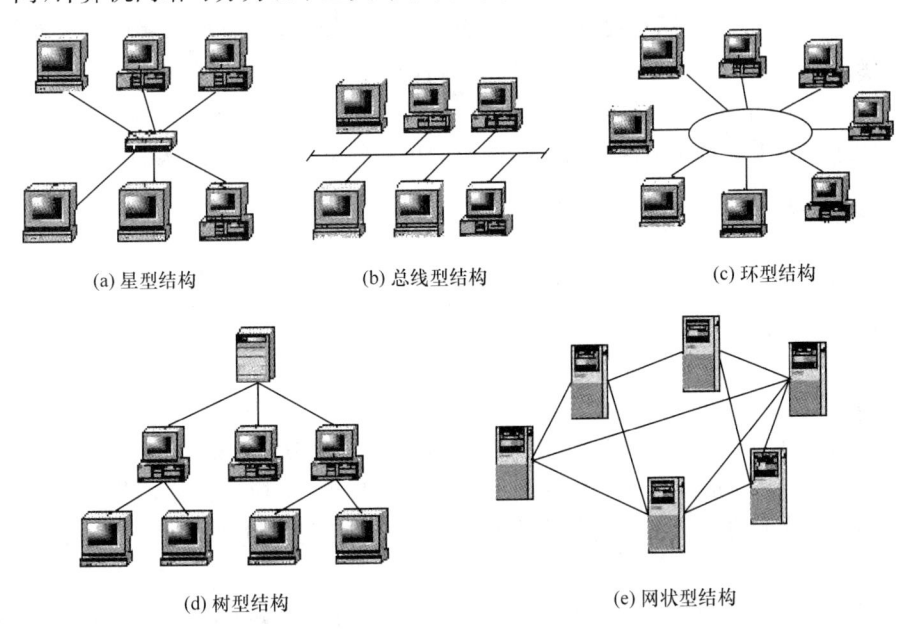

(a) 星型结构　　　(b) 总线型结构　　　(c) 环型结构

(d) 树型结构　　　(e) 网状型结构

图 7-5　常见网络拓扑结构

1) 星型结构(Star Topology)

星型拓扑是以中心结点为中心与各结点连接而组成的拓扑结构,如图 7-5(a)所示。各结点之间不能直接通信,必须通过该中心处理机转发。因此,中心结点相当复杂,负担也重,必须有较强的功能和较高的可靠性。该结构的网络结构简单、建网容易、控制相对简单。但是由于采用集中式控制,主机负载过重,可靠性低,通信线路利用率低。星型拓扑结构是目前局域网广泛采用的拓扑结构之一。

2) 总线型结构(Bus Topology)

总线拓扑是网络中所有设备都通过一条公共总线连接的拓扑结构,如图 7-5(b)所示。

通信时任何一个结点的信息都可以沿着总线传播,并且能被总线中任何一个结点所接收。因此,总线网络也被称为广播式网络。总线拓扑结构的特点是结构简单灵活,便于扩充,网络响应速度快,安装使用方便,共享资源能力强。但是可靠性不高,总线有一定的负载能力,其长度有一定限制,一条总线只能连接一定数量的结点。

3) 环型结构(Ring Topology)

环型结构将各个连网的计算机由通信线路连接形成一个首尾相连的闭合环,如图7-5(c)所示。在环型结构的网络中,信息按固定方向流动,或顺时针方向,或逆时针方向。其传输控制机制较为简单,实时性强,但可靠性较差,网络扩充复杂。环型网是微机局域网常用的拓扑结构之一。

4) 树型结构(Tree Topology)

树型结构实际上是星型结构的一种变形,它将原来用单独链路直接连接的结点通过多级处理主机进行分级连接,如图7-5(d)所示。这种结构与星型结构相比降低了通信线路的成本,但增加了网络复杂性。除了最低层结点外,任何一个结点连线的故障均影响其所在支路网络的正常工作。

5) 网状型结构(Net Topology)

如图7-5(e)所示,网状型结构的优点是结点间路径多,碰撞和阻塞可大大减少,局部的故障不会影响整个网络的正常工作,可靠性高,网络扩充和主机入网比较灵活、简单。但是这种网络关系复杂,建网不易,网络控制机制复杂,一般是广域网首选的拓扑结构。

实际使用中,还可以利用这些拓扑结构构造出一些复合型拓扑结构的网络。

7.1.4 传输媒体

目前常用的网络传输媒体可以分为有线传输媒体和无线传输媒体。

1. 有线传输媒体

1) 双绞线(Twisted Pair)

双绞线是将两根互相绝缘的铜导线用规则的方法以螺旋形扭绞起来的传输媒体,用于模拟或数字传输,其通信距离一般为几公里到十几公里,对于模拟传输,其距离太长时要加放大器,以将衰减了的信号放大到合适的数值。对于数字传输则要加中继器,以对失真的数字信号进行整形。

双绞线按其是否有屏蔽,可分为屏蔽双绞线(Shielded Twisted Pair,STP)和非屏蔽双绞线(Unshielded Twisted Pair,UTP)。屏蔽双绞线是在一对双绞线外面有金属筒缠绕,有的还在几对双绞线的外层用铜编织网包上,用作屏蔽,最外层再包上一层具有保护性的聚氯乙烯塑料。与非屏蔽双绞线(结构如图7-6所示)相比,其误码率明显下降,但STP的价格较贵。非屏蔽双绞线除少了屏蔽层外,其余均与屏蔽双绞线相同,其抗干扰能力较差,误码率高达$10^{-5} \sim 10^{-6}$,但因其价格便宜而且安装方便,广泛用于电话系统和局域网中。

图7-6 5类非屏蔽双绞线

双绞线还可以按其电气特性进行分级或分类。电气工业协会/电信工业协会(EIA/TIA)将其定义为7

种型号。局域网中常用第 5 类和第 6 类双绞线，它们都为非屏蔽双绞线，均由 4 对双绞线构成一条电缆。

2) 同轴电缆(Coaxial Cable)

同轴电缆由内导体铜质芯线、绝缘层、网状编织的外导体屏蔽层及绝缘保护塑料套层组成，如图 7-7 所示。这种结构中的外导体屏蔽层可以防止中心导体向外辐射电磁场，也用来防止外界电磁场干扰中心导体的信号，因而具有很好的抗干扰特性，广泛用于较高速率的数据传输。通常按阻抗数值的不同，同轴电缆分为基带同轴电缆(50Ω 同轴电缆)和宽带同轴电缆(75Ω 同轴电缆)。基带同轴电缆仅用于传输数字信号，宽带同轴电缆带宽可达 300～500MHz，用于传输模拟信号。

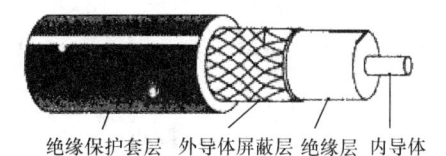

图 7-7 同轴电缆

3) 光缆(Optical Fiber)

光缆也叫光导纤维，是一种传输光束的细微而柔韧的媒体，通常由非常透明的石英玻璃拉成细丝，纤芯和包层构成双层通信圆柱体。纤芯用来传导光波，包层有较低的折射率，当光线从高折射率的媒体射向低折射率的媒体时，其折射角将大于入射角。因此，如果入射角足够大，就会出现全反射，即光线碰到包层时就会折射回纤芯。这个过程不断重复，光沿着光纤向前传输，如图 7-8 所示。光纤发送端采用发光二极管(Light Emitting Diode,LED)或注入型激光二极管(Injection Laser Diode,ILD)两种光源。

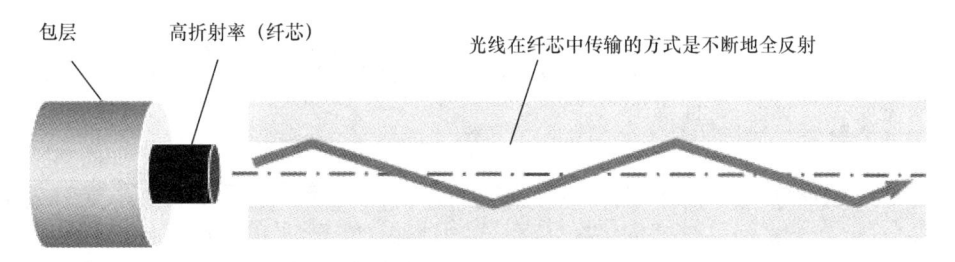

图 7-8 光线在光纤中的折射

光纤有多模光纤 MMF(Multi-Mode Fiber,在给定的工作波长上，能够以多个模式同时传输的光纤，包层根据光的不同折射率控制不同模的速度，传输性能较差)和单模光纤 SMF(Signal-Mode Fiber,在给定的工作波长上只能以单一模式传输，传输频带宽，容量大)两种。在计算机网络中均采用两根光纤(一来一去)组成传输系统。

光纤按波长范围的不同，可分为三种：0.85μm 波长(0.8～0.9μm)、1.3μm 波长(1.25～1.35μm)和 1.55μm 波长区(1.53～1.58μm)。不同的波长范围光纤损耗特性也不同，其中 0.85μm 波长区为多模光纤通信方式，1.55μm 波长区为单模光纤通信方式，1.3μm 波长区有多模和单模两种方式。光纤的性能由模、材料、芯和外尺寸决定。常用的光纤有：8.3μm 芯/125μm 外层，单模；62.5μm 芯/125μm 外层，多模；50μm 芯/125μm 外层，多模；100μm 芯/140μm 外层，多模。使用较多的是 62.5μm 芯/125μm 外层的 MMF 和 8.3μm 芯/125μm 外层的 SMF。

光纤的传输频带在 1km 内可达 1GHz 以上，在 30km 内仍大于 25MHz。光纤传输损耗小，通常在 6～8km 的距离内不使用中继器即可实现高速率数据传输，基本上没有损耗，这正是光纤通信得到飞速发展的关键原因。由于光纤传输不受雷电和电磁干扰,无串音干扰,所以保密性好,不容易被窃听或截取数据。此外,光纤的误码率很低,可低于 10^{-10},而双绞线的误码率为 $10^{-5} \sim 10^{-6}$,基带同轴电缆为 10^{-7},宽带同轴电缆为 10^{-9}。

2. 无线传输媒体

1）微波通信

微波通信分为地面微波通信和卫星微波通信。微波能穿透电离层而不反射到地面,只能沿地球表面由源向目标直线传播,在地面的传播距离有限。为实现远距离传输,每隔几十公里便需要建立中继站,通过中继站把前一站送来的信号经过放大后再发送到下一站。为了增加微波的传输距离,应提高微波收发器或中继站的高度。当将微波中继站放在人造卫星上时,便形成了卫星通信系统,也即利用位于 36000km 高的人造同步地球卫星作为中继器的一种特殊微波通信形式。卫星通信可以克服地面微波通信距离的限制,通信距离远,属于广播式通信,且通信费用与通信距离无关,三个同步卫星可以覆盖地球上全部通信区域,这是卫星通信的最大特点。

2）红外通信和激光通信

红外通信和激光通信与微波通信一样,有很强的方向性,都是沿直线传播的。但红外通信和激光通信要把传输的信号分别转换为红外信号和激光信号后才能直接在空间沿直线传播。

7.2 计算机网络体系结构

7.2.1 协议分层与体系结构

计算机网络系统是一个十分复杂的系统。将一个复杂系统分解为若干个容易处理的子系统,然后"分而治之",这种结构化设计方法是工程设计中常见的手段。分层就是系统分解的最好方法之一,每一层都建立在它的下层之上。不同的网络,其层的数量、各层名称、内容及功能都不尽相同。但是在所有的网络中,每一层都向它的上一层提供服务,而将如何实现这一服务的细节对上一层加以屏蔽。一台机器上的第 N 层与另一台机器上的第 N 层进行对话,通话的规则就是第 N 层协议。不同机器里包含的对应层的实体叫做对等进程,也就是说,对等进程利用协议进行通信。实际上,数据不是从一台机器的第 N 层直接传送给另一台机器的第 N 层,而是每一层都将数据和控制信息交给它的下一层,直到最底层。最底层的下面是传输媒体,它实现了实际通信。

因此,网络协议(Network Protocol)就是同层对等实体间进行数据交换时所遵守的一组规则,简称协议。网络协议由语法、语义和同步三个要素组成。

(1) 语法:构成协议的数据与控制信息的结构和格式。

(2) 语义:需要发出何种控制信息,完成何种动作及做出何种响应。

(3) 同步:也称定时,是事件实现顺序和速度的详细说明。

由此可见,网络协议实质上是实体间通信时所使用的一种语言。在层次结构中,每一层都可能有若干个协议,当同层的两个实体间相互通信时,必须满足这些协议。

在分层结构中,每一对相邻层之间都有一个接口,接口定义了下层向上层提供的服务。

因此,网络设计者必须考虑在相邻层之间定义一个清晰的接口。由此可以看出,服务定义了相邻层之间的接口,而协议定义了同层对等实体间的规则。

在计算机网络中,层与协议的集合被称为网络体系结构(Network Architecture)。具体而言是关于计算机网络应设置哪几层,每层应提供哪些功能的精确定义。至于这些功能应如何实现,则不属于网络体系结构部分。

7.2.2 ISO/OSI 参考模型

国际标准化组织 ISO 于 1980 年发表了第一个开放系统互连参考模型(Open Systems Interconnection/Reference Model,OSI/RM)的建议书,1983 年被正式批准为国际标准,因为它是关于如何把开放式系统连接起来的,所以也称为 OSI 参考模型,记为 ISO/OSI/RM。

该模型定义了用于网络结构的七个层次,也称为 OSI 七层参考模型,各层从下到上分别称为物理层、数据链路层、网络层、运输层、会话层、表示层和应用层,如图 7-9 所示。OSI 参考模型并非具体实现的描述,它只是一个为制定标准进而提供的概念性框架。

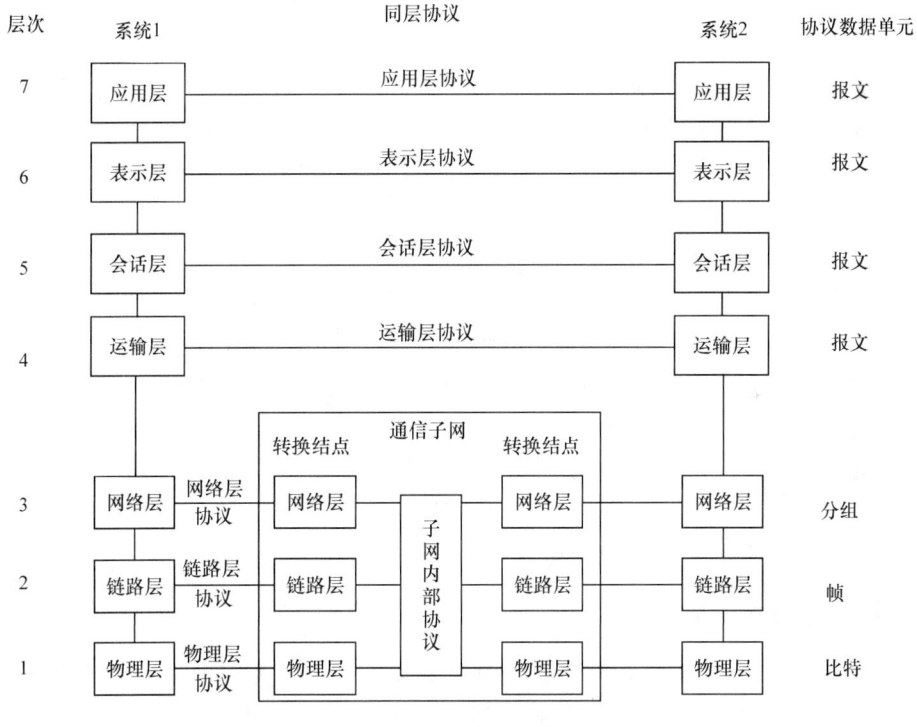

图 7-9 OSI 参考模型分层结构及协议

1) 物理层(Physical Layer)

物理层定义了为建立、维护和释放物理链路所需的机械的、电气的、功能的和规程的特性,其作用是使原始的数据比特流能在物理媒体上传输。其中,机械特性定义接口的形状和尺寸、引线数目和排列、固定和锁定装置等;电气特性定义接口电缆的各条线上出现的电压范围;功能特性主要定义信号线上出现的某一电平的电压表示何种意义;规程特性指明对于不同功能的各种可能事件的出现顺序。特别注意,物理层上传输的数据单位是比特(bit),传送信息的物理媒体,如双绞线、光纤等并不在 OSI 参考模型的七层之内。

2) 数据链路层(Data Link Layer)

数据链路层(也称为链路层)的主要作用是在两个相邻结点间的线路上无差错地传送以帧(Frame)为单位的数据,帧中包含地址、控制、数据及校验码等信息。此外,还要协调收发双方的数据传输速率,即进行流量控制,以防止接收方因来不及处理发送方传来的高速数据而导致缓冲器溢出及线路阻塞。

3) 网络层(Network Layer)

网络层主要实现通信子网内合理的路由选择,控制分组(Packet)流量,避免通信子网中出现过多的分组而造成网络阻塞。分组跨越多个通信子网到达目的地时,还要解决网际互联问题。

4) 运输层(Transport Layer)

运输层也称为传输层,是第一个端-端,即主机-主机的层次。运输层提供的端到端的透明"报文"运输服务,使高层用户不必关心通信子网的存在,因此用统一的运输原语书写的高层软件便可运行于任何通信子网上。运输层还要处理端到端的差错控制和流量控制问题。所以,运输层是 OSI 参考模型中最为关键的一层。

5) 会话层(Session Layer)

会话层是进程-进程的层次,其主要功能是组织和同步不同的主机上各种进程间的通信(也称为对话)。它负责在两个会话层实体之间进行对话连接的建立和拆除。会话层虽然不参与具体的数据传输,但可以提供数据流中插入同步点的机制,使两个互相通信的应用进程之间建立、组织和协调其交互。

6) 表示层(Presentation Layer)

表示层采用标准的编码表示形式,为上层用户提供共同的语法表示变换。使采用不同编码方法的计算机在通信中能相互理解数据的内容,并将计算机内部的表示形式转换成网络通信中采用的标准表示形式。数据压缩和加密是表示层可提供的表示变换功能。

7) 应用层(Application Layer)

应用层是 OSI 参考模型中的最高层。不同的应用层为特定类型的网络应用提供访问 OSI 环境的手段。作为互相作用的应用进程的用户代理(User Agent),完成一些为进行语义上有意义的信息交换所必需的功能。

7.2.3 TCP/IP 参考模型

TCP/IP 协议是美国的国防部高级计划研究局 DARPA 为实现 ARPANET 互联网而开发的,也是很多大学及研究所多年的研究商业化的结果。目前,众多的网络产品厂家都支持 TCP/IP 协议,TCP/IP 已成为一个事实上的工业标准。

1. TCP/IP 协议分层

TCP/IP 是一组协议的代名词,它还包括许多其他的协议,这些协议组成了 TCP/IP 协议集。TCP/IP 采用分层体系结构,每一层提供特定的功能,层与层间相对独立,从而简化了系统的设计和实现,提高了系统的可靠性及灵活性。

TCP/IP 参考模型分为四个层次,即主机-网络层、网际层、运输层和应用层,如图 7-10 所示。

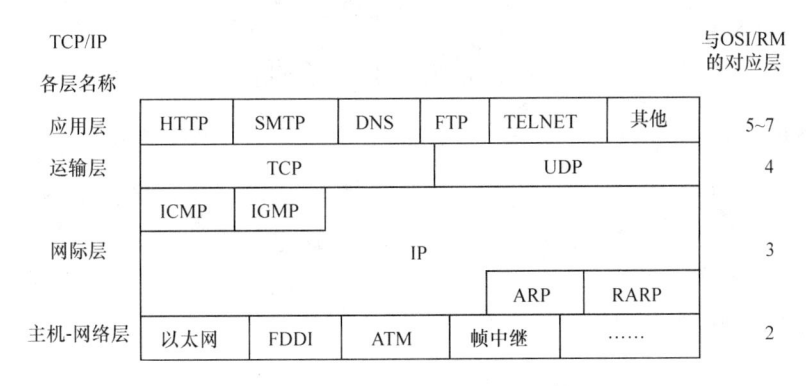

TCP/IP各层名称						与OSI/RM的对应层
应用层	HTTP	SMTP	DNS	FTP	TELNET 其他	5~7
运输层	TCP				UDP	4
网际层	ICMP	IGMP	IP		ARP RARP	3
主机-网络层	以太网	FDDI	ATM	帧中继	……	2

图 7-10 TCP/IP 层次模型及协议

2. 各层功能及协议简介

(1) 主机-网络层：TCP/IP 的最底层。指定如何通过网络发送与接收数据，包括直接与传输媒体接触的硬件设备如何将比特流转换成电信号。实际上，TCP/IP 并没有真正描述这一部分，只是指出主机必须使用某种协议和网络连接，以便允许连接不同类型的物理网络，使所有流行的物理网络都能在其上传输 IP 数据报。如 Ethernet、ATM 网、X.25、帧中继等各种物理网产品，以及 IEEE 802 系列局域网协议、HDLC 等。

(2) 网际层：也称网络层，是 TCP/IP 的第二层，它相当于 OSI 参考模型的网络层，负责处理分组在网络中的路由选择、流量控制等。该层的核心协议是无连接的网络互连协议 IP(Internet Protocol)，传送的数据单位是数据报(Datagram，也叫分组)。与 IP 协议配套的协议有 Internet 控制报文协议(Internet Control Message Protocol, ICMP)、Internet 组管理协议(Internet Group Management Protocol, IGMP)、地址解析协议(Address Resolution Protocol, ARP)和逆地址解析协议(Reverse Address Resolution Protocol, RARP)。

(3) 运输层：TCP/IP 的第三层，主要为两台主机之间的应用程序提供端到端的通信。可以使用两种不同的协议，即面向连接的传输控制协议(Transmission Control Protocol, TCP)和无连接的用户数据报协议(User Data Protocol, UDP)。运输层传送的数据单位是报文(Message)或数据流(Stream)。

(4) 应用层：TCP/IP 的最高层，包括所有的高层协议。应用层的协议主要有以下几种。

① 网络终端协议 TELNET，用于实现 Internet 中的远程登录功能。
② 文件传输协议 FTP，用于实现 Internet 中交互文件传输功能。
③ 简单邮件传送协议 SMTP，用于实现 Internet 中电子邮件传输功能。
④ 超文本传输协议 HTTP，用于 WWW 服务。
⑤ 域名系统 DNS，用于实现域名到 IP 地址映射的网络服务。
⑥ 简单网络管理协议 SNMP，用于网络管理。

7.3　IP 地址与域名机制

7.3.1　IP 地址

IP 地址是按照 IP 协议规定的格式,为每一个正式接入 Internet 的主机所分配的唯一通信地址。目前使用的 IP 协议有 4.0 和 6.0 版本,分别记为 IPv4 和 IPv6。

IPv4 采用 32 位二进制进行地址编排,划分为 4 个字节,由网络号 net_id 和主机号 host_id 两部分构成。网络号指出该主机所在的网络,全球统一分配;主机号用来标识这个网络上的一台主机,可由本单位内部自行分配。

IP 地址分为 A、B、C、D、E 五类,如图 7-11 所示。其中 A、B、C 类称为基本类,D 类用于组播,E 类保留以备将来使用。32 位的二进制地址不便于用户记忆,通常用点分十进制数表示,即每 8 位二进制用等效的十进制数表示。

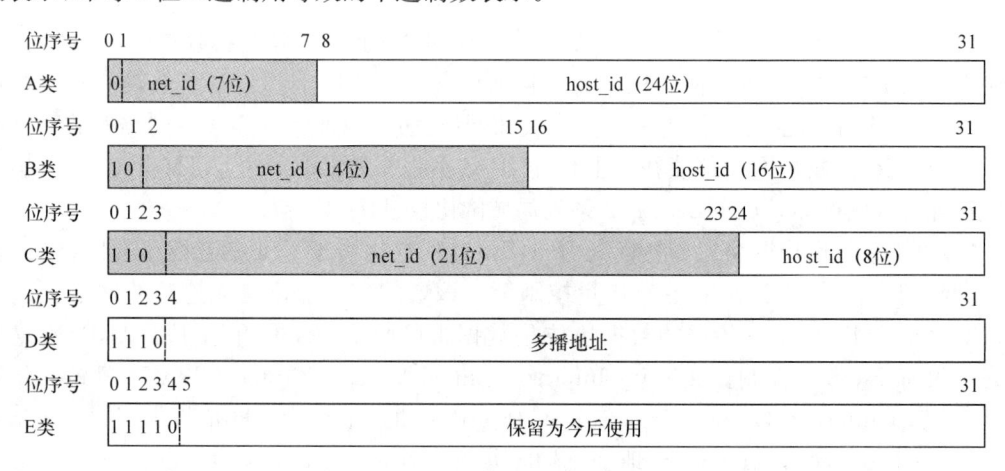

位序号	0 1	7 8		31
A类	0	net_id (7位)	host_id (24位)	

位序号	0 1 2		15 16		31
B类	1 0	net_id (14位)		host_id (16位)	

位序号	0 1 2 3			23 24		31
C类	1 1 0		net_id (21位)		host_id (8位)	

位序号	0 1 2 3 4		31
D类	1 1 1 0	多播地址	

位序号	0 1 2 3 4 5		31
E类	1 1 1 1 0	保留为今后使用	

图 7-11　IP 地址编址方案

A 类地址的最高位用 0 标识,其网络号占用 7 位,网络号为全 0 的 IP 地址表示"本网络",网络号为 127 的 IP 地址保留作为本机软件回路测试。A 类地址可分配使用的网络号有 2^7-2,即 126 个(1~126)。同时,主机号为全 0 的 IP 地址表示"本主机",全 1 的 IP 地址表示本网络中所有主机,因此,可分配的主机号为 16777214($2^{24}-2$)个。A 类网络地址数量较少,一般分配给少数拥有大量主机的大型网络,目前已经分配完毕。其可用地址范围是 1.0.0.1~126.255.255.254。

B 类地址的最高两位用 10 标识,其网络号占用 14 位。可分配的网络号为 16384(2^{14})个,主机号为 65534($2^{16}-2$)个。B 类网络一般适用于中等规模的网络,已经基本耗尽。其可用地址范围是 128.0.0.1~191.255.255.254。

C 类地址的最高三位用 110 标识,其网络号占用 21 位。可分配的网络号为 2097152(2^{21})个,主机号为 254(2^8-2)个。C 类网络地址数量较多,适用于小规模的局域网络,其可用地址范围是 192.0.0.1~223.255.255.254。

IP 地址中还有一些地址有特殊用途,表 7-1 给出了 IP 地址的范围及其说明。

表 7-1 IP 地址范围及说明

地址类	网络范围	特殊 IP 说明
A	0~127	0.0.0.0 保留,作为本机 0.x.x.x 保留,指定本网中的某个主机 10.x.x.x 保留地址 127.x.x.x 保留用于回送,在本地机器上进行测试和实现进程间通信
B	128~191	172.16.x.x~172.31.x.x,保留地址
C	192~223	192.168.0.x~192.168.255.x,保留地址
D	224~239	用于广播传送至多个目的地址用
E	240~255	保留地址 255.255.255.255 对本地网上的所有主机进行广播

注意:保留的 IP 地址不能在 Internet 上使用,而只能在内部局域网使用。为了保证使用保留地址的计算机能够接入 Internet,需要在连接这个网络的路由器上设计网络地址转换(NAT),将内部地址转换为 Internet 上的 IP 地址。

7.3.2 划分子网与子网掩码

IP 地址空间的利用率有时很低,给每一个物理网络分配一个网络号会使路由表变得太大而使网络性能变坏,两级的 IP 地址不够灵活。从 1985 年起在 IP 地址中又增加了一个子网号(Subnet_id)字段,使两级的 IP 地址变成为包含"网络号-子网号-主机号"的三级 IP 地址,这种做法称为划分子网(Subnetting)。划分子网纯属一个单位内部的事情,这个单位对外仍然表现为没有划分子网的网络。

通常,子网号是从主机号的高位中借用若干位得到的。在组建计算机网络时,通过子网技术可将一个大的网络划分为若干个小网络,利用路由器等网络连接设备进行连接,可以减轻网络负载,提高性能。

例 7-1 图 7-12 所示是一个 B 类网络的地址,取主机号的高 7 位作为子网号,低 9 位作为每个子网内的主机号。在这个方案中,实际最多可以有 $2^7-2=126$ 个子网(不含子网地址字段全为 0 和全为 1 的子网,因为全为 0 和全为 1 的网段都不能使用)。每个子网最多可以有 $2^9-2=510$ 台主机(不含全为 0 和全为 1 的主机)。

```
      0 1 2              15 16                              31
B类 | 1 | 0 |    net_id    |            host_id              |
                    (a) 划分子网前

      0 1 2              15 16         22 23                31
B类 |   |   |    net_id    |  subnet_id  |      host_id      |
                    (b) 划分子网后
```

图 7-12 B 类网络划分子网示意图

子网号的位数没有限制(但不能是 1 位,1 位的子网号相当于并未划分子网),具体划分可由网络管理人员根据所需子网个数和子网中主机数目确定。

在数据的传输中,路由器必须从 IP 数据报的目的 IP 地址中分离出网络号,才能知道下一网络的位置。为了分离网络号,就要使用网络掩码。网络掩码为 32 位二进制数值,IP 地址中的网络号部分在网络掩码中用 1 表示,主机号部分用 0 表示。由此,A、B、C 三类地址对应的网络掩码分别为 255.0.0.0、255.255.0.0、255.255.255.0。

划分子网后的网络环境中,网络掩码就是子网掩码(没有划分子网的掩码称为默认子网掩码),是说明子网与主机关系的一种特殊 IP 地址,与 IP 地址成对使用。将网络掩码中相对于子网地址的位设置为1,就形成了子网掩码。例 7-1 中 B 类 IP 地址中主机号的高 7 位设为子网地址,则其子网掩码为 255.255.254.0。

例 7-2 一个 C 类网络的网络号为 192.168.23.0,假设子网掩码为 255.255.255.192,而 C 类网络的默认子网掩码为 255.255.255.0,将子网掩码中的 192 转换为二进制数,即 192=11000000B,由子网掩码的概念可知,该网络划分了子网,而且子网号占用 2 位。

该网络可以划分为 4 个子网,其子网号分别为二进制数 00、01、10、11。因此,这 4 个子网的起始地址分别是 192.168.23.0、192.168.23.64、192.168.23.128、192.168.23.192,其中有效使用的有 2 个子网,即 192.168.23.64 和 192.168.23.128。如果网络内一台主机的 IP 地址是 192.168.23.186,通过子网掩码可知,它属于子网 192.168.23.128。

在选择路由时,用子网掩码与目的 IP 地址按二进制位做"与"运算,就可保留 IP 地址中的网络地址部分,而屏蔽主机地址部分。同理,将掩码的反码与 IP 地址作逻辑"与"操作,可得到其主机地址。

为了保证分配到的 IP 地址是连续的,IETF 提出了无分类域间路由(Classless Inter Domain Routing,CIDR)技术,取消了地址的分类结构。

7.3.3 域名机制

1. 域名系统

网络上主机通信必须指定双方机器的 IP 地址。IP 地址虽然能够唯一地标识网络上的计算机,但这些用数字表示的 IP 地址不便于人们记忆。早期的 Internet 中整个网络上只有数百台计算机,那时使用一个叫做 hosts 的文件,列出所有主机名字和相应的 IP 地址,用户输入一个主机的名字,计算机很快地就将该主机名字转换为 IP 地址。但随着 Internet 规模的逐渐扩大,主机数量的急剧增加,这种使用一台域名服务器完成转换的做法无法采用。1983 年开始,Internet 采用了一种树状层次结构的主机命名规则,从逻辑上,所有域自上而下形成一个树状层次结构,每个域都可包含多个主机和多个子域,树叶域通常对应于一台主机,每个域或子域都有其固有的域名。

Internet 所采用的这种基于域的层次结构名字管理机制称为域名系统(Domain Name System)。域名系统与 IP 地址的结构一样,采用典型的层次结构。它将整个 Internet 视为一个由不同层次的域组成的集合体,即域名空间,并设定域名采用层次型命名法,从左到右,从小范围到大范围,表示主机所属的层次关系。不过,域名反映出的这种逻辑结构和其物理结构没有直接的联系。

域名由字母、数字和连字符组成,开头和结尾必须是字母或数字,最长不超过 63 个字符,不区分大小写,完整的域名总长度不超过 255 个字符。实际使用中,每个域名长度一般小于 8 个字符。其格式为:

主机名 . 机构名 . 网络名 . 顶级域名

顶级域名（TLD）目前分为三类：一类是通用顶级域名（gTLD），如 .com 为商业机构、.edu 为教育机构等，还有像 .firm、.info 等顶级域名；一类是国家顶级域名（nTLD），如 .cn 代表中国、.ru 代表俄罗斯等；一类是国际顶级域名（iTLD），如 .int。美国没有自己的国别顶级域名，采用行业领域的顶级域名。表 7-2 给出了一些常见顶级域名。

表 7-2 各种顶级域名简表

通用顶级域名（gTLD）					
1994 年公布		新增通用顶级域名			
域名	含义	域名	含义	域名	含义
.com	商业机构	.firm	公司、企业	.coop	企业组织
.edu	教育机构	.store	商店、销售公司和企业	.museum	博物馆
.gov	政府部门	.art	文化、娱乐活动单位	.biz	企业
.net	网络组织	.rec	消遣、娱乐活动单位	.pro	会计、律师和医师等自由职业者
.mil	军事机构	.web	突出 WWW 活动的单位	.name	个人
.org	其他非盈利组织	.aero	航天工业	.info	提供信息服务的单位
部分国家和地区的顶级域名（nTLD）					
域名	国家和地区名	域名	国家和地区名	域名	国家和地区名
.ca	加拿大	.hk	中国香港	.tw	中国台湾
.cn	中国	.in	印度	.uk	英国
.ge	德国	.it	意大利	.sg	新加坡
.fr	法国	.jp	日本	.kr	韩国

通用顶级域名中，除 .edu、.gov、.mil 为美国国内专用外，其他域名均为国际上通用，由因特网信息中心（InterNIC）负责域名的注册和管理。我国的顶级域名为 .cn，二级域名分为用户类型域名和省、市、自治区域名两类。用户类型域名为行业域名后加 .cn，如 .com.cn、.edu.cn 等，省、市、自治区域名适用于我国各省、自治区、直辖市，如 .bj.cn 代表北京市。

IP 地址和域名是相对应的，当用户使用 IP 地址时，负责管理的计算机可直接与对应的主机联系；而使用域名时，则先将域名送往域名服务器，通过服务器上的域名和 IP 地址对照表翻译成相应的 IP 地址，传回负责管理的计算机后，再通过该 IP 地址与主机联系。Internet 中一台计算机可以有多个用于不同目的的域名，但只能有一个 IP 地址（不含内网 IP 地址）。一台主机从一个地方移到另一个属于不同网络的地方时，其 IP 地址必须更换，但是可以保留原来的域名。

2．域名解析

将域名翻译为对应 IP 地址的过程称为域名解析（Name Resolution）。请求域名解析服务的软件称为域名解析器（Name Resolver），它运行在客户端，通常嵌于其他应用程序内，负责查询域名服务器，解释域名服务器的应答，并将查询到的有关信息返回给请求程序。

1）域名服务器

运行域名和 IP 地址转换服务软件的计算机称为域名服务器（Domain Name Server，DNS），它负责管理、存放当前域的主机名和 IP 地址的数据库文件，以及下级子域的域名服务器信息。所有域名服务器数据库文件中的主机和 IP 地址组成一个有效的、可靠的、分布式域名——地址映射系统。同域结构对应,域名服务器从逻辑上也呈树状分布,每个域都有自己的域名服务器,最高层为根域名服务器,它通常包含了顶级域名服务器的信息。

2) 域名解析

域名解析的方式有两种。一种是递归解析(Recursive Resolution),要求域名服务器系统一次性完成全部域名——地址变换,即递归地采用一个服务器请求下一个服务器,直到最后找到相匹配的地址,是目前较为常用的一种解析方式。一种是迭代解析(Iterative Resolution),每次请求一个服务器,当本地域名服务器不能获得查询答案时,就返回下一个域名服务器的名字给客户端,利用客户端上的软件实现下一个服务器的查找,依此类推,直至找到具有接收者域名的服务器。二者的区别在于前者将复杂性和负担交给服务器软件,适用于域名请求不多的情况。后者将复杂性和负担交给解析软件,适用于域名请求较多的环境。

每当一个用户应用程序需要将对方的域名转换为 IP 地址时,它就成为域名系统的一个客户。客户首先向本地域名服务器发送请求,本地域名服务器如果找到相应的地址,就发送一个应答信息,并将 IP 地址交给客户,应用程序便可以开始正式的通信过程。如果本地域名服务器不能回答这个请求,就采取递归或迭代方式找到并解析出该地址。

7.3.4 IPv6

从 Internet 的发展规模和网络传输速率来看,现在 IPv4 已很不适用。最主要的问题是现有的 32 位 IP 地址不够分配,因此,要解决 IP 地址即将耗尽的问题,只能采用具有更大地址空间的新版本 IP 协议 IPv6,基于 IPv6 技术的网络是未来计算机网络发展的方向。

如图 7-13 所示,IPv6 将 128 bit 地址空间分为两大部分:第一部分是可变长度的类型前缀,它定义了地址的目的;第二部分是地址的其他部分,其长度也可变。

|← 128bit →|
| 长度可变 | 长度可变 |
| 类型前缀 | 地址的其他部分 |

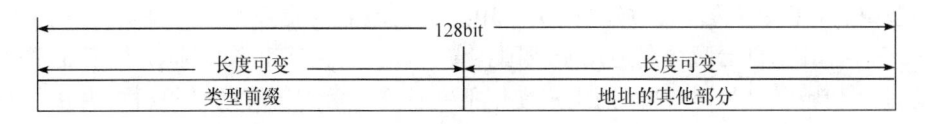

图 7-13 IPv6 地址格式

IPv4 地址过渡到 IPv6,采取的措施是在 IPv6 地址中嵌入 IPv4,前 80 位设为 0,紧跟的 16 位表明嵌入方式,最后 32 位为 IPv4 地址。当 16 位嵌入方式为全 0 时,称为 IPv4 兼容的 IPv6 地址;当 16 位嵌入方式为全 1 时,称为 IPv4 映射的 IPv6 地址。

IPv6 的地址空间被划分为若干大小不等的地址块,采用冒号十六进制表示法。每个 16 bit 的值用十六进制值表示,各值之间用冒号分隔。如 68E6:8C64:FFFF:FFFF:0:1180:960A:FFFF。

IPv6 的地址表示有以下几种特殊情形:

(1) IPv6 地址中每个 16 位分组中的前导零位可以去除做简化表示,但每个分组必须至少保留一位数字。

例 7-3 将 21DA:00D3:0000:2F3B:02AA:00FF:FE28:9C5A 去除前导零位。

去除前导零位后的地址为:21DA:D3:0:2F3B:2AA:FF:FE28:9C5A。

（2）地址中包含很长的零序列时，可以用零压缩（zero compression）表示，即将冒号十六进制格式中相邻的连续零位合并，用双冒号"::"表示。"::"符号在一个地址中只能出现一次，该符号也能用来压缩地址中前部和尾部的相邻连续零位。

例 7 - 4 将 FF0C:0:0:0:0:0:0:B1,0:0:0:0:0:0:0:1,0:0:0:0:0:0:0:0 分别表示为压缩格式。

压缩格式分别为：FF0C::B1、::1、::

（3）在 IPv4 和 IPv6 混合环境中，可采用另一种表示形式：x:x:x:x:x:x:d.d.d.d，其中 x 是地址中 6 个高阶 16 位分组的十六进制值，d 是地址中 4 个低阶 8 位分组的十进制值（标准 IPv4 表示）。

例 7 - 5 将 0:0:0:0:0:0:13.1.68.3、0:0:0:0:0:FFFF:129.144.52.38 写成压缩形式。

压缩形式分别为：::13.1.68.3、::FFFF:129.144.52.38

从 IPv4 到 IPv6 是一个逐渐演进的过程，而不是彻底改变的过程。要实现全球 IPv6 互连，仍需要一段时间使所有服务都实现全球 IPv6 互连。在第一个演进阶段，只要将小规模的 IPv6 网络连入 IPv4 互联网，就可以通过现有网络访问 IPv6 服务。但是基于 IPv4 的服务已经很成熟，它们不会立即消失。重要的是一方面要继续维护这些服务，同时还要支持 IPv4 和 IPv6 之间的互通性。所以在演进阶段，IPv4 与 IPv6 将共存并平滑过渡。

7.4 网络互连设备与局域网技术

7.4.1 网络互连设备

网络中设备之间的连接除了使用网卡、传输媒体等外，为了实现网络覆盖范围的拓展和有效的网络管理，通常还使用中继器、网桥、路由器、网关等互连设备。利用这些设备可以将网络互连的形式分为 LAN-LAN、LAN-WAN、LAN-WAN-LAN、WAN-WAN 四种类型。

1. 中继器（Repeater）/集线器（Hub）

中继器又叫转发器，是两个网络在物理层上的连接设备，用于实现具有相同物理层协议的相同或不同传输媒体的网络连接，实现电缆段之间透明的二进制比特复制，补偿信号衰减，再生物理信号，延长信号传输距离，如图 7 - 14 所示。使用中继器时应注意两点：一是不能形成环路；二是考虑到网络的传输延迟和负载情况，不能无限制的连接中继器。

集线器是多端口的中继器，如图 7 - 15 所示。作为网络连接的中心设备，可以连接多条传输媒体，把来自不同的计算机网络设备的电缆集中配置于一体，它是多个网络电缆的中间转接设备，是对网络进行集中管理的主要设备。某条传输媒体发生故障，不会影响到其他结点，有利于故障的检测和提高网络的可靠性。当联网结点数超过单一集线器的端口数时，通常需要多集线器的级联结构，或者采用可堆叠式集线器。

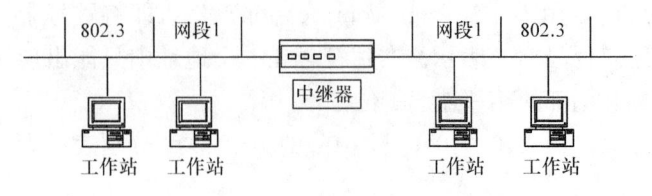

图 7-14　中继器连接方式 　　　　　　　图 7-15　一种集线器设备

2. 网桥(Bridge)/交换器(Switch)

网桥用于连接两个在数据链路层以上具有相同协议网络的软件和硬件,实现网段间或LAN与LAN之间帧的转发与过滤。其主要功能有实现帧的转发和过滤、使用生成树(Spanning Tree)算法屏蔽网络中的回路、解决数据传输不匹配子网之间的互连问题和对扩展网络状态进行监控。

交换器和网桥一样,也是工作在数据链路层的设备,可以理解为多端口的网桥,其外形如图7-16(a)所示。从组网的形式看,交换器与集线器非常类似,但实际工作原理有很大的不同。从OSI体系结构看,集线器工作在OSI/RM的第一层,是一种物理层的连接设备,因而它只对数据的传输进行同步、放大和整形处理,不能对数据传输的短帧、碎片等进行有效地处理,不进行差错处理,不能保证数据的完整性和正确性。传统交换器工作在OSI的第二层,属于数据链路层的连接设备,不但可以对数据的传输进行同步、放大和整形处理,还提供数据的完整性和正确性的保证。从工作方式和带宽来看,集线器是一种广播模式,一个端口发送信息,所有的端口都可以接收到,容易发生广播风暴。同时集线器共享带宽,当两个端口间通信时,其他端口只能等待。交换器是一种交换方式,一个端口发送信息,只有目的端口可以接收到,能够有效的隔离冲突域,抑制广播风暴;同时每个端口都有自己的独立带宽,两个端口间的通信不影响其他端口间的通信。

3. 路由器(Router)

路由器工作在网络层,实现网络之间报文分组的转发,外形如图7-16(b)所示。路由器连接的对象包括局域网和广域网,它有自己的操作系统,运行各种网络层协议,可进行数据格式的转换,是不同协议之间网络互连的必要设备。为了提供最佳的通信路径,路由器利用路由表为数据传输选择路径,路由表包含网络地址及各地址之间距离的清单,路由器利用路由表查找数据包从当前位置到目的地址的正确路径,使用最优路径算法调整信息传递路径,如果某一网络路径发生故障或堵塞,路由器可选择另一条路径,以保证信息的正常传输。路由器的主要功能包括路由选择、协议转换、实现网络层功能、网络管理与安全、多协议路由选择等。

(a) 一种网络交换器外形　　　　　　　(b) 一种路由器外形

图 7-16　网络连接设备

4. 网关(Gateway)

网关是将两个采用不同协议的网络互连起来，在应用层用软件实现协议转换的系统，既可以用于广域网互连，也可以用于局域网互连。网关工作在 OSI 七层协议的传输层或更高层，是通过重新封装信息以使它们能被另一个系统处理的设施，如 TCP/IP⇔ISO/OSI、TCP/IP⇔Novell 等。网关可以设在服务器或大型计算机上。

7.4.2 局域网技术

局域网的主要特性是短距离、高数据速率和低误码率。这种类型的网络一般为一个单位所拥有，侧重于共享信息的处理，且站点数目有限。主要由网络硬件和网络软件两部分组成。网络硬件包括网络服务器、网络工作站、网络适配器(网卡)、传输媒体及媒体连接部件、网络设备(如集线器、交换器)等；网络软件是在网络环境下运行、使用、控制和管理网络运行及通信双方交流信息的计算机软件，包括网络系统软件和网络应用软件。

1. 局域网的关键技术

决定局域网的特征的主要技术包括拓扑结构、传输方式和媒体访问控制方法 MAC(Medium Access Control)等三个方面。其中，最重要的是媒体访问控制方法。

局域网常用的拓扑结构有星型、环型、总线型和树型结构。传输方式有基带传输和宽带传输两种，典型的传输媒体是双绞线、同轴电缆、光纤和电磁波等。

局域网媒体访问控制主要解决共享媒体分配问题，其关键参数是"地点"(Where)和"方法"(How)。"地点"是指在集中控制方式下还是分布控制方式下实现，"方法"是指如何分配使用权，常见的有同步方法和异步方法两种，而异步方法又有循环、预约和竞争三种方法。传统的媒体访问控制方式有三种：带有冲突检测的载波监听多路访问(CSMA/CD)、令牌环(Token Ring)和令牌总线(Token Bus)。

2. 局域网参考模型

IEEE 802 委员会根据局域网适用的传输媒体、网络拓扑结构、性能及实现难易等因素，制定了一系列关于局域网的标准，称为 IEEE 802 系列标准。考虑到局域网大多采用共享信道，当通信局限于一个局域网内部时，任意两个结点之间都有唯一的链路，即网络层的功能可由链路层来完成，所以局域网中不单独设置网络层。IEEE 802 提出的局域网参考模型(LAN/RM)如图 7-17 所示。IEEE 802 的数据链路层分为 MAC 子层和 LLC 子层。

3. 以太网技术

交换式局域网可以分为交换式以太网与 ATM LAN，以及在此基础上发展起来的虚拟

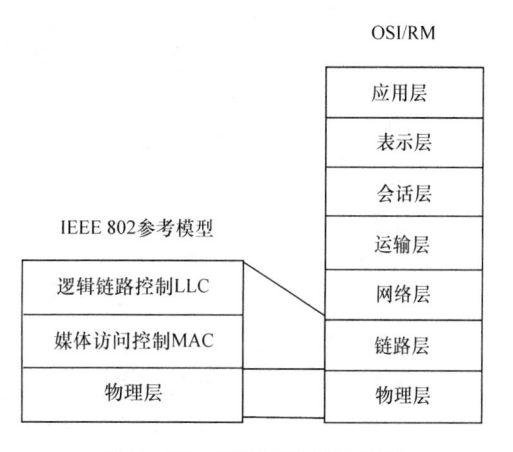

图 7-17 IEEE 802 层次模型

局域网(VLAN),其中交换式以太网应用最为广泛,是当前局域网技术的主流。局域网产品类型及相互之间的关系如图 7-18 所示。

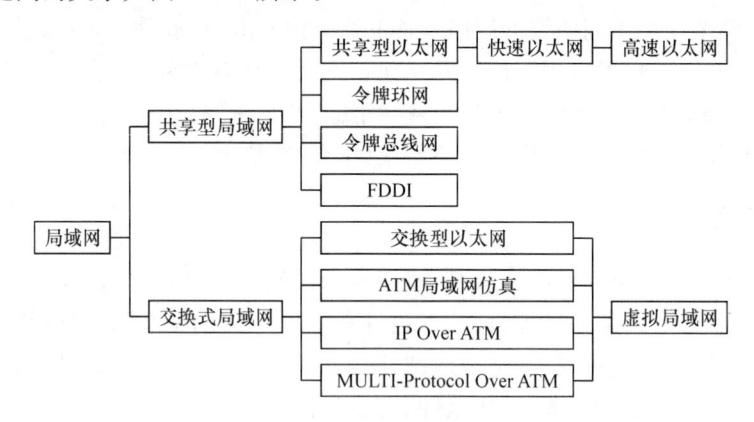

图 7-18 局域网产品类型及相互之间关系

1) 共享型以太网与交换式以太网

在共享型以太网中,结点之间的数据传输以集线器为核心,集线器的各个端口在接收到一帧信息后都以广播方式进行传输。如果网络中有 N 个结点,系统带宽为 10Mbit/s,则每个结点平均分配到的带宽为(10Mbit/s)/N。随着网络规模的扩大,结点数 N 不断增加,使得每个结点平均能分配到的带宽越来越少。因为 10Mbit/s Ethernet 的 N 个结点共享一条 10Mbit/s 的公共通信信道,所以当网络结点数 N 增大、网络通信负荷加重时,冲突和重发现象将大量发生,网络效率急剧下降,网络传输延迟增长,网络服务质量下降。为了克服网络规模和网络性能之间的矛盾,出现了交换式以太网(Switched Ethernet)技术。

交换式以太网以数据链路层的帧为数据交换单位,在多个端口之间建立多个并发连接,以以太网交换器为基础构成网络,允许多结点之间数据的并发传输,每个站点可以独占传输通道和带宽,具有灵活的接口速率,有效增强了网络可扩充性和延展性,易于管理,便于调整网络负载的分布,可以增加网络带宽,改善局域网的性能与服务质量。而且交换式以太网与以太网、快速以太网完全兼容,能够实现无缝连接。

2) 以太网技术

以太网的类型一般由三部分组成,即

<数据传输率><传输方式><最大媒体段长度或媒体类型>

如 10BASE5、100BASETX、100BASEFX、1000BASET 等。最前面的数字表示传输速率,如 10 为 10Mbit/s,100 为 100Mbit/s;中间的 BASE 表示基带传输,BROAD 表示宽带传输;最后若是数字,则表示最大传输距离,如 5 是指最大传输距离 500m,2 指最大传输距离 200m,若是字母,则第一个表示传输媒体类型,如 T 表示采用双绞线,F 表示采用光纤媒体,第二个字母表示工作方式,如 X 表示全双工方式工作。

(1) 10Mbit/s 传统以太网。

常见的 10Mbit/s 以太网有 10BASE5 粗缆以太网、10BASE2 细缆以太网、10BASET 双绞线以太网、10BASEFL 多模光纤以太网四种。其中 10BASE5 和 10BASE2 已很少采用。10BASET 使用 2 对 3 类以上非屏蔽双绞线来连接,具有技术简单、价格低廉、可靠性高、易实现综合布线和易于管理、维护、升级等优点,目前还在应用。10BASEFL 使用多模光纤作为传输媒体,在媒体上传输的是光信号而不是电信号,具有传输距离长、安全可靠、可避免电击等优点。目前 10BASEFL 较少被采用,代替它的是更高速率的光纤以太网。

(2) 100Mbit/s 快速以太网。

100Mbit/s 的快速以太网其数据传输速率为 100Mbit/s,它保留了传统以太网的所有特性,只是将每个比特的发送时间由 100ns 降低到 10ns。1995 年 9 月,IEEE 802 委员会正式批准了快速以太网标准 IEEE 802.3u,该标准制定了三种有关传输媒体的标准:100BASETX、100BASET4、100BASEFX。

100BASETX 是由 10BASET 派生出来的,采用两对 5 类非屏蔽双绞线或 150Ω 屏蔽双绞线。由于发送和接收都有独立的通道,所以 100BASETX 支持全双工操作。100BASETX 的硬件系统由以下几部分组成:带内置收发器、支持 IEEE 802.3u 标准的网卡,5 类非屏蔽双绞线或 150Ω 屏蔽双绞线,8 针 RJ-45 连接器,100BASETX 集线器(Hub)或交换器。以 Hub 为例,其组网规则如下:各网络站点须通过 Hub 连入网络中,传输媒体用 5 类非屏蔽双绞线或 150Ω 屏蔽双绞线,双绞线与网卡或与 Hub 之间的连接使用 8 针 RJ-45 标准连接器,网络站点与 Hub 之间的最大距离为 100m。100BASEFX 是光纤媒体快速以太网标准,采用与 100BASETX 相同的数据链路层和物理层标准协议,支持全双工通信方式,传输速率可达 200Mbit/s。100BASEFX 硬件系统包括单模或多模光纤及其媒体连接部件、集线器、网卡等部件。多模光纤中,站点与站点不经 Hub 而直接连接,且工作在半双工方式时,两点之间的最大传输距离为 412m;站点与 Hub 连接,且工作在全双工方式时,站点与 Hub 之间的最大传输距离为 2km。单模光纤中,在全双工的情况下,最大传输距离可达 10km。100BASET4 采用 3 类无屏蔽双绞线,没有得到广泛的应用。

(3) 1000Mbit/s 高速以太网。

1998 年 2 月,IEEE 802 委员会正式批准了千兆以太网标准 IEEE 802.3z,数据传输率达到 1000Mbit/s。该标准定义了三种媒体系统,其中两种是光纤媒体标准,包括 1000BASESX 和 1000BASELX;另一种是铜线媒体标准,称为 1000BASECX。

1000BASESX 在收发器上使用短波激光作为信号源,不支持单模光纤,仅支持 62.5mm 和 50mm 两种多模光纤。对于 62.5mm 多模光纤,全双工模式下最大传输距离为 275m,对于 50mm 多模光纤,全双工模式下最大传输距离为 550m。1000BASESX 标准规定连接光缆所使用的连接器是 SC 标准光纤连接器。

1000BASELX 在收发器上使用长波激光作为信号源,可以驱动多模光纤和单模光纤。使用的光纤为 62.5mm 和 50mm 的多模光纤,9mm 的单模光纤。对于多模光纤,在全双工模式下,最长的传输距离为 550m;对于单模光纤,在全双工模式下,最长的传输距离可达 5km。连接光缆所使用的是 SC 标准光纤连接器。

1000BASECX 是使用铜缆的两种千兆以太网技术之一,一种特殊规格高质量的 TW 型短距离带屏蔽的铜缆,最长距离达 25m,电缆端口上配置 9 针的 D 型连接器。适用于千兆主干交换器与主服务器的短距离连接。

IEEE 802.3ab,即 1000BASET 物理层标准。1000BASET 是使用 5 类非屏蔽双绞线的千兆以太网标准。使用 4 对 5 类无屏蔽双绞线,其最长传输距离为 100m,与 10BASET、100BASET 完全兼容,它们都使用 5 类 UTP 媒体,从中心设备到站点的最大距离都是 100m,这使得将千兆以太网应用于桌面系统成为现实。

(4) 10Gbit/s 以太网。

万兆以太网是一种数据传输速率高达 10Gbit/s、通信距离可延伸至 40km 的全双工通信以太网。和千兆以太网一样,它在本质上仍是以太网,只是在速度和距离方面有了显著的提高。万兆以太网继续使用 IEEE 802.3 的帧格式和帧大小。10Gbit/s 以太网包括 MAC 子层和物理层,但各层所具有的功能与传统以太网相比差别较大,特别是物理层具有更明显的特点。在体系结构中定义了 10GBASEX、10GBASER 和 10GBASEW 三种类型的物理层结构。

10GBASEX 是一种与使用光缆的 1000BASEX 相对应的物理层结构,利用稀疏波分复用技术(CWDM)在 1300nm 波长附近每隔约 25nm 配置了四个激光发送器,形成四个发送器/接收器对。为了保证每个发送器/接收器对的数据流速度为 2.5Gbit/s,每个发送器/接收器对必须在 3.125Gbit/s 下工作。10GBASER 是在 PCS 子层中使用 64B/66B 编码的物理层结构,为了获得 10Gbit/s 的数据传输率,其时钟速率必须配置在 10.3Gbit/s。10GBASEW 是一种工作在广域网方式下的物理层结构,定义的广域网方式为 SONET OC-192,其数据流传输率必须与 OC-192 兼容,即为 9.686Gbit/s。

4. 虚拟局域网 VLAN

VLAN(Virtual LAN)是建立在交换技术基础上的,通过路由器和交换设备在网络的物理拓扑结构基础上建立的一个逻辑工作组,是网络中任意几个局域网段或(和)单个站点组合成的一个逻辑虚拟网络。VLAN 以软件方式来实现逻辑工作组的划分和管理,逻辑工作组的结点组成不受物理位置的限制,优点是能够实现广播控制,提高安全性,提高了使用性能,方便网络管理。VLAN 在功能和操作上与传统局域网基本相同,它与传统局域网的主要区别在于虚拟局域网的一组结点可以位于不同的物理网段上,不受物理位置的束缚,相互间的通信就好像它们在同一个局域网中一样。虚拟局域网中结点物理位置改变时,无须人工重新配置。因此,虚拟局域网的组网方法十分灵活。

5. 无线局域网

无线局域网是实现移动网络的关键技术之一。1990 年,IEEE 802 委员会决定成立 IEEE 802.11 工作组,专门从事无线局域网的研究,并开发相关标准。目前,无线局域网 IEEE 802 标准系列主要包括 IEEE 802.11、IEEE 802.11a、IEEE 802.11b、IEEE 802.11g。

无线局域网采用无线电技术传输数据,并采用高强度的加密技术,主要适用于扩充有线局域网的范围、实现建筑物间局域网的互连、提供漫游访问和构建临时网络等方面。按照采用的技术,无线局域网可以分为三类:红外线局域网、扩频局域网和窄带微波无线局域网。

(1) 红外线局域网。红外线是按视距方式传播的。发送点可以直接看到接收点,中间没有阻挡,其频谱非常宽,能够提供极高的数据传输率。由于红外线与可见光有一部分特性是一致的,所以它可以被浅色物体漫反射,这样就可以用天花板反射来覆盖整个房间。室内环境中的阳光或照明用的强光线,都会成为红外线接收器的噪声部分,因此限制了红外线局域网的应用范围。

(2) 扩频无线局域网。扩展频谱技术又称为扩频技术,其信号所占有的频带宽度远大于所传信息必需的最小带宽。频带的扩展通过一个独立的码序列来完成,用编码及调制的方法来实现,与所传信息数据无关。在接收端也用同样的码进行相关同步接收、解扩及恢复所传信息数据。其保密性很强,要截获或窃听、侦察信号非常困难,除非采用与发送端相同的扩频码与之同步后再进行相关的检测,否则对扩频信号无能为力。目前,最普遍的无线局域网技术是扩展频谱技术,无线局域网中采用的是跳频和直接序列扩频。

(3) 窄带微波无线局域网。窄带微波(Narrowband Microwave)是指使用微波无线电频带来进行数据传输,其带宽刚好能容纳信号。以前的窄带微波无线网产品都使用申请执照的微波频带,最近有一个制造商提供了在工业、科学和医药频带内的窄带微波无线网产品。

无线局域网的接入设备包括无线网卡(提供操作系统与天线之间的接口,用来创建透明的网络连接,包括 PCMCIA、Cardbus、PCI 和 USB 等)和接入点(相当于局域网集线器。用于在无线局域网和有线网络之间接收、缓冲存储和传输数据,以支持一组无线用户设备,接入点的有效范围是 20~500m,一个接入点可以支持 15~250 个用户)。

无线局域网的配置方式有:包含多个无线终端和一个服务器的对等模式(这种配置方式必须配有无线网卡,但不连接到接入点和有线网络,而是通过无线网卡进行相互通信,主要用来在没有基础设施的地方快速而轻松地建立无线局域网)和包含一个接入点和多个无线终端的基础结构模式(该模式中接入点通过电缆连线与有线网络连接,通过无线电波与无线终端连接,可以实现无线终端之间的通信,以及无线终端与有线网络之间的通信。通过对这种模式进行复制,可以实现多个接入点相互连接的更大的无线网络)。

此外,个人局域网(Personal Area Network,PAN)是近年来随着各种短距离无线电技术的发展而提出的新网络技术。其基本思想是用无线电或红外线代替传统的有线电缆,实现个人信息终端的智能化互连,组建个人化的信息网络。从信息网络的角度看,PAN 是一个极小的局域网;从电信网的角度看,PAN 是一个接入网。目前,PAN 的主要实现技术有 4 种:蓝牙(Bluetooth)、红外(Irda)、Home Rf 和 UWB。

7.5 网络操作系统

网络操作系统(Network Operating System,NOS)是在原有操作系统上按照网络体系结构各个协议标准进行开发的,包括网络管理、通信、资源共享、系统安全和多种网络应用服务的操作系统,是用户与网络资源之间的接口,用以实现对网络资源的管理和控制。其基本任务是屏蔽本地资源和网络资源的差异性,为用户提供各种网络服务功能,完成网络共享系统资源的管理,并提供网络系统的安全性服务。目前,网络操作系统朝着支持多种通信协议、多种网络传输协议、多种网络适配器的方向发展。

1. 网络操作系统的演变

网络操作系统一般可以分为两类:面向任务型与通用型。其中,面向任务型网络操作系统是为某种特殊网络应用要求设计的;通用型网络操作系统能提供基本的网络服务功能,支持用户在各个领域应用的需求。而通用型网络操作系统分为变形系统与基础级系统两类。变形系统是在原有的单机操作系统基础上,通过增加网络服务功能构成的;基础级系统则是以计算机硬件为基础,根据网络服务的特殊要求,直接利用计算机硬件与少量软件资源专门设计的网络操作系统。

纵观近十多年网络操作系统的发展,网络操作系统经历了从对等结构向非对等结构演变的过程,其演变过程如图 7-19 所示。

1) 对等结构网络操作系统

对等结构网络操作系统是指所有的连网结点地位平等,安装在每个结点的操作系统软件相同,连网计算机的资源在原则上都可以相互共享。每台连网计算机既是服务器,又是工作站,充当服务器时可以提供共享硬盘、共享打印机、电子邮件、共享屏幕与共享 CPU 服务等。其优点是结构相对简单,网中任何结点之间均能直接通信。缺点是每台连网结点既要完成工作站的功能,又要完成服务器的功能,加重了连网计算机的负荷,信息处理能力明显降低,支持的网络一般规模比较小。

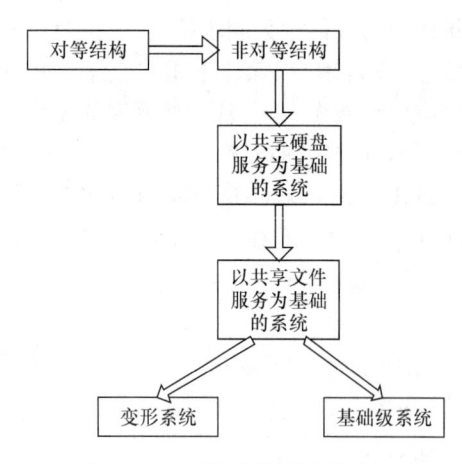

图 7-19 网络操作系统的演变

2) 非对等结构网络操作系统

非对等结构网络操作系统分为两部分,一部分运行在服务器上,另一部分运行在工作站上。基于文件服务的网络操作系统是典型的非对等结构网络操作系统,这类网络操作系统分为文件服务器和工作站软件两个部分。

文件服务器具有分时系统文件管理的全部功能,它支持文件的概念与标准的文件操作,提供网络用户访问文件、目录的并发控制和安全保密措施。因此,文件服务器具备完善的文件管理功能,能够对全网实行统一的文件管理,各工作站用户可以不参与文件管理工作。文件服务器能为网络用户提供完善的数据、文件和目录服务。

目前的网络操作系统基本都属于文件服务器系统,如 Windows 2000/2003 Server 操作系统等。这些操作系统能提供强大的网络服务功能与优越的网络性能。

2. 网络操作系统的功能

网络操作系统除了应具有一般操作系统的进程管理、存储管理、文件管理和设备管理等功能之外,还应提供高效可靠的通信能力及多种网络服务功能。主要包括以下几方面。

(1) 文件服务:以集中方式管理共享文件,网络工作站可以根据规定的权限对文件进行读写等操作,文件服务器为网络用户的文件安全与保密提供了必需的控制方法。

(2) 打印服务:通过网络打印服务功能,局域网中可以安装一台或几台网络打印机,用户可以远程共享网络打印机。

(3) 数据库服务:依照 Client/Server 工作模式,开发出客户端与服务器端的数据库应用程序,客户端向数据库服务器发送查询请求,服务器查询后将结果传送到客户端。

(4) 通信与信息服务、分布式服务:将网络中分布在不同地理位置的资源,组织在一个全局性的、可复制的分布式数据库中,网络中多个服务器都有该数据库的副本。

(5) 网络管理服务:提供网络性能分析、网络状态监控、存储管理等多种管理服务。

(6) Internet/Intranet 服务:网络操作系统一般都支持 TCP/IP 协议,提供各种 Internet 服务,使局域网服务器成为 Web 服务器,全面支持 Internet 与 Intranet 访问。

3. 典型网络操作系统简介

1) Windows Server 2003 网络操作系统

Windows Server 2003 是目前 Microsoft 公司推出的服务器操作系统，于 2003 年 3 月 28 日发布，并在同年 4 月底上市。Windows Server 2003 有 4 个版本，每种都适合不同的商业需求，它们是：

(1) Windows Server 2003 Web 版。用于构建和存放 Web 应用程序、网页和 XML Web Services。主要使用 IIS 6.0 Web 服务器并提供快速开发和使用 ASP.NET 技术的 XML Web Services 和应用程序。支持双处理器，最低支持 256MB 内存，最高支持 2GB 内存。

(2) Windows Server 2003 标准版。针对中小型企业，支持文件和打印机共享，提供安全的 Internet 连接，允许集中的应用程序部署。支持 4 个处理器，最高支持 4GB 内存。

(3) Windows Server 2003 企业版。Windows Server 2003 企业版支持高性能服务器，并且支持群集服务器，以便处理更大的负荷，确保系统即使在出现问题时仍可用。在一个系统或分区中最多支持八个处理器，八结点群集，最高支持 32GB 内存。

(4) Windows Server 2003 数据中心版。针对要求最高级别的可伸缩性、可用性和可靠性的大型企业或国家机构等而设计，是最强大的服务器操作系统。

Windows Server 2003 系列操作系统是基于 NTFS 文件系统的多用户、多任务、多线程的网络操作系统，采用域模式管理和组织网络中的资源。

Windows Server 2003 中最重要的是活动目录(Activate Directory)。活动目录是一个具有安全性、分布式、可分区、可复制的目录结构。其核心单元是域，将网络设置为一个或多个域，所有的网络对象都存放在域中。任何一个域都可加入其他域中，成为其子域。活动目录的域名采用域名系统 DNS 的域名结构来命名，子域的域名内一定包含父域的域名，所以，网络具有统一的域名和安全性，用户访问资源更方便容易。

活动目录中的多个域可以通过传递式信任关系进行连接，形成树状的域目录树结构，称为一个域树。域目录树内的所有域共享一个活动目录。活动目录内的数据分散地存储在各个域内，每个域内只存放该域内的数据。使用包含域的活动目录系统，可以通过对象的名称找到与这个对象有关的信息。两个域之间必须建立信任关系，才可访问对方域内的资源。一个域加入域目录树后，这个域会自动信任其上一层的父域，并且父域也自动信任此域，信任关系是双向传递的。同时，活动目录使用一种叫做"多主体式"的对等控制器模式，也就是一个域中的所有域控制器都可接收对象的改变且把改变复制到其他域控制器上。通过父域与其他域建立的信任关系，自动传递给它而形成隐含的信任关系。因此，当任何一个 Windows Server 2003 的域加入域目录树后，就会信任域目录树内的所有的域。但是，管理权限是不可传递的，因此可以通过限制域的范围来增加系统的安全性。一个网络既可以是单树结构，又可以是多树结构，最小的树就是一个单一的域，但一个特定树的名称空间总是连续的。用户打开浏览器，看到的将不再是单独的一个域，而是一个域树的列表。把两个以上的域树结合起来可以形成一个域森林，组成域森林的域树不共享同一个连续的命名空间。

活动目录与 DNS 紧密地集成在一起。在 TCP/IP 网络环境中，用 DNS 解析计算机名称与 IP 地址的对应关系，以便计算机查找相应的设备及其 IP 地址。一般 Windows Server 2003 的域名都采用 DNS 的域名，使网上的内部用户（Intranet）和外部用户（Internet）都用同一名称来访问。由于存在活动目录服务，Windows Server 2003 中不再有主域控制器和备份域控制器，所有域控制器之间是平等的。

2）UNIX 操作系统

UNIX 操作系统经过几十年的发展，产生了许多不同的版本流派。各个流派的内核很相像，但外围程序等其他程序有一定区别。目前常用的版本有 UNIX SUR 4.0、HP-UX 11.0、SUN 的 Solaris 8.0 等，均支持网络文件系统服务。UNIX 系统在稳定性和安全性方面都非常好，但由于它多数是以命令方式来进行操作的，不容易掌握，一般用于大型的网站或大型的企、事业局域网中。UNIX 操作系统由核心程序（Kernel，负责调度任务和管理数据存储）、外围程序（Shell，接受并解释用户命令）、实用性程序（Utility Program，完成各种系统维护功能）、应用程序（Application，在 UNIX 操作系统上开发的实用工具程序）等部分组成。UNIX 是一个典型的多用户、多任务、交互式的分时操作系统。其内核（直接工作在硬件级之上，具有进程管理、内存管理、文件管理与设备驱动及网络系统支持等功能）与外壳（由应用程序和系统程序组成）是分开的，Shell 是 UNIX 的用户接口，既是终端用户与系统交互的命令语言，又是在命令文件中执行的程序设计语言，用户通过 Shell 语言灵活地使用 UNIX 中的各种程序。UNIX 在网络功能、系统安全、系统性能等各方面都是非常优秀的操作系统。UNIX 影响着一大批操作系统，如 Linux 是在其基础上发展而来的。

3）Linux 操作系统

Linux 是一种新型的网络操作系统，其最大的特点是开放源代码，并可得到许多免费应用程序。目前有中文版本的 Linux，如 Red Hat Linux（红帽子）、红旗 Linux 等，其安全性和稳定性较好，在国内得到了用户的充分肯定。这类操作系统主要用于中、高档服务器中。Linux 操作系统是一个免费的软件包，支持很多种软件。Linux 操作系统虽然与 UNIX 操作系统类似，但它并不是 UNIX 操作系统的变种。它具有强大的网络功能，可以通过 TCP/IP 协议与网络连接，也可以通过调制解调器使用电话拨号以 PPP 连接上网。Linux 系统中提供了多种应用服务工具和应用程序，可以方便地使用 TELNET、FTP、Mail、News 和 WWW 等信息资源，方便地在 Linux 上搭建各种 Internet/Intranet 信息服务器。

4. 局域网组网实例

局域网可以采用对等网模型和非对等模型，以下以第 2 章介绍的 Windows XP 操作系统为例，介绍基于 Windows XP 的 100Mbit/s 对等局域网络组建方法。

1）局域网类型和相关软、硬件选择

为实现基于 Windows XP 的对等局域网络中信息资源的共享，可采用 100BASET 规范，用以太网交换器连接成星型拓扑结构，选择 5 类 UTP 作为传输媒体，计算机上的网卡和交换器均使用 RJ45 端口，端口带宽为 100Mbit/s。UTP 两端的 RJ45 接口和接头采用 T568A 和 T568B 线序排列标准，如表 7-3 所示。

表 7-3　5 类 UTP 采用的 T568A 和 T568B 线序排列标准

标准	1	2	3	4	5	6	7	8
T568A	白绿	绿	白橙	蓝	白蓝	橙	白棕	棕
T568B	白橙	橙	白绿	蓝	白蓝	绿	白棕	棕

根据组网需要，一般将双绞线分为直连式和跳线式，两端线序相同时为直连式，一般连接上下级设备；两端线序不同时为跳线式，一般用于连接同类设备。表 7-4 给出了 5 类 UTP 不同线序连接的设备。

表 7-4　5 类 UTP 不同线序连接的设备

种类	线序	连接设备	说明
直连式	B←→B	交换器/集线器←→下级交换器/集线器的级联端口	一般用于上下级设备的连接
		交换器/集线器←→计算机	
跳线式	B←→A	计算机←→计算机	一般用于同类设备之间的连接
		交换器/集线器←→下级交换器/集线器的普通端口	

2）网卡的安装与配置

网卡有集成网卡和独立网卡两种，现在计算机一般使用集成网卡。在网卡驱动程序安装完成后，鼠标右键单击桌面上的"网上邻居"图标，在弹出的快捷菜单中选择"属性"命令，打开"网络连接"窗口，如图 7-20 所示。在该窗口中双击"本地连接"图标，打开如图 7-21 所示的"本地连接状态"对话框，在此对话框中，单击"属性"命令按钮，打开如图 7-22 所示的"本地连接属性"对话框，选择相应选项，单击"属性"按钮，即可进行网络客户端、网络文件及打印机共享、Internet 协议等内容的配置。

图 7-20　"网络连接"窗口　　　　图 7-21　"本地连接状态"对话框

（1）协议的配置。

在 Windows XP 对等局域网中的默认协议是 NetBEUI，考虑到与 Internet 的连接或将来组建局域网的需要，还要安装 TCP/IP 协议，安装完成后，在如图 7-23 所示的对话框中进行 IP 地址、子网掩码、默认网关的配置。

图 7-22 "本地连接属性"对话框 　　图 7-23 "Internet 协议(TCP/IP)属性"对话框

(2) 设置共享资源。

在对等局域网络中,所有计算机既是服务器也是工作站,任何用户都可以选择想共享的文件夹,利用快捷菜单选择"共享"菜单命令,在打开的"共享设置"对话框中设置共享名、共享权限等(若为 NTFS 文件系统,还可以共享文件、设置共享权限和安全访问权限)。对于打印机资源的共享,首先必须在局域网内安装一台打印机,然后选中打印机,设置共享,局域网其他计算机上的用户需要在控制面板中运行添加打印机安装向导,选择网络打印机,设置路径,并按提示安装打印机驱动程序。

3) 本机网卡地址查看及网络连通性测试

要查看本机网卡地址(也称为硬件地址或 MAC 地址)可以运行 ipconfig/all 命令;要测试网络连通性一般采用两种方法:一是利用"网上邻居"查看;二是运行 ping 命令。

使用 ipconfig/all 或 ping 命令时,除了选择"开始"→"运行"菜单命令,在弹出的如图 7-24 所示的对话框中输入 ipconfig/all 或 ping<对方 IP 地址>外,也可以在如图 7-24 所示的对话框中输入"cmd"命令,单击"确定"按钮后,在屏幕命令行提示符下输入上述命令。

图 7-24　ping 命令对话框

以下是用 ipconfig/all 命令查看到的一台主机的相关配置信息(此处 IP 地址为 210.26.98.116):

```
Host Name............:jszx           (主机名称)
Primary DNS Suffix........:
Node Type..............:Mixed
IP Routing Enabled........:No
WINS Proxy Enabled........:No
Ethernet adapter 本地连接:
Connection-specific DNS Suffix:
```

```
Description........:Legend/D-Link DFE-530TX PCI Fast Ethernet Adapter（网卡名称）
Physical Address........:01-55-BA-2A-6A-66      （网卡的物理地址）
DHCP Enabled........:No
IP Address........:210.26.98.116              （IP 地址）
Subnet Mask........:255.255.255.0             （子网掩码）
Default Gateway........:210.26.98.1           （默认网关）
DNS Servers........:202.201.48.2              （DNS 服务器）
```

以下是用 ping 命令测试一台主机与 210.26.96.116 主机的连通情况（该主机与 IP 地址为 210.26.96.116 的主机是连通的）：

```
Pinging 210.26.96.116 with 32 bytes of data:
Reply from 210.26.96.116:bytes=32 time<10ms TTL=254
Reply from 210.26.96.116:bytes=32 time<10ms TTL=254      （收到回应,网络连通）
Reply from 210.26.96.116:bytes=32 time=10ms TTL=254
Reply from 210.26.96.116:bytes=32 time<10ms TTL=254
Ping statistics for 210.26.96.116:
Packets:Sent=4,Received=4,Lost=0（0% loss），
Approximate round trip times in milli-seconds:
Minimum=0ms,Maximum=10ms,Average=2ms    （响应时间）
```

以下是用 ping 命令测试一台主机与 210.28.97.116 主机的连通情况（该主机与 IP 地址为 210.28.97.116 的主机没有连通）：

```
Pinging 210.28.97.116 with 32 bytes of data:
Request time out.
Request time out.        （没有收到回应,网络不能连通）
Request time out.
Request time out.
Ping statistics for 210.28.97.116:
Packets:sent=4,Received=0,Lost=4<100% loss>
```

习题与思考题

一、选择题

1. 以下关于计算机网络特征的描述中,错误的是(　　)。
   A. 建立计算机网络的主要目的是实现资源共享
   B. 网络用户可以调用网络中多台计算机共同完成某项任务
   C. 联网计算机可以联网工作,也可以脱网工作
   D. 联网计算机必须是同一操作系统
2. 以下关于 ISO/OSI 参考模型的描述中,错误的是(　　)。
   A. OSI 模型定义了开放系统的层次结构　　B. OSI 模型定义了各层所包括的可能服务
   C. OSI 模型定义了各层接口的实现方法　　D. OSI 模型作为一个框架协调组织各层协议的制定
3. 以下关于 TCP/IP 协议的描述中,错误的是(　　)。
   A. ARP、RARP 属于应用层
   B. TCP、UDP 协议都要通过 IP 协议发送、接收数据

C. TCP 协议提供可靠的面向连接的服务　　　D. UDP 协议提供简单的无连接服务

4. 下列 IP 地址中属于 B 类地址的是（　　）。
   A. 98.62.53.6　　B. 130.53.42.10　　C. 200.245.20.11　　D. 221.121.16.1

5. 下列属于 C 类网络默认子网掩码的是（　　）。
   A. 255.225.255.255　　B. 255.255.0.0　　C. 255.0.0.0　　D. 255.255.255.0

6. 域名 nwnu.edu.cn 中的 cn 代表（　　）。
   A. 中国　　B. 加拿大　　C. 连接　　D. 命令

7. TCP/IP 的运输层对应于 OSI 模型中的（　　）。
   A. 应用层　　B. 运输层　　C. 网络层　　D. 网络层、运输层

8. 测试网络连通性，可以使用的命令是（　　）。
   A. ping 对方地址　　B. ipconfig/all　　C. ipconfig　　D. ping 本机地址

9. 下列 IP 地址中，用作保留地址的是（　　）。
   A. 210.26.98.254　　B. 192.168.1.2　　C. 127.0.254.1　　D. 168.192.1.2

10. 以下不是决定局域网特性的要素是（　　）。
    A. 传输媒体　　B. 网络拓扑　　C. 媒体访问控制方法　　D. 网络应用

11. 一个校园网与城域网互连，应选用的互连设备是（　　）。
    A. 集线器　　B. 交换器　　C. 路由器　　D. 网关

12. 无线局域网使用的协议标准是（　　）。
    A. 802.3　　B. 802.9　　C. 802.10　　D. 802.11

13. 下列哪项不属于网络操作系统提供的服务（　　）。
    A. 文件服务　　B. 通信服务　　C. 打印服务　　D. OA 服务

14. 对于 Windows Server 2003，下列说法错误的是（　　）。
    A. 域是基本管理单位　　B. 活动目录服务是重要的功能之一
    C. 不划分全局组和本地组　　D. 域控制器分为主域控制器和备份域控制器

15. Linux 操作系统与 Windows Server、UNIX、NetWare 等传统网络操作系统的最大区别是（　　）。
    A. 支持多用户　　B. 开放源代码　　C. 具有虚拟内存的能力　　D. 支持仿真终端服务

16. UTP 是指（　　）。
    A. 非屏蔽双绞线　　B. 屏蔽双绞线　　C. 同轴电缆　　D. 光纤

17. 网桥是工作在（　　）层上的网络互连设备。
    A. 网络层　　B. 数据链路层　　C. 运输层　　D. 应用层

18. 在未进行子网划分的情况下，下列地址属于网络地址的是（　　）。
    A. 202.201.48.10　　B. 210.98.26.0　　C. 10.100.0.0　　D. 168.100.90.254

二、简答题

1. 什么是计算机网络？计算机网络在逻辑上由哪几部分组成？各部分的功能是什么？
2. 按照网络分布范围，计算机网络可分为哪几类？
3. 按拓扑结构的不同，计算机网络可分为哪几类？各有何特点？
4. 试比较双绞线、同轴电缆、光缆三种传输媒体的特性。
5. 什么是网络协议？它由哪三个要素组成？什么是计算机网络的体系结构？
6. 简述 TCP/IP 的体系结构，各层的主要协议有哪些？
7. IPv4 地址采用什么地址编址方案？A、B、C 三类地址的范围和对应的默认子网掩码分别是多少？
8. 设某单位要建立一个网络，该单位包括 6 个部门，每个部门有大约 30 台计算机，各部门的计算机组成一个相对独立的子网。假设分配给该单位的 IP 地址为一个 C 类地址，网络地址为 210.26.98.0，请给出一个将该 C 类网络划分成 6 个子网的方案，即确定子网掩码和分配给每个部门的 IP 地址范围。

9. 什么是域名、域名解析、解析器？国际顶级域名有哪些？分为几类？我国的域名体系结构如何？
10. 简述以太网的主要技术，交换式局域网有哪些特点？
11. 无线局域网分为哪几类？各有何特点？
12. 简述集线器、交换机、路由器在网络互连中的作用。
13. 什么是网络操作系统？网络操作系统有哪些功能？

上 机 实 验

局域网组建、配置与资源共享

【实验目的】
1. 了解局域网组网技术及网络连接设备的使用方法。
2. 理解 IP 地址、子网掩码、DNS 的作用，以及设置方法。
3. 熟悉 ping,ipconfig/all 等命令的使用。
4. 掌握 Windows XP 环境下，组建、配置对等局域网的基本方法及网络资源共享设置的基本方法。

【实验内容及要求】
1. 按照教材介绍的内容或方法，组建一个有两台机器的对等局域网。
2. 在"我的电脑"图标上右击鼠标，选择快捷菜单中的"属性"命令，在打开的"系统特性"对话框中查看并配置机器的主机名称及网络参数。
3. 通过"本地连接"属性，查看并配置所在机器的 IP 地址、子网掩码、默认网关、DNS 等参数。保证两台计算机的 IP 地址中的网络地址、子网掩码、默认网关、DNS 等相同。
4. 利用 ipconfig/all 命令查看本机的物理(MAC)地址、IP 地址、DNS 地址等。
5. 利用 ping 命令分别测试网卡、本机、对方机器，查看其连通情况。
6. 在一台机器的 C 盘根目录下创建一个名为"练习"的文件夹，并在该文件夹中创建一个名为 test.txt 的文本文件,设置该文件夹为共享文件夹，并设置一定的权限。

在另一台机器上，用鼠标右击"网上邻居"图标，在快捷菜单中选择"映射网络驱动器"，在"映射网络驱动器"对话框中选择驱动器名和文件夹，如图 7-25(a)所示。

注意：如果要寻找刚才设置了共享的文件夹，可以在图 7-25(a)中单击"浏览"按钮，在如图 7-25(b)所示的对话框中定位。

7. 停止共享，恢复网络配置。

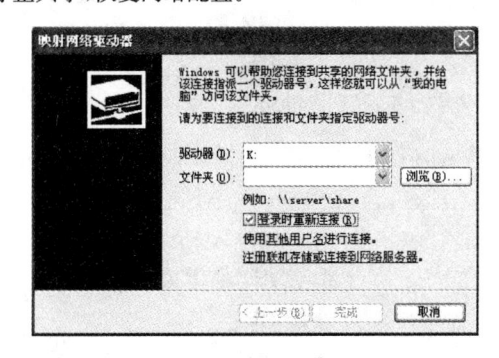

(a) "映射网络驱动器"对话框　　　　(b) "浏览文件夹"对话框

图 7-25

第 8 章 Internet 及其应用

本章导读　Internet(因特网或国际互联网)是一个使用路由器将分布在世界各地的计算机网络通过 TCP/IP 协议互连起来,实现资源共享、提供各种应用服务的全球性信息网络。本章主要介绍 Internet 基本概念、基本技术与应用,网络信息检索,网络安全技术,以及基于 Dreamweaver 的网页设计方法。

8.1 Internet 概 述

8.1.1 国外 Internet 的发展

Internet 的发展大体经历了三个阶段,这三个阶段并不是截然分开的,而是有部分重叠的。

1. 研究实验阶段(1968~1983 年)

1969 年美国国防部高级研究计划署为了冷战目的研制的 ARPANET 开始投入运行,首批接入加州大学洛杉矶分校 UCLA、加州大学圣巴巴拉分校 UCSB、斯坦福研究所 SRI 和犹他大学 UU 4 个结点。1974 年美国国防部国防前沿研究项目署(ARPA)的罗伯特·凯恩(Robert E. Kahn)和斯坦福大学的文顿·塞夫(Vinton Cerf)开发了 TCP/IP 协议,定义了在计算机网络之间传送信息的方法。1983 年,TCP/IP 成为 ARPANET 的标准通信协议。1983~1984 年,形成了 Internet 的雏形。

2. 实用发展阶段(1984~1991 年)

1986 年,美国国家科学基金会(National Science Foundation,NSF)利用 TCP/IP 协议,建立了 NSFNET,将网络结构分为三个级别,即主干网、地区网和校园网。随后,ARPANET 逐步被 NSFNET 替代。1990 年,ARPANET 退出,NSFNET 成为 Internet 的骨干网。

3. 商业化阶段(1991 年至今)

1991 年,美国的三家公司 Genelral Atomics、Performance Systems International、UUnet Technologies 开始分别经营自己的 CERFnet、PSInet 及 Alternet 网络,在一定程度上为客户提供 Internet 联网和通信服务,并组成了商用 Internet 协会。1995 年 NSFNET 正式宣布停止运作,转为研究网络,代替它维护和运营 Internet 骨干网的是经美国政府指定的三家私营企业。至此,Internet 骨干网的商业化彻底完成。

8.1.2 中国 Internet 的基本情况

Internet 引入我国的时间不长,但发展很快,大体经历了四个阶段。

1. 研究试验阶段(1986~1993年)

1986年,由北京市计算机应用技术研究所与德国卡尔斯鲁厄大学(University of Karlsruhe)实施的国际联网项目——中国学术网(Chinese Academic Network,CANET)启动,1987年9月CANET在北京计算机应用技术研究所内正式建成中国第一个国际互联网电子邮件结点,并于同年9月14日发出了中国第一封电子邮件"Across the Great Wall, we can reach every corner in the world.(越过长城,走向世界)",揭开了中国人使用Internet的序幕。1989~1993年建成了世界银行贷款项目中关村地区教育与科研示范网络(National Computing and Networking Facility of China,NCFC)工程。1990年11月28日,钱天白教授代表中国正式在SRI-NIC(Stanford Research Institute's Network Information Center)注册登记了中国的顶级域名.cn,开通了.cn顶级域名的国际电子邮件服务。

2. 起步阶段(1994~1996年)

1994年1月,美国国家科学基金会同意了NCFC正式接入Internet的要求。同年4月20日,NCFC工程通过美国Sprint公司连入Internet的64K国际专线开通,实现了与Internet的全功能连接,从此我国正式成为有Internet的国家。1994年5月,开始在国内建立和运行我国的域名体系。随后,分别由原国家计委、原邮电部、原国家教委和中科院主持,建成了我国的四大接入Internet的公用数据通信网,并相继建成四大互联网:中国教育和科研网CERNET、中国科学技术网CSTNET、中国金桥信息网CHINAGBN(吉通)、中国公用计算机网CHINANET(中国电信)。在短短几年间这些主干网络就投入使用,形成了国家主干网的基础。

3. 快速增长阶段(1997~2003年)

1997年6月3日,在中国科学院网络信息中心组建了中国互联网络信息中心CNNIC,成立了中国互联网络信息中心工作委员会。在这一阶段我国的Internet沿着两个方向迅速发展,一是商业网络迅速发展,二是政府上网工程开始启动。商业网络方面,我国接入互联网的计算机从1998年的64万台上升到2003年年底的3089万台,互联网用户从1998年的80万急速增长到2003年年底的7950万。截止2003年,在cn下注册的域名数、网站数分别达到34万和59.6万,IP地址数也增长到59571712个,即2A+394B+766C,网络国际出口带宽总量达到27216M,连接有十多个国家和地区。2000年80%以上的各级政府及各个部门在网上建有正式站点,并提供信息共享和便民应用项目。

4. 多元化实用阶段(2004年至今)

这一阶段的特点主要体现在上网方式多元化、上网途径多元化、实际应用多元化、上网用户所属行业多元化等多方面。据中国互联网络信息中心(CNNIC)发布的25次《中国互联网络发展状况统计报告》显示,截至2009年底,我国网民数达到3.84亿,宽带网民数达到3.46亿,域名总数1682万,其中80%为.cn域名,我国互联网普及率为28.9%。随着3G时代的到来,无线互联网将呈现出爆发式的增长趋势,截至2009年底,我国手机网民规模在一年内增加了1.2亿,已达到2.33亿人,占网民整体的60.8%。其中只使用手机上网的网民有 3070 万,占网民整体数量的 8%。

8.1.3 下一代 Internet

1996 年 10 月,美国政府发起下一代因特网(Next Generation Internet,NGI)计划,其主要研究工作涉及协议、开发、部署高端试验网及应用演示,由美国国家科学基金会与美国通信公司(MCI)合作建立了 NGI 主干网 vBNS(Very High Bandwidth Network Service)。1998 年,美国 NGI 研究的大学联盟 UCAID 成立,启动 Internet2 计划,并于 1999 年底建成传输速率为 2.5Gbit/s 的 Internet2 骨干网 Abilene,向 220 个大学、企业、研究机构提供高性能服务,至 2004 年 2 月已升级到 10Gbit/s。NGI 计划结束之后,美国政府立即启动了旨在推动 NGI 产业化进程的 LSN(Large Scale Network)计划。加拿大政府支持其全国性光因特网 CA * net3/4(Canada-Wide High-Speed Network)发展计划,目前已经历 4 次大规模升级。日本目前在国际 IPv6 的科学研究乃至产业化方面占据国际领先地位。在欧洲,2001 年欧盟启动 NGI 研究计划,建立了连接 30 多个国家学术网的主干网 GEANT(Gigabit European Academic Network),并以此为基础全面进行 NGI 各项核心技术的研究和开发。2002 年,美国 Internet2 联合欧洲、亚洲各国发起"全球高速互联网 GTRN(Global Terabit Research Network)"计划,积极推动全球化的 NGI 研究和建设。2004 年 1 月 15 日,包括美国 Internet2、欧盟 GEANT 和中国 CERNET 在内的全球最大的学术互联网,在比利时首都布鲁塞尔欧盟总部宣布成立,同时开通全球 IPv6 服务。

1998 年,我国第一次搭建了 IPv6 试验床。2001 年,我国第一个 NGI 地区试验网 NFCNET 在北京建成并通过验收。2003 年,中国 NGI 示范工程(CNGI)开始实施。CNGI 核心网已经完成建设任务,该核心网由六个主干网、两个国际交换中心及相应的传输链路组成,六个主干网由在北京和上海的国际交换中心实现互连。CERNET2、中国科学院、中国电信、中国移动等 6 个主干网含国际交换中心已全部完成验收。CNGI 核心网实际建成包括 22 个城市 59 个结点及北京和上海两个国际交换中心的网络。

目前,我国已建成世界上最大的 IPv6 示范网络,在国际上率先建成采用纯 IPv6 技术的大型主干网。在试验网所用的中小容量 IPv6 的路由器的开发上已领先国外产品,国产 IPv6 核心路由器等占项目同类设备投资 50% 以上并在 CNGI 重要结点上担当主力。我国在真实 IPv6 源地址认证和 NGI 过渡等核心技术方面已经走在世界前列,这不仅缩短了我国在互联网领域与发达国家的差距,而且使我国有望在国际上率先实现 IPv6 商用。

8.1.4 Internet 的管理机构

1. Internet 管理者

在 Internet 中,最权威的管理机构是 Internet 协会(Internet Society,ISOC)。它是一个完全由志愿者组成的指导国际互联网络政策制定的非盈利、非政府性组织,目的是推动 Internet 技术的发展与促进全球化的信息交流。该协会有一个专门负责协调 Internet 技术管理与技术发展的分委员会,即 Internet 体系结构委员会(Internet Architecture Board,IAB)。IAB 设有两个具体的部门:Internet 工程任务组(Internet Engineering Task Force,IETF)和 Internet 研究任务组(Internet Research Task Force,IRTF)。其中,IETF 负责技术管理方面的具体工作,包括 Internet 中短期技术标准和协议的制定及 Internet 体系结构的确定等,而 IRTF 负责技术发展方面的具体工作。Internet 的日常管理工作由网络运行中心(Network Operation Center,NOC)与网络信息中心(Network Information Center,NIC)承担。其中,NOC 负责保证 Internet 的正常运行与监督 Internet 的活动;而 NIC 负责为 ISP 与广大用户提供信息方面的支持,包括地址分配、域名注册和管理等。

2. 我国的 Internet 管理者

中国互联网信息中心(CNNIC)是我国的 Internet 管理者,其主要职责是:为我国互联网用户提供域名注册、IP 地址分配等注册服务;提供网络技术资料、政策与法规、入网方法、用户培训资料等信息服务;提供网络通信目录、主页目录及各种信息库等目录服务。

8.1.5 Internet 的接入

Internet 的接入方式很多,除了拨号接入和 DDN 专线接入外,目前广泛使用的宽带接入相对于传统的窄带接入而言显示了其不可比拟的优势和强劲的生命力。宽带接入技术主要包括以现有电话网铜线为基础的 xDSL 接入技术,以电缆电视为基础的混合光纤同轴(HFC)接入技术,以太网接入,光纤接入技术等多种有线接入技术及无线接入技术。

电话拨号接入是个人用户接入 Internet 最早使用的方式之一,目前已经基本不再使用。

对于上网计算机较多、业务量大的企业用户,可以采用租用 DDN 专线的方式接入 Internet。DDN 专线接入广泛应用于金融、证券、保险业,大学、政府机关等。

xDSL 是 DSL(Digital Subscriber Line)的统称,即数字用户线路,是以普通电话线为传输媒体,点对点传输的宽带接入技术。其最大的优势在于利用现有的电话网络架构,不需要对现有接入系统进行改造,就可方便地开通宽带业务,被认为是解决"最后一公里"问题的最佳选择之一。目前常用的是非对称 DSL,即 ADSL(Asymmetrical Digital Subscriber Line)技术。可以组建局域网共享 ADSL 上网,还可以实现远程办公等高速数据应用。

Internet 服务提供商(Internet Service Provider,ISP)是为用户提供 Internet 接入和 Internet 信息服务的公司和机构。依服务的侧重点不同,ISP 可分为两种:Internet 接入提供商(Internet Access Provider,IAP,以接入服务为主)和 Internet 内容提供商(Internet Content Provider,ICP,提供信息服务)。ISP 是全世界数以亿计的用户通往 Internet 的必经之路。目前,我国主要 Internet 骨干网运营机构在全国的大中型城市都设立了 ISP。

8.2 Internet 基本服务与应用

8.2.1 WWW 服务

WWW(World Wide Web)译为万维网、全球信息网,简称 Web 或 3W。由欧洲核子研究中心(European Organization for Nulear Research,CERN)于 1989 年提出并研制的基于超文本标记语言(Hyper Text Mark Language,HTML)和超文本传输协议(Hyper Text Transfer Protocol,HTTP)的大规模、分布式信息获取和查询系统,已成为 Internet 最有价值的服务。

WWW 服务的主要特点是:以超文本方式组织信息,用统一的协议传输信息;使用统一的信息资源定位方式,用户可以在世界范围内任意浏览、查找信息;采用统一的图形用户界面;利用超链接技术实现网站之间的相互连接;用户可访问多媒体信息等。

1. 超文本和超文本标记语言

超文本(Hypertext)是 WWW 中的一种重要信息处理技术,是文本与检索项共存的一种文件表示和信息描述方法,检索项就是指针,每一个指针可以指向任何形式的、计算机可以处理的其他信息源,即在超文本中已实现了相关信息的链接。这种指针设定相关信息链接的方式就称为"超链接"(Hyperlink),如果一个多媒体文档中含有这种超链接的指针,就称为"超媒体"(Hypermedia),它是超文本的一种扩充,不仅包含文本信息,还包含诸如图形、声音、动画、视频等多种信息。由超链接相互关联起来的,分布在不同地域、不同计算机上的超文本和超媒体文档就构成了全球的信息网络。

描述网络资源,创建超文本和超媒体文档需要用到具有超文本页面编程能力的语言,该语言是专门用于 WWW 的编程语言,称为 HTML。HTML 具有统一的格式和功能定义,生成的文档以 .htm、.html 等为文件扩展名,主要包含文头(Head)和文体(Body)两部分。文头用来说明文档的总体信息,文体是文档的详细内容,为主体部分,含有超链接。HTML 把各种标签嵌入到 WWW 的页面中,构成 HTML 文档。HTML 文档是一种可以用任何文本编辑器创建的 ASCII 码文件。当浏览器从服务器读取 HTML 文档后,就按照 HTML 文档中的各种标签,根据浏览器所使用的显示器的尺寸和分辨率大小,重新进行排版并恢复出所读取的页面。如果将 HTML 文档改换以 .txt 为其后缀,则 HTML 解释程序就不对标签进行解释,而浏览器只能看见原来的文本文件。

2. 超文本传输协议 HTTP

WWW 要支持众多服务,如果考虑 Web 支持的所有类型的数据文件,那么就要求超链接及访问 Web 的用户使用许多程序来创建和访问这些数据,使情况变得相当复杂,同时,无法满足用户访问的高效性和安全性。因此,需要在 WWW 服务的背后有一系列的协议和标准支持这项工作,这些协议和标准称为 Web 协议集,其中包括了重要的协议 HTTP。从层次的角度看,HTTP 是面向事务的(Transaction-Oriented)应用层协议,它是 WWW 上能够可靠地交换文件(包括文本、声音、图像等各种多媒体文件)的重要基础。

如图 8-1 所示,WWW 采用客户机/服务器(C/S)模式,客户端软件通常称为 WWW 浏览器。浏览器软件种类繁多,目前常见的有 Internet Explorer、Netscape Navigator 等。运行 Web 服务器(Web Server)软件,并且有超文本和超媒体驻留其上的计算机称为 WWW 服务器或 Web 服务器,它是 WWW 的核心部件。浏览器和服务器之间通过 HTTP 进行通信和对话,HTTP 基于请求/服务的工作模式,首先通过浏览器建立与

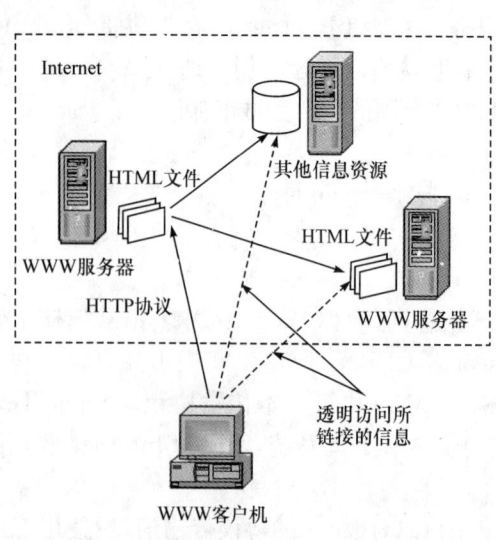

图 8-1 WWW 服务原理

WWW 服务器的连接(TCP 连接,用以传递消息),接着浏览器向 WWW 服务器发出 HTTP 请求(Request),WWW 服务器作出 HTTP 响应(Response)并返回给浏览器,然后浏览器装载超文本页面并解释 HTML,从而以网页形式将结果显示给用户。

3. 统一资源定位器 URL

WWW 的一个重要特点是采用了统一资源定位器(Uniform Resource Locator,URL)。URL 是一种用来唯一标识网络信息资源的位置和存取方式的机制,给资源的位置提供一种抽象的识别方法,并用这种方法给资源定位。通过这种定位就可以对资源进行存取、更新、替换和查找等各种操作,并可在浏览器上实现 WWW、E-mail、FTP、新闻组等多种服务。因此,URL 相当于一个文件名在网络范围的扩展,是与因特网相连的机器上的任何可访问对象的一个指针。

URL 由以冒号隔开的两大部分组成,并且 URL 中的字符对大写或小写没有要求。即连接模式:<路径>。连接模式是资源或协议的类型,目前支持的有 http、ftp、news、telnet 等。路径一般包含主机全称、端口号、类型和文件名、目录号等,其中主机为存放资源的主机在因特网中的域名或 IP 地址,并以双斜杠"//"打头。

具体格式为:<协议>://<主机>:<端口>/<路径>

HTTP URL:http://主机[:端口号]/文件路径和文件名

例如,http://www.nwnu.edu.cn/index.htm 是指通过 WWW 访问 nwnu.edu.cn 的主页。

FTP URL:ftp://[用户名[:口令]@]主机/路径/文件名

例如,ftp://ftp.nwnu.edu.cn/software/是指通过 FTP 连接来获得 software 下的资源。

4. Internet Explorer 浏览器

Internet Explorer 6.0 浏览器(简称 IE 浏览器)的工作界面如图 8-2 所示。

图 8-2　Internet Explorer 6.0 浏览器界面

1) 各栏目功能

(1) 标题栏。显示打开网页的标题和浏览器名称。

(2) 菜单栏。具有 IE 浏览器的全部操作命令,包括"文件"、"编辑"、"查看"、"收藏"、"工具"、"帮助"等 6 个下拉式菜单。

(3) 工具栏。包括"后退"、"前进"、"停止"、"刷新"、"主页"、"搜索"等一些常用工具按钮,使用户操作更加方便、快捷。

(4) 地址栏。用来输入将要访问的网站地址,并显示当前正在浏览的网页地址。

(5) 链接栏。用来显示用户常用的网页标题,单击即可打开该网页。

(6) 浏览区。浏览网页的区域,用户可以通过拖动滚动条浏览网页。

(7) 状态栏。显示当前网页加载的进度和一些其他信息。

以上这些功能的操作非常简单,在此不再赘述。

2) Internet 选项的设置

选择"工具"→"Internet 选项"菜单命令,打开如图 8-3 所示的"Internet 选项"对话框。完成利用 IE 浏览器访问网页的功能设置。包括"常规"、"安全"、"隐私"、"内容"、"连接"、"程序"、"高级"等选项卡。

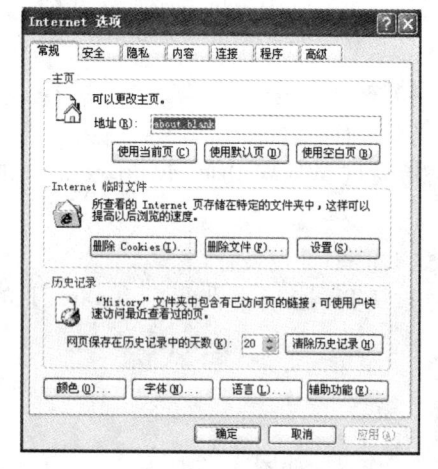

(1) 常规。选择"常规"选项卡,可以完成设置或更改"主页"地址;删除上网产生的 Cookie 和临时文件;清除上网产生的历史记录,以及设置浏览器颜色、字体、语言等功能。

(2) 安全。IE 将 Internet 按区域划分,以便能够将网站分配到具有适当安全级别的区域。IE 浏览器的状态栏右侧显示当前网页处于哪个区域。无论何时打开或下载 Web 上的内容,IE 都将检查该网站所在区域的安全设置。安全区域有以下四种。

图 8-3 "Internet 选项"对话框

"Internet"区域:在默认情况下,该区域包含不在本机和 Intranet 上及未分配到其他任何区域的站点。"Internet"区域的默认安全级为"中"。

"本地 Intranet"区域:该区域通常包含按照系统管理员的定义不需要代理服务器的所有地址。包括在"连接"选项卡上指定的站点、网络路径(如\\computername\foldername)和本地 Intranet 站点(通常是不包括句点的地址,如 http://internal)。用户可将站点分配到该区域。"本地 Intranet"区域的默认安全级是"中"。因此 IE 允许该区域中的网站在计算机上保存 Cookie,并且由创建 Cookie 的网站读取。

"受信任的站点"区域:该区域包含用户信任的站点,用户相信可以直接从这里下载或运行文件,而不用担心它会危害计算机或数据,可将站点分配到该区域。"受信任的站点"区域的默认安全级是"低",因此,IE 允许该区域中的网站在计算机上保存 Cookie,并且由创建 Cookie 的网站读取。

"受限制的站点"区域:该区域包含用户不信任的站点,用户不能肯定是否可以从该站点下载或运行文件而不损害计算机或数据。可将这类站点分配到该区域。"受限制的站点"区域的默认安全级是"高",因此 IE 将阻止来自该区域中的网站的所有 Cookie。

此外,已经存放在本地计算机上的任何文件都被认为是安全的,所以它们被设置为最低的安全级。用户无法将本地计算机上的文件夹或驱动器分配到任何安全区域。

可以更改某个区域的安全级别,如可能需要将"本地 Intranet"区域的安全级别设置改为"低"。或者自定义某个区域的设置。

(3) 隐私。包括隐私功能和安全功能。隐私功能用于保护个人可识别的信息,帮助用户了解查看的网站如何使用个人可识别信息,以及允许指定隐私设置来决定是否允许网站将 Cookie 保存在计算机上。安全功能帮助用户阻止别人访问本机没有授权访问的信息,例如,在 Internet 上购买商品时输入的信用卡信息。

(4) 内容。用于"分级审查"、"证书"和"个人信息"的设置。"分级审查"可以帮助用户审查在本机上看到的 Internet 内容;使用"证书"可以正确识别用户、证书颁发机构和颁发商的身份;在"个人信息"中,单击"自动完成"按钮,选中要使用的"自动完成"复选框,仅保存并建议所需要的信息;如果要保存用于网站的个人信息,在"个人信息"中,单击"配置文件"按钮,查看并编辑配置文件助理所使用的信息。

(5) 连接。主要用于"拨号和虚拟专用网络"设置和"局域网"设置。该项设置取决于 ISP 为用户提供的接入方式。

(6) 程序。用于指定 Windows 自动为每个 Internet 服务的程序(如 HTML 编辑器、电子邮件、新闻组等的启动程序或软件)、重置 Web 主页、设置默认浏览器等。

(7) 高级。主要用于对 IE 浏览器的高级设置,包括 HTTP、安全等。

5. 创建 Web 站点举例

Internet 信息服务 IIS(Internet Information Server)是 Microsoft 公司的一种集成了多种 Internet 服务(如 WWW 服务、FTP 服务等)的信息服务系统,提供了强大的 Internet 和 Intranet 服务功能。建立 Web 站点的方法有许多,以下主要介绍基于 Windows Server 2003 和 Windows XP 的 Web 站点创建方法。

1) Windows Server 2003 Web 站点的创建

(1) 安装 IIS。

默认情况下,Windows Server 2003 没有安装 IIS 6.0,安装的具体过程是:打开"配置您的服务器向导"对话框,在"服务器角色"列表框中选择"应用程序服务器"列表项,单击"下一步"按钮,在出现的"应用程序服务器选项"对话框中选择"FrontPage Server Extension"和"启用 ASP. NET"两个复选框,目的是能够生成一个统一的 Web 开发平台,允许多个用户从客户端远程发布和管理网站,单击"下一步"按钮,出现"选择总结"对话框,提示本次安装中的选项,单击"下一步"按钮,系统将按照选择总结中的选项进行安装与配置。IIS 安装完成后,系统自动建立名为"默认站点"和"Microsoft SharePoint 管理"的两个网站,并且自动启动运行。用户可以对默认站点进行配置,使之能够提供 Web 服务,也可以新建一个 Web 站点。

默认情况下,IIS 安装完成后,会在根目录下自动创建"Inetpub"文件夹(默认为 C:\Inetpub),专门用来存放 IIS 服务器的内容,子目录 wwwroot 就是 WWW 服务的根目录。

(2) 创建 Web 站点。

创建新的 Web 站点的具体过程是：单击"开始"→"管理工具"→"Internet 信息服务(IIS)管理器"菜单命令，在"Internet 信息服务(IIS)管理器"窗口中双击"本地计算机"，右键单击目录树中的"网站"，在弹出的快捷菜单中选择"新建"→"网站"，打开"网站创建向导"对话框。依次填写"网站描述"、"IP 地址"、"端口号"、主目录"路径"，选择"网站访问权限"。最后，为了便于访问还应设置默认文档(index.asp、index.htm)。

创建完新的 Web 站点后，在"Internet 信息服务(IIS)管理器"窗口中可以看到刚创建的 Web 站点，右键单击该站点，在快捷菜单中可以选择"启动"、"停止"等命令，同时停止默认站点。此时，在浏览器的地址栏输入该 Web 站点的 URL(如果没有配置 DNS，只能输入本机 IP 地址)，即可打开该站点用户主目录中的默认文档(index.asp、index.htm)。

2) Windows XP Web 站点的创建

(1) 安装 IIS。

在"控制面板"窗口中单击"添加/删除 Windows 组件"，选中"Internet 信息服务(IIS)"复选框，单击"下一步"按钮，即可完成 IIS 的安装。

(2) 创建 Web 站点。

利用默认站点创建 Web 站点的过程是：在"管理工具"中选择"Internet 信息服务"，打开"Internet 信息服务"窗口，在"网站"→"默认站点"上右击鼠标，选择"属性"命令，在"默认站点"属性对话框中，选择"网站"选项卡，依次输入站点描述、IP 地址(本机的 IP 地址)、TCP 端口号等，选择"主目录"选项卡，依次输入或选择本地路径(默认为 C:\Inetpub\wwwroot)、用户访问权限等，单击"确定"按钮。打开浏览器，在地址栏输入 IP 地址，即可看到该站点默认的网站内容。

6. 下载信息

收藏在收藏夹中的网页虽然可以脱机浏览，但不能将其全部或部分用于其他地方，如果将网页的部分或全部用于其他地方，则应当利用下载的方法。网络中可以下载的内容有整个网页、部分文字、图片、图像、声音、软件等信息。

下载网页是指将某个网页从 Internet 上接收下来，并保存到用户所指定的文件夹中。选择"文件"→"另存为"菜单命令，屏幕显示"保存网页"对话框，指定保存当前网页的文件夹、文件名、保存类型等。

注意：保存网页一般选用 html 或 htm 格式，也可以选用 txt 格式，但 txt 格式只能保存文字，不能保存图片等信息。

如果对某个网页上的图片感兴趣，首先打开这个网页，用鼠标指到喜欢的图片上，单击鼠标右键，显示弹出菜单，选择此菜单中的"图片另存为"命令，在"保存图片"对话框中的"文件名"栏里输入新的文件名，单击"保存"按钮。如果选择弹出菜单中的"复制"命令可以将图片传送到剪贴板或文件中。

如果只希望下载文字，可以选定需要下载的文字，执行 Internet 浏览器中的"编辑"→"复制"菜单命令或选定文字后在弹出的快捷菜单中选择"复制"菜单命令，就可以实现文字的复制。

对于软件的下载，要按照软件厂商指定的网址去下载，有些是免费的，有些是收费的。

8.2.2 文件传输 FTP 服务

网络环境中的一项基本应用就是将文件从一台计算机中复制到另一台可能相距很远的计算机中,初看起来,在两个主机之间传送文件是件很简单的事情,其实这往往非常困难,原因是众多的计算机厂商研制出的文件系统多达数百种,且差别很大。FTP(File Transfer Protocol)协议是将文件从一台主机传输到另一台主机的应用协议,其服务由 TCP/IP 协议支持,因而任何两台计算机,无论地理位置如何,只要都装有 FTP 协议,就能进行文件传输。FTP 提供交互式的访问,允许用户指明文件类型和格式并具有存取权限,它屏蔽了各计算机系统的细节,因而成为计算机传输数字化业务信息最快的途径。FTP 只提供文件传送的一些基本服务,减少或消除在不同操作系统下处理文件的不兼容性。

FTP 可以实现上传和下载两种文件传输方式,提供了匿名(anonymous)访问和授权访问两种访问方式,可以传输几乎所有类型的文件。目前,利用 FTP 传输文件有三种方式:FTP 命令行、浏览器、FTP 专用工具。

(1) 命令行方式是通过键入如 put、get 等命令实现上传和下载的方法;

(2) 浏览器方式是指在浏览器地址栏内输入 ftp://<ftp 地址>进行文件传输的方法,图 8-4 是用匿名用户登录的域名为 nwnu.edu.cn 的 FTP 站点资源界面;

(3) FTP 工具软件一般具有断点续传功能,常用软件是 CuteFTP。

此外,也可以使用 HTTP 的下载工具,如网络蚂蚁(Netants)等,支持断点续传,很适合于与浏览器配合使用。

图 8-4 一个利用浏览器匿名登录 FTP 站点的示例

Internet 上有成千上万个提供匿名文件传输服务的 FTP 服务器,但匿名用户一般只能下载不能上传,而且对下载文件也有严格的限制。匿名用户的用户名为 anonymous,口令为任何字符串,但一般为电子邮件地址。

FTP 站点(FTP 服务器)的创建方法与 Web 站点的创建方法类似(其默认主目录为 C:\Inetpub\ftproot),此处不再介绍,请读者参考相关资料。

8.2.3 电子邮件 E-mail 服务

电子邮件(E-mail)已成为 Internet 上使用最多和最受用户欢迎的信息服务之一,其主要功能和特点是快速、简单方便、便宜,能够实现邮件群发,通过附件可以传送除文本以外的声音、图形、图像、动画等各种多媒体信息。还具有较强的邮件管理和监控功能,给用户提供一些高级选项,如支持多种语言文本,设置邮件优先权、自动转发、邮件回执、加密信件及进行信息查询等。自从 20 世纪 90 年代 Internet 开始流行以后,电子邮件系统有了统一的协议和标准。

电子邮件由信封(Enveiope)和内容(Content)两部分组成。邮件传输程序根据邮件信封上的信息来传送邮件,用户从自己的邮箱中读取邮件时才能见到邮件的内容,在邮件的信封上,最重要的就是收信人的地址。

E-mail 地址的一般格式为:用户名@主机域名(@读作"at")

1. 电子邮件的协议

目前常用的电子邮件相关协议主要有三类:传输方式协议、邮件存储访问方法协议、目录访问方法协议等。下面主要介绍前两类协议。

1) 传输方式协议

包括简单邮件传输协议 SMTP 和多目标 Internet 邮件扩展协议 MIME。

简单邮件传输协议(Simple Mail Transfer Protocol,SMTP)主要用于主机与主机之间的电子邮件传输。SMTP 不能传送可执行文件或其他的二进制对象,仅限于以文本形式传送 7 位的 ASCII 码,许多其他非英语国家的文字(如中文、俄文,甚至带重音符号的法文或德文)就无法传送,而且 SMTP 服务器会拒绝超过一定长度的邮件,没有规定用户界面、邮件存储、邮件的接收等方面的标准。

多目标 Internet 邮件扩展协议(Multipurpose Internet Mail Extensions,MIME)是一种编码标准,增加了邮件主体的结构,定义了传送非 ASCII 码的编码规则和许多邮件内容的格式,对多媒体电子邮件的表示方法进行了标准化。同时定义了传送编码,可对任何内容格式进行转换,而不会被邮件系统改变。

2) 邮件存储访问方法协议

包括邮政协议第 3 版 POP3 和 Internet 邮件访问协议第 4 版 IMAP4。

邮政协议第 3 版(Post Office Protocol version 3,POP3)用于电子邮箱的管理,用户通过该协议访问服务器上的电子邮箱。POP3 允许用户在不同地点访问服务器上的邮件。用户阅读邮件或从邮箱中下载邮件(POP3 只允许一次下载全部邮件)时都要用到 POP3。

Internet 邮件访问协议第 4 版(Internet Message Access Protocol version 4,IMAP4)扩展了 POP3,主要用于实现远程动态访问存储在邮件服务器中的邮件,用户可以在不同的地方使用不同的计算机随时上网阅读和处理自己的邮件,允许收信人只读取邮件中的某一个部分。例如,如果用户收到了一个带有视频附件(此文件可能很大)的邮件,可以先下载邮件的正文部分,待以后有时间再读取或下载这个附件。IMAP 的缺点是如果用户没有将邮件复制到自己的计算机上,则邮件一直存放在 IMAP 服务器。因此,用户需要经常与 IMAP 服务器建立连接。

2. 电子邮件的传输过程

电子邮件系统由 3 个部分组成:用户代理(User Agent),邮件服务器(Mail Server)和简单邮件传输协议(SMTP)。用户代理又称邮件阅读器,可以让用户阅读、回复、转发、保存和创建邮件,还可从邮件服务器的信箱中获得邮件。邮件服务器起邮局的作用,保存了用户的邮箱地址,主要负责接收用户邮件,并根据邮件地址进行传输。通常邮件由发送者的用户代理发送到其邮箱所在的邮件服务器,再由该邮件服务器按照 SMTP 协议发送到接收者的邮件服务器,存放于接收者的邮箱中。接收者从其邮箱所在的邮件服务器中取出邮件即完成一个邮件传送过程。

3. Outlook Express

Outlook Express 是 Microsoft 公司提供给用户的一个在本地计算机上进行电子邮件

收发的软件,其启动界面如图 8-5 所示。接收邮件时,单击工具栏的"发送和接收"按钮,输入自己的账户密码,就可以在"收件箱"中查看是否有自己的邮件,并阅读所收到的邮件。发送邮件时,首先单击工具栏的"新邮件"按钮,在如图 8-6 所示的窗口中书写自己的邮件,以及收件人、主题等内容,若有附件,选择"插入"→"附件"菜单命令,再选择要发送的文件即可。单击新邮件窗口左上角的"发送"按钮,新邮件就按收件人的电子邮件地址发送出去。"已发送邮件"中包含该邮件时,表明 Outlook Express 已成功地发送了该邮件。

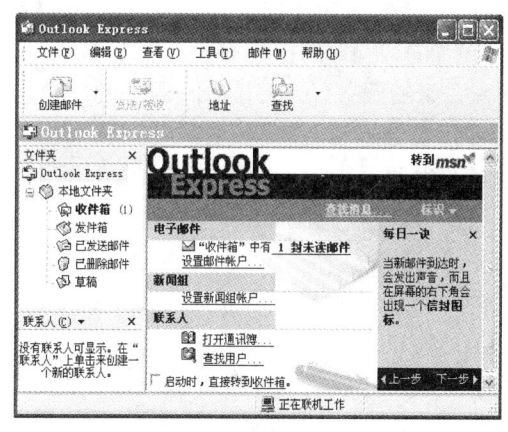

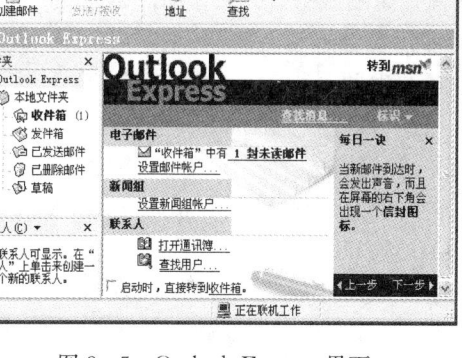

图 8-5　Outlook Express 界面　　　　　　图 8-6　发送邮件

要进行邮件的收发,必须拥有一个合法的用户邮件账号。目前邮件账号主要有两种:免费邮件账号和收费邮件账号。国内目前各大门户网站都提供免费邮件账号,但安全性较差,收费邮件账号虽然要交纳一定的费用,但安全性、保密性较好。

8.2.4　远程登录 TELNET

TELNET 是一个简单的远程终端协议,是 Internet 上最早使用的功能,它为用户提供双向的、面向字符的普通 8 位数据双向传输。TELNET 服务是指在此协议的支持下,用户计算机通过 Internet 暂时成为远程计算机终端的过程。用户远程登录成功后,可随意使用服务器上对外开放的所有资源。

TELNET 采用 C/S 工作模式,客户机程序与服务器程序分别负责发出和应答登录请求,它们都遵循 TELNET 协议,网络在两者之间提供媒介,使用 TCP 或 UDP(User Datagram Protocol)服务。客户软件有 UNIX 下的 TELNET 程序、Windows 系统提供的 TELNET.exe 等。目前比较简单的方法是将 WWW 浏览器软件作为 TELNET 客户端软件,输入 URL 地址,即可实现远程登录。例如,输入"telnet://ibm.com",即可登录到 IBM 公司的 TELNET 主机上。

8.2.5　网络交流

1. 新闻组 Usenet

Usenet 并不是一个网络系统,只是建立在 Internet 上的逻辑组织,不同于 Internet 上的交互式操作方式。在 Usenet 服务器上存储的各种信息,会周期性地转发给其他 Usenet

服务器，Usenet 的基本通信方式是电子邮件，但它不是采用点对点通信方式，而是采用多对多的传递方式。Usenet 包括各种主题的论坛，每一个主题就是一个新闻组，这些新闻组覆盖了从科研、教育到新闻、体育、文化、宗教等方面，几乎包括了人类关心的所有话题。新闻组的主题与其名称有一定的对应关系。Usenet 上最有价值的资源是各类 FAQ(Frequently Asked Questions)，即关于一些高频问题的解答，特别是在学术方面有一定参考作用。

2. 电子公告牌 BBS

电子公告牌 BBS(Bulletin Board System)是 Internet 上较常用的服务功能之一，最早的 BBS 是用来公布股票价格等信息的，采用基于远程登录的服务，想使用 BBS 服务的用户，必须首先利用远程登录功能登录到 BBS 服务器，BBS 服务器通过计算机远程访问把各类共享信息、资源及联系提供给各类用户。BBS 按照不同的主题分为很多布告栏。提供的主要服务有各种信息发布、分类讨论区、站内公告、消息传送、校园信息服务、文学艺术、休闲服务、在线游戏、个人工具箱等，以及其他信息服务系统的转接服务。

许多大学都有 BBS 网站，国内著名的有清华大学的水木清华(http://bbs.tsinghua.edu.cn)、北京大学的北大未名(http://bdwm.net)、复旦大学的日月光华(http://bbs.fudan.edu.cn)、中国人民大学的网上人大(http://www.cmr.com.cn)和电子科技大学的一网深情(http://bbs.uestc.edu.cn)等。

登录 BBS 系统的方法主要有 TELNET 命令和浏览器两种。使用 TELNET 命令时，只需在"运行"对话框中输入 TELNET 命令，如图 8-7 所示，图中访问的是水木清华，然后在登录界面输入账号和密码即可；使用浏览器访问时，在地址栏输入 BBS 站点地址即可。

图 8-7 输入 TELNET 命令对话框

3. QQ 与 MSN

QQ 是目前国内最具权威的网络即时联络软件，注册用户已经上亿。能够提供接近于普通电话通话质量和高清晰度的超级语音和超级视频功能及丰富的娱乐功能，吸引着大量的用户。

Microsoft 公司的 MSN Messenger(Microsoft Service Network, MSN)，可用于网上用户之间的在线交流。使用 MSN Messenger，必须申请一个 Hotmail 或 MSN 邮箱，下载并安装 MSN Messenger 软件。

MSN 与 QQ 相比最大的特点是简洁和保密，使用 MSN 可以只与想交流的人进行沟通，即"不和陌生人说话"，对话内容不会被公开，发送文件非常方便，不会受到防火墙的限制。而 QQ 发送文件时往往要求用户双方必须在同一个防火墙内。

QQ 的使用已经相当普及，下面主要介绍 Windows XP 下 MSN Messenger 的使用方法。

1) MSN Messenger 的安装

使用 MSN Messenger(也称为 .NET Messenger)之前，首先要创建 MSN 登录用户名。MSN 中使用的用户名就是电子邮件地址，可以是已有的邮件地址，也可以重新申请的后缀为 @hotmail.com 或 @live.com 的邮件地址。如果使用已有邮件地址，登录 http://

register.passport.net，将已有的邮件地址注册成为 Passport 即可；如果没有邮件地址，可以登录 https://reg.msn.cn 申请一个 hotmail 邮件账户（在 Windows XP 中，也可以选择 .NET Messenger Service 对话框中的"获得一个 .NET Passport"超链接，利用向导申请 hotmail 邮件账户）。

MSN Messenger 的安装方式有两种：一种是下载整个程序，一种是下载一个 Installer。登录 http://im.live.cn/get.aspx，选择"立即下载"按钮就可以获得最新版本的 MSN Messenger。本书选择 Windows XP 自带的 .NET Messenger 软件，注册完成后会出现如图 8-8 所示的 .NET Passport 向导"使用您的 Windows Live ID 凭据登录"界面，要求用户填写"电子邮件地址和密码"，该邮件地址就是用户名。单击"下一步"按钮后，出现如图 8-9 所示的 Messenger 登录界面。输入正确的 E-mail 地址（Messenger 账户）和密码后，出现如图 8-10 所示的 Messenger 主窗口，在该主窗口中，可以利用菜单及窗口中的"我想"列表选项进行即时通信。

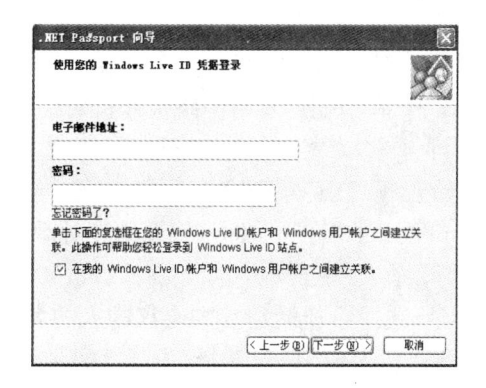

图 8-8　Windows Live ID 账户和 Windows 账户管理　　图 8-9　Messenger 登录界面

2) MSN Messenger 使用方法简介

（1）添加联系人与组管理。

在如图 8-10 所示的 Messenger 主窗口中，选择"添加联系人"选项或"工具"→"联系人"菜单命令，添加联系人并进行组管理（对方必须要拥有一个支持 MSN 的邮件账户）。

（2）发送即时消息与保存对话。

在 Messenger 主窗口联系人名单中，双击某个联机联系人的名字，在"对话"窗口底部的小框中输入消息，单击"发送"按钮。在"对话"窗口底部，可以看到其他人正在输入，没有人输入消息时，可以看到收到最后一条消息的日期和时间。

图 8-10　Messenger 主窗口

选择 Messenger 主窗口中的"工具"→"选项"菜单或"对话"窗口，在"选项"对话框中选择"消息"选项卡。选择"消息记录"中的"自动保留对话的历史记录"复选框，单击"确定"按钮，即可将消息保存在默认的文件夹中。或者单击"更改"，选择要保存消息的位置（此功能只能在 IE 6.0 以上版本中使用）。

(3) 更改和共享背景。

选择"对话"窗口中的"工具"→"创建背景"菜单命令,选择一幅自己的图片来创建背景。若要下载更多背景,可访问 Messenger 背景网站,共享背景时,对方会收到一份邀请,其中带有要共享的背景的缩略图预览。如果对方接受了该邀请,则 Messenger 会自动下载该背景并将其显示在对方的"对话"窗口中。

(4) 设置联机状态与更改名称的显示方式。

在 Messenger 主窗口顶部,单击自己的名字,或者选择"文件"→"我的状态"菜单命令,然后选择最能准确描述自己状态的选项。阻止某人看见自己或与你联系时,在 Messenger 主窗口中,右击要阻止的人的名字,在弹出的快捷菜单中选择"阻止"。

在 Messenger 主窗口中,选择"工具"→"选项"菜单命令,选择"个人信息"选项卡。或者在 Messenger 主窗口中右击你自己的名字,在弹出的快捷菜单中选择"个人设置"命令。在"我的显示名称"框中,输入新名称,单击"确定"按钮。

(5) 使用网络摄像机、语音对话、视频会议、发送文件和照片。

要在 Messenger 中发送网络摄像机视频,必须在计算机上连接摄像机。在对话期间单击"网络摄像机"图标,或者在主窗口中单击"操作"菜单,单击"开始网络摄像机对话",选择要向其发送视频的联系人的名称,单击"确定"即可。

在 Messenger 主窗口中,选择"操作"→"开始音频对话"菜单命令,再选择要与其进行对话的联系人。或者在对话期间,单击"对话"窗口顶部的"音频",即可实现语音对话。选择"操作"→"开始视频会议"菜单命令,再选择一个联系人,单击"确定"。或者右击某个联系人,在弹出的快捷菜单中选择"开始视频会议"命令,选择希望邀请参加会议的人的名字,单击"确定",即可实现视频会议。而右击某个联机联系人的名字,选择"发送文件或照片"。在"发送文件"对话框中,找到并单击想要发送的文件,再单击"打开"按钮,即可实现发送文件。

(6) 建立/加入群。

Windows Live 群是一个完美的沟通地方,在群网站上可以分享相册、文件,或进行类似留言板的讨论。通过共享的日历随时与最近更新源、随时与群友保持同步。创建一个群相当简单,从 Windows Live 联系人列表中选择邀请他人加入即可。

(7) 移动 MSN。

通过手机 MSN,可以立即享受到 Live 提供的免费服务,它不仅提供即时聊天服务,还提供了 Hotmail、Spaces 门户资讯等一系列精彩的互联网服务。最新版手机 MSN 更将全面同步 PC 功能,支持本地搜索,模块下载地址为 http://mobile.msn.com.cn/download.aspx。

4. 网络博客

博客(Blog)是 Web log 的缩写,意为网络日志。博客最早出现于美国,并迅速成为风靡全球的一种新的网络媒体形式,是一种在网上以发布个人日志的形式与受众交流的平台。2002 年 7 月 Blog 的中文"博客"由方兴东、王俊秀正式命名,并创办"博客中国"。

与 BBS 相比较,Blog 强调的是个性,是利用现成的网页模板发表文章和评论,并可按日历索引的个人网站。它的形式相对简单,管理者和发布者通常是一个人,这和一些新闻网站的文章发布系统类似。目前,国内使用较多的博客网站有中国博客网(www.blogcn.com)、新浪博客(blog.sina.com.cn)、博客网(www.bokee.net)等。

8.2.6 电子商务

电子商务(Electronic Commerce,EC)是利用 Internet 进行商务活动的方式,是 21 世纪人类信息世界的核心,具有高效率、价格低廉、高收益、全球化等优点,是传统经营方式无法比拟的。大力发展电子商务对增强国家竞争力具有重要的战略意义。

电子商务的处理方式有 B2B、B2C、C2C 三种。

(1) B2B(Business to Business,企业对企业):是指企业之间通过 Internet 进行产品、服务、贸易的交换。其商务模式可以是企业之间直接进行的电子商务,如制造商在线采购和供货;也可以是通过第三方电子商务平台进行的电子商务,如国内的阿里巴巴(China.alibaba.com)商业网站就是一个支持企业之间进行电子商务活动的平台,它提供信息发布、查询,并与潜在的客户/供应商进行在线交流和商务洽谈。

(2) B2C(Business to Consumer,企业对消费者):是指企业与消费者之间通过 Internet 销售产品和服务的方式。最具代表性的是网上商业零售网站,如美国的亚马逊网上商店、国内的网上书店当当网(www.dangdang.com,主页如图 8-11(a)所示)、卓越网(www.joyo.com)等都属于 B2C。

(3) C2C(Consumer to Consumer,消费者对消费者):是指消费者之间通过 Internet 销售产品和服务的方式。此类网站最具代表性的是淘宝网(www.taobao.com,主页如图 8-11(b)所示)。

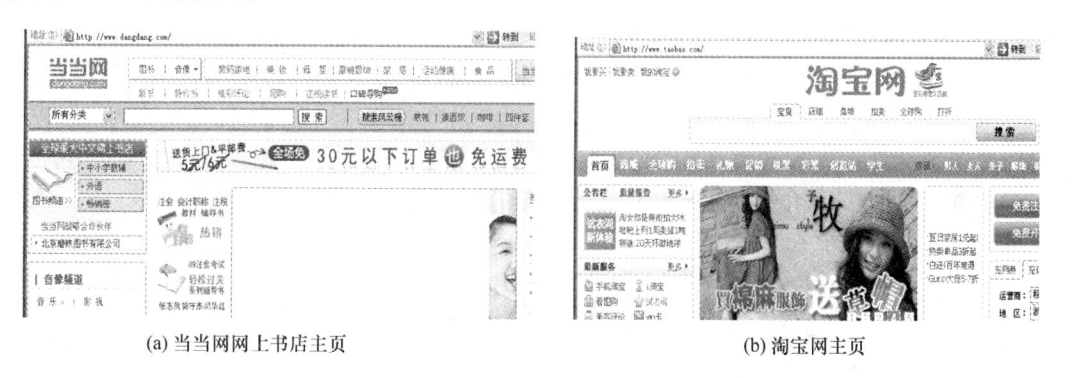

(a) 当当网网上书店主页　　　　　　　　　(b) 淘宝网主页

图 8-11　两个电子商务网站主页

8.3　网络信息检索技术

8.3.1　网络信息检索及其分类

信息检索(Information Retrieval)也称情报检索,萌芽于图书馆的参考咨询工作,20 世纪 50 年代才固定成专用术语。广义的信息检索是指将信息按一定的方式组织和存储起来,并根据信息用户的需要找出有关信息的过程和技术。狭义的信息检索是指从信息集合中找出所需信息的过程。信息检索的本质是信息用户的需求和信息集合的比较与选择,即匹配(Match)的过程。用户根据检索需求,对一定的信息集合采用一定的技术手段,按照一定的线索与准则找出相关的信息。

网络信息检索是将网络信息按一定方式存储起来,用科学的方法,利用检索工具,为用户检索、揭示、传递知识和信息的业务过程。

(1) 按检索内容分类。

按照检索内容分类,有数据信息检索、事实信息检索和文献信息检索。其中,数据信息检索是将经过选择、整理、鉴定的数值数据存入数据库中,根据需要查出可回答某一问题的数据的检索;事实信息检索是将存储于数据库中的关于某一事件发生的时间、地点、经过等情况查找出来的检索;文献信息检索是将存储于数据库中的关于某一主题文献的线索查找出来的检索,通常通过目录、索引、文摘等二次文献,以原始文献的出处为检索目的,可以向用户提供原始文献的信息。

(2) 按组织方式分类。

按照组织方式的不同,有全文检索、超文本检索和超媒体检索。其中,全文检索是将存储在数据库中的整本书、整篇文章中的任意信息查找出来的检索,可以根据需要获得全文中的有关章、节、段、句、词等的信息;超文本检索是对每个结点中所存的信息及信息链构成的网络中信息的检索,强调中心结点之间的语义联结结构,靠系统提供的工具进行图示穿行和结点展示,提供浏览式查询,可进行跨库检索;超媒体检索对存储的多种媒体信息进行检索,它是多维存储结构,有向的链接,与超文本检索一样,可提供浏览式查询和跨库检索。

8.3.2 网络信息检索技术

在信息检索领域,英语信息检索的发展较为迅速,如由 Salton 等开发的 SMART 信息检索系统,可以利用向量空间表示检索信息内容,并将自然语言处理应用于信息检索,提高了信息查询的准确性。中文信息检索有其自身的特点,如中文语词之间没有空格,在索引前要进行语词切分。与英语相比,汉语句法分析和语义理解更为困难,因此造成中文信息检索的发展较为缓慢。目前已有的中文检索系统绝大部分仍为关键词检索,许多系统还处于"字"索引阶段,效率较低,信息检索的精度和准确性较差。

网络信息资源检索工具主要有:

(1) 基于菜单式的检索工具和基于关键词的检索工具,如 Gopher、WAIS 等。

(2) 基于超文本的检索工具,如 WWW 方式检索。

(3) 网络指南工具搜索引擎。

(4) 全文数据库检索工具和多媒体信息检索工具。

1. 搜索引擎的概念与原理

搜索引擎(Search Engine)是指根据一定的策略、运用特定的计算机程序搜集互联网上的信息,对信息进行组织和处理后,为用户提供检索服务的系统。其实质就是一个专门为用户提供信息"检索"服务的网站。从使用者的角度看,搜索引擎提供一个包含搜索框的页面,在搜索框输入词语,通过浏览器提交给搜索引擎后,搜索引擎就会返回与用户输入的内容相关的信息列表。

如图 8-12 所示,搜索引擎主要由 4 部分组成,即搜索系统、索引系统、检索系统和用户接口。搜索系统尽可能快、尽可能多地发现和搜索因特网上的信息,及时更新已有信息;索引系统用于理解搜索系统所搜索的信息,从中建立用于表示文档和生成文档库的索引表,进一步建立索引数据库;检索系统根据用户的搜索需求,在索引数据库中快速检索出文档,进行文档与检索的相关度评价,对将要输出的检索结果进行排序;用户接口的功能是输入检索关键词、显示检索结果,以及提供用户相关性反馈机制。

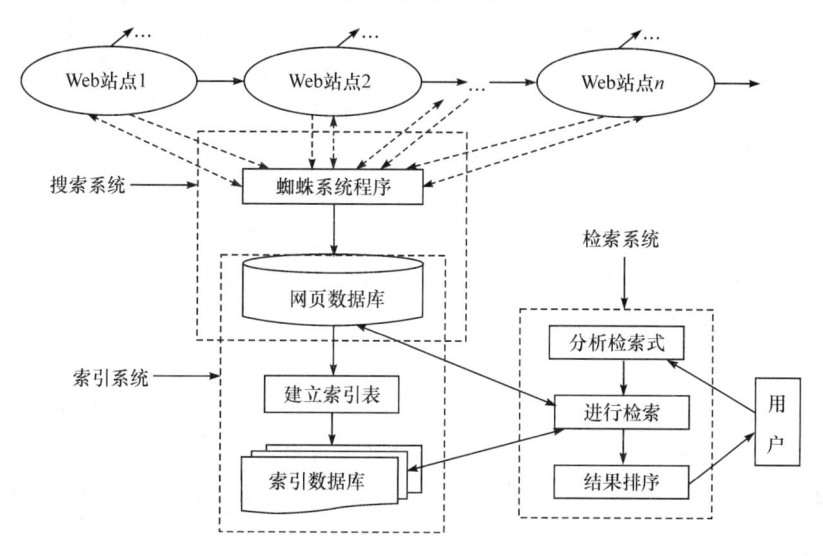

图 8-12 搜索引擎工作原理

搜索引擎的工作原理可以概括为:"蜘蛛"(Spider)系统程序抓取网页→索引系统建立索引数据库→检索系统在索引数据库中搜索排序→页面生成系统将结果返回给用户。

(1) 抓取网页。搜索引擎利用自己独立的网页抓取程序(也称为搜索程序或"蜘蛛"),把开始确定的一组网页链接作为浏览的起始地址,获取网页,提取页面中出现的链接,并通过一定算法决定下一步要访问哪些链接。搜索器将已经访问的页面存储到自己的页面数据库。一直重复这种访问过程,直至结束。搜索器定期回访访问过的页面,以保证页面数据库最新。

(2) 建立索引数据库。当搜索器访问完网页并将其内容和地址存入网页数据库以后,就要对其建立索引。索引系统通过分析相关网页信息,根据一定的相关度计算,将出现的所有字或者词抽取出来,并记录每个字词出现的网址及相应位置,建立网页索引数据库。

(3) 搜索排序。用户输入检索关键词后,检索系统首先分析用户检索的关键词,通过一定的匹配算法,从网页索引数据库中查找符合检索关键词的相关网页,获得相应的检索结果,按照相关度数值对检索结果进行排序。

页面生成系统将搜索结果的链接地址和页面内容组织起来提供给用户。

即使最大的搜索引擎建立超过 20 亿网页的索引数据库,也只能占到 Internet 上普通网页的 30%,不同的搜索引擎之间的网页数据重叠率一般在 70% 以下。使用不同搜索引擎的重要原因是它们能分别搜索到不同的内容。

2. 搜索引擎分类

按搜索引擎的工作原理和组织形式划分,有全文搜索引擎、目录索引类搜索引擎和元搜索引擎三类。

1) 全文搜索引擎(Full Text Search Engine)

全文搜索引擎由检索程序以某种策略自动地在互联网中搜集和发现信息,由索引系统为搜集到的信息建立索引数据库,由检索系统根据用户的查询输入检索索引库,如果找到与用户要求内容相符的网站,便采用特殊的算法计算出各网页的信息关联程度,然后根据关联程度高低,按顺序将这些网页链接制成索引返回给用户。这类搜索引擎的优点是信息量大、更新及时;缺点是返回信息过多,有很多无关信息,用户必须从结果中进行筛选。这类搜索引擎中代表性的有 Google、百度(Baidu)等。

2) 目录搜索引擎(Index/Directory Search Engine)

目录搜索引擎只是一些按照目录分类的网站超链接列表,主要通过人工发现信息,并依靠标引人员对信息进行分析和分类,由专业人员手工建立关键词索引和目录分类体系。这类搜索引擎中最具代表性的是 Yahoo!、新浪等。

3) 元搜索引擎(Meta Search Engine)

元搜索引擎是一种调用其他独立搜索引擎的引擎。它在接收用户查询请求后,同时向多个搜索引擎递交请求,将返回的结果进行重复排除、重新排序等处理后,作为自己的结果返回给用户。其搜索效果始终不太理想,所以没有一个特别具有优势的元搜索引擎。

3. 常用搜索引擎简介

1) Google 搜索引擎

Google 是由英文单词"googol"变化而来的。它是两个斯坦福大学博士生 Larry Page 和 Sergey Brin 共同开发的全新的在线搜索引擎,目前被公认为全球最大的搜索引擎。

Google 的优点是网址数量大,检索语种多(多达 30 余种语言),响应速度快,尤其是它的"手气不错"功能,直接进入可能最符合要求的网站。它的"网页快照"功能,能够从 Google 服务器里取出某些被删除的网页供用户阅读,方便其使用。除了提供常规及高级搜索功能外,还提供了特别主题搜索,如 Apple Macintosh、BSD UNIX、Linux 和大学搜索等。

Google 的"蜘蛛"程序名为"Googlebot",属于非常活跃的网站扫描工具。Google 一般每隔 28 天派出"蜘蛛"程序检索现有网站一定 IP 地址范围内的新网站,所以用 Google 搜索最新的信息有时候是不合适的。目前,Google 的分类目录包含网页、图片、地图、视频、音乐、博客、网站、照片、学术、文档等 20 类,每类分为若干个子类,图 8-13、图 8-14 所示为 Google 中文和英文搜索引擎的主页。

图 8-13　Google 搜索引擎中文主页　　　　图 8-14　Google 搜索引擎英文主页
　　　(http://www.google.hk)　　　　　　　　　　(http://www.google.com)

第 8 章　Internet 及其应用

2）Yahoo! 搜索引擎

Yahoo! 是全球知名度最高的搜索引擎之一，具有容纳全球 120 多亿网页的强大数据库，支持 38 种语言，拥有近 10000 台服务器，服务全球 50% 以上互联网用户的搜索需求。其分类数据库数据具有质量较高，冗余信息较少的优点。它首创的分类方法独特实用，并支持在检索结果中进行二次检索，适合于一般的查询。Yahoo! 在全球共有 24 个网站，能够提供网页、网址、资讯、人物、音乐、图片等 18 类分类目录。图 8-15、图 8-16 所示分别为 Yahoo! 和 Yahoo! 中文搜索引擎的主页。

图 8-15　雅虎搜索引擎主页(http://www.yahoo.com)

图 8-16　雅虎中文搜索引擎主页(http://www.yahoo.cn)

3）百度搜索引擎

"百度"二字源自辛弃疾《青玉案》中的"众里寻她千百度"。2000 年，百度掀开了中文搜索引擎的新篇章。目前，百度搜索引擎是世界上最大的中文搜索引擎，数据总量超过 3 亿页，并且还在保持快速的增长，具有高准确性、高查全率、更新快及服务稳定的特点。它提供网页快照、网页预览/预览全部网页、相关搜索词、错别字纠正提示、新闻搜索、Flash 搜索、信息快递搜索、百度搜霸、搜索援助中心。

百度搜索引擎技术具有全球独有的"超链分析"专利技术，被认为是第二代中文搜索引擎核心技术的代表，接受来自全球 138 个国家的搜索请求，国内 20 多家网站，如新浪、搜狐、中国人等均使用百度搜索引擎作为站点搜索的支持，其检索词可以是中文、英文、数字或中英文数字的混合体，提供新闻、网站、网页、MP3、视频、贴吧等多种分类搜索。图 8-17 所示为百度搜索引擎主页(http://www.baidu.com)。

此外，新浪、搜狐、网易、天网(http://e.pku.edu.cn)等搜索引擎也是非常受欢迎的中文搜索

图 8-17　百度搜索引擎主页

引擎。

4. 搜索引擎的使用

不同搜索引擎搜集网页的内容和数量均不同,所使用的分类办法、检索算法、排序方法也有所不同,因此不同的搜索引擎对同一关键词进行检索时的结果将大不一样。用户应该根据自己的搜索要求,寻找合适的搜索引擎站点。例如,用户希望找到关于计算机网络安全方面的资料时,最好使用 Google 搜索引擎。所以,选择合适的搜索引擎才能得到令用户满意的结果。

一般的搜索引擎都具有"分类检索"和"关键词检索"两种搜索方法。

1) 分类检索

"分类检索"是在搜索网站中,按照主题分类,在相关的类别中进行查询,操作比较简单。在检索信息时,如果大致知道要搜索的信息属于哪一个分类,就可以利用分类检索的方式来搜索信息。有时,很难确定所查找的信息在哪一个类别中,再加上用户对信息分类的理解与网站设计者不一致,查找信息时就可能要走弯路。

2) 关键词检索

"关键词检索"是利用标题、词语等关键字,从搜索引擎数据库中准确地查找相关的信息。为了提高搜索精确程度,在搜索文本框输入搜索关键词时,需要灵活使用以下语法。

(1) 使用布尔(Boolean)检索。

所谓"布尔检索",是指通过标准的布尔逻辑关系词来表达检索词与检索词间逻辑关系的一种检索方法。主要的布尔逻辑关系词有"与"、"或"、"非"等。搜索引擎基本上都支持布尔逻辑命令查询,用好这些命令符号可以大幅提高搜索精度。

① 逻辑"与"。逻辑"与"常用的表示方法为"and"或"+",其含义是只有用"与"连接的关键词全部出现时,所搜索到的结果才算符合条件。Google 中不使用"and",但可以在检索词前加上空格"+"表示必须包含该词条。

② 逻辑"或"。逻辑"或"常用的表示方法为"or",其含义是只要用"或"连接的关键词中有任何一个出现,所搜索到的结果就算符合条件。

③ 逻辑"非"。逻辑"非"常用的表示方法为"not"或"-",其含义是搜索的结果中不应含有"非"后面的关键词。

在输入汉字作为关键词时,不要随意加空格,因为许多搜索引擎把空格认作特殊操作符,其作用有的与"and"一样,有的与"or"一样。

例 8-1 输入关键词"大 飞 机",则该关键词不会被当作一个完整词"大飞机"去查询,由于中间有空格,会被认为是需要查出所有同时包含"大"、"飞"、"机"三个字的文档,所以输入的关键词应为"大飞机"。

输入多个词语搜索(不同字词之间用一个空格隔开),可以获得更精确的搜索结果。

例 8-2 想了解上海人民公园的相关信息,在搜索框中输入"上海 人民公园"获得的搜索效果会比输入"上海人民公园"得到的结果更好。

有些搜索引擎在检索词输入框边已设有"与"、"或"按钮,只要选中相应的按钮,在输入的各类检索词间插入空格,单击"搜索"按钮后搜索引擎会自动在各检索词间加"与"、"或"符号。有的搜索引擎查询时以"&"代表 and,以"|"或","代表 or,以"!"代表 not,具体是哪一

种用法,要根据具体的搜索引擎来定。

(2) 精确搜索的应用。

用精确搜索符引号(" ")括起来的词表示要进行精确匹配,即将关键词或关键词的组合作为一个字符串在其数据库中进行搜索,不包括演变形式。

例 8-3 要查找关于网络方面杂志的信息,可以输入"network magazine",这样就把"network magazine"当作一个短语来搜索。检索结果的量相对较少,但比较准确。

书名号(《》)是百度独有的,加上书名号的查询词,有两层特殊功能,一是书名号会出现在搜索结果中;二是被书名号扩起来的内容不会被拆分。书名号在某些情况下特别有效果。

例 8-4 搜索电影《手机》,如果不加书名号,很多情况下搜索出来的是通信工具——手机,而加上书名号后,《手机》的搜索结果就都是关于电影方面的。

百度搜索引擎中,括号"( )"和数学中的括号相似,用来使括号内的操作符先起作用。

例 8-5 搜索"苹果"中只有"花牛苹果"不含"红富士苹果"的相关信息。

搜索语法为"花牛苹果"－"红富士苹果"

在百度中也可以使用"花牛苹果"－(红富士苹果)

(3) 通配符"﹡"或"?"的使用。

大多数搜索引擎将"﹡"和"?"作为通配符使用,"﹡"可以代替任意几个字符,"?"代表单个字符。

例 8-6 关键词"信息﹡定义"代表的关键词可以是"信息定义"、"信息的定义"等。

目前,Google 和百度只支持精确查询,如果在检索词后紧跟有"﹡"或者"?",系统会将其忽略。

(4) 字段检索。

网络信息实际上不分字段,但有的搜索引擎设计了类似于字段检索的功能,运用字段设置,可以把检索词限制在一定位置范围内。

① 检索结果限定在网页标题中。把查询范围限定在网页标题中,有时能获得良好的效果。一般使用"intitle:检索词"来实现。

例 8-7 搜索所有网页标题中包含"周杰伦"的网页。

在搜索栏内输入:intitle:周杰伦

由于网页的标题通常会准确的描述网页的内容,所以使用"intitle:"针对页面标题进行搜索的效果会更精确。

② 检索结果限定在特定网站中。如果知道某个网站或者域名中有需要搜索的内容,可以使用"检索词 site:站点域名"(不含"http://"及"/"等),把结果限制在某个网站或者域名之内。如果要排除某网站或者域名范围内的页面,只需用"－网站/域名"。

例 8-8 在天空网下载 MSN 软件。

输入搜索关键词:MSN site:skycn.com

Google 和 Yahoo! 中,还可以使用 MSN domain:skycn.com,同样能够准确搜索到天空网的 MSN。

③ 将搜索范围限定在 URL 链接中。对搜索结果的 URL 做某种限定,可以获得良好的效果。

Google 中的"allinurl：检索词"，返回的网页链接中包含所有查询关键字。这个查询的对象只集中于网页的链接字符串。

例 8-9 查找可能具有 PHF 安全漏洞的公司网站，这些网站的 CGI-BIN 目录中含有 PHF 脚本程序(这个脚本是不安全的)。

表现在链接中就是"域名/cgi-bin/phf"，可以使用搜索：allinurl："cgi-bin" phf+com

related 用来搜索结构内容方面相似的网页，如要搜索所有与中文新浪网主页相似的页面(如网易首页，搜狐首页等)，使用搜索"related：www.sina.com.cn/index.shtml"即可。

在 Google 和百度中，"inurl：检索词"返回的网页链接中包含第一个关键字，后面的关键字则出现在链接中或者网页文档中。有很多网站把某一类具有相同属性的资源名称显示在目录名称或者网页名称中，如"MP3"等，因此可以用 inurl 找到这些相关资源链接，用第二个关键词确定是否有某项具体资料。inurl 通常能够提供非常精确的专题资料。

例 8-10 搜索关于 Photoshop 的使用技巧。

可以搜索：photoshop inurl：技巧

"photoshop"可以出现在网页的任何位置，而"技巧"则必须出现在网页 URL 中。

注意，inurl：后面所跟的关键词不能为空格。Yahoo！不提供该检索方法。

在 Yahoo！和百度中"url：检索词"用于精确搜索 URL。使用"url：http://cn.yahoo.com"，搜索引擎只会返回雅虎中国一个结果。

(5) 检索不同类型的信息。

在 Internet 上很多有价值的资料并非普通的网页，而是以 pdf、doc、xls、ppt、rtf、swf 等文档类型格式存在的。百度支持对 Office 文档(Word、Excel、Powerpoint)、pdf 文档、rtf 文档进行全文搜索。Google 支持 13 种非 HTML 文件的搜索。搜索这类文档，只需要在普通查询词后面加一个"filetype：文档类型"限定。"filetype："后可以跟以下文件格式：pdf、doc、xls、ppt、rtf、swf、all 等。其中，all 表示搜索所有这些文件类型。

例 8-11 搜索信息检索方面的 Word 格式的论文。

在搜索栏输入：信息检索 filetype：doc

如果只想检索 pdf 格式的文件，搜索"信息检索 filetype：pdf"就可以了。

以上是各种搜索引擎的基本语法，许多搜索引擎都提供了"高级搜索"，读者通过"高级搜索"窗口中的选项和文本框来选择显示方式或输入检索词即可完成上述基本语法能够实现的功能。此外还可以参考每个搜索引擎的帮助系统，获得帮助。

8.3.3 数字图书馆

数字图书馆(Digital Library)是以电子格式存储海量多媒体信息并能对这些信息资源进行高效操作的技术。它不仅要存储数字化的图书、音视频作品、电子出版物、地理数据等人文和科学数据，还要提供 Internet 上基于内容的多媒体检索。特别在教育领域，数字图书馆将成为非常重要的教育设施。

1) 超星电子图书馆

超星数字图书馆(http://www.sslibrary.com)是国家"863"计划中国数字图书馆示范工程项目，2000 年开始建立了全国最大的中文数字图书馆。超星数字图书馆新书试用包含图书资源近百万种，涵盖中图法 22 大类，包括文学、历史、法律、军事、经济、科学、医药、工程、建筑、交通、计算机、环保等。能随时为用户提供最新、最全的图书信息。

登录超星数字图书馆、学校的超星数字图书馆或其他下载网站，均可以下载 SSReader（超星）阅览器（超星数字图书是按页组成的 PDG 文件，通过阅览器阅读需要下载并安装超星阅览器，而通过 IE 阅读时自动下载 IE 阅读插件）。超星数字图书馆提供了三种阅读方式。

（1）免费阅览室阅读：进入免费阅览室→查找所需图书。

（2）会员图书馆阅读：进入会员图书馆→订阅会员服务→查找所需图书。

（3）电子书店阅读：进入电子书店→查找所需图书→付费购买成功。查找到图书后，单击"阅览器阅读"或"IE 阅读"按钮浏览图书。

2) 中国期刊网

中国知识基础设施工程（China National Knowledge Infrastructure，CNKI）是以实现全社会知识信息资源共享为目标的国家信息化重点工程，由清华大学、清华同方发起，始建于 1999 年 6 月。经过多年努力，自主开发了具有国际领先水平的数字图书馆技术，建成了世界上全文信息量规模最大的"CNKI 数字图书馆"，并正式启动建设中国知识资源总库及 CNKI 网格资源共享平台。CNKI 的子网站群有 CNKI 知网数字图书馆、中国期刊网、中国研究生网、中国社会团体网、CNKI 电子图书网、中小学多媒体数字图书馆、中国医院数字图书馆、中国企业创新知识网、中国城建数字图书馆、中国名师教育网、CNKI 数字化学习研究网、中国农业数字图书馆等 16 个。

作为 CNKI 重要组成部分的中国期刊网收录了 1994 年至今的 8200 多种重要期刊，以学术、技术、政策指导、高等科普及教育类为主，同时收录部分基础教育、大众科普、大众文化和文艺作品类刊物，内容覆盖自然科学、工程技术、农业、哲学、医学、人文社会科学等各个领域，全文文献总量为 2200 多万篇。CNKI 中心网站及数据库交换服务中心每日更新 5000～7000 篇，各镜像站点通过互联网或卫星传送数据可实现每日更新，专辑光盘每月更新，专题光盘年度更新。目前，国内大多数高校都建立了 CNKI 镜像站点，用户可通过大学图书馆内的镜像站点访问，也可直接在 CNKI 主站点登录访问，CNKI 站点地址是 http://www.cnki.net/index.htm，如图 8-18 所示，在登录区输入用户名和密码后，即可登录 CNKI 主站点，如图 8-19 所示。

图 8-18　中国知网 CNKI 首页　　　　　图 8-19　CNKI 检索首页

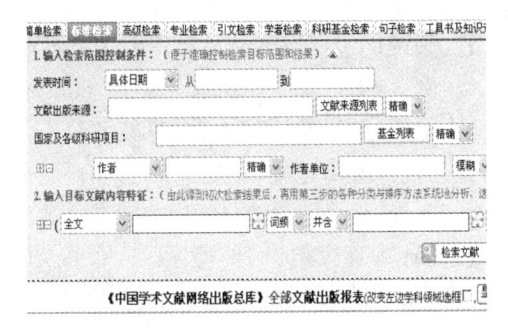

(1) 简单检索。

在检索词文本框输入要检索的内容，单击"简单检索"按钮即可。例如，要检索文章标题中含有"网络安全"的文章，可在检索词文本框输入"网络安全"，单击"简单检索"按钮，检索到的文章标题如图8-20所示。

(2) 标准检索。

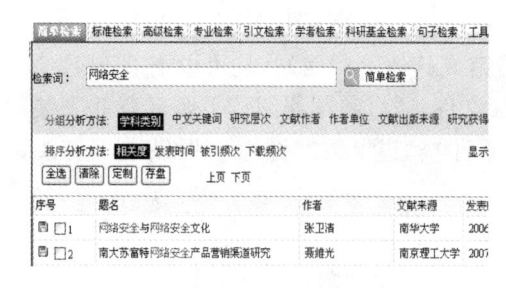

图8-20 CNKI简单检索

标准检索需要用户输入检索范围控制条件、目标文献内容特征、检索结果分组筛选等。例如，要检索2008年5月1日到2009年1月30日，《计算机工程》期刊发表的全文中含有"IPv6"的文章，可使用如图8-21所示的方式进行。

(3) 高级检索。

高级检索可以支持全文、关键词、作者、作者单位等检索项的逻辑运算检索。如图8-22所示，检索2008年5月1日到2009年1月30日，发表的全文中含有"IPv6"和"协议"，关键词中含有IPSEC的文章。

图8-21 CNKI标准检索

图8-22 CNKI高级检索

(4) 专业检索。

专业检索可使用的检索字段定义为：SU=主题，TI=题名，KY=关键词，AB=摘要，FT=全文，AU=作者，FI=第一责任人，AF=机构，JN=中文刊名&英文刊名，RF=引文，YE=年，FU=基金，CLC=中图分类号，SN=ISSN，CN=统一刊号，IB=ISBN，CF=被引频次。

例8-12 TI=网络 and KY=IPv6 and (AU%张+李)，可以检索到"篇名"包括"网络"、关键词包括"IPv6"并且作者为"张"姓和"李"姓的所有文章，如图8-23所示。

例8-13 SU=北京 * 奥运 and AB=环境保护，可以检索到主题包括"北京"及"奥运"并且摘要中包括"环境保护"的信息。

此外，CNKI还提供引文检索、学者检索、科研基金检索、句子检索、工具书及知识元检索、文献出版来源检索等检索方式。读者可自行通过检索帮助学习和使用。

图8-23 CNKI专业检索

(5) 检索结果查看与下载。

在检索到需要的文献后，直接单击该文献标题，CNKI会打开文献主要信息窗口，如图8-24所示，单击"CAJ下载"（推荐）或"PDF下载"超链接，弹出"文件下载"对话框，在该对话框中，单击"打开"按钮，则直接打开该文件；单击"保存"按钮，则将文件保存在本地磁盘。一般选择"保存"，将文件保存在磁盘，以备以后使用。

（6）全文浏览。

CAJViewer 浏览器是中国知网的专用全文格式阅读器，支持 CAJ、NH、KDH 和 PDF 格式文件，可以在线阅读中国知网的原文，也可以阅读下载到本地硬盘的 CNKI 文献，打印效果可以达到与原版显示一致的程度。如果本机已经安装了 CAJViewer 浏览器，在(5)中选择"打开"时，系统会自动选择用 CAJViewer 浏览器打开文件；如果在(5)中选择"保存"方式，以后可以直接利用 CAJViewer 浏览器阅读。

图 8-24　检索结果中的主要信息

3）CAJViewer 浏览器的使用

CAJViewer 支持同时打开多份文档并可以轻松地在不同的文档中进行切换，如图 8-25 所示。使用 CAJViewer 工具栏、状态栏中的各种工具可以方便地完成浏览过程中的不同需求。例如"手形"工具可以改变浏览位置、"放大"和"缩小"按钮可以改变显示比例等。如图 8-26 所示，单击"工具"菜单中某种工具后，将鼠标指针移动到文档窗口中，拖动选择所需文本，进行复制和粘贴。其中"栏选"是指按照文件的分栏排版效果来选择文本，如只选第一栏中的文字。

图 8-25　在 CAJViewer 中打开三个文档　　　图 8-26　在 CAJViewer 使用不同选择工具

CAJViewer 阅读器最大的特点体现在它的批注功能上，有些读者在阅读纸质书的时候喜欢在书上批批画画，利用 CAJViewer，也完全可以像在纸质书上那样进行批注，这一特点并不是所有的阅读工具都具有的。例如，使用"注释"命令可以在文档的任意位置添加注释；使用"直线"或"曲线"工具则可以在文档中绘制不同的线条；选中若干文本后右击鼠标，在快捷菜单中选择"高亮"、"下划线"、"删除线"等操作，如图 8-27 所示。

完成以上批注操作后，选择"查看→标注"菜单命令，打开标注窗格。在此窗格中可以看到所有在文档中做的标注列表。此列表中有 3 个项目：类型、页码和描述，单击某一行的"类型"栏中的图标，则自动跳转到该标注所在的页面，标注的内容以红色方框显示，如图 8-28 所示。该标注可以保存以备将来使用。

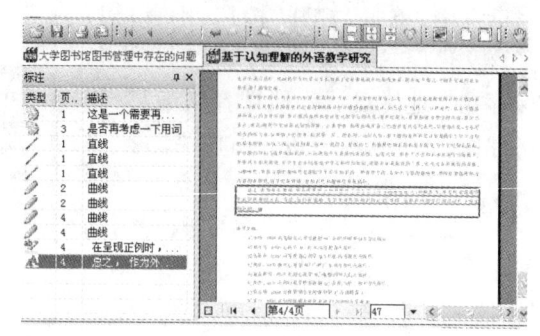

图 8-27　快捷菜单所示命令　　　　　　　图 8-28　标注窗格的操作

4) 万方数据资源系统(ChinaInfo)

万方数据资源系统分科技信息系统、数字化期刊和企业服务系统三个子系统,其站点地址是 http://www.wanfangdata.com.cn,该站点数据库提供数字化期刊论文资源、学位论文资源、会议论文资源、西文期刊论文、西文会议论文等 11 类资源全文,整个期刊全文采用 HTML 格式制作,可以使用通用浏览器(如 IE)直接浏览、下载、打印,有些全文使用 PDF 格式的文献,需要使用 CAJViewer 或 Adobe Reader 阅读器浏览。

5) 维普中文科技期刊数据库

维普中文科技期刊数据库是由重庆维普资讯有限公司制作的,用于检索 1989 年至今的 400 多种中文报纸、8000 多种中文期刊、5000 余种外文期刊文献,是目前国内中文期刊的主要数据库之一。现已成功应用于《中文科技期刊数据库》、《外文科技期刊数据库》、《中国科技经济新闻数据库》和《医药信息资源系统》、《航空航天信息资源系统》等十几种数据库产品。

8.4　网络信息安全技术

8.4.1　网络信息安全技术概述

1. 网络信息安全的概念

信息安全是指信息系统资源不受自然和人为有害因素的威胁和危害。解决信息安全问题应该同时从技术和管理两方面着手。技术方面主要解决网络系统本身存在的安全漏洞,比如 TCP/IP 协议的不完善,操作系统或程序对安全性考虑不足等。目前解决这些问题的常用技术有密码技术、入侵检测、虚拟专用网(VPN)技术、防火墙与防病毒技术、数字水印、认证与识别技术等。管理方面主要是健全组织内部的信息安全管理制度,以防止因为内部人员的误操作,没有足够的信息安全知识而引起的严重后果。解决管理方面的问题需要制订完备的信息安全策略和计划,加强信息安全立法,实现统一和规范的管理,积极制订信息安全国际和国家标准。

网络信息安全问题从本质上讲是网络上的信息安全,是指网络系统的硬件、软件及其系统中的数据受到保护,不受偶然的或者恶意的原因而遭到破坏、更改、泄露,系统连续、可靠、正常地运行,网络服务不中断。从广义上来说,凡是涉及网络信息的保密性、完整性、可用性、真实性和可控性的相关技术和理论都是网络信息安全的研究领域。网络安全所涉及的内容既有技术方面的问题,也有管理上的问题。技术方面主要侧重于防范攻击,管理方面主要侧重于内部人为因素的管理。

2. 网络系统安全威胁

网络系统的威胁来自很多方面,概括起来主要是人为攻击和自然灾害攻击。它们都对网络通信安全造成威胁,但是人为攻击威胁最大,也最难防范。攻击主要分为被动攻击和主动攻击。

1) 被动攻击

被动攻击是指在不影响网络正常工作的情况下,进行截获、窃取、破译以获得重要机密信息。这类攻击一般在信息系统的外部进行,对信息网络本身一般不造成损坏,系统仍可正常运行,但有用的信息可能被盗窃并用于非法目的。主要有搭线监听和无线截获攻击。

2) 主动攻击

主动攻击是指以各种方式有选择地破坏信息的有效性、完整性。这类攻击直接进入信息系统内部,往往会影响系统运行,给信息网络带来灾难性的后果。这些攻击包括:

(1) 假冒。假冒合法用户身份、执行与合法用户同样的操作。

(2) 重放。攻击者对截获的某次合法数据进行复制,之后出于非法目的重新发送,以产生未授权效果。

(3) 入侵。通过操作系统或网络的漏洞、远程访问、盗取口令等方法进入系统,非法查阅文件资料、更改数据,甚至破坏系统。

(4) 篡改。篡改数据、文件、资料。

(5) 拒绝服务,即 DoS(Denial of Service)。会导致通信设备的正常使用或管理被无条件地拒绝。通常是对整个网络实施破坏,如大量无用信息将资源耗尽,中断服务等。

(6) 抵赖。实施某种行为后进行抵赖,如否认发送过或接受过文件。

(7) 服务欺骗。某一伪系统或系统部件欺骗合法的用户,或系统自愿放弃敏感信息。

(8) 阻塞。通过投放巨量垃圾电子邮件、无休止访问资源或数据库等手段造成网络的阻塞,影响正常运行。

(9) 病毒。向系统注入病毒,损坏文件、使系统瘫痪,造成各种难以预料的后果。

3. 网络安全策略

网络安全策略是指在某个安全区域内,用于所有与安全活动相关的一套规则。

1) 物理安全策略

物理安全策略的目的是保护计算机系统、网络服务器等硬件设备和通信链路免受破坏和攻击,验证用户的身份和使用权限,防止用户越权操作,抑制和防止电磁泄漏。

2) 访问控制策略

访问控制策略是指在计算机系统和网络中自动执行授权,保证网络资源不被非法使用和访问。其实现形式如下。

(1) 入网访问控制。控制用户能否登录到服务器并获取网络资源及入网时间和入网工作站。用户入网访问控制有三个步骤:用户名验证、用户口令验证、用户账号的缺省限制检查。任何一个步骤未通过,该用户都不能进入网络。

(2) 网络的权限控制。系统管理者通过实施权限控制,给用户(组)赋予一定的权限,以对用户(组)可以访问的目录、文件和其他资源加以限制,对用户能够执行的操作加以规定。

(3) 目录级安全控制。指网络提供的控制用户对目录、文件、设备的访问的功能。一般来说,目录具有继承权,用户在目录一级指定的权限对所有文件和子目录有效,但是,用户还可进一步指定目录下的子目录和文件的权限。目录和文件的访问权限一般有八种:系统管理员、读、写、创建、删除、修改、文件查找、存取控制。用户对文件或目标的有效权限取决于三个因素:用户的受托者指派、用户所在组的受托者指派、继承权限屏蔽取消的用户权限。一个网络系统管理员应当为用户指定适当的访问权限,八种访问权限的有效组合可以让用户有效地完成工作,同时又能有效地控制用户对服务器资源的访问。

(4) 属性安全控制。网络系统管理员应为文件、目录等指定访问属性。用户对网络资源的访问权限对应一张访问控制表,用以表明用户对网络资源的访问能力。属性设置可以覆盖已经指定的任何受托者指派和有效权限。一般有向某个文件写数据、拷贝文件、删除目录或文件、查看目录和文件、执行文件、隐含文件、共享、系统属性等。

(5) 网络服务器安全控制。网络服务器安全控制包括设置口令锁定服务器控制台,以防止非法用户修改、删除重要信息或破坏数据,设定服务器登录时间限制、非法访问者检测和关闭的时间间隔。另外,通过控制台可以装卸模块、安装和删除软件等。

(6) 网络监测和锁定控制。网络管理员对网络实施监控,服务器记录用户对网络资源的访问。对非法网络访问,服务器以图形、文字或声音等形式报警。

(7) 网络端口和结点的安全控制。信息通过端口进入和驻留于计算机中,网络中服务器的端口往往使用自动回呼设备,并以加密的形式来识别结点的身份。自动回呼设备用于防止假冒合法用户,调制解调器用以防范黑客的自动拨号程序对计算机进行攻击。

8.4.2 计算机病毒防范技术

1. 计算机病毒概述

1983 年 11 月,世界上第一个计算机病毒在美国实验室诞生,1986 年,巴基斯坦两兄弟为追踪非法复制自己软件的人,制造了世界上第一个传染个人计算机的"巴基斯坦"病毒。1988 年 11 月 2 日,美国康奈尔大学计算机科学系的研究生罗伯特·莫里斯(Robert Morris)在 Internet 上启动了他编写的"蠕虫"病毒程序,几小时内,美国 Internet 上约 6200 台 VAX 系列小型机及 Sun 工作站遭到蠕虫程序的攻击,使网络堵塞、运行迟缓,直接经济损失达 9000 万美元,使提高网络安全性问题引起人们的关注。1988 年下半年,我国在国家统计局首次发现了"小球"病毒。1999 年的 CIH 病毒,2000 年的美丽莎病毒、爱神病毒,2003 年的冲击波病毒,2006 年的熊猫烧香病毒等,都在全世界范围内造成了很大的经济和社会损失。那么,什么是计算机病毒?我国颁布的《中华人民共和国计算机信息系统安全保护条例》中指出:计算机病毒是指编制或者在计算机程序中插入破坏计算机功能或者毁坏数据,影响计算机使用,并能自我复制的程序代码。因此,计算机病毒是软件,是人为制造出来专门破坏计算机系统安全的程序。

计算机病毒的特征可以归纳为:人为的特制程序,具有自我复制能力、很强的传染性、一定的潜伏性、特定的触发性、很大的破坏性和不可预见性。其中,传染性是计算机病毒的基本特征,也是病毒和正常程序的本质区别。病毒通过各种渠道从已感染的计算机扩散传播到未感染的计算机,严重时会造成被感染计算机不能正常工作甚至瘫痪;计算机病毒同样是具有高级编程技巧的人为特制程序代码,一旦这些程序代码进入他人计算机并执行,会自动搜寻符合传染条件的程序或介质,将自身代码插入其中,达到自我繁殖的目的;潜伏性是指计算机病毒经常潜伏在磁盘较隐蔽的系统区或正常文件中,在用户没有察觉的情况下扩散,潜伏时间越长,传染范围越大;触发性是指病毒因某个事件的出现,诱使其实施感染或传播,对系统进行攻击,病毒触发启动的条件可以是时间、日期、启动次数、感染失败、CPU 型号/主板型号等;破坏性是指病毒能够降低计算机工作效率,甚至破坏全部数据使计算机无法工作。

计算机病毒的传播途径有很多,如 U 盘、光盘、网络(网络共享、FTP 下载、电子邮件、WWW 浏览)等。病毒传播的第一步是驻留内存,其次是通过网络或存储介质进行扩散、传播。一旦进入内存之后,病毒就会寻找传播机会,寻找可攻击的对象,判断条件是否满足,决定是否传染。当条件满足时进行传染,将病毒写入磁盘,或者通过网络进行传播。一台计算机被病毒感染以后,可能会出现以下症状:计算机系统启动变慢,可用的磁盘空间变小,磁盘数据莫明其妙地丢失,可执行程序容量增大,系统异常增多(如突然死机、自行启动等),屏幕上出现一些无意义的画面或问候语,系统不识别磁盘,要求格式化磁盘,不能引导系统等。

2. 计算机病毒的分类

计算机病毒的分类方法随着不断出现的新病毒而改变。

(1) 引导型病毒。引导型病毒藏匿在磁盘的第一个扇区。启动计算机时,在操作系统还没被加载之前就被加载到内存中进行传染与破坏。如我国首次报告的"小球病毒"、Michelangelo、Disk Killer 等都属于引导型病毒。

(2) 文件型病毒。文件型病毒通常寄生在可执行文件,如 *.com,*.exe 等文件。文件执行时,病毒程序跟着被执行。这类病毒也称为可执行文件病毒、应用程序病毒或操作系统病毒,如首例发现的攻击计算机硬件的 CIH 病毒。

(3) 宏病毒。宏病毒是近年来出现的一种文件型病毒。它是利用宏语言编制的病毒,寄存于 Word 文档中,通过宏命令强大的系统调用功能,实现系统底层操作的破坏。Word 宏病毒几乎是唯一可跨越不同硬件平台而生存、传染和流行的一类病毒。与感染普通可执行文件的病毒相比,Word 宏病毒具有隐蔽性强、传播迅速、危害严重、难以防治等特点。为了有效防止 Word 系统被感染,可将常用的 Word 模板文件改为只读属性。当文件被感染后,应及时加以清除,以防其进一步扩散和复制。

(4) 蠕虫病毒。蠕虫是一种通过网络进行传播的恶性病毒。主要通过系统漏洞、电子邮件、在线聊天等渠道传播,如"冲击波病毒"。

(5) 脚本病毒。该病毒感染 VBS、HTML 和脚本文件,用 VB Script 语言编写,通过网页、电子邮件及文件在 Internet 和本地传播。

(6) 复合型病毒。复合型病毒兼有引导型病毒及文件型病毒的特性。一旦发病,其破坏性相当大。

(7) 木马程序。之所以叫它程序而不是病毒,是因为这类程序定义界限比较模糊。一个木马程序可以被用作正常的途径,也可以被一些人利用来做非法的事情。木马程序一般用来进行远程控制,常被一些别有用心的人用来偷取别人机器上的一些重要文件、QQ 或 MSN 账号、网银账号等信息。

3. 计算机病毒的预防

预防计算机病毒,需要注意以下几点:

(1) 牢固树立预防为主的思想,从加强管理入手,制订切实可行的管理措施并严格地贯彻落实,建立、健全各种切实可行的预防管理规章、制度及处理紧急情况的预案措施。

(2) 尊重知识产权,使用正版软件;对服务器及重要的网络设备实行物理安全保护和严格的安全操作规程,严格管理和使用系统管理员账号,限定其使用范围,严格管理和限制用户的访问权限,特别是加强对远程访问、特殊用户的权限管理;系统中重要数据要定期与不定期地进行备份;随时注意观察计算机系统及网络系统的各种异常现象;网络病毒发作期间,暂时停止使用 Outlook Express 接收电子邮件,避免来自其他邮件病毒的感染。

(3) 采用技术手段预防和清除病毒。一旦发现被病毒感染,用户应及时采取措施,保护好数据,利用反病毒软件对系统进行查毒杀毒处理。计算机病毒的清除主要采用人工清除病毒法和自动清除病毒法。人工清除是借助工具软件对病毒进行手工清除,操作时使用工具软件打开被感染的文件,从中找到并摘除病毒代码,使之复原;自动清除是使用杀毒软件来清除病毒。保证及时升级杀毒软件和防火墙。

(4) 为了更好地防范计算机病毒,一般在安装完操作系统后,应立即安装反病毒软件,如果联网的话,还应及时安装防火墙软件。及时更新安装相应系统软件的补丁程序。

4. 常用反病毒软件介绍

反病毒软件,国内也称为杀毒软件,有硬件和软件两种方法清除病毒。硬件主要是防病毒卡,软件主要是各种仅病毒软件。反病毒软件通常集成监控识别、病毒扫描和清除及自动升级等功能,有的反病毒软件还带有数据恢复等功能。由于病毒的防治技术总是滞后于病毒的制作,所以并不是所有病毒都能马上得以清除。目前,市场上的查杀毒软件很多,使用较广、监控能力较强的主要有 BitDefender、Kaspersky、瑞星、金山、江民和 360 安全卫士等。

(1) BitDefender 反病毒软件。

BitDefender 反病毒软件是源于罗马尼亚的杀毒软件,有容量为 24 万的超大病毒库,为计算机提供最大的保护,具有功能强大的反病毒引擎及互联网过滤技术,提供即时信息保护功能,通过回答几个简单的问题,就可以方便地进行安装。

(2) Kaspersky 反病毒软件。

Kaspersky(卡巴斯基)反病毒软件源于俄罗斯,是世界上最优秀、最顶级的网络杀毒软件,查杀病毒性能远高于同类产品。具有超强的中心管理和杀毒能力,能真正实现带毒杀毒。支持几乎所有的普通操作系统,控制所有可能的病毒进入端口,其强大的功能和局部灵活性及网络管理工具为自动信息搜索、中央安装和病毒防护控制提供最大的便利和最少的时间来建构抗病毒分离墙。卡巴斯基反病毒软件 2009 是一套全新的安全解决方案,可以保护计算机免受病毒、蠕虫、木马和其他恶意程序的危害,它将实时监控文件、网页、邮件、ICQ/MSN 协议中的恶意对象,扫描操作系统和已安装程序的漏洞,阻止指向恶意网站的链接,其强大的主动防御功能将阻止未知威胁。

(3) 瑞星杀毒软件。

瑞星杀毒软件是北京瑞星信息技术有限公司的产品。目前,该公司已推出基于多种操作系统的瑞星杀毒软件和防火墙、网络安全预警系统等产品。"瑞星全功能安全软件2009"是基于瑞星"云安全"技术开发的(主界面如图8-29所示),实现了彻底的互联网化,针对目前肆虐的恶性木马病毒,设计了三大拦截、两大防御功能,即木马入侵拦截(网站拦截＋U盘拦截)、恶意网址拦截、网络攻击拦截和木马行为防御、出站攻击防御,从多个环节狙击木马的入侵,保护用户安全。瑞星杀毒软件下载和升级的地址为 http://www.rsing.com.cn。

图8-29 瑞星杀毒软件主界面

(4) 金山毒霸杀毒软件。

金山毒霸是金山公司推出的电脑安全产品。其软件的组合版功能强大(毒霸主程序、金山清理专家、金山网镖),集杀毒、监控、防木马、防漏洞为一体。其功能主要体现在:超大病毒库＋智能主动防御＋互联网可信认证;智能主动漏洞修复;MSN 聊天加密功能,嵌入式防毒,隐私保护;木马/黑客防火墙,邮件实时监控,垃圾邮件快捷过滤;首创流行病毒免疫器;恶意行为主动拦截,金山网镖自动识别联网程序的安全性;U 盘病毒免疫工具,文件粉碎器,集成金山清理专家,在线系统诊断,集合系统修复工具。金山毒霸杀毒软件下载和升级地址是 http://www.duba.net/download。

(5) 江民杀毒软件。

江民杀毒软件是北京江民新科技技术有限公司的系列杀毒软件产品。江民 KV2009 是国内首家研发成功的启发式扫描、内核级自防御引擎。其功能主要体现在:能够启发扫描90%以上的未知病毒;"沙盒"(Sandbox)技术,恢复系统到正常状态;有效防范 ARP 病毒进行 ARP 地址欺骗;主动防御在拦截到可疑行为时,将接入服务器进行基于"云计算"的可疑文件搜集和病毒自动分析,对可疑行为进行双重比证;核级自我保护金钟罩,有效阻止"驱动级病毒"关闭和破坏杀毒软件;使用基于"云计算"原理的防毒系统。该软件下载和升级的地址是 http://dl.jiangmin.com。

(6) 360 安全卫士。

360 安全卫士是创立于 2005 年 9 月的奇虎 360 公司研发的免费网络安全平台。目前360 安全卫士已发展成为最受用户欢迎的杀木马、防盗号工具软件,其 360 安全浏览器、360 保险箱、360 杀毒等系列产品对用户完全免费,此外,还独家提供多款著名杀毒软件的免费版。该软件在杀木马、防盗号、保护网银、游戏等各种账号和隐私安全方面表现出色,被誉为

"防范木马的第一选择"。它自身非常轻巧,可以优化系统,大大加快了电脑运行速度,拥有下载、升级和管理各种应用软件的独特功能。图 8-30 是 360 安全卫士启动后的主界面窗口,该软件可以查杀木马、检测与修复漏洞、清理恶意插件、清理垃圾文件、清理上网痕迹等。360 安全卫士下载和升级的网址是 http://www.360.cn/。

图 8-30 360 安全卫士主界面

上述反病毒软件各有千秋,但有些软件不能在一台机器上同时安装,如江民 KV2009 与 360 安全卫士有冲突,建议不要同时安装。同时,许多反病毒软件公司的网站上还提供一些专杀工具,对特定病毒的清除很有用,一般都可以免费下载使用。

8.4.3 网络安全技术

随着计算机网络技术的不断发展,涌现出了许多网络信息安全技术。本小节主要介绍防火墙技术、加密技术、数字认证、数字证书、入侵检测技术等内容。

1. 防火墙技术

防火墙(Firewall)是用于防止外部网络的恶意攻击对内部网络造成不良影响而设置的安全防护措施,是一种由软件、硬件构成的系统,用来在两个网络之间实施存取控制策略,防止对重要信息资源的非法存取和访问,以达到保护系统安全的目的。防火墙应达到保证内部网络的安全性和保证内部网和外部网间的连通性的要求。

1) 防火墙的分类

防火墙如果从实现方式上来分类,可以分为硬件防火墙和软件防火墙两类,硬件防火墙通过硬件和软件的结合来达到隔离内、外部网络的目的,价格较贵,但效果较好,一般小型企业和个人很难实现;软件防火墙则通过纯软件的方式来实现,价格很便宜,但这类防火墙只能通过一定的规则来达到限制一些非法用户访问内部网的目的。图 8-31 所示的瑞星个人防火墙,以及天网防火墙、金山防火墙等都属于软件防火墙。

从原理上,防火墙可以分为网络级防火墙和应用级防火墙两类。

(1) 网络级防火墙。网络级防火墙在网络层依据系统的过滤规则,利用包过滤技术(Packet Filtering)对数据包进行选择和过滤,通过检查数据流中的每个数据包的源地址、目标地址、源端口、目的端口及协议状态或它们的组合来确定是否允许该数据包通过。

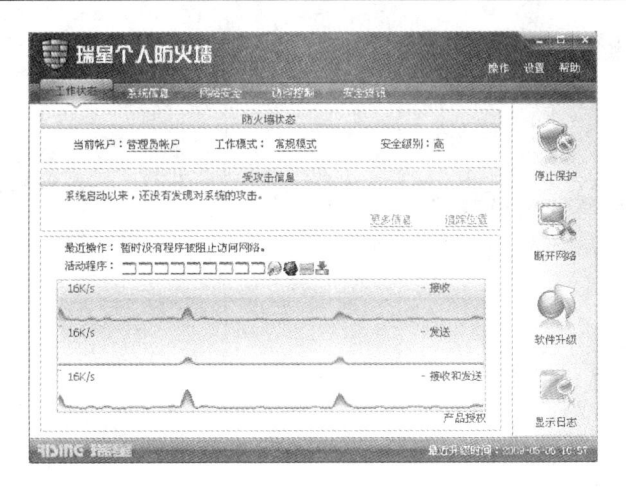

图 8-31 瑞星个人防火墙

（2）应用级防火墙。应用级防火墙（也称为代理型防火墙）通过监听网络内部客户的服务请求，检查并验证其合法性。若合法，防火墙将作为一台客户机向真正的服务器发出请求并取回所需信息，再转发给客户。对于内部客户而言，代理服务器好像原始的公共服务器，而对于公共服务器而言，代理服务器好像原始的客户一样，并将内部系统与外界完全隔离开来，外面只能看到代理服务器，而看不到任何内部资源。

2）Windows XP 防火墙设置

在 Windows XP SP2 以上版本中 Windows 防火墙的功能是通过限制或防止从 Internet 访问此计算机来保护计算机和网络。

在"本地连接属性"对话框中选择"高级"选项卡，如图 8-32 所示，单击"设置"按钮，打开"Windows 防火墙"对话框，如图 8-33 所示。在该对话框中选择"启用"单选按钮，以阻止所有外部源连接到计算机；如果有例外，可选择"例外"选项卡，如图 8-34 所示，在"程序和服务"列表中选择，但是此项操作可能会增加安全风险；如果要为每个连接单独添加例外、创建答疑日志、允许网络上的计算机共享错误和状态信息，可以选择"高级"选项卡，如图 8-35 所示，在对应框架内单击"设置"按钮，进一步设置即可。

图 8-32 "本地连接属性"对话框 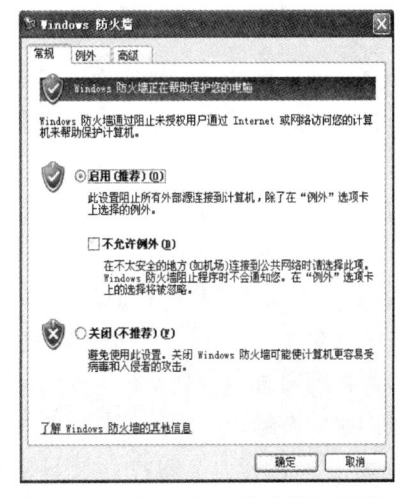　　图 8-33 "Windows 防火墙"对话框

图 8-34 "例外"选项卡　　　　　图 8-35 "高级"选项卡

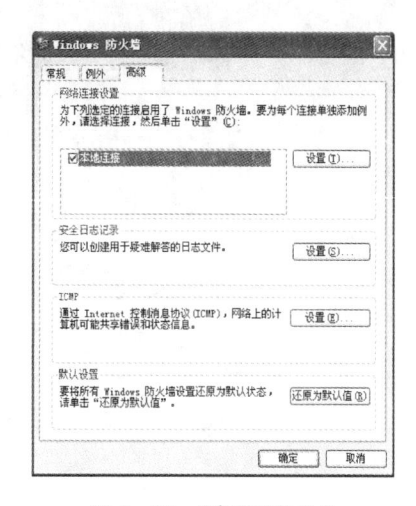

3) 防火墙的发展趋势

为了有效抵御网络攻击，适应 Internet 的发展，防火墙的发展趋势表现如下。

（1）智能化的发展，防火墙将从目前静态防御策略向智能化方向发展。

（2）速度的发展，随着网络速率的不断提高，防火墙必须提高运算速度及包转发速度，否则会成为网络的瓶颈。

（3）体系结构的发展，分布式并行处理的防火墙是防火墙的另一发展趋势。

（4）功能的发展，未来防火墙将在现有的基础上在保密性、过滤、服务、管理、安全等方面继续完善。

（5）专业化的发展，单向防火墙、电子邮件防火墙、FTP 防火墙等针对特定服务的专业化防火墙将作为一种产品门类出现。

总之，智能化、高速度、低成本、功能更加完善、管理更加人性化的防火墙将是未来网络安全产品的主力军。

2. 加密技术

信息在网络中传输时被窃取是最大的安全风险。为防止信息被窃取，必须对所有传输的信息进行加密。加密技术主要有对称加密技术和非对称加密技术两种。

1) 对称加密技术

对称加密技术是指在加密和解密过程中都必须用到同一个密钥的加密体制。其优点是高速度和高安全性。但是在发送方和接收方之间传输数据时必须先通过安全渠道交流密钥，保证在发送或接收加密信息之前有可供使用的密钥。定期改变密钥可改进对称密钥加密方法的安全性，可是改变密钥并及时通知其他用户的过程相当困难。

最著名的对称加密技术是 DES(Data Encryption Standard)，是 IBM 于 20 世纪 70 年代为美国国家标准局研制的数据加密标准。DES 采用 64 位长的密钥（包括 8 个校验位，密钥长度为 56 位），能将原文的若干个 64 位块变换成加密的若干个 64 位代码块。其原理是将原文经过一系列的排列与置换所产生的结果再与原文异或合并，加密过程重复 16 次，每次所用的密钥位排列不同。随着处理速度的提高,破解 DES 密钥的时间变得越来越短。于是,美国国家标准和技术协会又制定了高级加密算法(Advanced Encryption Standard, AES),该算法类似 DES 的块密钥,支持密钥长度为 128 到 256 位。

2) 非对称加密技术

非对称密钥加密也称公钥密码加密技术。它的加密密钥和解密密钥是两个不同的密钥,一个称为公开密钥也称公钥,另一个称为私有密钥也称私钥。两个密钥必须配对使用才能有效,否则不能打开加密文件。公开密钥是公开的,向外界公布,而私有密钥是保密的,由用户自己保存。在网络中传输数据之前,发送者先用公开密钥将数据加密,接收者则使用自己的私有密钥进行解密。

非对称密码加密体制为解决计算机信息网中的安全问题提供了新的理论和技术基础,其优点是由于公钥是公开的,而私钥由用户自己保存,所以密钥管理相对比较简单,尽管通信双方不认识,但只要提供密钥的 CA(Certificate Authority,权威认证中心,相当于网上身份证)可靠,就可以进行安全通信。公钥密码技术也用来对私有密钥进行加密,但是加密算法复杂,使得非对称密钥加密速度较慢。

非对称密钥加密算法中使用最广的是 RSA(1978 年由美国人 R. Rivest、A. Shamir 和 L. Adleman 等提出,并由他们的名字缩写命名为 RSA,是一种加密算法)。RSA 使用两个密钥,一个公共密钥,一个专用密钥,密钥长度从 40 到 2048 位可变,加密时把明文分成块,块的大小可变,但不能超过密钥的长度,RSA 算法把每一块明文转化为与密钥长度相同的密文块。密钥越长,加密效果越好,但加密、解密的开销也越大,所以要在安全与性能之间折中考虑,一般 64 位较合适。现在已经有许多应用 RSA 算法实现的数字签名系统。

数字签名一般采用非对称加密技术,是以电子形式存储的一种消息,可以在通信网络中传输。由于数字签名利用加密技术进行,所以其安全性取决于所采用的密码体制的安全程度。数字签名与手写签名不同,数字签名的算法必须首先设法实现将签名绑定到所签的文件上,而手写签名所签写的是物理存在的文件;数字签名通过一个公开的验证算法来实现验证,可以阻止伪造签名的可能性,而手写签名通过与作为标准的真实手写签名相比较来验证,容易伪造;数字签名是电子文档,拷贝一份副本出来,它和原件将不会有丝毫差别,很难区分,而手写签名通过复印的方式可以获得与原件完全相同的副本,可以很容易地将原件和复印件区分开来。

通常一个数字签名的实现由两个算法组成,即签名算法和验证算法。如 RSA 数字签名,首先签名者使用一个秘密的签名算法对一段消息 X 进行签名,得到一个签名信息 Y。其次信息接收方需要判断信息 X 的签名 Y 是否真实,可以通过一个公开验证算法来对 Y 进行验证。最后获得验证结果。目前,应用广泛的签名算法主要是 DSS 签名、RSA 签名和 Hash 签名等三种。

3. 数字证书与数字认证

1) 数字证书

数字证书,即数字 ID,是网络中标志通信各方身份信息的一系列数据,提供了一种在 Internet 上验证身份的方式,方便地保证由鲜为人知的网络发来的信息的可靠性,同时建立收到的信息的拥有权及完整性。主要应用在电子政务、网上购物、安全电子邮件、网上交易、网上银行、企业与企业的电子贸易等方面。

2) 数字认证

数字认证是检查一份给定的证书是否可用的过程,也称证书验证。数字认证引入了一种机制来确保证书的完整性和证书颁发者的可信赖性。需要确定如下主要内容:一个可信的 CA 已经在证书上签名,即 CA 的数字签名被验证是正确的;证书有良好的完整性,即证书上的数字签名与签名者的公钥和单独计算出来的证书杂凑值相一致;证书处在有效期内、证书没有被撤消;证书的使用方式与任何声明的策略和/或使用限制相一致。

4. 检测技术

从计算机安全的目标来看,入侵指企图破坏资源的完整性、保密性、可用性的任何行为,也指违背系统安全策略的任何事件。从入侵策略的角度看,入侵可分为企图进入、冒充合法用户、成功闯入等方面。入侵者一般称为黑客(Hacker)或解密高手(Cracker)。

1) 入侵检测

入侵检测(Intrusion Detection)是指对计算机和网络资源的恶意使用行为进行识别和响应的处理过程。从计算机网络或计算机系统中若干关键点收集信息并对其进行分析,发现网络或系统中是否有违反安全策略的行为和遭到攻击的迹象,同时做出响应。

2) 漏洞扫描

漏洞是由软件编写不当或软件配置不当造成的。漏洞扫描是网络安全防御中的一项重要技术,其原理是采用模拟攻击的形式对目标可能存在的、已知的安全漏洞进行逐项检查,根据检测结果向系统管理员提供周密可靠的安全性分析报告,为提高网络安全整体水平提供了重要依据。漏洞扫描也称为事前的检测系统、安全性评估或者脆弱性分析。其作用是在发生网络攻击事件前,通过对整个网络进行扫描及时发现网络中存在的漏洞隐患,及时给出相应的漏洞修补方案,网络人员根据方案可以进行漏洞的修补。例如,Windows XP 的补丁程序、数据库管理系统的补丁程序等。

3) 网络黑客

对于黑客一词,不同的媒体有不同的解释,一般是指计算机技术上的行家或那些热衷于解决问题和克服限制的人。真正的黑客一般不会有意利用这些漏洞去侵犯他人的系统并进行破坏,他所做的一般是提出漏洞的补救办法。但是,总有一些人,他们并不是真正的黑客,却到处收集黑客工具,利用网络进行四处捣乱和破坏,来炫耀自己的电脑"技术",正因为这些人的存在,使得现在的"黑客"成为了贬义词。一般黑客入侵的目的是:好奇心与成就感;入侵网络系统,恶意攻击,盗用系统资源;窃取机密资料,如 QQ 账号、网银账号等。网络上黑客的攻击手段和方法多种多样,可以归结为口令入侵攻击和工具攻击两种模式:

① 口令入侵攻击方式是最早采用和最原始的黑客攻击方式,通过获取的口令来侵入目标系统,并获取对目标的远程控制,如获取目标操作系统的 Root 用户的口令等。一般采用破解密码的方式来获取所需要的口令。

② 工具攻击是借助已有的黑客工具和软件,直接对目标进行攻击,破坏对方系统和文件资料,如病毒攻击、炸弹攻击、特洛伊木马、IP 或端口攻击。

5. 其他安全技术

1）IC 卡技术

IC（Integrated Circuit，智能卡）是信息技术飞速发展的产物，是继条码卡、磁卡之后推出的新一代识别卡，被公认为是世界上最小的个人计算机。具有存储量大、数据保密性好、抗干扰能力强、存储可靠、读卡设备简单、操作速度快等优点。根据 IC 卡集成电路类型的不同，有存储器卡、逻辑加密卡、智能卡；根据与外界传送数据形式的不同，有接触式和非接触式；按 IC 卡应用领域的不同，有金融卡和非金融卡两大类。IC 卡具有存储证书、信息认证、信息传输加密和身份认证等功能。

2）面像识别技术

面像识别技术包含面像检测、面像跟踪、面像比对等。

此外，IPSec 可以无缝地为 IP 引入安全特性，并为数据源提供身份验证、数据完整性检查和保密机制。

对于网络信息的安全管理，技术是关键，管理是核心。网络信息安全管理必须坚持技术和管理并重，才能最大限度地减小网络环境下信息的安全风险。国家的法律、法规，组织内部的安全制度建设、安全机构设置，工作人员的道德修养和技术水平，采用的安全技术的先进性都对信息安全产生不同程度的影响。

8.5 网页设计

Dreamweaver 8 是 Macromedia 公司推出的一款网页制作工具，能适应各种平台的各种浏览器，具有可视化界面和强大的网页编辑功能，集网页设计与网站管理于一体。

8.5.1 Dreamweaver 8 工作环境与站点管理

1. Dreamweaver 8 工作环境

Dreamweaver 8 提供了面向设计人员的布局和面向手工编码人员需求的布局。首次启动 Dreamweaver 8 时，出现一个工作区设置对话框，如图 8-36 所示。系统默认工作区布局为"设计器"。如果以后想更改工作区布局，选择"窗口"→"工作区布局"菜单中的相关菜单命令即可。

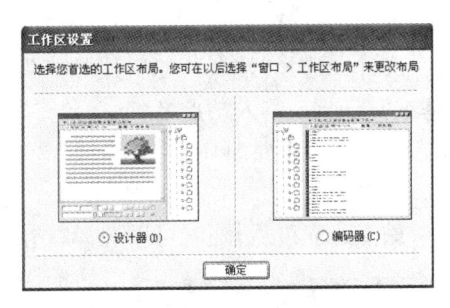

图 8-36 "工作区设置"对话框

Dreamweaver 8 提供了一个将全部元素置于一个窗口中的集成布局，全部窗口和面板都被集成到一个应用程序窗口中，如图 8-37 所示。

（1）插入工具栏：具有"插入"菜单中相应命令的功能，包含用于将各种类型的"对象"（如图像、表格和层）插入到文档中的按钮，每个对象都是一段 HTML 代码，允许在插入时设置不同的属性。

（2）文档工具栏：用于调整页面的显示视图，如代码视图、设计视图及拆分视图（代码和设计结合显示）。代码视图表示文档窗口中只显示 XHTML 代码，设计视图表示只显示网页界面和设计效果，拆分视图表示同时显示当前文档的代码视图和设计视图，其中，文档窗

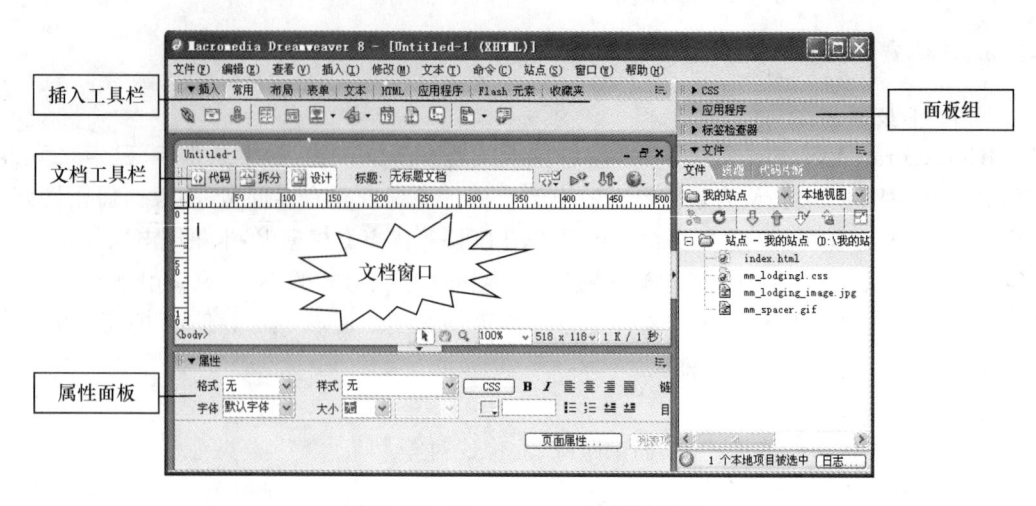

图 8-37 Dreamweaver 8 设计界面

口上半部分显示代码,下半部分显示设计界面。此外,该工具栏中还可以设置网页标题、预览网页和测试等。

(3) 面板组:是网页设计中用到的各种面板,这些面板是可以展开或折叠的。使用"窗口"菜单可以打开其他面板。

(4) 属性面板:选择或设置当前网页中对象的相关属性。

(5) 文档窗口:显示当前正在编辑网页的内容,是设计网页的区域。

2. 管理站点

1) 建立本地站点

本地站点就是网站文件的本地存储区,便于控制站点的结构、全面系统地管理站点中的每个文件。选择"站点"→"新建站点"菜单命令,弹出定义站点对话框,在该对话框中选择"基本"选项卡,输入站点名称后,单击"下一步"按钮,按照向导提示即可建立本地站点;也可以在定义站点对话框中选择"高级"选项卡,输入站点名称等本地信息。

2) 管理站点

站点建立以后,随时可以选择"站点"→"管理站点"菜单命令,打开如图 8-38 所示的对话框,在该对话框中实施站点管理。

图 8-38 "管理站点"对话框

3) 管理站点文件

建立本地站点后,"面板组"的"文件"面板中"文件"标签列出了站点的结构。在编辑本地站点时,经常会执行添加文件夹、添加网页文件、修改文件名、移动文件、删除文件等操作。

(1) 添加文件。

操作方法:在"文件"面板中选择一个文件夹;右键单击被选择的文件夹或者按住 Ctrl 键并单击被选择的文件夹,然后选择"新建文件";输入新的文件名称后按 Enter 键。

注意:文件夹名称最好用英文或数字;选中该文件夹并右击鼠标,在弹出的菜单中选择

"新建文件夹"命令可创建下一级文件夹。

网站建设中,需要不断地添加网页文件。需要注意的是在创建文件(夹)时,可以先选中文件(夹),然后单击"文件"面板右上角的按钮,在弹出菜单中选择"新建文件"或"新建文件夹"命令创建;为网页文件命名时,要用英文或者数字,并且名称要带后缀".html";主页文件命名时一般用"index.html"或者"default.html"。

(2) 修改文件名称。

修改文件名称的方法与 Windows 操作一样。

(3) 移动文件。

在站点中,可以将文件移动到当前站点的任何位置,且保证其连接关系不会丢失。

方法一:在"文件"面板中选择要移动的文件或文件夹并将其拖到目标文件夹。

方法二:通过剪贴板也能将要移动的文件或者文件夹移动到目标文件夹中。

(4) 删除文件(夹)。

删除文件(夹)的操作步骤为:在"文件"面板中选择要删除的文件(夹),右击鼠标,在弹出的快捷菜单中选择"编辑"→"删除"命令,或按 Delete 键,在确认对话框中单击"是"按钮。

(5) 制作网页时可遵循的规则。

为了使网页结构便于管理,在制作网页时可遵循如下规则:按照网页的逻辑结构,将相应的站点文件规划到对应的文件夹中,以便于日后网站的更新与维护;网页名称应该让人看了就能够知道网页表述的内容;很多 Internet 服务器使用的是英文操作系统,不能对中文文件名提供很好的支持,应使用英文命名网页。

8.5.2 编辑网页

1. 网页文件的基本操作

1) 新建网页文件

Dreamweaver 8 提供了多种建立网页文件的方法。

(1) 在"开始页"的"创建新项目"中选择"XHTML"选项。

(2) 选择"文件"→"新建"菜单命令,打开"新建文档"对话框,如图 8-39(a)所示。在"新建文档"对话框的"常规"选项卡中的"类别"列表框中选择"基本页","基本页"列表框中选择"HTML"选项,单击"创建"按钮,即可打开空白网页编辑窗口;也可以在"常规"列表框中选择"动态页"、"模板页"、"入门页面"等,分别创建不同的网页文档,图 8-39(b)所示为"入门页面"。

(3) 选择"文件面板"中的站点,右击鼠标,在弹出的快捷菜单中选择"新建文件"命令,创建一个扩展名为.html 的文件(可以重新命名),在该文件上双击鼠标,即可进入该文档编辑窗口。

2) 浏览网页

网页设计完成后,如果在 Dreamweaver 中浏览网页效果,可以单击"文档工具栏"中的 Internet Explorer 按钮 ⊙,或按 F12 键。

3) 打开与保存网页

选择"文件"→"打开"菜单命令,或双击"文件面板"中对应的文档文件即可打开文件;选

(a)　　　　　　　　　　　　　　　(b)

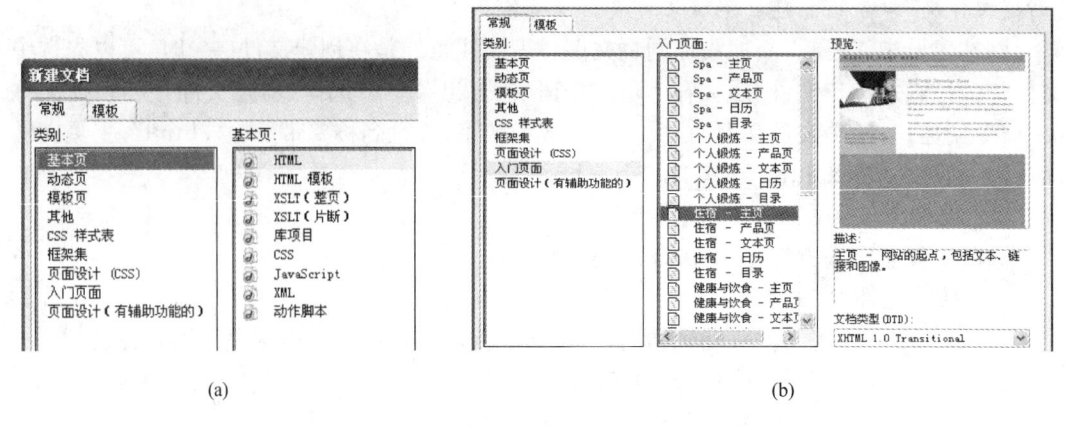

图 8-39　"新建文档"对话框

择"文件"→"保存"/"另存为"菜单命令，或按 Ctrl＋S/Ctrl＋Shift＋S 组合键即可保存/另存网页文件。

2. 页面属性设置

页面属性设置用来设置页面的整体风格。单击"属性面板"中的"页面属性"按钮，或选择"修改"→"页面属性"菜单命令，均可以打开"页面属性"对话框，如图 8-40 所示。该对话框中各选项功能如下。

图 8-40　"页面属性"对话框

外观：设置字体、字号、文本颜色、背景颜色、背景图像等。
链接：设置链接文字格式、颜色等。
标题：设置标题字体，Dreamweaver 8 提供了 6 级标题格式。
标题/编码：输入页面标题名称，设置文档类型和编码格式。
跟踪图像：指定一幅图像作为网页制作时的草图，并显示在文档背景上，便于对象的定位。生成网页时，该草图在网页中不显示。

3. 页面元素的编辑

1) 文本
(1) 文本的输入。
普通文本可以在文档中直接输入，也可以将其他文档中的文字复制到文本窗口，或者选择"文件"→"导入"菜单,将 Word 文档、Excel 文档等导入到当前文档窗口。

在输入特殊字符时,首先将光标定位于要插入特殊符号的位置,然后在"插入"工具栏中选择"文本"工具按钮,在如图 8-41 所示的"文本"工具栏中单击右侧的"字符"按钮,从下拉菜单中选择与插入字符相对应的菜单命令。

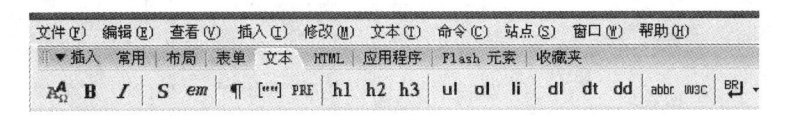

图 8-41 "文本"工具栏

(2) 插入更新日期。

将光标定位到要插入日期的位置,单击"插入"工具栏"常规"类别中的"日期"按钮,打开如图 8-42 所示的"插入日期"对话框,在该对话框中选择日期格式,单击"确定"按钮后,当前系统日期就插入到了目标位置。

(3) 插入水平线。

将光标定位到要插入水平线的位置,选择"插入"工具栏中的"HTML"类别,如图 8-43 所示,选择插入水平线

图 8-42 "插入日期"对话框

按钮。在如图 8-44 所示的"属性"面板中改变宽度、长度、对齐方式及是否设置阴影。水平线的宽度单位可以是像素或者百分比。选择像素,水平线的宽度为绝对宽度,不会随页面的变化而改变;选择百分比,水平线的宽度与页面大小始终保持相同的百分比。高度的单位为像素。

图 8-43 HTML 工具栏

图 8-44 水平分割线属性面板

(4) 格式化文本。

为添加的文本设置字体、字号、颜色等格式,可以使网页更加美观。Dreamweaver 中使用如图 8-45 所示的属性面板或"文本"菜单为文本设置属性。

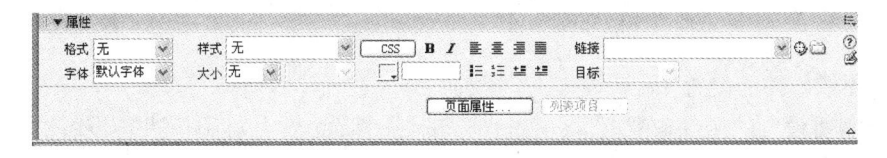

图 8-45 文本属性面板

图 8-46 文本编辑效果

例 8-14 制作如图 8-46 所示的网页,以 index.html 为文件名保存在 8.5.1 节创建的站点中。

操作步骤:

① 建立站点,新建文档。在图 8-37 所示的设计界面中,新建一个文档,文件名为 index.html。

② 在页面中输入文字"无题";保持光标在刚输入文字时所在行,在"属性"面板的"格式"下拉列表中选择"标题 1"或字号大小为 24,按 Shift+Enter 键换行。

③ 单击"插入"工具栏"HTML"类别中的水平线按钮,在水平线属性面板中选择对齐方式为"居中对齐",按 Enter 键。

④ 继续输入文字,每输入完一行按 Shift+Enter 键换行,另起一段时按 Enter 键。

⑤ 选定"---唐•李商隐",选择"插入"工具栏"文本"类别右侧的"字符"按钮,从下拉菜单中选择"不换行空格"命令,插入一空格,然后"复制"、"粘贴"空格,直到合适的位置。

⑥ 选定这首诗的正文部分,在属性面板中选择对齐方式为"居中对齐",在"大小"下拉列表中选择字号大小为 16,并设置颜色为"黑色"。

⑦ 将鼠标定位在文档下端,选择插入日期,并保持自动更新。

⑧ 选择"文件"→"保存"菜单命令或按 F12 键,将文档以 index.html 为名保存。

2) 图像

在网页中合理地使用图像,可以美化网页,展示图文并茂的效果。网页中可以使用的图像有 GIF、JPEG、PNG 等格式的文件。

(1) 插入图像。

例 8-15 在例 8-14 中页面的"无题"右侧插入一幅图。

操作步骤:定位图像插入点,单击"插入"工具栏"常用"类别的"图像"按钮(选择更多种类的图像,可以单击按钮右侧的下拉列表,如图 8-47 所示),或者选择"插入"→"图像"菜单命令,在弹出的"选择图像源文件"对话框中选择一幅图像。单击"确定"按钮,完成图像的插入。效果如图 8-48 所示。

图 8-47 插入图像列表

图 8-48 插入图像后页面效果

(2) 图像属性的设置。

选择需要设置的图像,在如图 8-49 所示的"属性"面板中对图像进行设置。"属性"面板中各选项含义如下。

① 宽、高:分别用于确定网页中图像的宽度、高度值。

② 源文件:用于显示图像文件所在的路径地址。

③ 垂直边距、水平边距：分别用于指定图像与周围页面元素上下边缘的垂直距离和水平距离。

④ 边框：用于输入图像边框的宽度值。

⑤ 对齐：用于设置图像与文字的相对位置。

图 8-49　图像属性面板

请读者自行设置例 8-15 中插入的图像格式。

（3）插入鼠标经过时变化的图像。

例 8-16　在例 8-15 中页面的底部设置鼠标经过时变化的图像。

操作步骤：首先在站点的"pic"文件夹下准备两个图像文件，在图 8-47 中选择"鼠标经过图像"命令，出现如图 8-50 所示的"插入鼠标经过图像"对话框，在该对话框的"图像名称"文本框中输入插入图像的名称（图 8-51 左图），单击"原始图像"右侧的"浏览"按钮，选择"pic"文件夹中的第一幅图像（图 8-51 右图），单击"鼠标经过图像"右侧的"浏览"按钮，选择"pic"文件夹中的第二幅图像，在"按下时，前往的 URL"文本框中输入 http://www.photo.163.com，单击"确定"按钮。在"属性"面板中设置相关属性后，保存浏览的网页时，将鼠标移动到图 8-51 左侧的图像时，自动变换为右侧的图像。

图 8-50　"插入鼠标经过图像"对话框 　　　　图 8-51　鼠标经过时变化的图像

利用上述方法，也可以插入"图像占位符"等。如果要将一幅图像设置为页面背景，单击"属性"面板中的"页面属性"按钮，打开"页面属性"对话框，单击"背景图像"右边的浏览按钮，在弹出的"选择图像源文件"对话框中选择一幅图像作为背景。

3）插入 Flash 对象

由于利用 Flash 制作的动画文件体积小、效果华丽，还可以播放 mp3 音效，具有很好的互动效果。因此 Flash 动画被大量应用于网页中。

（1）插入 Flash 动画。

例 8-17　在例 8-15 的页面顶部插入一个 Flash 动画。

操作步骤：将插入点定位于要插入 Flash 动画的位置，单击"插入"工具栏"常用"类别"媒体" 下拉菜单中的"Flash"选项，如图 8-52 所示，或者选择"插入"→"多媒

图 8-52　插入多媒体下拉菜单

体"→"Flash"菜单命令,在"选择文件"对话框中选定 Flash 动画文件,单击"确定"按钮即可,如图 8-53 所示。

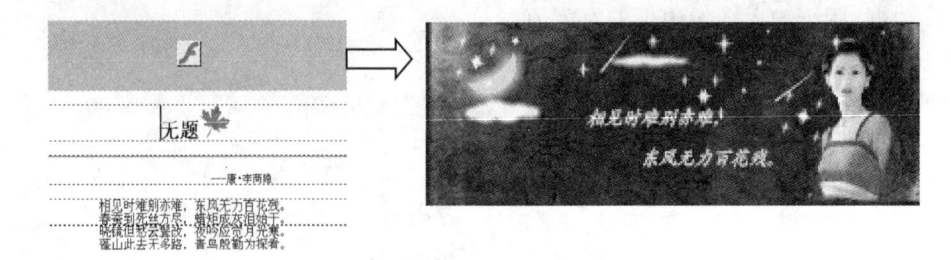

图 8-53 插入 Flash 动画

Flash 动画属性的设置与图像属性的设定基本相似,选择 Flash 动画后在"属性"面板中可以进行设置。以下简单介绍 Flash 动画独有的属性含义。

① 循环:Flash 动画在网页中循环播放。

② 自动播放:浏览网页时 Flash 动画将自动播放。

③ 缩放:用于控制 Flash 动画在播放时的缩放比例。

④ 播放按钮:单击该按钮,可在编辑窗口中播放 Flash 动画,此时按钮变为"停止",单击"停止"按钮可停止动画的播放。

(2) 插入 Flash 按钮。

Dreamweaver 8 自带了许多 Flash 按钮,从而简化了网页设计的工作流程,但只能在保存过的网页中插入。

例 8-18 在例 8-15 的页面底部添加 Flash 按钮。

操作步骤:

① 将插入点定位在页面底部;单击"插入"工具栏"常用"类别"媒体" 下拉菜单中的"Flash 按钮"选项,打开"插入 Flash 按钮"对话框,如图 8-54 所示。

② 在该对话框"样式"下拉列表中选择"StarSpinner"按钮;"按钮文本"框中输入"开始";设置字体为"楷体_GB2312",字号为"14";在"链接"文本框中输入 Flash 按钮要链接的网址或者文件,这里选择站点根目录下的 index.html;单击"背景色"右边的按钮选择 Flash 按钮的背景色,单击"另存为"右边的"浏览"按钮选择要保存的 Flash 按钮的文件名 button1.swf,单击"确定"按钮,完成 Flash 按钮的插入。效果如图 8-55 所示。

重复上述操作,可以插入多个 Flash 按钮。Flash 按钮属性的设置与 Flash 动画属性的设置雷同,此处不再赘述。

(3) 插入 Flash 文本。

通过插入 Flash 文本,可以在网页中制作只包含文字的 Flash 动画。将插入点置于要插入 Flash 文本的位置,单击"插入"工具栏"常用"类别"媒体" 下拉菜单中的"Flash 文本"选项,打开"插入 Flash 文本"对话框,如图 8-56 所示,在弹出的"插入 Flash 文本"对话框中输入"无题"的赏析文字,选择文本颜色及翻转颜色,其余设置同 Flash 按钮,单击"确定"按钮,即可完成 Flash 文本的插入,效果如图 8-57 所示。

注意:必须是保存过的网页中才能插入 Flash 文本。

图 8-54　插入 Flash 按钮对话框

图 8-55　插入 Flash 按钮后界面

图 8-56　插入 Flash 文本

图 8-57　插入 Flash 文本后的界面

4）加入背景音乐

在网页中加入背景音乐，能够营造一种气氛，突出网页的个性。添加背景音乐前应准备好浏览器能识别的声音文件，并将其保存在指定的文件夹。打开网页文档，选择文档左下角的"body"标签，打开行为面板，单击"+"按钮添加行为，在弹出的快捷菜单中选择"播放声音"命令，如图 8-58 所示，打开"播放声音"对话框，在该对话框中选择要添加的背景音乐，单击"确定"按钮，网页中就添加了选择的"背景音乐"图标。浏览网页时，可以听到背景音乐。

5）网页中的链接

一旦建立一个本地站点，存放 Web 站点文档和已经建立的 html 页面，就需要创建从一个文件到另一个文件的超链接。Dreamweaver 8 提供了各种方便的工具创建超链接。

（1）文本链接。

文本链接是网页中最常用也是最基本的链接方式。在建立文本链接之前，先要准备两个文件，一个是链接文件，另一个是被链接的文件。

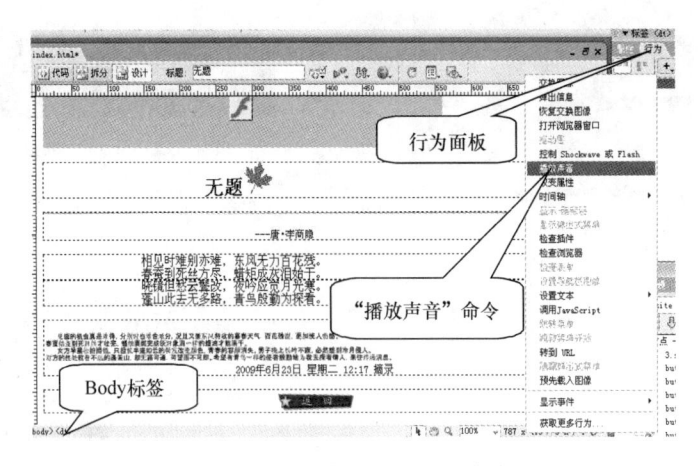

图 8-58 选择"播放声音"命令

例 8-19 文本链接举例。

操作步骤：

① 在站点中创建一个"text"文件夹，利用例 8-14 的方法，创建一个名为 wuti1.html 的文件，保存在"text"文件夹中。

② 选定例 8-14 中的文字"李商隐"，在快捷菜单中选择"创建链接"命令，或在"属性"面板中选择"链接"列表框右侧的"浏览文件"按钮，打开"选择文件"对话框。

③ 在弹出的窗口中选择被链接的文件，本例中被链接文件为"text/wuti1.html"，单击"确定"按钮后，文字"李商隐"的颜色发生了改变，且下面有下划线（取决于"页面属性"的"链接"类别中的"下划线样式"，默认为"始终有下划线"）。

④ 在"属性"面板（见图 8-59）中选择链接"目标"。

图 8-59 链接属性面板

_blank：将链接目标载入到新的窗口，本例选择"_blank"。
_self：将链接目标载入到本窗口。
_top：将链接目标载入到上级窗口（使用多级框架时）。
_parent：将链接目标载入到父窗口（使用框架时）。

⑤ 按 F12 键预览，此时将鼠标指针放在"李商隐"处，鼠标形状变成手状，单击鼠标即可打开被链接文件。

（2）锚记链接。

锚记链接是指链接到同一网页或不同网页中指定位置的超链接。当一个网页文件长达几个屏幕时，对文件中各个专题加上的标记，称为"锚记"。用户在浏览时只要单击锚记就可以方便迅速地找到相关信息。创建锚记链接的过程为：定义锚记→建立锚记链接。

例 8-20 将 wuti1.html 的内容复制到 index.html 中，在 index.html 页面输入"无题

1"、"无题2"。创建如图8-60所示的锚记链接,浏览时单击"无题1"或"无题2",能够直接跳转到目标位置。

操作步骤：

① 在每首诗标题上插入命名锚记。将光标移动到上面一首《无题》标题的前面,单击"插入"工具栏"常用"类别的"命名锚记"按钮,在弹出的"命名锚记"对话框中,输入锚点名称,如图8-61所示,单击"确定"按钮后就会看到在上面的"无题"前面出现了锚记标记。

图8-60　创建锚记链接　　　　　图8-61　命名锚点

② 选中文字"无题1",在"属性"面板的"链接"栏中输入"♯a1"。

用同样的方法可为第二首《无题》创建锚记链接,保存并预览。

(3) 图像链接。

Dreamweaver中不仅可以创建整幅图的超链接,也可以创建图像上的局部超链接。要对整幅图像进行链接,只需要在"属性"面板的"链接"文本框中输入URL地址即可。其方法与文本链接相同。

如果要对图像局部进行链接,则需要热区链接。热区链接就是可以为图像指定一部分区域链接到一个网页,另一部分则链接到另一个网页。创建热区链接的方法是:选定图片→在"属性"面板中选择 □○♡ 中的一个,在图片上画一个矩形、圆或多边形的热区→在热区的"属性"面板中建立超链接。替换框填写了说明文字以后,光标移到热区就会显示出相应的说明文字。

(4) 插入电子邮件链接。

为了获得浏览者对网站的意见及一些业务需要,往往需要在网页中留下电子邮件,浏览者点击电子邮件链接时就会自动发送电子邮件给指定的邮件地址。

打开index.html文件,将插入点定位到文档底部,单击"插入"工具栏"常用"类别的"电子邮件链接"按钮。在"电子邮件链接"对话框的文本栏内输入"联系我们",在E-mail文本框中输入邮件地址,如图8-62所示,单击"确定"按钮,完成链接,测试网页,单击链接就会自动弹出发送电子邮件的窗口。

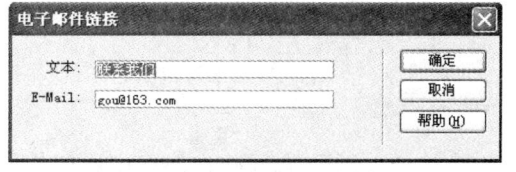

图8-62　电子邮件链接

8.5.3 页面布局

页面布局设计是指在网页上合理安排网页元素,使网页结构合理,更具表现力和感染力。Dreamweaver中经常借助于表格、框架和层来实现布局。

1. 表格

表格在网页中是一种用途非常广泛的工具,它可以有序地排列数据,精确地定位文本、图像及其他网页中的元素,使这些元素的水平位置、垂直位置发生细小变化。对于网页的排版布局来说,表格是不可或缺的工具。

1) 创建表格

基本步骤:

(1) 将光标移到要插入表格的位置,选择"插入"→"表格"菜单命令,或者单击"插入"工具栏"常用"类别中的表格按钮,打开如图8-63所示的"表格"对话框。该对话框中各参数含义如下。

行(列)数:设置插入表格的行(列)数。

宽度:用于设置表格的宽度,表格的宽度单位有像素和百分比两种。像素代表表格的宽度为固定宽度,百分比代表表格的宽度占浏览器宽度的百分比值。

边框:设置表格边框的宽度值。

单元格边距:用于设置表格中单元格内的元素距单元格边框的距离。

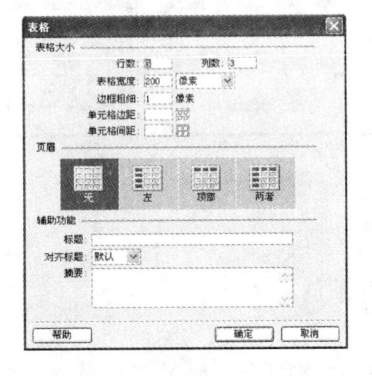

图8-63 "表格"对话框

单元格间距:用于设置表格中单元格与单元格之间的距离。

(2) 单击"确定"按钮,即在编辑窗口中创建一个表格。将光标置于表格中某单元格重复上述操作,可以在单元格中插入一个表格,称其为表格的嵌套。

2) 表格属性的设置

选择编辑窗口中的表格后,在"属性"面板中显示出表格的属性参数,如图8-64所示。其中,边框用于设定表格边框的宽度,如果设置为0,就是没有边框,但可以在编辑状态下选择"查看"→"可视化助理"→"表格边框"菜单命令,显示表格虚线框。

图8-64 表格属性面板

3) 在表格中添加元素

表格建立以后,就可以向表格中添加各种元素了,如文本、图像和表格等。在表格中添加文本就如同在文档中操作一样,除了直接输入文本,还可以先在其他文本编辑器内编辑文本,然后直接将其拷贝到表格里,这也是在文档中添加文本的一种简捷而快速的方法。随着文本的增多,表格也会自动增高,这一点与Word中的表格是一样的。

在单元格中添加图像时，如果单元格的尺寸小于插入的图像的尺寸，则插入图像后，单元格的尺寸将自动增高或者增宽。在表格中，不能通过设置图像"属性"面板的"对齐"属性来改变其与文本的排列方式，这点与在文档中编辑是不同的。

如果在表格的单元格中继续插入表格，那么单元格中的表格就是内嵌入式表格。内嵌入式表格可以将一个单元格再分成许多行和列，而且可以无限制地插入。不过内嵌入式的表格越多，浏览器所花费的下载时间越长，因此一般内嵌入式的表格最多不超过3层。

4）选择表格

与 Word 中表格的选择方法一样，可以对插入的表格进行全选，选择行与列，选择一个单元格，选择不相邻的单元格、行或列等。

5）编辑表格

选择表格后，可以通过剪切、复制、粘贴和清除等一系列操作实现表格的编辑操作。

复制或剪切：选择了整个表格、某行、某列或单元格后，通过选择"编辑"→"复制/剪切"菜单命令，可以将其中的内容复制或剪切。

粘贴表格：将光标定位在要粘贴的位置，选择"编辑"→"粘贴"菜单命令，将所复制或剪切的表格、行、列、单元格粘贴到光标所在的位置。

复制/粘贴表格：当光标位于一个单元格内时，粘贴整个表格后，将在单元格内插入一个内嵌入式的表格。如果光标位于表格外，将粘贴一个新的表格。

复制/粘贴行或列：选择与所复制内容结构相同的行或列，使用粘贴命令，复制的内容将替换行或列中原有的内容。若不选择行或列，光标位于单元格内，使用粘贴命令，所复制的内容粘贴后将自动添加一行或者一列。若光标位于表格外，粘贴后将自动生成一个新的表格。

复制/粘贴单元格：若被复制内容是一部分单元格，则粘贴后所选择的单元格的内容被剪贴板上的内容所替换，前提是复制和粘贴前后的单元格结构和内容要相同。若光标在表格外，粘贴后将生成一个新的表格。

6）删除表格内容

如果要删除表格内容而不删除表格，则选择需要删除内容的行、列或者单元格，但不要选择整个表格，单击"修改"→"清除"菜单命令，或按 Delete 键删除。

7）增加、删除行、列

将光标置于要增加行或列的单元格内，通过下列三种方法插入：选择"修改"→"表格/插入行"菜单命令，则在光标所在的单元格上面增加一行；选择"修改"→"表格/插入列"菜单命令，则在光标所在的单元格左面增加一列；选择"修改"→"表格/插入行或列"菜单命令，打开"插入行或列"对话框进行设置。

将光标置于要删除的行或列（或选择需要删除的行或列），选择"修改"→"删除行"或"删除列"菜单命令，删除相应的行或列。

8）合并拆分单元格

选择要合并的单元格，选择"修改"→"表格/合并单元格"菜单命令，可将多个连续的单元格合并成一个。将光标置于要拆分的单元格中，选择"修改"→"表格/拆分单元格"菜单命令，在"拆分单元格"对话框中输入拆分后的行或列。

9) 缩放表格

可以通过直接拖放或改变表格属性的方法来改变表格的尺寸。

（1）用拖放方法改变表格的大小。

直接拖放表格可以快捷地改变表格的尺寸大小,这种方法较直观,缺点是不够准确。在文档中选择表格后,可以看到表格周围出现了缩放手柄。拖放表格右侧的手柄可以改变表格宽度;拖放底边手柄可以改变表格高度;拖放表格右下角手柄可以同时改变宽和高。

（2）用表格的"属性"面板改变表格大小。

如果用户需要准确改变表格的尺寸大小,必须在"属性"面板中设置表格的大小,具体情况有以下三种:选定整个表格,在表格"属性"面板中"宽"、"高"文本框内输入准确的数值(以像素为单位),即可改变表格的大小;将鼠标指针置于一列的顶部,选择该列,在"属性"面板中即可改变该列的宽度;将鼠标指针置于一行的左端,选择该行,在"属性"面板中即可改变该行的高度。

例 8-21 插入一个 12×2 的表格,将例 8-20 中的两首诗添加到表格内,设计如图 8-65 所示的网页。

设计步骤:

（1）打开 index.html 文件,单击"页面属性"按钮,为页面设置一种背景色。

图 8-65 插入表格对话框

（2）将插入点定位在网页 Flash 动画的下端,选择"插入"→"表格"菜单命令,打开"表格"对话框,在"行"、"列"栏中输入"12"、"2","表格宽度"栏中输入"100",单位选择"百分比","边框粗细"栏输入"0","单元格边距"、"单元格间距"栏中都输入"0",单击"确定"按钮,在编辑窗口中插入表格。

（3）将两首诗按行分别移动到表格第 2 列中,将锚记"无题 1"、"无题 2"分别移动到表格第 1 列合适的位置。

（4）选定表格,在"属性"面板中调整表格宽、高度。

（5）选定表格内的文字,在"属性"面板中选择对齐方式为"居中"。

（6）保存,按 F12 键浏览网页,效果如图 8-65 所示。

2. 层

层是独立于网页的区域,具有自由排版的功能,不受网页排版的束缚,可以制作出文字之间,文字与图形之间重叠的效果,配合时间轴可以制作动态网页效果。

1) 层的建立

将光标置于要插入层的位置,选择"插入"→"布局对象"→"层"菜单命令,即可在光标所在的位置插入层;或者单击"插入"工具栏"布局"类别中的"绘制层"按钮,在页面拖动鼠标即可绘制层,按住 Ctrl 键拖动鼠标可连续绘制层。

2) 图层的嵌套

图层中可放置网页的各种元素,在图层中放置图层称为图层的嵌套。其中,嵌套的层称为父层,被嵌套的层称为子层。图层嵌套的创建方法如下。

方法一：单击"插入"工具栏"布局"类别中的"绘制层"按钮，按住 Ctrl 键拖动鼠标，可绘制嵌套层。

方法二：将光标置于已建好的层中，选择"插入"→"布局对象"→"层"菜单命令，或者单击"插入"工具栏"布局"类别中的"绘制层"按钮，拖动鼠标即可绘制嵌套层。

3) 层的操作

(1) 层的选择。

选择层的方法有：单击层的边框线；选择"窗口"→"层"菜单命令，打开"层"面板，单击"层"面板上层的名称，如图 8-66 所示；如果要选择两个以上的层，则按住 Shift 键单击要选择的层。

图 8-66 层面板

(2) 层的缩放、移动。

选择要缩放的层，将光标指向边框的控制点，光标变为上下或左右箭头时拖动鼠标即可改变层的大小；将光标置于层的边角控制点，当光标变为双向箭头时拖动鼠标可改变大小。

选择要移动的层，当光标变为十字箭头时拖动鼠标即可移动层，按方向键也可移动层，每按一次方向键，可移动 1 个像素的距离，按住 Shift 键后按方向键每次移动 10 个像素的距离。

(3) 层的对齐。

选定需要对齐的层，选择"修改"→"排列顺序"菜单命令，在出现的子菜单中选择对齐方式，如图 8-67 所示。其中，左对齐、右对齐、对齐上缘、对齐下缘分别表示选中的所有图层的左边框与最后一个选中的图层或子图层的左、右、上、下边框对齐，设成宽(高)度相同表示选中的所有图层的宽度与最后一个选中的图层或子图层的宽(高)度相同。

图 8-67 对齐方式子菜单

4) 层的属性

选中图层后，在"属性"面板中可设置该层的属性，如图 8-68 所示，各属性含义如下。

图 8-68 图层"属性"面板

(1) 层编号：设置层的名称。

(2) 左、上：以页面的左上角为起点，设置层的位置，以像素为单位，"左"数值越大图层越靠右，"上"数值越大图层越靠下。

(3) 宽、高：设置图层的宽度，以像素为单位，数值越大图层越宽越高。

(4) Z 轴：设置图层的重叠顺序，数值越大，图层越靠上。

(5) 可见性：用于指定该层最初是否可见，其下拉菜单选项包括 default（继承其父图层的可见性,此选项为默认选项)、inherit(继承其父图层的可见性)、visible(和父图层的可见性无关且显示图层)、hidden(和父图层的可见性无关且不显示图层)。

(6) 背景图像:将所选择的图片作为背景置于图层中,操作方法同表格的背景设置相同。

(7) 标签:设置图层所应用的标签,通常以<DIV>来设置应用。

(8) 溢出:用于设置当层内的元素超出层的范围时,以何种方式进行显示,选择下拉菜单,共有4项属性:visible(选择此项,超出层范围的内容在浏览器中可见)、hidden(选择此项,超出层范围的内容不可见)、scroll(选择此项,层中会出现滚动条)、auto(选择此项,层中的内容超出层的范围就会出现滚动条)。

(9) 剪辑:用于设置层内被裁掉的范围,由左、右、上、下4个设置值决定。

5) 在层中插入图片、文本及表格

使用图层的最终目的是在其中插入网页要用的元素。凡是能插入到页面里的大部分元素都可以被插入到图层中,包括后面将要介绍的表单。

(1) 插入文本:先将光标放入图层中,即可在图层里输入文本。图层里的文本也可以从外部通过剪贴板复制。

(2) 插入图片:先将光标放入图层中,单击"插入"工具栏"常用"类别的"图像"按钮即可插入一张图片;在同一个图层内插入多幅图片,图片尺寸大于图层尺寸时,图层根据插入图片的大小自动调整大小。

(3) 插入表格:先将光标放入图层内,单击"插入"工具栏"常用"类别的"插入表格",即可在图层内建立一个新表格。

同时,图层也支持将页面上的各种元素直接拖拽到图层中。选中页面里要拖入到图层里的元素,按住鼠标左键直接拖动到图层内即可。

例 8-22 按照图 8-69 的布局设计例 8-21 中的网页。

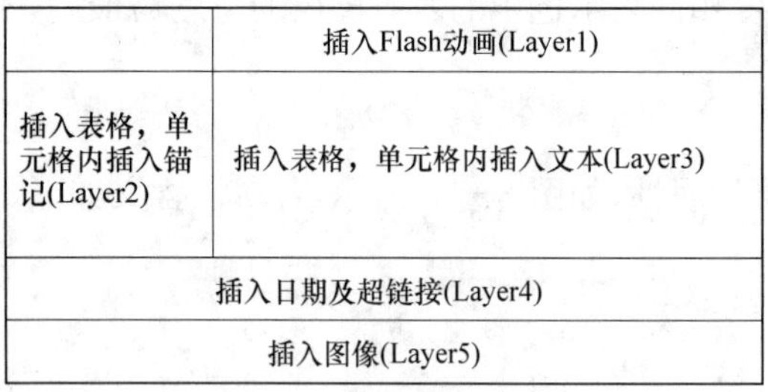

插入Flash动画(Layer1)	
插入表格,单元格内插入锚记(Layer2)	插入表格,单元格内插入文本(Layer3)
插入日期及超链接(Layer4)	
插入图像(Layer5)	

图 8-69 用图层布局网页

设计步骤:

(1) 新建空白网页文件,建立5个层,名称分别为 Layer1、Layer2、Layer3、Layer4、Layer5,用于图 8-69 中 5 个对象的插入。

(2) 选择 index.html 中的 Flash 动画,将其复制到 Layer1 层内,分别选定层和 Flash 动画,利用"属性"面板调整层和 Flash 动画的宽度、高度。

(3) 在 Layer2 中插入 2×1 的表格,将 index.html 中的"无题 1"、"无题 2"复制到对应单元格内,分别选定 Layer2、表格、文字,利用"属性"面板调整格式到合适位置。

(4) 将 index.html 中显示两首诗的表格选定,复制到 Layer3 中,利用"属性"面板分别调整 Layer3、表格和文字的格式。

(5) 选定 index.html 中的"日期"、"联系我们",复制到 Layer4,按 Shift+Enter 组合键,再将"返回"Flash 按钮复制到 Layer4,调整格式。

(6) 选定 index.html 中的热区图片,复制到 Layer5,调整格式到合适位置。

(7) 保存文件,按 F12 键。

3. 框架

框架提供将一个浏览器窗口划分为多个区域、每个区域都可以显示不同 HTML 文档的方法。使用框架的最常见的情况是,一个框架显示包含导航控件的文档,而另一个框架显示含有内容的文档。框架是浏览器窗口中的一个区域,它可以显示与浏览器窗口的其余部分所显示内容无关的 HTML 文档。框架集是 HTML 文件,它定义一组框架的布局和属性。在浏览器中输入框架集文件的 URL,浏览器随后打开要显示在这些框架中的相应文档。如果一个站点在浏览器中显示为包含三个框架的单个页面,则它实际上至少由四个单独的 HTML 文档组成:框架集文件及三个文档,这三个文档包含这些框架内初始显示的内容。只有这样,该页面才可以在浏览器中正常浏览。

1) 创建框架

Dreamweaver 中可以通过自己设计或从一些预定义好的框架页中选取来创建框架页。选择一个预定义好的框架页将会自动建立所有创建布局需要的框架页和框架,这也是将框架布局插入到页面中最简单的方式。下面介绍在页面中插入预定义好的框架的方法。

依次选择"插入"工具栏→"布局"工具按钮→"框架"右侧的下拉按钮,如图 8-70 所示,选择合适的预定义的框架后,即可在页面中插入与之相符的框架页面。按照预定义的框架建立的页面,如果不能够满足页面布局的需求,可以对框架页面进行调整。将光标移至框架上,会出现一个小图标,这样就可以将框架边框拖动到想调整的位置。用户也可以自定义框架,方法如下。

(1) 选择"查看"→"可视化助理"→"框架边框"菜单命令,在当前页面的四周显示框架的边框。

(2) 将光标移至框架的边框上,按住鼠标左键拖动框架边框,原来的页面框架被分割成两个部分,从而形成框架结构,如图 8-71 所示。如果要建立更多的嵌套框架,重复上面的操作。

图 8-70 预定义的框架结构　　　　图 8-71 创建自定义框架

2) 框架的属性

框架页面建立好后,属性检查器会显示此框架页面的属性,如图 8-72 所示,该面板的右面有一个框架选择器,其中显示了当前框架的结构,图 8-71 所示的框架就是左右结构的,深色部分表示当前被选中的那部分嵌套框架,如果在浅色部分单击鼠标则可以切换到另一部分嵌套框架。框架"属性"面板中各选项含义如下。

图8-72 框架的"属性"面板

(1) 边框:用于设置是否显示框架的边框,有3个选项,分别为"是"(表示显示边框)、"否"(表示不显示边框)、"默认"(表示由浏览器根据需要决定是否显示边框)。

(2) 边框宽度:决定框架边框的宽度,可以设置任意一个不小于0的整数值,单位为像素,如果该项设为0的话,则不显示边框。

(3) 边框颜色:用于设置框架的边框色,默认为灰色。

(4) 列:设置框架列的宽度,它的单位选项有3种,即"像素"(以像素为单位)、"百分比"(以百分比来衡量宽度)、"相对"(表示与另一部分嵌套框架的相对宽度)。

(5) 行列选定范围:在一个框架中,进行横向或纵向嵌套框架的选择。

当"边框"选项设为"否"时,"边框宽度"和"边框颜色"的设置均无效。

3) 设置嵌套框架属性

嵌套框架实际上就是整个框架页面的子框架,是页面中的一个单元格,并且对应着一个独立的 HTML 页面。要选择嵌套框架的话,打开框架管理面板,然后在对应的单元格单击光标即可。

选择"窗口"菜单中的"框架"选项可打开框架管理面板,从中选择子框架后,"属性"检查器如图8-73所示。

图8-73 子框架"属性"面板

子框架"属性"面板中各选项含义如下。

(1) 框架名称:设置被选中嵌套框架的名称。

(2) 源文件:设置嵌套框架的文件名,如果该嵌套框架没有被保存,则使用默认名UntitledFrame-n。

(3) 滚动:决定嵌套框架是否设置滚动条。"是"表示显示滚动条,"自动"表示由浏览器根据需要决定是否显示滚动条,即当内容超出嵌套框架显示范围时显示,"默认"表示此选项定义成"自动"。

(4) 不能调整大小:如果选中该项,则当用户浏览页面时不能改变框架的大小,如果选中该项则用户可以通过拖动框架边框来改变嵌套框架的大小。

(5) 边框及颜色:与框架属性检查器中的"边框"、"边框颜色"选项功能相同。

(6) 边界宽、高度:设置嵌套框架中内容与左、右和上、下边框之间的空隙,单位是像素。

如果在属性检查器中的"边框"选项中选择"否",则"不能调整大小"和"边框颜色"选项功能无效。

4) 框架网页的超链接

新建一页面,选择"插入"→"HTML"→"框架"→"上方及左侧嵌套"菜单命令,在页面中插入一个"顶部和嵌套的左侧框架"。按住 Alt 键,单击上方框架的空白处,选中"顶部框架",然后再单击;将光标置于 topFrame 内,单击"属性"面板中的"页面属性"按钮,插入背景色。在 topFrame 内输入"诗人简介",并在"属性"检查器中设置为"居中",同时设置字体大小等。在 leftFrame 内插入一个 5 行 1 列的表格,在各个单元格内输入诗人姓名,分别选择单元格文本链接的网页文件路径,在"目标"下拉列表中选择"mainFrame"。设置完成后按 F12 键预览,如图 8-74 所示。

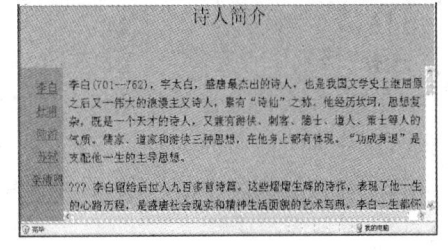

图 8-74 框架页面预览

8.5.4 表单

表单是设计者和浏览者之间的桥梁,应用表单可以实现和站点来访者之间的交互或者从他们那里收集信息。表单提供了各种输入方式,这些输入方式大多与一些动态的数据有关,比如在 Internet 上浏览时,一些内容要求输入口令,或是在一个调查表中输入内容、个人资料等,这些内容大部分可以通过服务器端处理后再将适当的结果返回给客户端,个别表单也可以在客户端直接处理。

1. 表单的建立

选择"插入"→"表单"菜单命令,在该菜单中选择相应菜单项;或者选择"插入"工具栏的"表单"类别,可以看到如图 8-75 所示的"表单"类工具栏,该工具栏中,各按钮的含义如下。

图 8-75 "表单"类

(1) 表单：在文档中插入表单。任何其他表单对象,如文本域、按钮等,都包含在表单中,以便浏览器正确处理这些数据。

(2) 文本域:包括文本字段、隐藏域和文本区域。文本字段用于在表单中插入文本域,文本域可以接受任何类型的字母数字项,输入的文本可以显示为单行、多行,还可以显示为项目符号和星号;隐藏域可以存储用户输入的信息,如姓名、邮件地址等,以便用户下一次访问时使用这些信息;文本区域与文本域几乎相同。

(3) 复选框、单选按钮和单选按钮组:复选框允许在一组选项中选择多项;单选按钮代表互斥的选择,一组按钮中只能选择某个按钮;单选按钮组表示在表单中插入共享同一名称的单选按钮的集合。

(4) 列表/菜单、跳转菜单:列表/菜单用于在一个滚动列表中显示选项值,供用户选择;跳转菜单用于插入可导航的列表或弹出菜单,使每个选项都链接到文档或文件。

(5) 图像域、文件域和按钮:图像域用于在表单中插入图像,用图像域替换"提交"按钮,以生成图形化按钮;文件域用于插入空白文件域和"浏览"按钮,文件域使用户能够浏览到磁盘上的文件,并将这些文件作为表单数据上传;按钮用于在表单中插入文本按钮,可以为按钮添加自定义的名称,也可以使用预定义的"提交"、"重置"名称。

(6) 标签 abc 、字段集 □:分别用于在表单中插入标签和字段集。

1) 插入表单

(1) 插入表单。

选择"插入"→"表单"→"表单"菜单命令,或者单击"插入"工具栏"表单"类别中的"表单"按钮,在页面插入表单,选中"表单"后,在页面中会出现红色的虚线框,表示表单域已经被插入。要在页面中插入表单,首先要在页面上确定一个表单域,所有的表单元素都要插入到此域中才会起到表单的作用,否则表单无效。

(2) 设置表单属性。

单击表单轮廓或文档下方的<form>标签选定表单,在"表单"属性面板(如图 8-76 所示)中设置表单属性。该属性面板中的属性如下。

图 8-76 "表单"属性面板

表单名称:表示在该域中输入的表单名称。

方法:单击"方法"下拉列表选择处理表单数据的方式。POST 方式表示将表单值封装在消息主体中发送,用于传送较大量的数据;GET 方式表示将提交的表单值追加到 URL 后面一起发送给服务器,传送的数据量不能超过 8192 字符,但速度快;默认方式选择浏览器的默认方式。

动作:表示在该域中指定处理表单信息的脚本或应用程序,单击 □ 按钮,查找并选择脚本或应用程序,或者直接输入脚本或应用程序的 URL。如果将表单数据保存到电子邮件,设置"动作"为电子邮件地址即可。如果将表单数据保存到服务器进行处理,可以在"动作"框中输入处理当前表单的服务器端的程序名即可。

2) 添加表单对象

(1) 插入文本域。

文本域用来接受用户输入的文本内容,可以显示单行、多行文本或密码,其属性通过"属性"面板中的"类型"来设置,如图 8-77 所示。

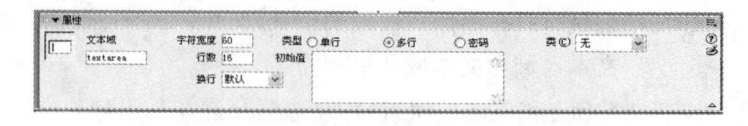

图 8-77 文本域属性

"文本域"文本框用来设置文本字段的名称;"密码"表示文本框内的字符为密码,在显示时只会以" * "显示;"初始值"用于设置第一次打开网页时的显示值;只有在"类型"为"多行"时"换行"才有效,"换行"有 4 个选项,建议使用"虚拟";隐藏域的作用是传递一些值,它在网页中不会被显示,只在被编辑页面中显示图标。

(2) 插入选择框。

选择"插入"→"表单"→"复选框(单选按钮、单选按钮组)"菜单命令,或单击"表单"类别中的☑、◉或▤按钮,即可在当前表单中插入复选框或单选按钮。

(3) 插入列表/菜单。

选择"插入"→"表单"→"列表/菜单"菜单命令,或单击"表单"类别中的▤按钮。插入列表/菜单后,可通过如图 8-78 所示的属性面板设置其属性。

图 8-78 "列表/菜单"属性面板

列表/菜单用来设置列表或菜单的名称;类型如选择"菜单"表示加入一个下拉式的菜单,如选择"列表"表示加入一个列表框;高度只对列表有用,用于设置列表一次显示几行,默认值为 1,输入的数值越大则行数越多;选定范围是指如果选定"允许多选",则表示同时可以选择多项内容;列表值用于设置列表或菜单的值,单击"列表值"按钮后,弹出如图 8-79 所示的对话框,在此对话框中即可完成列表项/菜单项的添加或删除。

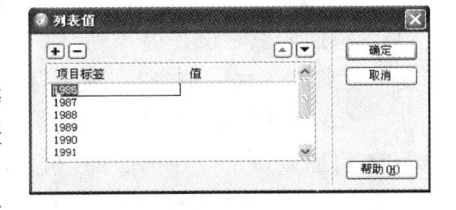

图 8-79 "添加/删除"列表值对话框

(4) 插入文件域。

选择"插入"→"表单"→"文件域"菜单命令,或单击"表单"类别中的▤按钮,出现如图 8-80 所示的界面。在该界面的属性面板中,可以设置字符宽度、最多字符数等。要使用文件域,表单的"方式"必须是 POST 方式,访问者可以将文件上传到表单"动作"中设置的地址中。

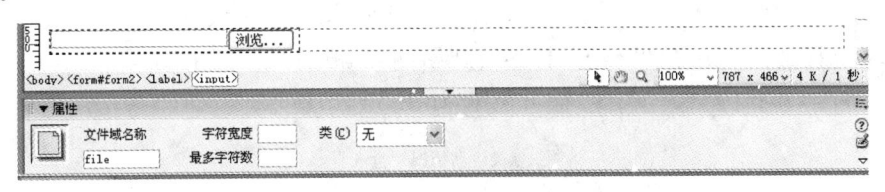

图 8-80 插入文件域和文件域属性面板

2. 表单的应用

例 8-23 设计如图 8-82 所示的"学生球类运动情况调查表"表单,将调查结果通过 E-mail 反馈。

设计步骤:

(1) 新建一个网页,在标题栏和网页顶端分别输入"学生球类运动情况调查"和"学生球类运动情况调查表",使"学生球类运动情况调查表"居中,按 Enter 键。

(2) 将插入点定位在当前位置,单击"插入"工具栏"表单"类别中的表单按钮,在表单内插入一个 9 行×2 列的表格,表格的边框为 0,居中,整个表格的宽度为 90%,第 1 列宽度为 140 像素,第 2 列宽度为 520 像素。

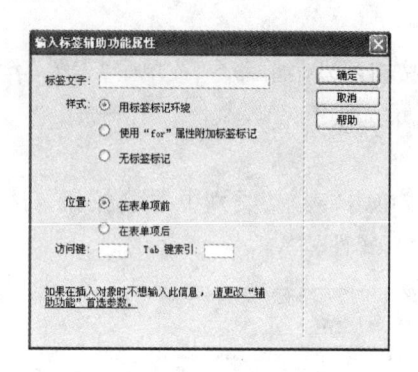

图 8-81 "输入标签辅助功能属性"对话框

(3) 在第 1 列分别输入"用户名:"、"密码:"、"性别:"、"出生年月:"、"爱好:"、"E-Mail:"、"个人情况简介:"等文字,并使其右对齐。

(4) 将插入点定位在第 2 列、第 1 行,插入"文本字段"表单,弹出如图 8-81 所示的"输入标签辅助功能属性"对话框,单击"确定"按钮。用同样的方法在第 2 列的第 2 行插入"文本字段"表单,在属性面板中选择类型为"密码"。

(5) 将插入点定位在第 2 列、第 3 行,插入"单选按钮"表单,在如图 8-81 所示对话框的"标签文字"文本框中分别输入"男"、"女",在属性面板中,设置"男"的初始状态为"已选中","女"的初始状态为"未选中"。

(6) 将插入点定位在第 2 列、第 4 行,插入"列表/菜单"表单,在"列表/菜单"属性面板中选择类型为"列表",单击"列表值"按钮,在如图 8-79 所示的"列表值"对话框中输入年份,按"+"添加表项,按"-"删除表项。用同样的方法设置"月"表单。

(7) 将插入点定位在第 2 列、第 5 行,插入"复选框"表单,在如图 8-81 所示对话框的"标签文字"文本框中依次输入"羽毛球"、"足球"等,并在该表单属性面板中设置初始状态为"未勾选"。

(8) 第 2 列的第 6、7 行的设置同(4),只是第 7 行选择"文本域"表单。

(9) 在第 2 列、第 9 行单元格单击鼠标右键,在弹出的快捷菜单中选择"表格"→"拆分单元格"菜单命令,将该单元格拆分为 1 行 2 列。将插入点置于左侧单元格,单击"插入"工具栏"表单"类别中的"按钮",在属性面板中设置"动作"为"提交表单",在值文本框中输入"提交"。用同样的方法,在右侧单元格插入"重置"表单,设置"动作"为"重设表单"。选择两个单元格并设置其居中。

(10) 选择文档左下角的"form"标签,在"属性"面板的"动作"中输入"mailto:电子邮件地址",选择"POST"方法。按 F12 键可预览,如图 8-82 所示。

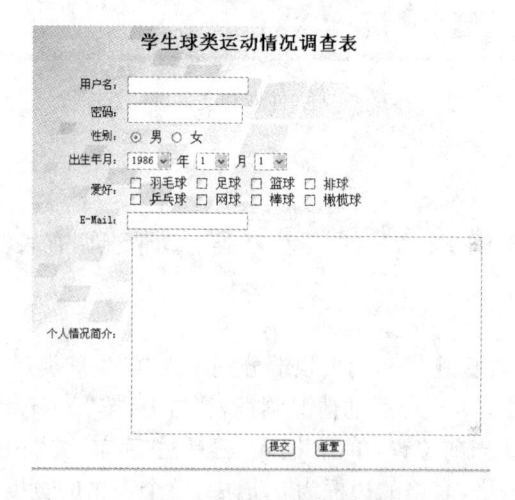

图 8-82 创建表单实例

习题与思考题

一、选择题

1. 以下列举的关于 Internet 的各项功能中，错误的是(　　)。
   A. 程序编译　　　B. 数据库查询　　　C. 信息查询　　　D. 电子邮件传送
2. 下列属于我国教育科研网的是(　　)。
   A. CERNET　　　B. ChinaNet　　　C. CASNet　　　D. ChinaDDN
3. WWW 通过超文本文件实现相互间的链接，通常人们把它称为(　　)。
   A. 万维网　　　B. 因特网　　　C. 局域网　　　D. 网页
4. URL 是(　　)。
   A. 超文本传输协议　　B. 超文本标记语言　　C. 统一资源定位器　　D. 超链接
5. URL 的格式为(　　)。
   A. 协议://主机名:端口号/路径/文件名　　B. 协议://主机名:端口号/路径\文件名
   C. 协议/主机名:端口号/路径/文件名　　D. 协议:\\主机名:端口号\路径\文件名
6. 关于匿名用户访问 FTP 站点的说法中，正确的是(　　)。
   A. 匿名用户名是在 FTP 服务器上注册的合法用户
   B. 匿名用户不需要在 FTP 服务器上注册
   C. 具有电子邮件账号的用户，不属于匿名用户
   D. 匿名用户能够使用专用软件上传与下载文件
7. E-mail 地址是由(　　)组成的。
   A. 用户名＋@＋域名　　　　　B. 用户名＋域名
   C. 主机名＋@＋域名　　　　　D. 主机名＋域名
8. 电子邮件是(　　)。
   A. 网络信息检索服务　　　　　B. 通过 Web 网页发布的公告信息
   C. 通过网络实时的信息传递方式　　D. 一种利用网络进行的文件管理服务
9. 常用的网页搜索引擎是(　　)。
   A. CNKI　　　B. CAJViewer　　　C. Google　　　D. 目录
10. Google 中，表示多个检索词之间"与"关系的是(　　)。
    A. AND　　　B. －　　　C. ＋　　　D. 空格
11. CNKI 提供的全文数据库文献格式有 CAJ 和(　　)。
    A. PDF　　　B. PDG　　　C. HTML　　　D. DOC
12. 首例发现的攻击计算机硬件的病毒是(　　)。
    A. 震荡波病毒　　B. CIH 病毒　　C. 宏病毒　　D. 小球病毒
13. 冲击波病毒属于(　　)。
    A. 文件型病毒　　B. 蠕虫病毒　　C. 引导型病毒　　D. 脚本病毒
14. 影响计算机安全的最大因素是(　　)。
    A. 人为的恶意攻击　　B. 人为的失误　　C. 软件的漏洞和后门　　D. 天灾人祸
15. 对计算机和网络资源的恶意使用行为进行识别和响应的处理过程称为(　　)。
    A. 数字签名　　　B. 数字证书　　　C. 入侵检测　　　D. 漏洞扫描

二、简答题

1. 简述 Internet 的发展历程及发展趋势，试述你对 Internet 的认识和评价。

2. Internet 接入技术有哪几类？Internet 的基本服务有哪些？

3. 解释下列名词的含义：
WWW、HTTP、URL、HTML、FTP、SMTP、MIME、POP3、IMAP4

4. 搜索引擎由哪 4 部分组成？简述搜索引擎的工作原理。

5. 简述 CNKI 目前提供的检索方式。

6. 什么是计算机病毒？目前常用的反病毒软件有哪些？如何预防计算机病毒？

7. 什么是防火墙？它有哪些基本功能？

8. Dreamweaver 8 提供了几种网页编辑模式？

9. 用表格和层布局网页各有何特点？

上 机 实 验

实验一　Internet 服务与应用

【实验目的】

1. 掌握 IE 浏览器的设置方法，掌握构建 Web 站点、FTP 站点的方法。
2. 熟练掌握在 Internet 上浏览、下载信息（WWW、FTP）的方法与技巧。
3. 掌握电子邮件收发的基本方法，掌握如何在 BBS 上阅读和发表信息，掌握 MSN 的使用方法。
4. 学会电子商务网站的使用方法和建立个人 Blog 的过程。

【实验内容】

1. 打开 Internet Explorer 浏览器，选择"工具"→"Internet 选项"菜单命令，在打开的"Internet 选项"对话框中查看或设置相关属性和信息：①将你所在学校的主页设置为 Internet Explorer 浏览器主页；②删除 Cookie 和上网产生的临时文件；③将安全级别设置为"中"；④在"内容"选项卡中，设置自动完成清除"表单"和"表单上的用户名和密码"；⑤将 HTML 编辑器设置为默认 Microsoft Word。

2. 利用 Windows XP 操作系统，创建一个 Web 站点和 FTP 站点，浏览该网站，并利用 FTP 站点上传文件和下载文件。提示：系统盘必须是 NTFS 格式并已安装 IIS。因此，该实验只能供有条件的读者练习。

3. 访问你熟悉的网站，浏览其网页，并将网页、文字、图片等内容分别保存在磁盘中，文件名自定。

4. 访问学校的 FTP 站点，下载 WinRAR 软件，并安装运行。

5. 访问 http://www.163.com，申请免费邮箱，进行电子邮件的发送和接收。

6. 用浏览器访问你关心的一所大学的 BBS 站点，浏览并留言。

7. 通过启动 Outlook Express，建立 MSN 账号，登录 MSN Message，利用 MSN 实现交流、文件传输。

8. 访问当当网、卓越网、淘宝网、亚马逊等网上购物网站，注册一个用户，选购一本有关"Internet 实用技术"的书籍。提示：该实验要求具有支付能力的读者完成。

9. 在新浪博客上申请并开通个人博客，设置博客模板，发表博文，添加好友，并访问你所知道的其他人的博客，发表留言或评论。

实验二　信息资源检索

【实验目的】

1. 掌握不同的搜索引擎的使用和搜索语法，在 Internet 上进行信息检索。
2. 掌握利用超星数字图书馆检索电子图书的方法，能够熟练运用 SSReader 阅读器阅读电子图书。
3. 掌握在 CNKI 期刊全文数据库中检索与保存文献的方法，熟练运用 CAJViewer 浏览器阅读文献。

【实验内容】

1. 分别使用 Google 和百度搜索有关"嫦娥工程"的文字信息,并以 jiansuo.doc 为名保存。
2. 利用 Sogou 搜索一些流行音乐和与"嫦娥工程"有关的图片,并将图片保存在 jiansuo.doc 文件中。
3. 分别访问新浪、网易、雅虎等网站的搜索引擎,搜索"嫦娥工程",试比较它们的异同点。
4. 在 Google、百度或 Yahoo! 上利用搜索语法,完成下列检索,并将结果保存在 jiansuo.doc 文件中,排版后作为附件发送到指定的邮箱中,邮件主题为自己的班级学号姓名。
① 搜索"联想"计算机中不包括"奔月"型号的计算机的相关信息。
② 搜索"姚期智"教授的简介、研究成果,何年获得图灵奖。
③ 搜索有关上海世博会场馆建设方面的资料(文字、图片)。
④ 搜索 WinRAR 压缩软件,下载到本地磁盘并安装。
⑤ 搜索中国制造"大飞机"的相关进展信息。
⑥ 搜索包含一首 RM 格式的流行音乐的网址,访问该网站,下载该音乐。
⑦ 搜索一款播放、编辑音乐的软件及其使用方法,下载该软件并播放⑥中的音乐和对其进行简单编辑。
⑧ 搜索你家乡的风土人情,要求具有图文,制作成 PPT 展示。
5. 访问超星数字图书馆或本校镜像站点,分别用 IE 浏览器和 SSReader 阅读器(如果本机没有该软件,则下载后安装)阅读并编辑(采集、选取、复制、粘贴等操作)你喜欢的一本书中的部分内容,将编辑之后的内容保存在 read.doc 中。
6. 访问 www.cnki.net 或本校的 CNKI 镜像站点,下载 CAJViewer 浏览器并安装。在 CNKI 上查找 2009 年发表在 CSSCI 上的标题中包含"信息",主题中包含"教育",全文中包含"Internet"的文章名称、作者姓名、中图分类号和文献标识码等,并将相应文章下载到本地磁盘,用 CAJViewer 阅读器阅读和编辑。

实验三　网络安全技术

【实验目的】

1. 了解信息安全的相关知识,熟练掌握常用反病毒软件的优缺点,并能够运用它们查毒、杀毒。
2. 能够在 Windows XP 环境下设置防火墙,并能够利用一种防火墙软件进行安全防护设置。

【实验内容】

1. 登录中国信息安全测评认证中心网站 http://www.itsec.gov.cn,了解信息安全的相关知识。
2. 登录中国国家计算机网络应急技术处理协调中心网站 http://www.cert.org.cn/,查看并学习网络安全的相关知识和网络安全公告(漏洞、被攻击网站等),进行在线漏洞扫描和在线病毒扫描。
3. 访问瑞星免费在线查毒网站,查杀本机病毒,并访问瑞星网站,下载专杀工具软件。
4. 访问 360 安全卫士官方网站,并使用 360 安全卫士查杀木马,设置 MSN、Skype、腾讯 QQ 等账号的安全属性。
5. 查看并设置 Windows XP 防火墙;启动瑞星个人防火墙,查看并设置"访问控制"策略。

实验四　个人网页制作

【实验目的】

1. 理解网页设计的概念,掌握网站创建、编辑的方法。
2. 熟练掌握利用 Dreamweaver 进行网页设计与发布的相关技术。

【实验内容】

按照教材介绍的内容,设计一个人网页,并将其发布(IP 地址为 127.0.0.1)。

第 9 章　程序设计基础

本章导读　用计算机求解问题时，方法很多，但解决问题的基本过程是大体相同的。一般步骤包括分析问题、建立数学模型、算法设计与选择、编写程序、程序调试与编写文档。本章主要介绍数据与文件、算法的概念及描述工具、常用算法的设计与分析方法、数据结构、结构化程序设计、面向对象程序设计等。

9.1　数据与文件

文件是指具有名字的存储在外存储器上的一组信息的集合。如计算机的各种信息、指令都是以文件的形式存储在外存储器上，运行时调入内存储器；数据库也是以文件的形式存储在外存储器上；操作系统是以文件的形式对数据进行管理的。也就是说，如果想要找到存储在外存储器上的数据，必须先按文件名找到所指定的文件，然后再从该文件中读取数据。反之，要把数据存储在外存储器上，必须先建立一个文件，再把数据写入文件中。

9.1.1　数据组织的层次体系

数据组织的层次体系分为位、字符、数据元、记录、文件和数据库六层，每一后继层都是其前一层数据元组合的结果，最终实现一个综合的数据库。

（1）位。位是存储器的基本单位。每一位只能表示两种状态。

（2）字符。通过键盘输入一个字符时，机器直接将字符翻译成某种特定的编码系统中一串位的组合，一个字符在计算机中占 8 位。

（3）数据元。数据元是最低一层的逻辑单位，由若干位和若干字节组成。

（4）记录。记录是由逻辑上相关的数据元组成的。

（5）文件。文件是指具有名字的存储在外存储器上的一组信息的集合。

（6）数据库。数据库是存储在计算机内、有组织的、作为计算机系统资源共享的全部数据的集合。数据库可以将存储数据的重复程度减少到最低。

9.1.2　基本文件组织方式

1. 顺序文件

顺序文件是指文件中的物理记录按其在文件中的逻辑记录顺序依次存入存储介质而建立的。顺序文件的存储结构有连续结构和链结构。其中，连续结构是一种最简单的物理文件结构，它把逻辑上连续的文件信息依次存放在编号连续的物理块中。链结构将逻辑上连续的文件信息分散存放在若干不连续的物理块中，其中每个物理块设有一个指针，指向其后续连接的另一个物理块。链结构的另一个优点是文件长度可以动态地增长，只要调整链指针就可在任何一个信息块之间插入或删除一个信息块。

2. 索引文件

为了提高文件的检索效率,可以采用索引方法组织文件。在索引结构中,逻辑上连续的文件可以存放在若干不连续的物理块中,但对于每个文件,在存储介质中除存储文件本身外,还要求系统另外建立一张索引表,索引表记录了文件所在的逻辑块号和与之对应的物理块号。索引表本身以文件的形式存储,其物理地址则由文件说明信息项给出。

索引结构既适用于顺序存取,也适用于随机存取,并且访问速度快,文件长度可以动态变化。索引结构的缺点是由于使用了索引表而增加了存储空间的开销。另外,在存取文件时需要至少访问存储器两次:一次是访问索引表,另一次是根据索引表提供的物理块号访问文件信息。由于文件在存储设备的访问速度较慢,因此,如果把索引表放在存储设备上,势必大大降低文件的存取速度。一种改进的方法是对文件进行操作之前,系统预先把索引表放入内存,文件的存取就可直接在内存通过索引表确定物理地址块号,而访问存储设备的动作只需要一次。但是,当文件被打开时,为提高访问速度将索引表读入内存,需要占用额外的内存空间。

3. 直接存取文件

直接存取文件又称哈希(Hash)文件或散列文件,它是利用哈希函数法组织的文件,即根据文件记录的关键字的特点设计一种哈希函数和处理冲突的方法,将记录散列到外存储器上。哈希文件中通过计算来确定一个记录在存储设备上的存储位置,记录的逻辑顺序与物理地址并不一致,因此哈希文件不宜使用磁带存储,只适宜使用磁盘存储;并且哈希文件结构只适用于定长记录文件和按记录键随机查找的访问方式。

哈希文件的组织方法与哈希表的组织方法不同。在哈希文件中,磁盘上的文件记录通常是成组存放的,若干个记录组成一个称为桶的存储单位。哈希文件中处理冲突的方法也可采用哈希表中处理冲突的各种方法,但链地址法是哈希文件处理冲突的首选方法。

在哈希文件中查找某一记录时,首先根据待查记录的关键字求得哈希地址(即基桶地址),将基桶的记录读入内存进行顺序查找,若找到某记录的关键字等于待查记录的关键字,则查找成功;若基桶内无待查记录且基桶内指针为空,则查找失败;若基桶内无待查记录且基桶内指针不为空,则将溢出桶中的记录读入内存进行顺序查找,若在某个溢出桶中查找到待查记录,则查找成功,如果所有溢出桶链内均未查找到待查记录,则查找失败。

9.2 算法设计

9.2.1 程序设计的过程

程序是人与计算机交流信息的基本方式。所谓程序是指用计算机语言对所要解决的问题中的数据及处理问题的方法和步骤所进行的完整而准确的描述。编制(描述)计算机程序的过程称为程序设计。一般来说,程序设计的过程可以分为以下几个基本步骤。

(1) 分析问题。

分析问题是程序设计的基础。按照用户要求进行具体的分析,确定编程的目标。一般来说,用计算机解决问题时,必须明确哪些是已知数据,哪些是通过处理得到的输出数据,最后确定如何处理。

(2) 算法设计。

从程序角度讲,算法是一个有限条指令的集合,这些指令确定了解决某一特定问题的运算序列。在程序设计过程中,根据不同的设计阶段和要求,使用不同的描述工具,如自然语言、程序流程图、N-S 图和 PAD 图等。

(3) 编写程序。

按选定的计算机语言和确定的算法进行编码,称为编写程序。

(4) 调试与运行。

最后编写出的程序还需进行测试和调试,只有经过调试后的程序才能正式运行。

9.2.2 算法基本概念

1. 算法(Algorithm)

算法是指在解决问题时,按照某种机械步骤一定可以得到问题结果的处理过程,也就是对特定问题求解方法和步骤的一种描述。它是指令的一组有限序列,其中每个指令表示一个或多个操作。

例 9-1 求给定的两个正整数 m 和 n 的最大公约数。

算法分析:求最大公约数的问题是一个数值计算问题,有成熟的算法,用辗转相除法(也称欧几里得算法)求解。

设 $m=15, n=10, r$ 表示余数,则求 m 和 n 的最大公约数的步骤如下。

(1) 15/10 的商是 1,余数是 5,用 $m=n, n=r$,继续相除。

(2) 10/5 的商是 2,余数是 0,当余数是 0 时,所得的 n 即为两数的最大公约数。

所以,15 和 10 两数的最大公约数为 5。

这种求解两个数的最大公约数的算法可以描述如下。

(1) 输入两个正整数 m 和 n 的值($m \geqslant n$)。

(2) 求余数:计算 m 除以 n,将所得余数赋给变量 r。

(3) 判断余数是否为 0:若余数为 0,则执行(5),否则执行(4)。

(4) 更新被除数和除数:将 n 的值赋给 m,r 的值赋给 n,并转向(2)继续循环执行。

(5) 输出 n 的值,算法结束。

由上例可以看出,一个算法必须具备以下五个重要特性。

(1) 有零个或多个输入。算法必须具有零个或多个外界输入,这些输入是算法开始前的初值。

(2) 有一个或多个输出。算法必须具有一个或多个输出,这些输出是同输入有着某些特定关系(如因果关系)的量。

(3) 有穷性。一个算法在执行有穷步后必须结束,即算法中每个步骤都能在有限时间内完成。

(4) 确定性。算法中的每一个步骤必须有确定含义,不能产生二义性,并且在任何条件下,算法只有唯一的一条执行路径,即对于相同的输入只能得出相同的输出结果。

(5) 可行性。算法必须在有限时间内执行有限次完成。

2. 算法设计的要求

算法设计要达到的目标应从以下几个方面考虑。

(1) 正确性。算法首先应该满足具体问题的需求,具有正确性。

(2) 可读性。一个好的算法首先应该便于人们理解和相互交流,其次才是机器可执行。通过在算法或程序中多加注释来增强可读性。

(3) 健壮性。输入数据非法时,算法也能适当地做出正确反应或进行相应的处理,而不会产生一些莫名其妙的输出结果。

(4) 高效率和低存储量。算法的效率通常是指算法的执行时间尽可能地短。对于一个具体问题的解决,通常可以有多个算法,执行时间短的算法其效率就高。所谓的低存储量要求算法执行时需要的存储空间尽可能少。

除了正确性之外,另外几个方面往往是相互矛盾的。设计时必须综合考虑,从解决实际问题的不同需要出发,考虑算法的使用效率、算法的结构化、易读性及所使用的机器的性能,如硬件、软件环境等因素,综合平衡,才可设计出较好较优的算法。

9.2.3 算法描述工具

算法可以用任何形式的语言和符号来描述,通常有自然语言、高级程序语言、伪代码、程序流程图、N-S 图和 PAD 图等。例 9-1 使用的是自然语言描述方法,而所有的程序则直接用高级程序语言来描述算法。程序流程图、N-S 图和 PAD 图是表示算法的图形工具,它们具有直观性强、便于阅读、结构化程序设计的特点,具有程序无法取代的作用。

1. 程序流程图

程序流程图利用几何图形代表各种不同性质的操作,用流程线指示算法的执行方向。图 9-1 是常见的流程图符号。

图 9-1 常见的流程图符号

(1) 起止框:表示算法的开始和结束。

(2) 判断框:表示算法的条件判断操作,框内填写判断条件。在流程图中,其左、右流程线的上方分别标注"是"、"否"、"Y"、"N"或"真"、"假"、"T"、"F"。

(3) 输入输出框:表示算法的输入输出操作,框内填写输入或输出的各项。

(4) 执行框:表示算法中的各种处理操作,框内填写处理算式及说明。

(5) 连接点和流程线:连接点表示流程图的延续,流程线表示算法的执行方向。

任意简单或复杂的算法都可以由顺序结构、选择结构、循环结构三种基本结构组成。这三种基本结构的程序流程图如图 9-2 所示。

(1) 顺序结构。如图 9-2(a)所示,执行顺序为先 A 后 B。

(2) 选择结构。如图 9-2(b)所示,条件为真时执行 A,否则执行 B。

(3) 循环结构。图 9-2(c)所示的执行序列为：当条件为真时，反复执行 A；一旦条件为假，跳出循环，执行循环后的下一条语句。图 9-2(d)所示的执行序列为：首先执行 A，再判断条件，条件为假时，一直执行 A；一旦条件为真，结束循环，执行循环后的下一条语句。

在图 9-2(c)和图 9-2(d)中，A 为循环体，条件为循环控制条件。

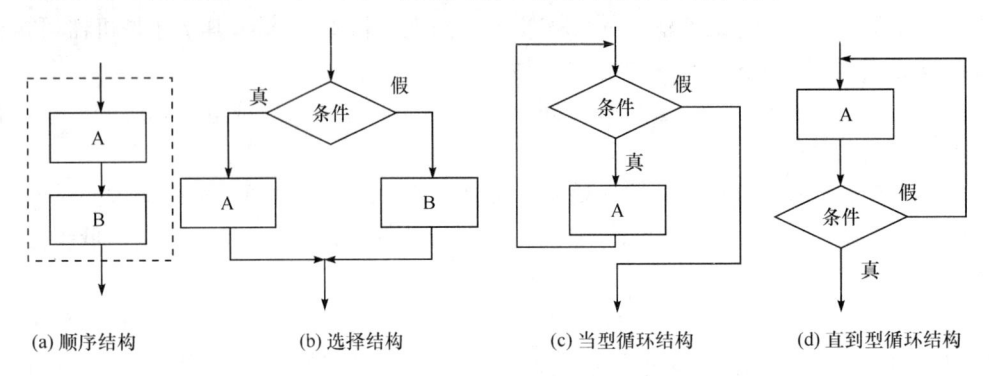

(a) 顺序结构　　(b) 选择结构　　(c) 当型循环结构　　(d) 直到型循环结构

图 9-2　三种基本结构流程图

2. N-S 图

N-S 图是算法的一种结构化描述方法，它的基本单元是矩形框，只有一个出口和一个入口。框内包含若干基本的框，三种基本结构的 N-S 图描述如图 9-3 所示。

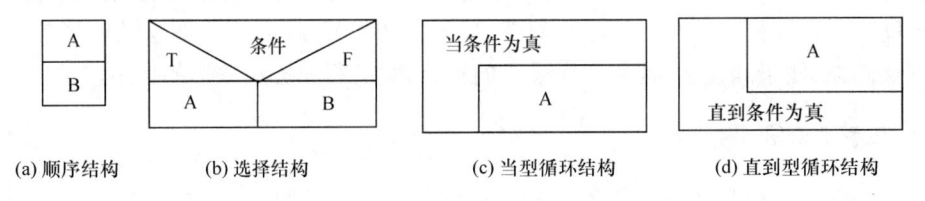

(a) 顺序结构　　(b) 选择结构　　(c) 当型循环结构　　(d) 直到型循环结构

图 9-3　三种基本结构的 N-S 图

例 9-1 的 N-S 图如图 9-4 所示。

3. PAD 图

PAD(Problem Analysis Diagram)图是另一种在软件开发中广泛使用的算法表示方法。与流程图、N-S 图相比，流程图、N-S 图都是自上而下的顺序描述，而 PAD 图除了自上而下的顺序描述以外，还有自左向右的展开，因此，如果说流程图、N-S 图是一维的算法描述的话，则 PAD 图就是二维的，它能展现算法的层次结构，更直观易懂。三种基本结构的 PAD 图描述如图 9-5 所示。

图 9-4

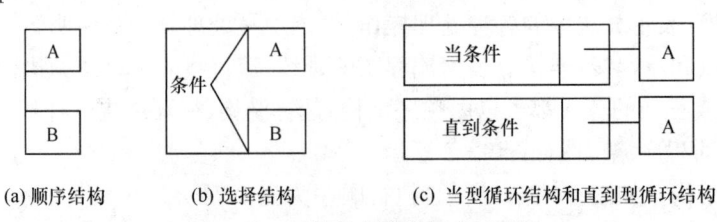

(a) 顺序结构　　(b) 选择结构　　(c) 当型循环结构和直到型循环结构

图 9-5　三种基本结构的 PAD 图

9.2.4 常用算法

算法的设计方法有很多,本节主要介绍以下算法。

1. 迭代法

迭代法是用计算机解决问题的一种常用方法。它利用计算机运算速度快、适合做重复性操作的特点,让计算机重复执行一组指令(或一定步骤)进行重复执行,在每次执行这组指令(或这些步骤)时,都从变量的原值推出它的一个新值。

利用迭代法解决问题,需要做好以下三个方面的工作。

(1) 确定迭代变量。在用迭代法解决的问题中,至少存在一个直接或间接地不断由旧值递推出新值的变量,这个变量就是迭代变量。

(2) 建立迭代关系式。所谓迭代关系式是指从变量的前一个值推出其下一个值的公式(或关系)。迭代关系式的建立是解决迭代问题的关键,通常使用递推或倒推的方法来完成。

(3) 对迭代过程进行控制。在什么时候结束迭代过程是编写迭代程序必须考虑的问题。不能让迭代过程无休止地重复执行下去。迭代过程的控制通常可分为两种情况:一种是所需的迭代次数是确定的值,可以计算出来;另一种是所需的迭代次数无法确定。对于前一种情况,可以构建一个固定次数的循环来实现对迭代过程的控制;对于后一种情况,需要进一步分析出用来结束迭代过程的条件。

例 9-2 计算 $1+2+3+\cdots+100$ 的和,用 N-S 图如图 9-6 所示。

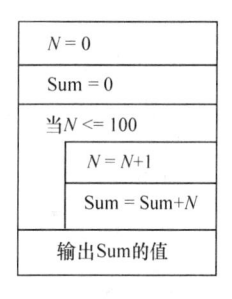

图 9-6 N-S 图

2. 穷举法

穷举法也称枚举法,是基于计算机的特点进行解题的思维方法。一般是在一时找不出解决问题的更好途径时,根据问题中的部分条件(约束条件)将所有可能解的情况列举出来,然后一一验证其是否符合整个问题的求解要求,从而得到问题的解。这种解决问题的方法称为穷举法。穷举法的特点是算法简单,但运行时所花费的时间量大。另外,用穷举法解决问题时,应尽可能将明显不符合条件的情况排除在外,以尽快得到问题的解。

穷举法常用于解决"是否存在"或"有多少种可能"等的问题。

例 9-3 求解百鸡问题,"鸡翁一,值钱五;鸡母一,值钱三;鸡雏三,值钱一,百钱买百鸡,问鸡翁、鸡母、鸡雏各几何?"

设 x 代表公鸡,y 代表母鸡,z 代表小鸡。显然有各种 x、y、z 的组合,首先使 x 为 0,y 为 0,而 $z=100-x-y=100$,看这一组的价钱加起来是否为 100 元,$0*5+0*3+100/3=33.33$,不等于 100,这一组不可取。再使 x 为 0,y 为 1,而 $z=100-x-y=99$,也不可取,依次把全部可能的组合测试一遍,找出满足条件的解。用 N-S 图表示如图 9-7 所示。

例 9-4 给出一个整数 A,判断它是否为素数(质数)?

素数是指除了能被 1 和此数本身整除之外,不能被其他整数整除的数。如 23 是一个素数,它不能被 2~22 的任何整数整除。用 N-S 图表示如图 9-8 所示。

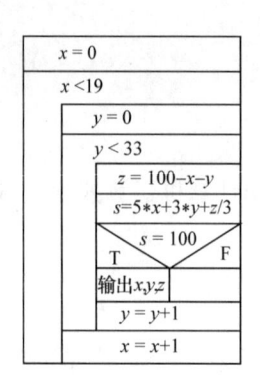

图 9-7　N-S 图表示　　　　　图 9-8　N-S 图表示

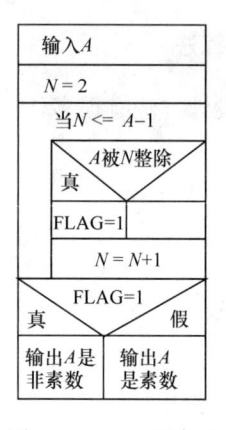

3. 递归法

一个直接或间接的调用自身的算法称为递归算法。一个使用函数自身给出定义的函数称为递归函数。递归算法包括"递推"和"回归"两部分。

递推是将问题的解推到比原问题简单的求解方法。

例 9-5　如求 $N!$，先求 $(N-1)!$。如 $3!=3*2!,2!=2*1!,1!=1*0!,0!=1$。

注意：① 递推要有终止条件。求 $N!$ 时，$0!=1$ 为终止条件，在此条件下问题可解，缺少终止条件算法失败；② 问题简单化后与原问题的算法是一致的，其差别主要反映在参数值上。如 $N!$ 与 $(N-1)!$ 其参数差 1。参数的变化，使问题递推到有确定解的问题上。

回归指简单问题得到解后，回归到原问题的解上来。

例如，当计算完 $(N-1)!$ 后，回归计算 $N*(N-1)!$，即得 $N!$。

注意：回归是递推的返回过程。如 $0!=1;1!=1*0!;2!=2*1!;3!=3*2!$。

4. 算法复杂度

评价一个算法优劣的主要标准是算法的执行效率和存储需求，即算法的时间复杂度和空间复杂度。

(1) 时间复杂度。一般情况下，算法中基本操作重复执行的次数是问题规模 n 的某个函数 $f(n)$，即算法的时间复杂度。

例如，在下列三段程序段中，给出基本操作 $x=x+1$ 的时间复杂度分析。

x=x+1；其时间复杂度为 $O(1)$，称为常量阶。

for(i=1;i<=n;i++)x=x+1；其时间复杂度为 $O(n)$，称为线性阶。

for(i=1;i<=n;i++)
　　for(j=1;j<=n;j++)x=x+1；其时间复杂度为 $O(n^2)$，称为平方阶。

常用时间复杂度有 $O(1)$ 常数型、$O(n)$ 线性型、$O(n^2)$ 平方型、$O(n^3)$ 立方型、$O(2^n)$ 指数型、$O(\log_2 n)$ 对数型、$O(n\log_2 n)$ 二维型。

在本书中，如不作特殊说明，各种算法的时间复杂度均指最坏情况下的时间复杂度。

(2) 空间复杂度。算法的存储空间需求，类似于算法的时间复杂度，采用空间复杂度作为算法所需存储空间的量度。

一般情况下,一个程序在机器上执行时,除了需要存储本身所用的指令、常数、变量和输入数据以外,还需要对数据进行操作时的辅助存储空间。其中输入数据所占的具体存储量取决于问题本身,与算法无关,则只需要分析算法在实现时所需要的辅助空间。若算法执行时所需要的辅助空间相对于输入数据量而言是常数,则算法的辅助空间为 $O(1)$。

9.3 数据结构

9.3.1 数据结构概述

1. 基本概念

数据元素(Data Element)是数据集合中的一个实体,是计算机程序中加工处理的基本单位。有时称之为结点和记录等。

数据元素按其组成可分为简单型数据元素和复杂型数据元素。简单型数据元素由一个数据项组成,所谓数据项(Data Item),就是数据中不可再分割的最小单位;复杂型数据元素由多个数据项组成。

数据对象(Data Object)是性质相同的数据元素的集合,是数据的一个子集。如整数数据对象是集合 $N=\{0,+1,-1,+2,-2,\cdots\}$。

数据类型(Data Type)是对在计算机中表示的同一数据对象及该数据对象上的一组操作的总称。如整数在计算机中数的集合及集合上可以进行的加、减、乘、除、整除、求模等一些基本操作。

数据类型可分为原子数据类型和结构数据类型。原子数据类型是计算机语言系统提供的一些简单类型,其值不可分解,如整型、实型和字符型;而结构数据类型是借用计算机语言中原子数据类型用各种方式组合而成的,其值可以分解,组成可以是原子的,也可以是结构的,不同的组合方式形成不同的结构类型,如数组、文件等。

数据结构(Data Structure)是指相互之间存在一种或多种特定关系的数据元素的集合。数据元素间的相互关系有时称为结构。一般来说,数据结构应包括三个方面的内容:数据的逻辑结构、数据的物理结构(存储结构)和数据的运算及实现。

2. 数据的逻辑结构

数据的逻辑结构是指数据元素之间逻辑关系的描述。

数据结构的形式定义为:数据结构是一个二元组 Data_Structure=(D,R),其中 D 是数据元素的有限集,R 是 D 上关系的有限集。

根据数据元素之间关系的不同特性,通常有下列四类基本结构,如图 9-9 所示。

(1) 集合:数据元素之间除了同属于一个集合的关系外,无任何其他关系。

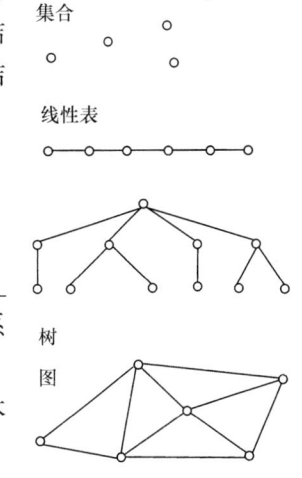

图 9-9 四类基本结构

(2) 线性结构:数据元素之间存在着一对一的线性关系。
(3) 树型结构:数据元素之间存在着一对多的层次关系。
(4) 图状结构或网状结构:数据元素之间存在着多对多的任意关系。
由于集合关系非常松散,因此可以用其他的结构代替。
故数据的逻辑结构可概括为:

$$逻辑结构\begin{cases}线性结构——线性表、栈、队、字符串、数组、广义表\\非线性结构——树、图\end{cases}$$

3. 数据的物理结构

数据的物理结构(也称存储结构)是逻辑结构在计算机中的表示(也称映象),是逻辑结构在计算机中的实现,包括数据元素的表示和关系的表示。

形式化描述:D要存入机器中,建立从D的数据元素到存储空间M的单元映象$S,D \rightarrow M$,即对于每一个$d,d \in D$,都有唯一的$z \in M$使$S(D)=Z$,同时,这个映象必须明显或隐含地体现关系R。

逻辑结构与存储结构的关系为:存储结构是逻辑关系的映象与元素本身的映象。逻辑结构是抽象,存储结构是实现,两者综合起来建立了数据元素之间的结构关系。

数据元素之间的关系在计算机中有两种不同的存储结构:顺序存储结构和链式存储结构。其中,顺序存储结构的特点是借助于数据元素的相对存储位置表示数据元素之间的逻辑结构;而链式存储结构借助于指示数据元素地址的指针表示数据元素之间的逻辑结构。

4. 数据的运算

讨论数据结构的目的是为了在计算机中实现操作,因此在结构上的运算集合是很重要的部分。数据结构就是研究一类数据的表示及其相关的运算操作。

下面通过工资表(表9-1)实例对数据结构的内容作一说明。

表9-1 工资表

编号	姓名	性别	基本工资	工龄工资	应扣工资	实发工资
100011	王爱芳	女	345.67	145.45	30.00	451.12
100012	李广林	男	445.90	185.60	45.00	586.50
⋮	⋮	⋮	⋮	⋮	⋮	⋮
100121	张兴强	男	1025.98	365.53	100.00	1291.51

表9-1工资表中采用线性表的逻辑结构:因为结点与结点之间是一种简单的线性关系;存储结构:工资表可包括若干名职工信息,可采用顺序存放方式存放,也可采用非顺序存放方式,怎么存则是具体的存储结构问题。对工资表,当职工调离时要删除数据元素,调入时要增加数据元素,调整工资时要修改。增、删、改就是数据的操作集合。

可以看出,数据结构的内容可归纳为三个部分,即逻辑结构、存储结构、数据的运算及实现。以某种逻辑关系组织起来的一批数据,按一定的存储方式把它存放在计算机存储器中,并在这些数据上定义的一个运算的集合叫做数据结构。

9.3.2 线性结构

线性结构的特点是在数据元素的非空有限集合中,存在唯一的首元素和唯一的尾元素,首元素无直接前驱,尾元素无直接后继,其他每个数据元素均有唯一的直接前驱和唯一的直接后继。

1. 线性表

1) 线性表的逻辑结构

线性表是 n 个类型相同的数据元素的有限序列,数据元素之间是一对一的关系,即每个数据元素最多有一个直接前驱和一个直接后继,如图 9-10 所示。例如,英文字母表就是一个简单的线性表,表中的每一个英文字母是一个数据元素,每个元素之间存在唯一的顺序关系。在较复杂的线性表中,数据元素可由若干数据项组成,如学生成绩表中的一个数据元素由学号、姓名、各科成绩及平均成绩等数据项组成,常被称为一个记录(Record),含有大量记录的线性表称为文件(File)。

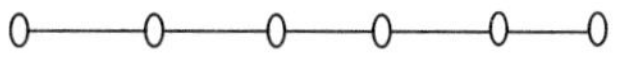

图 9-10 线性表的逻辑结构

如表 9-1 所示的工资表文件,每个职工的信息由编号、姓名、性别和各类工资等七个数据项组成,它是文件的一条记录(数据元素)。综上所述,将线性表定义如下:

线性表是由 $n(n \geqslant 0)$ 个类型相同的数据元素 $a_1, a_2, \cdots, a_n$ 组成的有限序列,记为(a_1, $a_2, \cdots, a_{i-1}, a_i, a_{i+1}, \cdots, a_n$)。数据元素 $a_i(1 \leqslant i \leqslant n)$ 只是一个抽象的符号,其具体含义在不同情况下可以不同,既可以是原子类型,也可以是结构类型,但同一线性表中的数据元素必须属于同一数据对象。此外,线性表中相邻数据元素之间存在着序偶关系,即对于非空的线性表($a_1, a_2, \cdots, a_{i-1}, a_i, a_{i+1}, \cdots, a_n$),表中 a_{i-1} 领先于 a_i,称 a_{i-1} 是 a_i 的直接前驱,而称 a_i 是 a_{i-1} 的直接后继。除了第一个元素 a_1 外,每个元素 a_i 有且仅有一个被称为其直接前驱的结点 a_{i-1},除了最后一个元素 a_n 外,每个元素 a_i 有且仅有一个被称为其直接后继的结点 a_{i+1}。线性表中元素的个数 n 被定义为线性表的长度,$n=0$ 时称为空表。

线性表的特点如下:

(1) 同一性。线性表由同类数据元素组成,每一个 a_i 必须属于同一数据对象。

(2) 有穷性。线性表由有限个数据元素组成,表长度就是表中数据元素的个数。

(3) 有序性。线性表中相邻数据元素之间存在着序偶关系 $<a_i, a_{i+1}>$。

由此得到,线性表是一种最简单最常见的数据结构,栈、队列、字符串、数组、矩阵、广义表等都符合线性条件。

在计算机内存放线性表的两种基本的存储结构是顺序存储结构和链式存储结构。

2) 线性表的顺序存储结构

线性表的顺序存储是指用一组地址连续的存储单元依次存储线性表中的各个元素,通过数据元素物理存储的相邻关系来反映数据元素之间逻辑上的相邻关系。采用顺序存储结构的线性表通常称为顺序表。

假设线性表中有 n 个元素,每个元素占 k 个单元,第一个元素的地址为 $loc(a_1)$,则通过公式计算出第 i 个元素的地址 $loc(a_i)$:$loc(a_i) = loc(a_1) + (i-1) \times k$,其中 $loc(a_1)$ 称为基址。

表 9-2 为线性表的顺序存储结构示意表。从表中可看出,在顺序表中,每个结点 a_i 的存储地址是该结点在表中的逻辑位置 i 的线性函数,只要知道线性表中第一个元素的存储地址(基地址)和表中每个元素所占存储单元的多少,就可以计算出线性表中任意一个数据元素的存储地址,从而实现对顺序表中数据元素的随机存取。

表 9-2 顺序表存储示意表

存储地址	内存空间状态	逻辑地址
$loc(a_1)$	a_1	1
$loc(a_1)+(2-1)k$	a_2	2
⋮	⋮	⋮
$loc(a_1)+(i-1)k$	a_i	i
⋮	⋮	⋮
$loc(a_1)+(n-1)k$	a_n	n

3) 线性表顺序存储结构上的基本运算

下面举例说明如何在线性表的顺序存储结构上实现线性表的基本运算。

(1) 查找运算。

查找运算可采用顺序查找法实现,即从第一个元素开始,依次将表中元素与待查找元素 e 相比较,若相等,则查找成功,返回该元素在表中的序号;若待查找元素 e 与表中的所有元素都不相等,则查找失败,返回"-1"。

(2) 插入运算。

线性表的插入运算是指在表的第 $i(1 \leqslant i \leqslant n+1)$ 个位置,插入一个新元素 e,使长度为 n 的线性表 $(e_1, \cdots, e_{i-1}, e_i, \cdots, e_n)$ 变成长度为 $n+1$ 的线性表 $(e_1, \cdots, e_{i-1}, e, e_i, \cdots, e_n)$。

用顺序表作为线性表的存储结构时,由于结点的物理顺序必须和结点的逻辑顺序保持一致,我们必须将原表中位置 $n, n-1, \cdots, i$ 上的结点,依次后移到位置 $n+1, n, \cdots, i+1$ 上,空出第 i 个位置,然后在该位置上插入新结点 e。当 $i = n+1$ 时,是指在线性表的末尾插入结点,所以无需移动结点,直接将 e 插入表的末尾即可。

例 9-6 已知线性表(5,9,17,28,30,30,46,55,58),需在第 4 个元素之前插入一个元素"19"。则需要将第 9 个位置到第 4 个位置的元素依次后移一个位置,然后将"19"插入到第 4 个位置,如表 9-3 所示。

表 9-3 顺序表中插入元素

插入前	5	9	17	28	30	30	46	55	58	
移动	5	9	17		28	30	30	46	55	53
插入后	5	9	17	19	28	30	30	46	55	58

(3) 删除运算。

线性表的删除运算是指将表的第 $i(1 \leqslant i \leqslant n)$ 个元素删去,使长度为 n 的线性表 $(e_1, \cdots, e_{i-1}, e_i, e_{i+1}, \cdots, e_n)$ 变成长度为 $n-1$ 的线性表 $(e_1, \cdots, e_{i-1}, e_{i+1}, \cdots, e_n)$。

例 9-7 删除线性表(5,9,17,19,28,30,30,46,55,58)的第 5 个元素,则需将第 6 个元素到第 10 个元素依次向前移动一个位置,如表 9-4 所示。

表 9-4　顺序表中删除元素

删除前	5	9	17	19	28	30	30	46	55	58
删除 28 后	5	9	17	19	30	30	46	55	58	

在顺序表中插入或删除一个数据元素时,平均需要移动表中一半元素,其时间主要耗费在移动数据元素上。当 n 较大时效率较低。

2. 线性链表

为了克服顺序表的缺点,可以采用链式结构存储线性表。通常将采用链式存储结构的线性表称为链表。链表可分为单链表、循环链表和双链表。链接存储是最常用的存储方法之一,不仅可以用来表示线性表,而且可以用来表示各种非线性的数据结构。下面我们介绍最简单的单链表。

在顺序表中,利用一组地址连续的存储单元来依次存放线性表的结点,因此结点的逻辑次序和物理次序是一致的。而链表则不然,链表是用一组任意的存储单元来存放线性表的结点,这组存储单元可以是连续的,也可以是非连续的,甚至是零散分布在内存的任何位置上。因此,链表中结点的逻辑次序和物理次序不一定相同。为了正确地表示结点间的逻辑关系,必须在存储线性表的每个数据元素值的同时,还要存储指示其后继结点的地址(或位置)信息,这两部分信息组成的存储映象称为结点(Node),如图 9-11 所示。

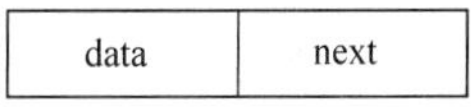

图 9-11　结点结构

一个结点包括两个域:数据域用来存储结点的值;指针域用来存储数据元素的直接后继的地址(或位置)。链表正是通过每个结点的指针域将线性表的 n 个结点按其逻辑顺序链接在一起。链表的每个结点只有一个指针域,称为单链表。

由于单链表中每个结点的存储地址都存放在其前趋结点的指针域中,而第一个结点无前趋,所以应设一个头指针 H 指向第一个结点。同时,由于表中最后一个结点没有直接后继,则指定线性表中最后一个结点的指针域为"空"(NULL)。所以,对于整个链表的存取必须从头指针开始。

例 9-8　图 9-12 所示为线性表(A,B,C,D,E,F,G,H)的单链表存储结构,整个链表的存取需从头指针开始进行,依次顺着每个结点的指针域找到线性表的各个元素。

图 9-12　单链表的逻辑结构

有时为了操作的方便,还可以在单链表的第一个结点之前附设一个头结点,头结点的数据域可以存储一些关于线性表的长度的附加信息,也可以什么都不存;而头结点的指针域存储指向第一个结点的指针(即第一个结点的存储位置)。此时带头结点单链表的头指针就不再指向表中第一个结点而是指向头结点。如果线性表为空表,则头结点的指针域为"空",如图 9-13 所示。由此可见,单链表可以由头指针唯一确定。

1) 查找

单链表的头指针指向表中第一个结点(对于带头结点的单链表,则指向单链表的头结点),若 L=NULL(对于带头结点的单链表为 L—>next=NULL),则表示单链表为一个空表,其长度为 0。若不是空表,则可以通过头指针访问表中结点,找到要访问的所有结点的

(a) 带头结点的空单链表

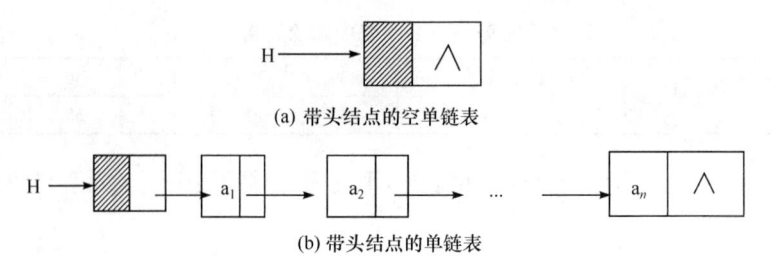

(b) 带头结点的单链表

图 9-13　带头结点的单链表图示

数据信息。对于带头结点的单链表 L，p=L->next 指向表中的第一个结点 a_1，即 p->data=a_1，而 p->next->data=a_2，以此类推。其算法的平均时间复杂度为 $O(n)$。

2) 单链表插入操作

要在带头结点的单链表 L 中第 i 个数据元素之前插入一个数据元素 e，需要首先在单链表中找到第 $i-1$ 个结点并由指针 pre 指示，然后申请一个新的结点并由指针 s 指示，其数据域的值为 e，并修改第 $i-1$ 个结点的指针使其指向 s，然后使 s 结点的指针域指向第 i 个结点。插入结点的过程如图 9-14 所示。

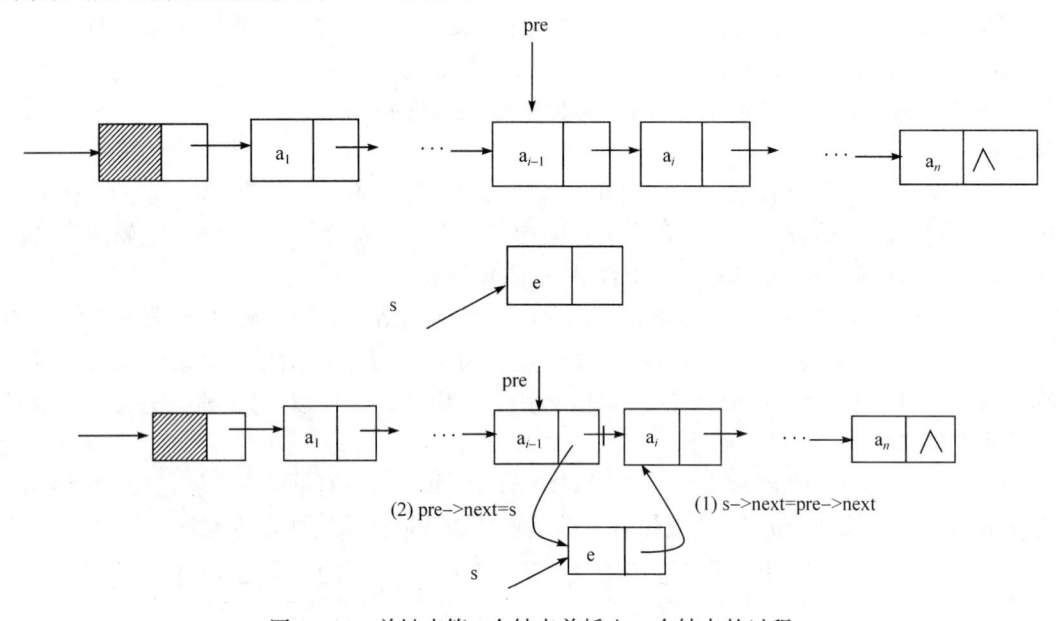

图 9-14　单链表第 i 个结点前插入一个结点的过程

说明：当单链表中有 m 个结点时，则前插操作的插入位置有 $m+1$ 个，即 $1\leqslant i\leqslant m+1$。当 $i=m+1$ 时，认为是在单链表的尾部插入一个结点。

3) 单链表删除操作

欲在带头结点的单链表 L 中删除第 i 个结点，首先要通过计数方式找到第 $i-1$ 个结点并使 p 指向第 $i-1$ 个结点，而后删除第 i 个结点并释放结点空间。删除过程如图 9-15 所示。

删除算法中的循环条件(p->next!=NULL&&k<$i-1$)与前插算法中的循环条件(p!=NULL&&k<$i-1$)不同，因为前插时的插入位置有 $m+1$ 个(m 为当前单链表中数据元素的个数)。$i=m+1$ 是指在第 $m+1$ 个位置前插入，即在单链表的末尾插入。而删除操作中删除的合法位置只有 m 个，若使用与前插操作相同的循环条件则会出现指针指空的

情况,使删除操作失败。

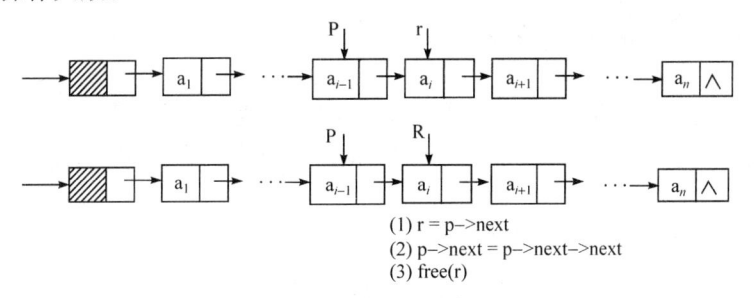

(1) r = p–>next
(2) p–>next = p–>next–>next
(3) free(r)

图 9-15 单链表删除过程

3. 栈

栈作为一种限定性线性表,将线性表的插入和删除运算限制为仅在表的一端进行,通常将表中允许进行插入、删除操作的一端称为栈顶(Top),因此栈顶的当前位置是动态变化的,由一个称为栈顶指针的位置指示器指示。同时表的另一端被称为栈底(Bottom)。当栈中没有元素时称为空栈。栈的插入操作称为进栈或入栈,删除操作称为出栈或退栈。

根据定义,每次进栈的元素都被放在原栈顶元素之上而成为新的栈顶,而每次出栈的总是当前栈中"最新"的元素,即最后进栈的元素。在图 9-16(a)所示的栈中,元素是以 a_1,a_2,a_3,$\cdots$,a_n 的顺序进栈的,而退栈的次序却是 a_n,$\cdots$,a_3,a_2,a_1。栈的修改是按后进先出的原则进行的。因此,栈又称为后进先出(Last In First Out)的线性表,简称为 LIFO 表。如手枪子弹夹中的子弹,子弹的装入与子弹的发射均在弹夹的最上端进行,先装入的子弹后发射,而后装入的子弹先发射。又如铁路调度站(见图 9-16(b)),都是栈结构的实际应用。

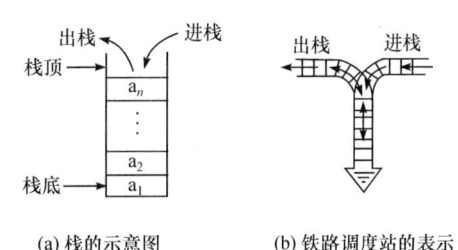

(a) 栈的示意图　　(b) 铁路调度站的表示

图 9-16 栈

栈的基本操作除了进栈(插入栈顶)、出栈(删除栈顶)外,还有建立堆栈(栈的初始化)、判空、判满及取栈顶元素等运算。

栈作为一种特殊的线性表,在计算机中也主要有两种基本的存储结构:顺序存储结构和链式存储结构。顺序存储的栈称为顺序栈,链式存储的栈称为链栈。

1) 顺序栈

顺序栈是用顺序存储结构实现的栈,即利用一组地址连续的存储单元依次存放自栈底到栈顶的数据元素,通过一个位置指针 top(栈顶指针)来动态地指示栈顶元素在顺序栈中的位置。通常以 top=-1 表示空栈。图 9-17 给出了顺序栈的进栈和出栈过程。

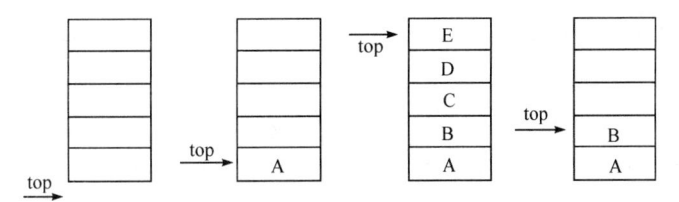

图 9-17 顺序栈中的进栈和出栈

顺序栈基本操作的实现有：

（1）进栈。在栈 S 的顶部插入元素 x；若栈 S 未满，栈顶指针 top++，将 x 插入栈顶位置。

（2）出栈。在栈 S 的顶部删除元素，并将该值赋给 x 且栈顶指针 top--。

（3）取栈顶元素。弹出栈 S 的栈顶元素，放到 x 所指的存储单元中，但栈顶指针保持不变。

栈的应用非常广泛，经常会出现在一个程序中需要同时使用多个栈的情况。若使用顺序栈，会因为对栈空间大小难以准确估计，从而产生有的栈溢出、有的栈空间还很空闲的情况。为了解决这个问题，可以让多个栈共享一个足够大的数组空间，通过利用栈的动态特性来使其存储空间互相补充，就是多栈的共享技术。

最常用的是两个栈的共享技术：主要利用了栈"栈底位置不变，而栈顶位置动态变化"的特性。首先为两个栈申请一个共享的一维数组空间 S[M]，将两个栈的栈底分别放在一维数组的两端，分别是 0，M-1。由于两个栈顶动态变化，可以形成互补，使得每个栈可用的最大空间与实际使用的需求有关。两栈共享要比两个栈分别申请 M/2 的空间利用率要高。两个栈共享空间的示意如图 9-18 所示。

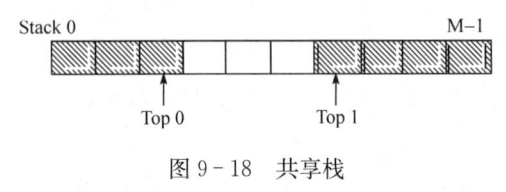

图 9-18 共享栈

2）链栈

链栈即采用链表作为存储结构实现的栈。一般采用带头结点的单链表实现栈。栈的插入和删除操作仅限制在表头位置进行，链表的表头指针就作为栈顶指针，如图 9-19 所示。

图 9-19 链栈示意图

图 9-19 中，top 为栈顶指针，始终指向当前栈顶元素前面的头结点。若 top->next=NULL，则代表栈空。采用链栈不必预先估计栈的最大容量，只要系统有可用空间，链栈就不会出现溢出。采用链栈时，栈的各种基本操作的实现与单链表的操作类似。对于链栈，在使用完毕时，应该释放其空间。

4. 队列

队列是另一种限定性的线性表，它只允许在表的一端插入元素，而在另一端删除元素，所以队列具有先进先出（First In First Out，FIFO）的特性。与日常生活中的排队是一致的，最早进入队列的人最早离开，新来的人总是加入到队尾。在队列中，允许插入的一端称为队尾（Rear），允许删除的一端则称为队头（Front）。假设队列为 q=(a_1,a_2,…,a_n)，那么 a_1 就是队头元素，a_n 则是队尾元素。队列中的元素是按照 a_1,a_2,…,a_n 的顺序进入的，退出队列也必须按照同样的次序依次出队，也就是说，只有在 a_1,a_2,…,a_{n-1} 都离开队列之后，a_n 才能退出队列。一个最典型的例子就是操作系统中的作业排队。

与线性表类似，队列也可以有两种存储表示，即顺序表示和链式表示。

1) 链队列

用链表表示的队列简称链队列。为了操作方便,采用带头结点的链表结构,并设置一个队头指针和一个队尾指针,如图 9-20 所示。队头指针始终指向头结点,队尾指针指向当前最后一个元素。空的链队列的队头指针和队尾指针均指向头结点。

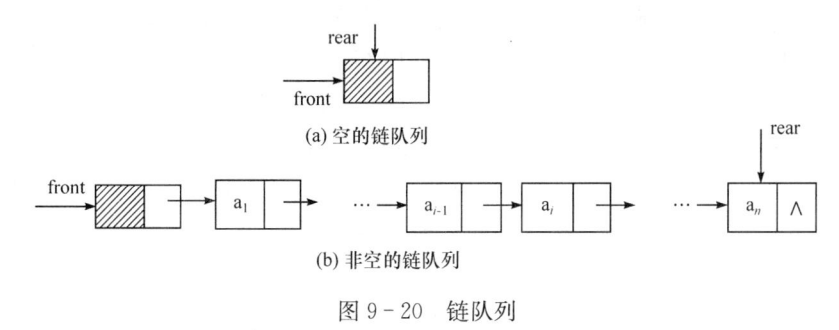

图 9-20 链队列

链队列的基本操作有:①入队操作;②出队操作。

2) 循环队列

循环队列是队列的一种顺序表示和实现方法。与顺序栈类似,在队列的顺序存储结构中,用一组地址连续的存储单元依次存放从队头到队尾的元素,如一维数组 Queue[MAXSIZE]。此外,由于队列中队头和队尾的位置都是动态变化的,因此需要附设两个指针 front 和 rear,分别指示队头元素和队尾元素在数组中的位置。初始化队列时,令 front=rear=0;入队时,直接将新元素送入尾指针 rear 所指的单元,然后尾指针增 1;出队时,直接取出队头指针 front 所指的元素,然后头指针增 1。显然,在非空顺序队列中,队头指针始终指向当前的队头元素,而队尾指针始终指向真正队尾元素后面的单元。当 rear==MAXSIZE 时,认为队满。但此时不一定是真的队满,因为随着部分元素的出队,数组前面会出现一些空单元,如图 9-21(d)所示。由于只能在队尾入队,使得上述空单元无法使用。把这种现象称为假溢出,真正队满的条件是 rear-front=MAXSIZE。

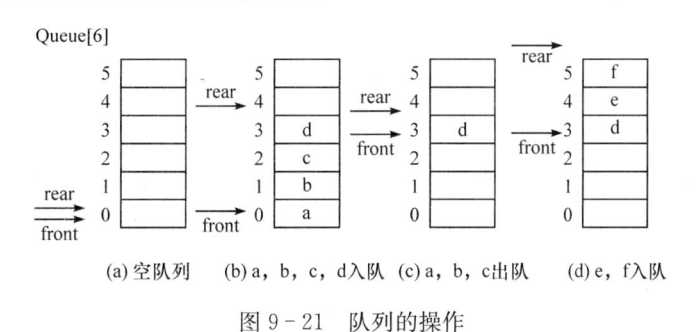

图 9-21 队列的操作

为了解决假溢出现象并使得队列空间得到充分利用,一个较巧妙的办法是将顺序存储队列的数组看成一个环状的空间,即规定最后一个单元的后继为第一个单元,形象地称之为循环队列。假设队列数组为 Queue[MAXSIZE],当 rear+1=MAXSIZE 时,令 rear=0,即可求得最后一个单元 Queue[MAXSIZE-1]的后继 Queue[0]。更简便的办法是通过数学中的取模(求余)运算来实现:rear=(rear+1)mod MAXSIZE,显然,当 rear+1=MAXSIZE 时,rear=0,同样可求得最后一个单元 Queue[MAXSIZE-1]的后继 Queue[0]。所以,借助于取模(求余)运算,可以自动实现队尾指针、队头指针的循环变化。

进队操作时,队尾指针的变化是 rear=(rear+1)mod MAXSIZE;出队操作时,队头指针的变化是 front=(front+1)mod MAXSIZE。图 9-22 给出了循环队列的几种情况。队头指针始终指向当前的队头元素,队尾指针始终指向真正队尾元素后面的单元。在图 9-22(c)所示的循环队列中,队列头元素是 e_3,队列尾元素是 e_5,当 e_6、e_7 和 e_8 相继入队后,队列空间被占满,如图 9-22(b)所示,此时队尾指针追上队头指针,所以有 front=rear。反之,若 e_3、e_4 和 e_5 相继从图 9-22(c)的队列中删除,则得到空队列,如图 9-22(a)所示,此时队头指针追上队尾指针,所以存在关系式 front=rear。可见,只凭 front=rear 无法判别队列是"空"还是"满"。对于这个问题,有两种处理方法:一是少用一个元素的空间,当队尾指针所指向的空单元的后继单元是队头元素所在的单元时,停止入队。这样队尾指针永远追不上队头指针,所以队满时不会有 front=rear。"满"队列的条件为(rear+1)mod MAXSIZE=front。队空条件仍为 rear=front;二是增设一个标志量,以区别队列是"空"还是"满"。

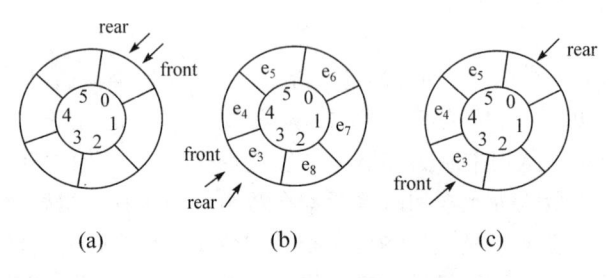

图 9-22 循环队列的几种情况

9.3.3 树与二叉树

线性结构中结点间具有唯一前驱、唯一后继关系,而非线性结构的特征是结点的前驱、后继不具有唯一性。其中在树型结构中结点间的关系是前驱唯一而后继不唯一,即结点之间是一对多的关系。

1. 树

树是 $n(n \geq 0)$ 个结点的有限集合 T。当 $n=0$ 时,称为空树;当 $n>0$ 时,该集合满足如下条件:①其中必有一个称为根(root)的特定结点,它没有直接前驱,但有零个或多个直接后继。②其余 $n-1$ 个结点可以划分成 m ($m \geq 0$)个互不相交的有限集 $T_1, T_2, T_3, \cdots, T_m$,其中 T_i 又是一棵树,称为根 root 的子树。每棵子树的根结点有且仅有一个直接前驱,但有零个或多个直接后继。图 9-23 给出了一棵树的逻辑结构图示,如同一棵倒长的树。

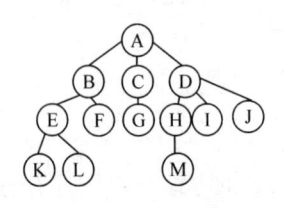

图 9-23 树的图示

树的有关术语如下。

结点:包含一个数据元素及若干指向其他结点的分支信息。

结点的度:一个结点的子树个数称为此结点的度。

叶结点:度为 0 的结点,即无后继的结点,也称为终端结点。

分支结点:度不为 0 的结点,也称为非终端结点。
孩子结点:一个结点的直接后继为该结点的孩子结点。图 9-23 中,B、C 是 A 的孩子。
双亲结点:一个结点的直接前驱为该结点的双亲结点。图 9-23 中,A 是 B、C 的双亲。
兄弟结点:同一双亲结点的孩子结点之间互称兄弟结点。在图 9-23 中,结点 H、I、J 互为兄弟结点。
祖先结点:一个结点的祖先结点是指从根结点到该结点的路径上的所有结点。在图 9-23 中,结点 K 的祖先是 A、B、E。
子孙结点:一个结点的直接后继和间接后继称为该结点的子孙结点。在图 9-23 中,结点 D 的子孙是 H、I、J、M。
树的度:树中所有结点的度的最大值。
结点的层次:从根结点开始,根结点层次为 1,根结点的直接后继的层次为 2,依此类推。
树的高度(深度):树中所有结点的层次的最大值。
有序树:在树 T 中,如果各子树 T_i 之间是有先后次序的,则称该树为有序树。
森林:指 m(m≥0)棵互不相交的树的集合。将一棵非空树的根结点删去,树就变成一个森林;反之,给森林增加一个统一的根结点,森林就变成一棵树。
数据对象 D:给定一个集合,该集合中的所有元素具有相同的特性。
数据关系 R:若 D 为空集,则为空树。若 D 中仅含有一个数据元素,则 R 为空集,否则 R={H},H 是如下的二元关系:①在 D 中存在唯一的称为根的数据元素 root,它在关系 H 下没有前驱。②除 root 以外,D 中每个结点在关系 H 下都有且仅有一个前驱。

2. 二叉树

1) 二叉树的定义

把满足以下两个条件的树型结构称为二叉树(Binary Tree):①每个结点的度都不大于 2;②每个结点的孩子结点次序不能任意颠倒。

可以看出,一个二叉树中的每个结点只能含有 0、1 或 2 个孩子,而且每个孩子有左右之分。把位于左边的孩子称为左孩子,位于右边的孩子称为右孩子。图 9-24 给出了二叉树的五种基本形态。

图 9-24(a)为一棵空的二叉树;图 9-24(b)为一棵只有根结点的二叉树;图 9-24(c)为一棵只有左子树的二叉树(左子树仍是一棵二叉树);图 9-24(d)为左、右子树都有的二叉树(左、右子树均为二叉树);图 9-24(e)为一棵只有右子树的二叉树(右子树也是一棵二叉树)。

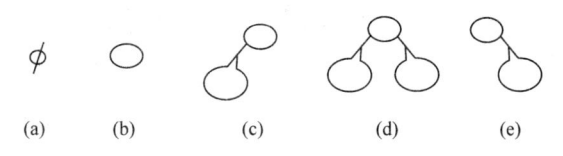

图 9-24 二叉树的五种基本形态

2) 二叉树的性质

性质 1 在二叉树的第 i 层上至多有 2^{i-1} 个结点(i≥1)。
证明 用数学归纳法。

归纳基础：当 $i=1$ 时，整个二叉树只有一根结点，此时 $2^{i-1}=2^0=1$，结论成立。

归纳假设：假设 $i=k$ 时结论成立，即第 k 层上结点总数最多为 2^{k-1} 个。

再证明当 $i=k+1$ 时，结论成立。

因为二叉树中每个结点的度最大为 2，则第 $k+1$ 层的结点总数最多为第 k 层上结点最大数的 2 倍，即 $2\times 2^{k-1}=2^{(k+1)-1}$，故结论成立。

性质 2 深度为 k 的二叉树至多有 2^k-1 个结点($k\geqslant 1$)。

证明：因为深度为 k 的二叉树，其结点总数的最大值是将二叉树每层上结点的最大值相加，所以深度为 k 的二叉树的结点总数至多为

$$\sum_{i=1}^{k} 第\ i\ 层上的结点的最大个数 = \sum_{i=1}^{k} 2^{i-1} = 2^k - 1$$

故结论成立。

性质 3 对任意一棵二叉树 T，若终端结点数为 n_0，而其度数为 2 的结点数为 n_2，则 $n_0=n_2+1$。

证明 设二叉树中结点总数为 n，n_1 为二叉树中度为 1 的结点总数。

因为二叉树中所有结点的度小于等于 2，所以有 $n=n_0+n_1+n_2$。

设二叉树中分支数目为 B，因为除根结点外，每个结点均对应一个进入它的分支，所以有 $n=B+1$。

又因为二叉树中的分支都是由度为 1 和度为 2 的结点发出的，所以分支数目

$$B=n_1+2n_2$$

整理上述两式可得到

$$n=B+1=n_1+2n_2+1$$

将 $n=n_0+n_1+n_2$ 代入上式得出 $n_0+n_1+n_2=n_1+2n_2+1$，整理后得 $n_0=n_2+1$，故结论成立。

下面先给出两种特殊的二叉树，然后讨论其有关性质。

满二叉树 深度为 k 且有 2^k-1 个结点的二叉树称为满二叉树。在满二叉树中，每层结点都是满的，即每层结点都具有最大结点数。图 9-25(a)所示的二叉树为一棵满二叉树。

满二叉树的顺序表示为从二叉树的根开始，层间从上到下，层内从左到右，逐层进行编号($1,2,\cdots,n$)。如图 9-25(a)所示的满二叉树的顺序表示为(1,2,3,4,5,6,7,8,9,10,11,12,13,14,15)。

完全二叉树 深度为 k，结点数为 n 的二叉树，如果其结点 $1\sim n$ 的位置序号分别与满二叉树的结点 $1\sim n$ 的位置序号一一对应，则为完全二叉树，如图 9-25(b)所示。

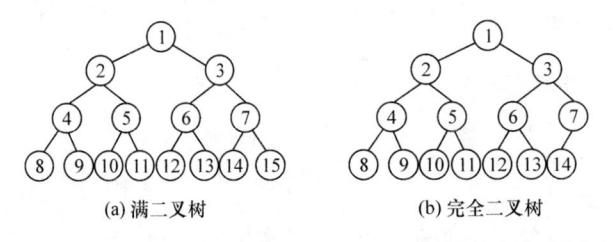

(a) 满二叉树　　　　　(b) 完全二叉树

图 9-25　满二叉树和完全二叉树

满二叉树必为完全二叉树,而完全二叉树不一定是满二叉树。

性质 4 具有 n 个结点的完全二叉树的深度为 $\lfloor \log_2 n \rfloor + 1$。

性质 5 对于具有 n 个结点的完全二叉树,如果按照从上到下和从左到右的顺序对二叉树中的所有结点从 1 开始顺序编号,则对于任意的序号为 i 的结点有:

(1) 若 $i=1$,则序号为 i 的结点是根结点,无双亲结点;若 $i>1$,则序号为 i 的结点的双亲结点序号为 $\lfloor i/2 \rfloor$。

(2) 若 $2\times i>n$,则序号为 i 的结点无左孩子;若 $2\times i\leqslant n$,则序号为 i 的结点的左孩子结点的序号为 $2\times i$。

(3) 若 $2\times i+1>n$,则序号为 i 的结点无右孩子;若 $2\times i+1\leqslant n$,则序号为 i 的结点的右孩子结点的序号为 $2\times i+1$。

3) 二叉树的存储结构

二叉树的结构是非线性的,每一结点最多可有两个后继。二叉树的存储结构有顺序存储结构和链式存储结构两种。

(1) 顺序存储结构。

顺序存储结构是指用一组连续的存储单元来存放二叉树的数据元素,如图 9-26 所示。用一维数组作存储结构,将二叉树中编号为 i 的结点存放在数组的第 i 个分量中。这样,可得结点 i 的左孩子的位置为 lchild(i) = $2\times i$;右孩子的位置为 rchild(i)=$2\times i+1$。

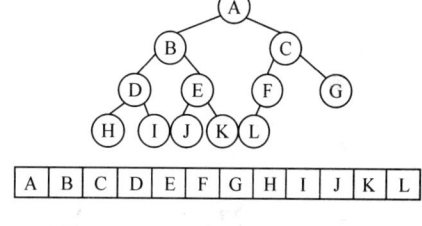

图 9-26 二叉树的顺序存储结构

显然,顺序存储方式对于一棵完全二叉树来说是非常方便的。因为此时该存储结构既不浪费空间,又可以根据公式计算出每一个结点左、右孩子的位置。但是,对于一般的二叉树,按照完全二叉树的形式来存储,会造成空间浪费。一种极端的情况如图 9-27 所示,从中可以看出,对于一个深度为 k 的二叉树,在最坏的情况下(每个结点只有右孩子)需要占用 2^k-1 个存储单元,而实际该二叉树只有 k 个结点,空间浪费太大。

图 9-27 单支二叉树和顺序存储结构

(2) 链式存储结构。

对于任意的二叉树来说,每个结点只有两个孩子,一个双亲结点。一个结点至少包括三个域:数据域、左孩子域和右孩子,如图 9-28(a)所示。其中,lchild 域指向该结点的左孩子,data 域记录该结点的信息,rchild 域指向该结点的右孩子域。为了便于找到父结点,可以增加一个 parent 域,parent 域指向该结点的父结点。该结点结构如图 9-28(b)所示。

用第一种结点结构形成的二叉树的链式存储结构称为二叉链表,如图 9-29 所示。

```
   lchild | data | rchild
```
(a) 二叉链表结点的结构

```
   lchild | data | parent | rchild
```
(b) 三叉链表结点的结构

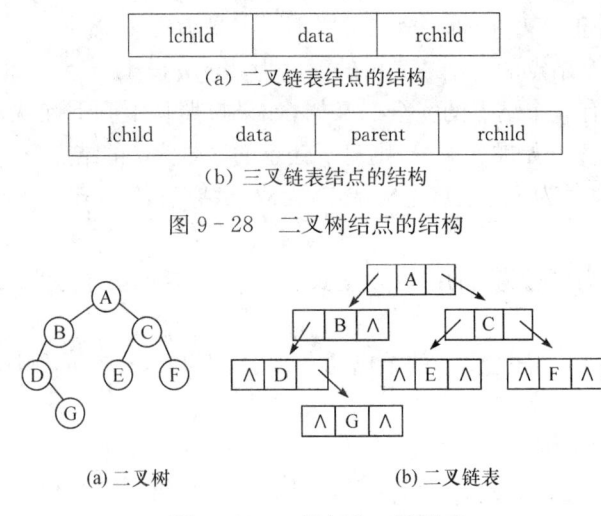

图 9-28 二叉树结点的结构

(a) 二叉树　　　　　　(b) 二叉链表

图 9-29 二叉树和二叉链表

若一个二叉树含有 n 个结点，则它的二叉链表中必含有 $2n$ 个指针域，其中必有 $n+1$ 个空的链域。

3. 二叉树的遍历

二叉树的遍历是指按一定规律对二叉树中的每个结点进行访问且仅访问一次。其中访问是指计算二叉树中结点的数据信息，打印结点的信息，也包括对结点进行任何其他操作。

由于二叉树是非线性的结构，遍历就是将二叉树中的结点按一定规律线性化的操作，目的在于将非线性化结构变成线性化的访问序列。

分析二叉树的结构特征可知，二叉树的基本结构是由根结点(D)、左子树(L)和右子树(R)三个基本单元组成的，只要依次遍历这三部分，则遍历了整个二叉树。

规定按先左后右的顺序进行遍历，则遍历方式只有三种。分别称 DLR 为先序遍历（先根遍历）；LDR 为中序遍历（中根遍历）；LRD 为后序遍历。下面介绍三种遍历方法。

先序遍历(DLR)操作过程：若二叉树为空，则执行空操作，否则，①访问根结点；②按先序遍历左子树；③按先序遍历右子树。

中序遍历(LDR)操作过程：若二叉树为空，则执行空操作，否则，①按中序遍历左子树；②访问根结点；③按中序遍历右子树。

后序遍历(LRD)操作过程：若二叉树为空，则执行空操作，否则，①按后序遍历左子树；②按后序遍历右子树；③访问根结点。

对于如图 9-30 所示的二叉树，其先序、中序、后序遍历序列如下。

先序遍历：A,B,D,F,G,C,E,H。
中序遍历：B,F,D,G,A,C,E,H。
后序遍历：F,G,D,B,H,E,C,A。

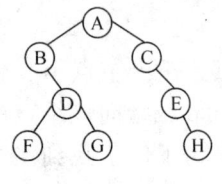

图 9-30 二叉树

9.3.4 常用排序和查找算法

当进行数据处理时,经常需要进行查找操作,而为了查得快找得准,通常希望待处理的数据按关键字大小有序排列,此时可以采用查找效率较高的折半查找法。日常生活中通过排序方便查找的例子有很多,如电话号码簿、目录表、词典等。

首先给出相关的概念。

列表　由同一类型的数据元素(或记录)构成的集合,可利用任意数据结构实现。

关键字　数据元素的某个数据项的值,用它可以标识列表中的一个或一组数据元素。如果一个关键字可以唯一标识列表中的一个数据元素,则称其为主关键字,否则为次关键字。当数据元素仅有一个数据项时,数据元素的值就是关键字。

排序　有 n 个记录的序列 $\{R_1, R_2, \cdots, R_n\}$,其相应关键字的序列是 $\{K_1, K_2, \cdots, K_n\}$,相应的下标序列为 $1, 2, \cdots, n$。通过排序,要求找出当前下标序列 $1, 2, \cdots, n$ 的一种排列 $p_1, p_2, \cdots, p_n$,使得相应关键字满足如下的非递减(或非递增)关系,即 $Kp_1 \leqslant Kp_2 \leqslant \cdots \leqslant Kp_n$,这样就得到一个按关键字有序的记录序列:$\{Rp_1, Rp_2, \cdots, Rp_n\}$。

查找　根据给定的关键字值,在特定的列表中确定一个其关键字与给定值相同的数据元素,并返回该数据元素在列表中的位置。若找到相应的数据元素,则称查找是成功的,否则称查找是失败的,此时应返回空地址及失败信息,并可根据要求插入这个不存在的数据元素。显然,查找算法中涉及三类参量:①查找对象 K(找什么);②查找范围 L(在哪找);③K 在 L 中的位置(查找的结果)。其中①、②为输入参量,③为输出参量,在函数中,输入参量必不可少,输出参量也可用函数返回值表示。

1. 直接插入排序

直接插入排序是一种最基本的插入排序方法。其基本操作是将第 i 个记录插入到前面 $i-1$ 个已排好序的记录中,具体过程为:将第 i 个记录的关键字 K_i 顺次与其前面记录的关键字 $K_{i-1}, K_{i-2}, \cdots, K_1$ 进行比较,将所有关键字大于 K_i 的记录依次向后移动一个位置,直到遇见一个关键字小于或者等于 K_i 的记录 K_j,此时 K_j 后面必为空位置,将第 i 个记录插入空位置即可。完整的直接插入排序是从 $i=2$ 开始的,也就是说,将第 1 个记录视为已排好序的单元素子集合,然后将第二个记录插入到单元素子集合中。i 从 2 循环到 n,即可实现完整的直接插入排序。图 9-31 给出了一个完整的直接

```
{48}   62    35    77    55    14    35    98
{48    62}   35    77    55    14    35    98
{35    48    62}   77    55    14    35    98
{35    48    62    77}   55    14    35    98
{35    48    55    62    77}   14    35    98
{14    35    48    55    62    77}   35    98
{14    35    35    48    55    62    77}   98
{14    35    35    48    55    62    77    98}
```

图 9-31　直接插入排序

插入排序实例。图中大括号内为当前已排好序的记录子集合。

对整个排序过程而言,直接插入排序的时间复杂度为 $T(n)=O(n^2)$,空间复杂度为 $S(n)=O(1)$。

2. 简单选择排序

简单选择排序的基本思想如下:第 i 趟简单选择排序是指通过 $n-i$ 次关键字的比较,从 $n-i+1$ 个记录中选出关键字最小的记录,并和第 i 个记录进行交换。共需进行 $n-i$ 趟

{48	62	35	77	55	14	35	98}
14	{62	35	77	55	48	35	98}
14	35	{62	77	55	48	35	98}
14	35	35	{77	55	48	62	98}
14	35	35	48	{55	77	62	98}
14	35	35	48	55	{77	62	98}
14	35	35	48	55	62	{77	98}
14	35	35	48	55	62	77	98

图 9-32 简单选择排序

比较,直到所有记录排序完成为止。例如,进行第 i 趟选择时,从当前候选记录中选出关键字最小的 k 号记录,并和第 i 个记录进行交换。简单选择排序的时间复杂度为 $O(n^2)$。

图 9-32 给出了一个简单选择排序示例,大括号内为当前候选记录,大括号外为当前已经排好序的记录。

3. 冒泡排序

冒泡排序是一种简单的交换类排序方法,它是通过相邻的数据元素的交换,逐步将待排序序列变成有序序列的过程。冒泡排序的基本思想是从头扫描待排序记录序列,在扫描的过程中顺次比较相邻的两个元素的大小。例如按升序排序时,在第一趟排序中,对 n 个记录进行如下操作:比较相邻的两个记录的关键字,逆序时就交换位置。在扫描的过程中,不断地将相邻两个记录中关键字大的记录向后移动,最后将待排序记录序列中的最大关键字记录换到了待排序记录序列的末尾,也是最大关键字记录应在的位置。然后进行第二趟冒泡排序,对前 $n-1$ 个记录进行同样的操作,其结果是使次大的记录被放在第 $n-1$ 个记录的位置上。如此反复,直到排好序为止(若在某一趟冒泡过程中,没有发现一个逆序,则可结束冒泡排序),所以冒泡过程最多进行 $n-1$ 趟。图 9-33 给出了一个表示第一趟冒泡排序过程的实例。

48	62	35	77	55	14	35	98	22	40
48	35	62	77	55	14	35	98	22	40
48	35	62	55	77	14	35	98	22	40
48	35	62	55	14	77	35	98	22	40
48	35	62	55	14	35	77	98	22	40
48	35	62	55	14	35	77	22	98	40
48	35	62	55	14	35	77	22	40	98

(a) 一趟冒泡排序示例

48	35	35	35	14	14	14
35	48	48	14	35	35	22
62	55	14	35	35	22	35
55	14	35	48	22	35	**35**
14	35	55	22	40	**40**	
35	62	22	40	**48**		
77	22	40	**55**			
22	40	**62**				
40	**77**					
98						

(b) 冒泡排序全过程

图 9-33 冒泡排序示例

4. 查找

查找通常有顺序查找和折半查找，顺序查找可以在任何列表中进行，而折半查找只能在有序列表中进行。顺序查找法的特点是用所给关键字与线性表中各元素的关键字逐个比较，直到成功或失败，则顺序查找的平均查找长度是 $n/2$。

折半查找法又称为二分法查找，要求待查的列表必须是按关键字大小有序排列的顺序表。其基本过程是将表中间位置记录的关键字与查找关键字比较，如果两者相等，则查找成功；否则利用中间位置记录将表分成前、后两个子表，如果中间位置记录的关键字大于查找关键字，则进一步查找前一子表，否则进一步查找后一子表。重复以上过程，直到找到满足条件的记录，使查找成功，或直到子表不存在为止，此时查找不成功。图 9-34 给出了用折半查找法查找 12、50 的具体过程，其中 $mid=(low+high)/2$，当 $high<low$ 时，表示不存在这样的子表空间，查找失败。在长度为 n 的表中使用折半查找法查找时，最差情况下查找长度不超过 $\log_2 n$。

```
 6    12   15   18   22   25   28   35   46   58   60
low=1                      mid=6                  high=11
 6    12   15   18   22   25   28   35   46   58   60
low=1      mid=3      high=5
 6    12   15   18   22   25   28   35   46   58   60
low=1 high=2
mid=1
 6    12   15   18   22   25   28   35   46   58   60
      high=2
      low=2
      mid=2
```
(a) 用折半查找法查找12的过程

```
 6    12   15   18   22   25   28   35   46   58   60
low=1                      mid=6                  high=11
 6    12   15   18   22   25   28   35   46   58   60
                          low=7    mid=9         high=11
 6    12   15   18   22   25   28   35   46   58   60
                                             low=10 high=11
                                             mid=10
 6    12   15   18   22   25   28   35   46   58   60
                                       high=9  low=10
```
(b) 用折半查找法查找50的过程

图 9-34 折半查找示意图

9.4 结构化程序设计

结构化程序设计(Structured Programming)的概念最早由 E. W. Dijkstra 提出，其理由是 GOTO 语句对程序的可理解性、可测试性和可维护性带来极大的危害，应该用具有可维护性的控制结构来替代，随后 Bohm 和 Jacopini 证明了只用 3 种基本的控制结构即顺序结构、选择结构和循环结构，就能实现任何单入口单出口的程序，这个结论奠定了程序设计的理论基础。

9.4.1 结构化程序设计的基本原则

结构化程序设计是一种程序设计技术,它采用自顶向下逐步求精的方法和单入口单出口的控制结构。

进行程序设计时,自顶向下逐步求精的方法采用先整体后局部、先抽象后具体的步骤,开发符合人们解决复杂问题的普遍规律。将一个复杂的问题解法逐步细化成若干个简单的问题,采用模块化组织,再进一步分解为具体的处理步骤,每个处理步骤可以使用单入口单出口的控制结构,其程序结构按功能划分为若干个基本模块,因此,程序易于理解、测试和维护。

结构化程序设计方法采用自顶向下,逐步求精,模块化的程序设计思想作为基本原则。

9.4.2 结构化程序的基本结构

结构化程序设计将程序的结构限制为顺序、选择和循环三种基本结构,以便提高程序的可读性。

1. 顺序结构

顺序结构是一种简单的程序结构,是程序最基本最常用的结构,顺序结构表示程序中的各操作按照语句排列的先后顺序,一条接一条地依次执行。

整个顺序结构只有一个入口点和一个出口点。其结构的特点是程序从入口点开始,按顺序执行所有操作,直到出口点结束,因此称为顺序结构,如图9-2(a)所示。

2. 选择结构(或分支结构)

选择结构表示程序的处理步骤出现了分支,它需要根据某一特定的条件选择其中的一个分支执行。选择结构有单选择、双选择和多选择三种形式,如图9-2(b)所示。

3. 循环结构(或重复结构)

循环结构表示程序反复执行某个或某些操作,直到某条件为假(或为真)时才可终止循环。在循环结构中最主要的是什么情况下执行循环?哪些操作需要循环执行?循环按判断真假分为当型循环和直到型循环。当型循环是当判断条件为真时,进入循环体,否则,退出循环体如图9-2(c)所示。直到型循环是判断条件为假时,进入循环体,否则,退出循环体如图9-2(d)所示。循环又按判断条件先后分为前测试和后测试。

9.5 面向对象程序设计

9.5.1 什么是面向对象程序设计

面向对象程序设计(Object-Oriented Programming)又称OOP方式,它摆脱了传统过程模式的束缚,试图使程序设计环境适合于现实世界的问题,是一种将概念视为各种各样对象的程序设计技术。面向对象程序设计的基本方法是将要解决的问题分解为几个相关的对象,对象中封装了描述该对象的数据和方法(与数据相关的操作)。对象作为系统中最基本的运行实体,当程序运行时,从主程序所规定的各对象的初始状态出发,对象之间通过消息(用来激活有关的方法,由程序语句实现)传递进行通信,从而使对象的状态由一个状态改变为新的状态,直至得到最后的结果。今天,面向对象程序设计技术是一种非常流行的软件开发技术。

对面向对象方法的概念有许多不同的看法和定义,但是都涵盖对象及对象属性、事件和方法等几个基本要素。

1. 对象、属性和方法(Object, Attributes & Method)

对象是面向对象方法中最基本的概念。对象可以用来表示客观世界中的任何实体,它既可以是具体的物理实体的抽象,也可以是人为的概念,或者是任何有明确边界和意义的东西。例如,一个人、一家公司、一个窗口等,都可以作为一个对象。

面向对象程序设计方法中涉及的对象是系统中用来描述客观事物的一个实体,是构成系统的基本单位,它由一组表示静态特征的属性和它可执行的一组操作组成。

客观世界中的实体通常都既有静态的属性,又具有动态的行为。因此,面向对象方法中的对象是由描述该对象属性的数据及可以对这些数据施加的所有操作封装在一起构成的统一体。对象可以做的操作表示它的动态行为,通常把对象的操作也称为方法。

属性即对象所包含的信息,它在设计对象时确定,一般只能通过执行对象的操作来改变。不同对象的同一属性可以具有相同或不同的属性值。如张三的年龄为 19,李四的年龄为 20。张三、李四是两个不同的对象,他们共同的属性"年龄"的值不同。

2. 类和实例(Class & Instance)

类是具有共同属性、相同方法的对象的集合。类是对象的抽象,它描述了属于该对象类型的所有对象的性质,而一个对象则是其对应类的一个实例。对象既可以指一个具体的对象,也可以泛指一般的对象。但是,实例是指一个具体的对象。例如,Integer 是一个整型类,描述了所有整数的性质。因此任何整数都是整数类的对象,而一个具体的整数"123"是类 Integer 的一个实例。

由类的定义可知,类是关于对象性质的描述,它同对象一样,包括一组数据特征和相同行为。例如,一个面向对象的图形程序:在屏幕左下角显示一个半径 3cm 的红颜色的圆,在屏幕中部显示一个半径 4cm 的绿颜色的圆,在屏幕右上角显示一个半径 1cm 的黄颜色圆。这三个圆心位置、半径大小和颜色均不相同的圆是三个不同的对象。但是,它们都有相同的属性(圆心坐标、半径、颜色)和相同的操作(显示自己、放大缩小半径、在屏幕上移动位置等)。因此,可以用"Circle 类"来定义。

3. 消息(Message)

面向对象的世界是通过对象与对象间彼此的相互合作来推动的,对象间的这种相互合作需要一个机制协助进行,这样的机制称为"消息"。消息是一个实例与另一个实例之间传递的信息,它请求对象执行某一处理或回答要求的信息,它统一了数据流和控制流。图 9-35 表示了

图 9-35 消息传递示意

消息传递的概念。

消息中只包含传递者的要求，它告诉接受者需要做哪些处理，但并不指示接受者应该怎样完成这些处理。消息完全由接受者解释，接受者独立决定采用什么方式完成所需的处理，发送者对接受者不起任何控制作用。一个对象能够接受不同形式、不同内容的多个消息；相同形式的消息可以送往不同的对象，不同的对象对于形式相同的消息可以有不同的解释，能够做出不同的反映。一个对象可以同时向多个对象传递信息，两个对象也可以同时向某个对象传递消息。

通常，一个消息由三部分组成：接受消息的对象的名称、消息标识符（也称为消息名）、零个或多个参数。例如，MyCircle 是一个半径 4cm、圆心位于(100,200)的 Circle 类的对象，也就是 Circle 类的一个实例，当要求它以绿颜色在屏幕上显示自己时，在 C++语言中应该向它发送下列消息：MyCircle.Show(Green)。其中，MyCircle 是接受消息的对象的名字，Show 是消息名，Green 是消息的参数。

4. 封装性(Encapsulation)

封装是面向对象方法的一个重要特征。封装是指把对象的属性和操作结合在一起，构成一个独立的对象。对于外界而言，只需知道对象所表现的外部行为，不必了解对象行为的内部细节，这个过程已经封装在对象中，用户看不到。对象的这一特性，就是对象的封装性。

5. 继承性(Inheritance)

继承是面向对象方法的又一个主要特征。继承是指子类可以拥有父类的属性和行为。继承提高了软件代码的复用性，定义子类时不必重复定义那些已在父类中定义的属性和行为。比如，"学生"是一个父类，"研究生"、"本科生"则是它的子类。在子类"研究生"中，不但有"学生"的全部属性，如"姓名"、"年龄"、"性别"，而且还有自己的属性，如"学位"、"导师"、"专业"等。

面向对象软件技术的许多强有力的功能和突出的优点，都来源于把类组成一个层次结构的系统：一个类的上层可以有父类，下层可以有子类。这种层次结构系统的一个重要性质是继承性，一个类直接继承其父类的描述（数据和操作）或特性，子类自动地共享基类中定义的数据和方法。

6. 多态性(Polymorphism)

对象的多态性是指在父类中定义的属性、方法被子类继承后，可以具备不同的数据类型或表现不同的行为，使对象的同一个属性或方法名在父类及其各个子类中具有不同的语义。也就是说，多态性是指在父类中定义的属性和行为被子类继承后，可以具有不同的数据类型或不同的行为。

多态性就是多种表现形式，具体来说，可以用"一个对外接口，多个内在实现方法"表示。例如，计算机中的堆栈可以存储各种格式的数据，包括整型、浮点型或字符型。不管存储的是何种数据，堆栈的算法实现是一样的。针对不同的数据类型，编程人员不必手工选择，只需使用统一的接口名，系统可自动选择。多态性机制不但为软件的结构设计提供了灵活性，还减少了信息冗余，提高了软件的可扩展性。

9.5.2 面向对象的程序设计

面向对象方法之所以日益受到人们的重视和应用,成为流行的软件开发方法,是源于面向对象方法的主要优点：

(1) 面向对象方法和技术以对象为核心,对象是由数据和操作组成的封装体,即封装性。对象之间通过传递消息互相联系,以模拟现实世界中不同事物彼此之间的联系,使用现实世界的概念抽象地理解思考问题从而自然地解决问题。

(2) 面向对象方法基于对象模型,以对象为中心构造软件系统。它的基本做法是用对象模拟现实生活中的实体,以对象间的联系刻画实体间的联系。当系统的功能需求变化时并不会引起软件结构的整体变化,往往仅需要作一些局部性的修改。由于现实世界中的实体是相对稳定的,固以对象为中心构造的软件系统也是比较稳定的。

(3) 面向对象方法可重用性好。软件重用是指在不同的软件开发过程中重复使用相同或相似软件的过程。在利用可重用软件成分构造新的系统软件时,有两种方法可以重复使用一个对象类:一种方法是创建该类的实例,从而直接使用它;另一种方法是从它派生出一个满足当前需要的新类。继承性机制使得子类不仅可以重用其父类的数据结构和程序代码,而且可以在父类代码的基础上方便地修改和扩充,这种修改并不影响对原有类的使用。

(4) 用面向对象方法开发软件时,可以把一个大型产品看作是一系列本质上相互独立的小产品来处理,这样不仅降低了开发的技术难度和成本,而且使得开发工作的管理变得容易,软件整体质量也大大提高。

(5) 用面向对象方法开发的软件可维护性好,软件稳定性比较好,比较容易修改,容易理解,易于测试和调试。

习题与思考题

一、选择题

1. 按照"后进先出"原则组织数据的数据结构是(　　)。
   A. 队列　　　　　　B. 栈　　　　　　C. 双向链表　　　　D. 二叉树
2. 在深度为 7 的满二叉数中,叶子结点的个数为(　　)。
   A. 32　　　　　　　B. 31　　　　　　C. 64　　　　　　　D. 63
3. 下列数据结构中,能用二分法进行查找的是(　　)。
   A. 顺序存储的有序线性表　　　　　　B. 线性链表
   C. 二叉链表　　　　　　　　　　　　D. 有序线性链表
4. 下列关于栈的描述正确的是(　　)。
   A. 在栈中只能插入元素而不能删除元素
   B. 在栈中只能删除元素而不能插入元素
   C. 栈是特殊的线性表,只能在一端插入或删除元素
   D. 栈是特殊的线性表,只能在一端插入元素,而在另一端删除元素
5. 下列描述正确的是(　　)。
   A. 一个逻辑数据结构只能有一种存储结构
   B. 数据的逻辑结构属于线性结构,存储结构属于非线性结构

C. 一个逻辑数据结构可以有多种存储结构,且各种存储结构不影响数据处理的效率

D. 一个逻辑数据结构可以有多种存储结构,且各种存储结构影响数据处理的效率

6. 对长度为 n 的线性表进行顺序查找,在最坏情况下需要的比较次数为(　　)。

　A. $\log_2 n$　　　　　B. $n/2$　　　　　C. n　　　　　D. $n+1$

7. 栈和队列的共同特点是(　　)。

　A. 都是先进先出　　　　　　　　　　　B. 都是先进后出

　C. 只允许在端点处插入和删除元素　　　D. 没有共同点

8. 如果进栈序列为 a,b,c,d,则可能的出栈序列是(　　)。

　A. c,a,d,b　　　B. b,d,c,a　　　C. c,d,a,b　　　D. 任意顺序

9. 数据结构中,与所使用的计算机无关的是数据的(　　)。

　A. 逻辑结构　　　B. 存储结构　　　C. 物理结构　　　D. 物理和存储结构

10. 具有 3 个结点的二叉树有(　　)。

　A. 2 种形态　　　B. 4 种形态　　　C. 7 种形态　　　D. 5 种形态

11. 结构化程序设计主要强调的是(　　)。

　A. 程序的规模　　B. 程序的易读性　C. 程序的执行效率　D. 程序的可移植性

12. 对建立良好的程序设计风格,下面描述正确的是(　　)。

　A. 程序应简单、清晰、可读性好　　　B. 符号名的命名只要符合语法

　C. 充分考虑程序的执行效率　　　　　D. 程序的注释可有可无

13. 在面向对象方法中,一个对象请求另一个对象为其服务的方式通过发送(　　)来实现。

　A. 调用语句　　B. 命令　　　C. 口令　　　D. 消息

14. 下面对对象概念描述错误的是(　　)。

　A. 任何对象都必须有继承性　　　　　B. 对象是属性和方法的封装体

　C. 对象间的通讯靠消息传递　　　　　D. 操作是对象的动态属性

二、填空题

1. 对长度为 10 的线性表进行冒泡排序,最坏情况下需要比较的次数为_____。

2. 算法复杂度主要包括时间复杂度和_____复杂度。

3. 一棵二叉树第六层(根结点为第一层)的结点数最多为_____个。

4. 二叉树中度为 2 的结点有 18 个,则该二叉树中有_____个叶子结点。

5. 对长度为 n 的有序线性表进行二分查找,最坏的情况下,需要的比较次数为_____。

6. 在计算机中,算法是指_____。

7. 在顺序表中,逻辑上相邻的元素,其物理位置_____相邻。在单链表中,逻辑上相邻的元素,其物理位置_____相邻。

8. 当线性表采用顺序存储结构实现存储时,其主要特点是_____。

9. 在顺序表中插入或删除一个元素,平均移动_____元素,具体移动的元素个数与_____有关。

10. 结构化程序设计的三种基本逻辑结构为顺序、选择和_____。

11. 在面向对象方法中,信息隐蔽是通过对象的_____性来实现的。

12. 类是一个支持继承的抽象数据类型,而对象是类的_____。

13. 在面向对象方法中,类之间共享属性和操作的机制称为_____。

三、简答题

1. 叙述算法的定义与特性。

2. 什么是数据结构?

3. 描述三个概念的区别:头指针、头结点、首元素结点。

4. 按图 9-16(b)所示铁道(两侧铁道均为单向行驶道)进行车厢调度,回答:

①如进站的车厢序列为 123,则可能得到的出站车厢序列是什么?

②如进站的车厢序列为 123456,能否得到 435612 和 135426 的出站序列,并说明原因。

5. 试分别画出具有 3 个结点的树和 3 个结点的二叉树的所有不同形态。

6. 以关键字序列(503,087,512,061,908,170,897,275,653,426)为例,手工执行下列各种排序算法,写出每一趟排序结束时的关键字状态。

①直接插入排序;②简单选择排序;③冒泡排序。

7. 简述结构化程序设计的基本结构。

8. 什么是面向对象?解释对象、属性、方法、消息等概念。

9. 简述对象的继承性、封装性、多态性。

四、设计题

用 N-S 图表示解决下列问题的算法:

1. 求 $n!$。

2. 求 $1 - \dfrac{1}{2} + \dfrac{1}{3} - \dfrac{1}{4} + \cdots + \dfrac{1}{99} - \dfrac{1}{100}$。

3. 有一个数列,前两项是 1、1,第三项是前两项之和,以后的每一项都是其前两项之和。要求输出此数列的前 30 项。

4. "水仙花数"是指一个三位数,其各位数字的立方之和等于该数,如 $371 = 3^3 + 7^3 + 1^3$。

第 10 章 数据库技术基础

本章导读 数据库技术是 20 世纪 60 年代在文件系统基础上发展起来的数据管理技术,是计算机应用领域的一个重要分支。本章主要介绍数据库系统的基本概念、数据模型、关系代数,以及关系数据库标准语言 SQL。

10.1 数据库系统基础

10.1.1 基本概念

1) 数据与数据处理

数据是用来记录信息的可鉴别的符号,是信息的具体表现形式。符号可以是能参与数字运算的数值型数据,也可以是非数值型数据,如文字、图画、声音、活动图像等。

数据处理是指将数据转换成信息的过程。广义上,包括对数据的收集、存储、加工、分类、检索、传播等一系列活动。狭义上,是指对所输入的数据进行加工处理。

2) 数据库(DataBase,DB)

数据库是指存储在计算机外存上的、有组织的、可共享的数据集合。数据库中的数据按照一定的数据模型组织、描述和存储,具有较小的冗余度、较高的数据独立性,并可以为各种用户共享。

3) 数据库管理系统(DataBase Management System,DBMS)

对数据库进行管理的软件系统称为数据库管理系统。其主要功能包括以下几个方面:

(1) 数据库的定义功能。提供数据定义语言 DDL(Data Definition Language)或操作命令以便对各级数据模式进行具体的描述。

(2) 数据操纵功能。提供数据操纵语言 DML(Data Manipulation Language)对数据库中的数据进行追加、插入、修改、删除、检索等操作。

(3) 数据库运行控制功能。包括数据的完整性控制、数据库的并发操作控制、数据的安全性控制、数据库的恢复。

(4) 数据库的建立和维护功能。包括数据库的初始数据的装入,数据库的转储、恢复、重组织,系统性能监视、分析等功能。

4) 数据库系统(DataBase System,DBS)

数据库系统是在计算机软、硬件系统的支持下,由数据库、数据库管理系统、数据库应用系统,以及数据库系统相关人员等构成的数据处理系统。数据库的建立、维护和使用等工作只靠一个 DBMS 是远远不够的,必须要有数据库管理员(DataBase Administrator,DBA)来完成。一般在不引起混淆的情况下,把数据库系统简称为数据库。

10.1.2 数据管理技术的发展

在计算机硬件、软件技术的基础上,数据管理技术大致经历了三个阶段。

(1) 人工管理阶段。20 世纪 50 年代中期以前,计算机主要用于科学计算。当时的计算机状况是,外存只有纸带、卡片、磁带,没有磁盘等直接存取设备,没有操作系统,也没有数据管理软件。因此,这个阶段的数据管理具有数据不保存、数据依附于应用程序、数据与程序不具有独立性、数据不能够共享等特点。

(2) 文件系统阶段。20 世纪 50 年代后期到 60 年代中期,这时的计算机有了硬盘等直接存取设备,操作系统中已经有了专门的数据管理软件,即文件系统。所以,这个阶段的数据管理具有数据文件可以长期保存、利用文件系统管理数据的优点。但数据冗余度大,缺乏数据独立性,数据无法集中管理。

(3) 数据库系统阶段。20 世纪 60 年代后期以来,随着计算机软硬件功能的完善,计算机应用于数据管理领域的范围逐步扩展,出现了数据库管理技术。数据库系统避免了以上两阶段的缺点,实现了数据共享,减少了数据冗余,采用特定的数据模型,具有较高的数据独立性,有统一的数据控制功能。数据库(DataBase)是通用化的相关数据的集合,它不仅包括数据本身,而且包括相关数据之间的联系。

10.1.3 数据模型

1. 三个世界

人们把客观存在的事物以数据的形式存储到计算机中,经历了对现实生活中事物特性的认识、概念化到计算机数据库里的具体表示的逐级抽象过程,即现实世界、概念世界、机器世界三个领域。

现实世界的事物内部及事物之间存在着联系,这种联系是客观存在的,是由事物本身的性质决定的。例如,学校教学系统中有教师、学生、课程和成绩,教师为学生授课,学生选修课程并取得成绩。

概念世界是现实世界在人们头脑中的反映,是对客观事物及其联系的一种抽象描述,从而产生概念模型,概念模型是现实世界到机器世界必然经过的中间层次。

为了准确地反映事物本身及事物之间的各种联系,数据库中的数据必须有一定的结构,这种结构用数据模型来表示。数据模型将概念世界中的实体及实体间的联系进一步抽象成便于计算机处理的方式。在实际数据处理中,首先将现实世界的事物及联系抽象成信息世界的信息模型(概念模型),再抽象成计算机世界的数据模型。所以说,数据模型是现实世界的两级抽象的结果。

在机器世界中,字段(Field)对应于属性的数据,也称为数据项;记录(Record)对应于每个实体的数据;文件(File)对应于实体集的数据。计算机中信息模型被抽象为数据模型,实体模型内部的联系抽象为同一记录内部各字段之间的联系,实体模型之间的联系抽象为记录与记录之间的联系。实体模型和数据模型是现实世界事物及其联系的两级抽象,而数据模型是实现数据库系统的根据。

2. 概念模型(E-R 模型)

E-R 模型(实体联系模型)是描述概念世界,建立概念模型的实用工具。E-R 图包括三个要素。①实体(型):用矩形框表示,框内标注实体名称;②属性:用椭圆形表示,并用连线与实体连接起来;③实体之间的联系:用菱形框表示,框内标注联系名称,并用连线将菱形框分别与有关实体相连,并在连线上注明联系类型。实体之间的关系虽然复杂,但可以归结为以下三种类型。

(1) 一对一联系(1∶1)。设 A、B 为两个实体集。若 A 中的每个实体至多和 B 中的一个实体有联系,反过来,B 中的每个实体至多和 A 中的一个实体有联系,称 A 对 B 或 B 对 A 是 1∶1 联系。

(2) 一对多联系(1∶n)。如果实体集 A 中的每个实体可以和 B 中的几个实体有联系,而 B 中的每个实体至多和 A 中的一个实体有联系,那么 A 对 B 属于 1∶n 联系。如一个部门有多名职工,而一名职工只在一个部门就职,部门与职工属于一对多的联系。

(3) 多对多联系(m∶n)。若实体集 A 中的每个实体可以与 B 中的多个实体有联系,B 中的每个实体也可以与 A 中的多个实体有联系,称 A 对 B 或 B 对 A 是 m∶n 联系。如一个学生可以选修多门课程,一门课程由多个学生选修,学生和课程间存在多对多的联系。

有时联系也有属性,这类属性不属于任何一个实体只能属于联系。

3. 结构数据模型

结构数据模型是数据库中数据的存储方式,是数据库系统的核心与基础。

(1) 层次模型(Hierarchical Model)。层次模型是用树型结构表示实体之间联系的数据模型。它满足两个基本条件:一是有且只有一个结点无双亲,这个结点就是树的根结点;二是其他结点有且只有一个双亲。层次模型表示一对一和一对多关系直接、方便,但它不能直接表示多对多关系,要想用层次模型表示多对多关系,必须设法将多对多关系分解为多个一对多关系。

(2) 网状模型(Network Model)。网状模型是用网络结构表示实体类型及实体间联系的数据模型。如果每个结点可以有多个父结点,便形成了网状模型,用网状模型可以直接表示多对多关系。

(3) 关系模型(Relational Model)。关系模型是用二维表格的形式表示实体类型及实体间联系的数据模型。这样的表格由关系框架和若干元组构成,称为一个关系。

关系模型的特点是:实体本身和实体之间的联系均用关系来描述,或者依靠相同属性及其值来建立各"关系"的联系,特别是支持关系代数中的三个基本运算:选择、投影、连接,还允许三种运算组合使用。而层次模型和网状模型中实体集的联系要通过许多指针链来实现。用关系模型设计的数据库系统是用查表的方法来查找数据的,而用层次模型和网状模型设计的数据库系统是通过指针链查找数据的。

三种结构的数据模型产生了与其相对应的层次型、网状型、关系型的数据库管理系统。关系型数据库相对于其他两类数据库而言,具有数据结构简单、清晰、灵活,有较高的数据独立性,有利于非过程化,有成熟的理论基础等优点。目前使用的 Oracle 10G、Microsoft SQL Server 2005、MySQL 等都是关系型的数据库管理系统。

10.1.4 关系模型

1. 关系术语

(1) 关系。一个关系就是一张二维表,每个关系有一个关系名。在计算机里,一个关系可以存储为一个文件。

(2) 元组。表中的行称为元组。一行是一个元组，对应存储文件中的一个记录值。

(3) 属性。表中的列称为属性，每一列有一个属性名。

(4) 域。属性的取值范围，即不同元组对同一个属性的取值所限定的范围。

(5) 关键字。也称主码，为属性或属性组合，其值能够唯一地标识一个元组。

(6) 外关键字。如果一个关系中的属性或属性组并非该关系的关键字，但它们是另外一个关系的关键字，则称其为该关系的外关键字，也称外码。

(7) 元数。关系模式中属性的数目是关系的元数。

(8) 关系模式。对关系的描述称为关系模式，其格式为：关系名(属性1，属性2，…，属性 N)。一个关系模式对应一个关系的结构。也可用字母表示，如 $R(A_1, A_2, \cdots, A_n)$。

例如，定单(定单号，货号，定货单位，售价，定购量，送货地点)；

商品(货号，品名，库存量，仓库地点，单价)。

一个关系的逻辑结构就是一张二维表。关系在磁盘上以文件形式存储，每个字段是表中的一列，每个记录是表中的一行。这种用二维表的形式来表示实体和实体之间联系的数据模型称为关系数据模型。该二维表必须是不可再分的表。

2. 关系代数

关系的基本运算有两类：一类是传统的集合运算(并、差、交和笛卡儿积等)，其运算是从关系的"水平"方向即行的角度进行的；另一类是专门的关系运算(选择、投影、连接和除法等)，不仅涉及行运算，也涉及列运算，有些查询需要几个基本运算的组合，要经过若干步骤才能完成。关系代数的运算对象是关系，运算结果也是关系，关系代数的运算符主要包括以下四类。

(1) 集合运算符：$\cup$(并)，$-$(差)，$\cap$(交)，$\times$(广义笛卡儿积)。

(2) 专门的关系运算符：σ(选择)，Π(投影)，$\bowtie$(连接)，*(自然连接)，$\div$(除)。

(3) 算术比较运算符：$>$(大于)，$\geqslant$(大于等于)，$<$(小于)，$\leqslant$(小于等于)，$=$(等于)，$\neq$(不等于)。

(4) 逻辑运算符：$\wedge$(与)，$\vee$(或)，$\neg$(非)。

1) 传统的集合运算

定义 设给定两个关系 R、S，若满足：①具有相同的度 n；②R 中第 i 个属性和 S 中第 i 个属性必须来自同一个域。则说关系 R、S 是相容的。

除笛卡儿积外，要求参加运算的关系必须满足上述的相容性定义。

(1) 并(Union)。

设有两个关系 R 和 S，它们具有相同的结构。R 和 S 的并是由属于 R 或属于 S 的元组组成的集合，即 R 和 S 的所有元组合并，删去重复元组，组成一个新关系，其结果仍为 n 目关系。运算符为"$\cup$"。记为：

$$T = R \cup S = \{t | t \in R \vee t \in S\}$$

例 10-1 两个关系 R 和 S 的并($R \cup S$)的操作如图 10-1 所示。

对于关系数据库，记录的插入和添加可通过并运算实现。

(2) 差(Difference)。

R 和 S 的差是由属于 R 但不属于 S 的元组组成的集合，从 R 中删去与 S 相同的元组，

组成一个新关系,其结果仍为 n 目关系。运算符为"一"。记为:
$$T=R-S=\{t|t\in R \land \neg t\in S\}$$
通过差运算,可实现关系数据库记录的删除。

例 10 - 2 两个关系 R 和 S 的差(R—S)的操作如图 10 - 2 所示。

R		
A	B	C
a	b	c
d	e	f
x	y	z

S		
A	B	C
x	y	z
w	u	v
m	n	p

R∪S		
A	B	C
a	b	c
d	e	f
x	y	z
w	u	v
m	n	p

R		
A	B	C
a	b	c
d	e	f
x	y	z

S		
A	B	C
x	y	z
w	u	v
m	n	p

R-S		
A	B	C
a	b	c
d	e	f

图 10 - 1 两个关系 R 和 S 的并(R∪S)　　　图 10 - 2 两个关系 R 和 S 的差(R—S)

(3) 交(Intersection)。

R 和 S 的交是由既属于 R 又属于 S 的元组组成的集合,运算符为 ∩。记为:
$$T=R\cap S=\{t|t\in R \land t\in S\}$$
如果两个关系没有相同的元组,那么它们的交为空。

例 10 - 3 两个关系 R 和 S 的交(R∩S)的操作如图 10 - 3 所示。

R		
A	B	C
a	b	c
d	e	f
x	y	z

S		
A	B	C
x	y	z
w	u	v
m	n	p

R∩S		
A	B	C
x	y	z

图 10 - 3 两个关系 R 和 S 的交(R∩S)

两个关系的并和差运算为基本运算(即不能用其他运算表达的运算),而交运算为非基本运算,交运算可以用差运算来表示:R∩S=R—(R—S)。

(4) 广义笛卡儿积(Extended Cartesian Product)。

两个分别为 n 目和 m 目的关系 R 和 S 的广义笛卡儿积是一个 $(n+m)$ 列的元组的集合,元组的前 n 列是关系 R 的一个元组,后 m 列是关系 S 的一个元组。若 R 有 k1 个元组,S 有 k2 个元组,则关系 R 和关系 S 的广义笛卡儿积有 k1×k2 个元组。记为:
$$T=R\times S=\{t|t=<t_r,t_s> \land t_r\in R \land t_s\in S\}$$

例 10 - 4 两个关系 R 和 S 的广义笛卡儿积(R×S)的操作如图 10 - 4 所示。

2) 专门的关系运算

由于传统的集合运算只是从行的角度进行,而要灵活地实现关系数据库多样的查询操作,必须引入专门的关系运算。在介绍专门的关系运算之前,为了叙述方便先引入几个概念。

① 设关系模式为 $R(A_1,A_2,\cdots,A_n)$,它是一个关系 R,t∈R 表示 t 是 R 的一个元组,

第10章 数据库技术基础

R				S	
A	B	C		D	E
a	b	c		t	p
d	e	f		w	u
x	y	z			

R×S

A	B	C	D	E
a	b	c	t	p
a	b	c	w	u
d	e	f	t	p
d	e	f	w	u
x	y	z	t	p
x	y	z	w	u

图 10-4 两个关系 R 和 S 的广义笛卡儿积(R×S)

$t[A_i]$ 则表示元组 t 中相应于属性 A_i 的一个分量。

② 若 $A=\{A_{i1},A_{i2},\cdots,A_{ik}\}$,其中 $A_{i1},A_{i2},\cdots,A_{ik}$ 是 $A_1,A_2,\cdots,A_n$ 中的一部分,则 A 称为属性列或域列,$\overline{A}$ 则表示 $\{A_1,A_2,\cdots,A_n\}$ 中去掉 $\{A_{i1},A_{i2},\cdots,A_{ik}\}$ 后剩余的属性组。$t[A]=\{t[A_{i1}],t[A_{i2}],\cdots,t[A_{ik}]\}$ 表示元组 t 在属性列 A 上诸分量的集合。

③ R 为 n 目关系,S 为 m 目关系,$t_r \in R$,$t_s \in S$,$t_r t_s$ 称为元组的连接,它是一个 $n+m$ 列的元组,前 n 个分量为 R 的一个 n 元组,后 m 个分量为 S 中一个 m 元组。

④ 给定一个关系 R(X,Z),X 和 Z 为属性组,定义当 $t[X]=x$ 时,x 在 R 中的象集 (Image Set)为 $Z_x=\{t[Z]|t \in R, t[X]=x\}$,它表示 R 中的属性组 X 上值为 x 的诸元组在 Z 上分量的集合。

(1) 选择(Selection)。

从关系中找出满足给定条件的那些元组称为选择。其中,条件以逻辑表达式给出,值为真的元组将被选取。这种运算是从水平方向选取元组。选择运算是单目运算,是根据一定的条件在给定的关系 R 中选取若干个元组。记作:

$$\sigma_F(R)=\{t|t \in R \wedge F(t)\text{为真}\}$$

其中,σ 为选择运算符,F 为选择的条件,它是由运算对象(属性名、常数、简单函数)、算术比较运算符($>$,$\geqslant$,$<$,$\leqslant$,$=$,$\neq$)和逻辑运算符($\vee$,$\wedge$,$\neg$)连接起来的逻辑表达式,结果为逻辑值"真"或"假"。

例 10-5 在关系 R1 中选择系别="数学"且课程号="C2"的记录,如图 10-5 所示。

R1

学号	姓名	系别	课程号
S01	李丽	数学	C3
S02	张华	信息	C1
S03	赵伟	数学	C2
S04	刘静	计算机	C1

$\sigma_{\text{系别}='\text{数学}' \wedge \text{课程号}='C2'}(R1)$

学号	姓名	系别	课程号
S03	赵伟	数学	C2

图 10-5 关系选择

(2) 投影(Projection)。

从关系模式中挑选若干属性组成的新关系称为投影。关系 R 上的投影是从 R 中选择出若干属性列组成新的关系,是对关系在垂直方向进行的运算,从左到右按照指定的若干属性及顺序取出相应列,删去重复元组。

记作:
$$\pi_A(R)=\{t[A]|t\in R\}$$

其中,A 为 R 中的属性列,π 为投影运算符。

例 10-6 关系 R2 在学号、姓名、成绩上的投影操作如图 10-6 所示。

R2

学号	姓名	系别	课程号	年龄	成绩
S01	李丽	数学	C3	19	80
S02	张华	信息	C1	21	92
S03	赵伟	数学	C2	19	87
S04	刘静	计算机	C1	18	83

$\pi_{学号,姓名,成绩}(R2)$

学号	姓名	成绩
S01	李丽	80
S02	张华	92
S03	赵伟	87
S04	刘静	83

图 10-6 关系投影

(3) 连接(Connection)。

连接是将两个关系模式通过公共的属性名拼接成一个更宽的关系模式,是从两个关系的笛卡儿积中选取满足连接条件的元组组成的新的关系。连接运算是二目运算,需要两个关系作为操作对象。运算过程是通过连接条件来控制的,连接条件中将出现两个关系中的公共属性名,或者具有相同语义、可比的属性。连接是对关系的结合。

设有关系 $R(A_1,A_2,\cdots,A_n)$ 及 $S(B_1,B_2,\cdots,B_m)$,连接属性集 X 包含于 $\{A_1,A_2,\cdots,A_n\}$,Y 包含于 $\{B_1,B_2,\cdots,B_m\}$,X 与 Y 中属性列数目相等,且相对应属性有共同的域。关系 R 和 S 在连接属性 X 和 Y 上的连接,就是 R×S 笛卡儿积中,选取 X 属性列上的分量与 Y 属性列上的分量满足给定 θ 比较条件的那些元组,也就是在 R×S 上选取在连接属性 X,Y 上满足 θ 条件的子集,组成新的关系,新关系的度为 n+m。记作:

$$R\underset{X\theta Y}{\bowtie}S=\{<t_r,t_s>|t_r\in R\wedge t_s\in S\wedge t_r[X]\theta t_s[Y]\text{为真}\}$$

其中,⋈是连接运算符,θ 为算术比较运算符,也称 θ 连接。XθY 为连接条件,θ 为"="时,为等值连接;θ 为"<"时,为小于连接;θ 为">"时,为大于连接。连接运算可以用选择运算和广义笛卡儿积运算来表示:$R\bowtie S=\sigma_{X\theta Y}(R\times S)$。

例 10-7 关系 R 和 S 的等值连接 $R\underset{[3]=[1]}{\bowtie}S$ 操作,如图 10-7 所示。

R

销往城市	销售员	产品号	销售量
C₁	M₁	D₁	2000
C₂	M₂	D₂	2500
C₃	M₃	D₁	1500
C₄	M₄	D₂	3000

S

产品号	生产量	订购数
D₁	3700	3000
D₂	5500	5000
D₃	4000	3500

$R\underset{[3]=[1]}{\bowtie}S$

销往城市	销售员	产品号	销售量	产品号	生产量	订购数
C₁	M₁	D₁	2000	D₁	3700	3000
C₂	M₂	D₂	2500	D₂	5500	5000
C₃	M₃	D₁	1500	D₁	3700	3000
C₄	M₄	D₂	3000	D₂	5500	5000

图 10-7 等值连接 $R\underset{[3]=[1]}{\bowtie}S$

在连接运算中,一种最常用的连接是自然连接。所谓自然连接就是在等值连接的情况下,当连接属性 X 与 Y 具有相同属性组时,把连接结果中重复的属性列去掉。自然连接是在广义笛卡儿积 R×S 中选出同名属性上符合相等条件的元组,再进行投影,去掉重复的同名属性,组成新的关系。

例 10-8 关系 R 和 S 的自然连接 R⋈S 操作,如图 10-8 所示。

R

销往城市	销售员	产品号	销售量
C_1	M_1	D_1	2000
C_2	M_2	D_2	2500
C_3	M_3	D_1	1500
C_4	M_4	D_2	3000

S

产品号	生产量	订购数
D_1	3700	3000
D_2	5500	5000
D_3	4000	3500

R⋈S

销往城市	销售员	产品号	销售量	生产量	订购数
C_1	M_1	D_1	2000	3700	3000
C_2	M_2	D_2	2500	5500	5000
C_3	M_3	D_1	1500	3700	3000
C_4	M_4	D_2	3000	5500	5000

图 10-8 自然连接 R⋈S

例 10-9 找出关系 R2 中成绩在 85 分以上的学生姓名和学号,如图 10-9 所示。

即 $\pi_{姓名,学号}(\sigma_{成绩\geq 85}(R2))=\{(张华,S02),(赵伟,S03)\}$。

R2

学号	姓名	系别	课程号	年龄	成绩
S01	李丽	数学	C3	19	80
S02	张华	信息	C1	21	92
S03	赵伟	数学	C2	19	87
S04	刘静	计算机	C1	18	83

图 10-9 R2 原始数据

例 10-10 有关系 T 和 P(见图 10-10),找出讲授课程 G1 的教师姓名、所属系和职称,输出结果如图 10-11 所示。

即 $TP=\pi_{TN,TD,T}(\sigma_{TG='G1'}(T\bowtie P))$。

T

教师姓名	所属系	年龄	性别	职称
TN	TD	TA	TS	T
LI	PHSY	51	男	副教授
WU	CHEN	42	男	讲师
HE	COM	54	男	副教授
LU	ELE	35	男	讲师

P

教师姓名	所任课程
TN	TG
LI	G1
LU	G2
HE	G3
WU	G4

图 10-10 原始数据

T⋈P

教师姓名 TN	所属系 TD	年龄 TA	性别 TS	职称 T	所任课程 TG
LI	PHSY	51	男	副教授	G1
WU	CHEN	42	男	讲师	G4
HE	COM	54	男	副教授	G3
LU	ELE	35	男	讲师	G2

TP

教师姓名 TN	所属系 TD	职称 T
LI	PHSY	副教授

图 10-11 输出结果

10.2 数据库设计

按规范设计法可将数据库设计分为六个阶段。
(1) 系统需求分析阶段；
(2) 概念结构设计阶段；
(3) 逻辑结构设计阶段；
(4) 物理设计阶段；
(5) 数据库实施阶段；
(6) 数据库运行与维护阶段。

前四个阶段可统称为"分析和设计阶段"，后两个阶段称为"实现和运行阶段"。整个数据库系统建设过程也可划分为系统分析和设计、系统实现和运行两大阶段。

10.2.1 概念结构设计

概念结构设计是整个数据库设计的关键，通过对用户需求进行综合、归纳与抽象，形成一个独立于具体 DBMS 的概念结构。描述概念结构的常用方法是使用 E-R（实体-联系）图。其基本成分包含实体型、属性和联系。E-R 图的优点是易于被用户理解，便于交流。

在概念结构设计过程中使用 E-R 方法的基本步骤包括设计局部 E-R 图、综合成初步 E-R 图和优化成基本 E-R 图。

1. 设计局部 E-R 图

设计局部 E-R 图的任务是根据需求分析阶段产生的各个部门的数据流图和数据字典

中的相关数据,设计出各项应用的局部 E-R 图。具体要做以下几件事情。

(1) 确定实体和属性。

(2) 确定联系类型。依据需求分析结果,考查任意两个实体类型之间是否存在联系,若有联系,要进一步确定联系的类型(1∶1,1∶m,n∶m)。在确定联系时应特别注意两点:一是不要丢掉联系的属性;二是尽量取消冗余的联系,即取消可以从其他联系导出的联系。

(3) 画出局部 E-R 图,图 10 - 12 是课程与学生,课程与教师的局部 E-R 图。

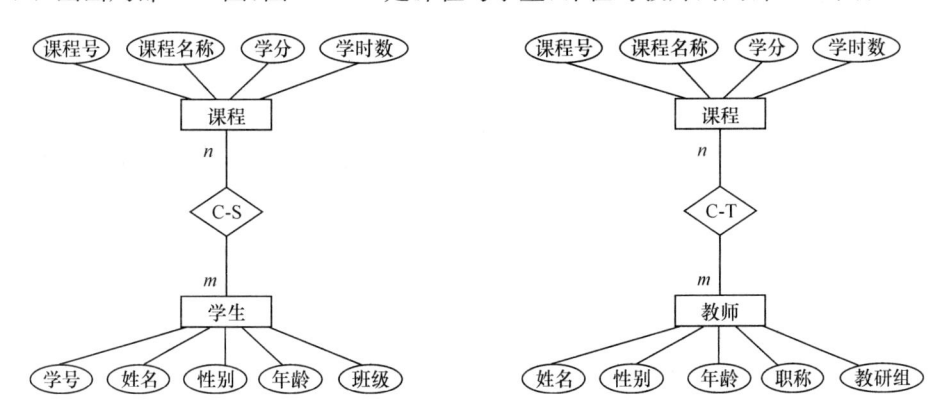

图 10 - 12　课程与学生,课程与教师 E-R 图

2. 综合成初步 E-R 图

局部 E-R 模型设计完成之后,下一步就是集成各局部 E-R 模型,形成全局 E-R 模型,即视图的集成。

(1) 局部 E-R 图的合并。为了减小合并工作的复杂性,先两两合并。合并从公共实体类型开始,最后再加入独立的局部结构。

(2) 消除冲突。一般有三种类型的冲突:属性冲突、命名冲突、结构冲突。

属性冲突又分为属性值域冲突和属性取值单位冲突。属性值域冲突,即属性值的类型、取值范围或取值集合不同。比如学号,有些部门将其定义为数值型,有些部门将其定义为字符型。属性取值单位冲突,比如零件的重量,有的以公斤为单位,有的以斤为单位。命名冲突是指命名不一致可能发生在实体名、属性名或联系名之间。一般表现为同名异义或异名同义。结构冲突是指同一对象在不同应用中有不同的抽象,可能为实体,也可能为属性。例如,教师的职称在某一局部应用中被当作实体,而在另一局部应用中被当作属性。同一实体在不同应用中属性组成不同,可能是属性个数或属性次序不同。同一联系在不同应用中呈现不同的类型。

3. 优化成基本 E-R 图

上面消除冲突合并后得到的初步 E-R 图中,可能存在冗余的数据或冗余的联系。冗余的存在容易破坏数据库的完整性,给数据库的维护增加困难,应该予以消除。把消除了冗余的初步 E-R 图称为基本 E-R 图。

通常采用分析的方法消除冗余:消除冗余属性;消除冗余联系。数据字典是分析冗余数据的依据,还可以通过数据流图分析出冗余的联系。最终得到基本 E-R 模型,它代表了用户的数据要求,是沟通"要求"和"设计"的桥梁。它决定数据库的总体逻辑结构,是成功建立数据库的关键。因此,用户和数据库人员必须对这一模型反复讨论,在用户确认这一模型已正确无误地反映了他们的要求后,才能进入下一阶段的设计工作。概念结构设计经过了局部视图设计和视图集成两个步骤之后,成果应形成文档资料,主要包括:整个组织的综合E-R图及有关说明;经过修订、充实的数据字典。

设计概念结构的 E-R 模型可采用四种方法。

(1) 自顶向下。先定义全局概念结构 E-R 模型框架,再逐步细化。

(2) 自底向上。先定义各局部应用的概念结构 E-R 模型,然后将它们集成,得到全局概念结构 E-R 模型。

(3) 逐步扩张。先定义最重要的核心概念 E-R 模型,然后向外扩充,以滚雪球的方式逐步生成其他概念结构 E-R 模型。

(4) 混合策略。该方法采用自顶向下和自底向上相结合的方法,先自顶向下定义全局框架,再以它为骨架集成自底向上方法中设计的各个局部概念结构。

最常用的方法是自底向上。即自顶向下地进行需求分析,再自底向上地设计概念结构。自底向上的设计方法可分为两步:①进行数据抽象,设计局部 E-R 模型,即设计用户视图;②集成各局部 E-R 模型,形成全局 E-R 模型,即视图的集成。

10.2.2 逻辑结构设计

数据库逻辑设计阶段分成两部分:数据库逻辑结构设计和应用程序设计。数据库逻辑结构设计的任务是将概念结构转换成特定 DBMS 所支持的数据模型。从此开始便进入了"实现设计"阶段,需要考虑到具体的 DBMS 性能,具体的数据模型特点。逻辑设计过程可分为:初始关系模式设计;规范化处理;模式评价与修正。

1. 导出初始关系模式

导出初始关系模式的转换原则如下:

(1) 一个实体型转换为一个关系模式。实体的属性就是关系的属性,实体的关键字就是关系的关键字。

(2) 一个 1∶1 的联系转换为一个关系。每个实体的关键字都是关系的候选关键字。

(3) 一个 1∶n 的联系转换为一个关系。n 端实体的关键字是关系的关键字。

(4) 一个 n∶m 的联系转换为一个关系。联系中各实体关键字的组合组成关系的关键字。

(5) 具有相同关键字的关系可以合并。

2. 规范化处理

规范化理论是数据库逻辑设计的指南和工具,规范化过程可分为两个步骤:确定规范式级别;实施规范化处理。

1) 确定范式级别

考查关系模式的函数依赖关系,确定范式等级,逐一分析各关系模式,考查是否存在部分函数依赖、传递函数依赖等,确定它们分别属于第几范式。

2）实施规范化处理

确定范式级别后,利用规范化理论,逐一考查各个关系模式,根据应用要求,判断它们是否满足规范要求,规范化理论在数据库设计中有如下几方面的应用:在概念结构设计阶段,以规范化理论为指导,确定关键字,消除初步 E-R 图中冗余的联系。在逻辑结构设计阶段,从 E-R 图向数据模型转换的过程中,用模式合并与分解方法达到规范化级别。

3. 模式评价与修正

模式评价的目的是检查所设计的数据库模式是否满足用户对功能和效率的要求,确定加以改进的部分。模式评价主要包括功能和性能两个方面。经过反复多次的模式评价和修正之后,最终的数据库模式得以确定。逻辑设计阶段的结果是全局逻辑数据库结构。对于关系数据库系统来说,就是一组符合一定规范的关系模式组成的关系数据库模型。

10.2.3 数据库的物理设计

对于给定的逻辑数据模型选取一个最适合应用环境的物理结构的过程,称为数据库物理设计。物理设计的任务是为了有效地实现逻辑模式,确定所采取的存储策略。

设计人员必须深入了解给定的 DBMS 的功能、DBMS 提供的环境和工具、硬件环境特别是存储设备的特征。另外,也要了解应用环境的具体要求。只有这样才能设计出较好的物理结构。选定数据库在物理设备上的存储结构和存取方法。

数据库物理结构设计的主要内容如下。

1. 存储记录结构的设计

物理数据库就是指数据库中实际存储记录的格式、逻辑次序、物理次序、访问路径、物理设备分配等。决定存储结构的主要因素包括存取时间、存储空间和维护代价三个方面。设计时应当根据实际情况对这三个方面进行综合权衡。

2. 访问方法的设计

访问方法是为存储在物理设备(通常指辅存)上的数据提供存储和检索能力的方法。一个访问方法包括存储结构和检索机构两个部分。存储结构限定了可能访问的路径和存储记录;检索机构定义了每个应用的访问路径,但不涉及存储结构的设计和设备分配。

存储记录是属性的集合,属性是数据项类型,可用作主键或辅助键。主键唯一地确定一个记录。辅助键是用来记录索引的属性,可能并不唯一确定某一个记录。

3. 数据存放位置的设计

为了提高系统性能,应该根据应用情况将数据的易变部分、稳定部分、经常存取的部分和存取频率较低的部分分开存放。

例如,目前许多计算机都有多个磁盘,因此可以将表和索引分别存放在不同的磁盘上,在查询时,由于两个磁盘驱动器并行工作,可以提高物理读写的速度。在多用户环境下,可能将日志文件和数据库对象(表、索引等)放在不同的磁盘上,以加快存取速度。另外,数据库的数据备份、日志文件备份等,只在数据库发生故障进行恢复时才使用,而且数据量很大,可以存放在磁带上,以改进整个系统的性能。

4. 系统配置的设计

DBMS产品一般都提供了一些系统配置变量、存储分配参数,供设计人员和DBA对数据库进行物理优化。系统为这些变量设定了初始值,但是这些值不一定适合每一种应用环境,在物理设计阶段,要根据实际情况重新对这些变量赋值,以满足新的要求。

系统配置变量和参数很多,如同时使用数据库的用户数、同时打开的数据库对象数、内存分配参数、缓冲区分配参数(使用的缓冲区长度、个数)、存储分配参数、数据库的大小、时间片的大小、锁的数目等,这些参数值影响存取时间和存储空间的分配,在物理设计时要根据应用环境确定这些参数值,以使系统的性能达到最优。

确定了数据库的物理结构之后,要进行评价,重点是时间和空间效率。如果评价结果满足设计要求,则可进行数据库实施。实际上,往往需要经过反复测试才能优化物理设计。

10.2.4 数据库实施

数据库实施是指根据逻辑设计和物理设计的结果,在计算机上建立起实际数据库结构、装入数据、进行测试和试运行的过程。数据库实施主要包括以下工作:建立实际数据库结构、装入数据、应用程序编码与调试、数据库试运行、整理文档。

1) 建立实际数据库结构

DBMS提供的数据定义语言(DDL)可以用来定义数据库结构。

2) 装入数据

装入数据又称为数据库加载,是数据库实施阶段的主要工作。在数据库结构建立好之后,就可以向数据库中加载数据了。由于数据库的数据量一般都很大,它们分散于一个企业(或组织)中各个部门的数据文件、报表或多种形式的单据中,它们存在着大量的重复,并且其格式和结构一般都不符合数据库的要求,必须把这些数据收集起来加以整理,去掉冗余并转换成数据库所规定的格式,这样处理之后才能装入。

3) 应用程序编码与调试

数据库应用程序的设计属于一般的程序设计范畴,但数据库应用程序有自己的一些特点。例如,大量使用屏幕显示控制语句、形式多样的输出报表、重视数据的有效性和完整性检查、有灵活的交互功能。

4) 数据库试运行

应用程序编写完成,并装入一小部分数据后,应该按照系统支持的各种应用分别试验应用程序在数据库上的操作情况,即数据库的试运行阶段,或者称为联合调试阶段。在这一阶段要完成功能测试和性能测试两方面的工作,测试它们能否完成各种预定的功能,分析系统是否符合设计目标。

5) 整理文档

在程序的编码调试和试运行中,应该将发现的问题和解决方法记录下来,将它们整理存档作为资料,供以后正式运行和改进时参考。全部的调试工作完成之后,应该编写应用系统的技术说明书和使用说明书,在正式运行时随系统一起交给用户。完整的文件资料是应用系统的重要组成部分,但这一点常被忽视。

10.2.5 数据库运行和维护

数据库试运行结果符合设计目标后,数据库就投入正式运行,进入运行和维护阶段。数据库系统投入正式运行,标志着数据库应用开发工作的基本结束,但并不意味着设计过程已经结束。由于应用环境不断发生变化,用户的需求和处理方法不断发展,数据库在运行过程中的存储结构也会不断变化,从而必须修改和扩充相应的应用程序。

数据库运行和维护阶段的主要任务包括以下三项内容:维护数据库的安全性与完整性、监测并改善数据库性能、重新组织和构造数据库。

1) 维护数据库的安全性与完整性

按照设计阶段提供的安全规范和故障恢复规范,DBA 要经常检查系统的安全是否受到侵犯,根据用户的实际需要授予用户不同的操作权限。数据库在运行过程中,由于应用环境发生变化,对安全性的要求可能发生变化,DBA 要根据实际情况及时调整相应的授权和密码,以保证数据库的安全性。同样数据库的完整性约束条件也可能会随应用环境的改变而改变,这时 DBA 也要对其进行调整,以满足用户的要求。为确保系统在发生故障时,能够及时进行恢复,DBA 要针对不同的应用要求制定不同的转储计划,定期对数据库和日志文件进行备份,以使数据库在发生故障后恢复到某种一致性状态,保证数据库的完整性。

2) 监测并改善数据库性能

目前许多 DBMS 产品都提供了监测系统性能参数的工具,DBA 可以利用系统提供的这些工具,经常对数据库的存储空间状况及响应时间进行分析评价;结合用户的反应情况确定改进措施;及时改正运行中发现的错误;按用户的要求对数据库的现有功能进行适当的扩充。但要注意在增加新功能时应保证原有功能和性能不受损害。

3) 重新组织和构造数据库

数据库建立后,除了数据本身动态变化以外,随着应用环境的变化,数据库本身也必须变化以适应应用要求。数据库运行一段时间后,由于记录的不断增加、删除和修改,会改变数据库的物理存储结构,使数据库的物理特性受到破坏,从而降低数据库存储空间的利用率和数据的存取效率,使数据库的性能下降。因此,需要对数据库进行重新组织,即重新安排数据的存储位置,回收垃圾,减少指针链,改进数据库的响应时间和空间利用率,提高系统性能。数据库的重组只是使数据库的物理存储结构发生变化,而数据库的逻辑结构不变,所以根据数据库的三级模式,可以知道数据库重组对系统功能没有影响,只是为了提高系统的性能。数据库应用环境的变化可能导致数据库的逻辑结构发生变化,这样,必须对原来的数据库重新构造,适当调整数据库的模式和内模式。DBMS 一般都提供了重新组织和构造数据库的应用程序,以帮助 DBA 完成数据库的重组和重构工作。

只要数据库系统运行,就需要不断地进行修改、调整和维护。一旦应用变化太大,数据库重新组织也无济于事,这就表明数据库应用系统的生命周期结束,应该建立新系统,重新设计数据库。这标志着一个新的数据库应用系统生命周期的开始。

10.3 关系数据库标准语言 SQL

SQL 是结构化查询语言(Structured Query Language)的英文缩写,读作"sequel"。它于 1974 年由 Boyce 和 Chamberlin 提出。由于它具有功能丰富、使用方式灵活、语言简洁易学等突出优点,在计算机工业界和计算机用户中已成为一个通用的、功能极强的关系数据库国际标准。

最早的 SQL 标准于 1986 年 10 月由美国 ANSI 公布。随后,ISO 于 1987 年 6 月也正式采纳它为国际标准,并在此基础上进行了补充,到 1989 年 4 月,ISO 提出了具有完整性特征的 SQL,并称其为 SQL89。1992 年 11 月 ISO 公布了 SQL 的新标准 SQL 2,1999 年又发布了新的标准,人们习惯上称之为 SQL3 标准。它在 SQL2 的基础上扩展了许多新的特性,如递归、触发及对象等。

SQL 标准的影响远远超出了数据库领域,在其他领域也得到重视和采用。SQL 在数据检索、图像处理、软件开发、人工智能等领域已显示出相当大的应用潜能。

10.3.1 SQL 数据库体系结构及特点

SQL 数据库体系结构支持关系数据库三级模式结构,如图 10-13 所示,其中外模式对应视图(View)和部分基本表,模式对应于基本表(Base Table),内模式对应于存储文件(Stored File)。

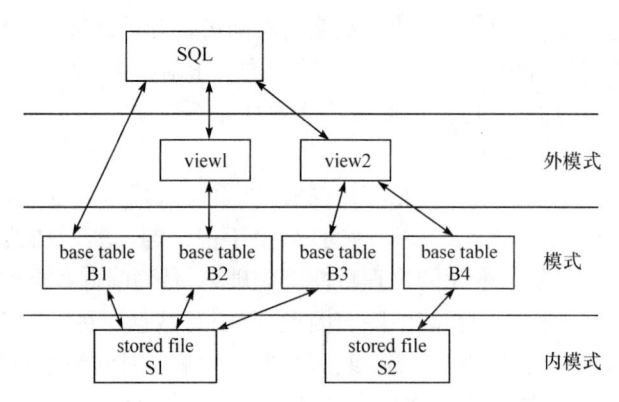

图 10-13 关系数据库三级模式结构

1. SQL 数据库体系结构

(1) 一个表由行集组成,行由列集构成,每列对应一个数据项。

(2) 表有三种类型:基本表、视图和查询表。基本表是本身独立存在的表,一个关系对应一个表。视图是由若干基本表或其他视图定义的虚表,只有结构的定义,没有对应的数据。因此对视图的操作最终要转换成对基本表的操作。查询表是执行查询时产生的表。

(3) 一个基本表可以由一个或多个存储文件来产生,一个存储文件也可以存放一个或多个基本表。

2. SQL 语言特点

SQL 语言具有如下主要特点:

(1) SQL 是一种一体化语言,它包括了数据定义、数据查询、数据操纵和数据控制等方面的功能,它可以完成数据库活动中的全部工作。

① 数据查询(Data Query)——用于查询数据;
② 数据操纵(Data Manipulation)——用于增、删、改数据;
③ 数据定义(Data Definition)——用于定义、删除和修改数据模式;
④ 数据控制(Data Control)——用于数据访问权限的控制。

(2) SQL 语言是高度非过程化语言,不是一步步告诉计算机"如何"做,而是直接描述用户想要"做什么",SQL 将其要求交给系统,自动完成全部工作。

(3) SQL 非常简洁,使用灵活。SQL 语言功能强大,但只有为数不多的几条命令,如表 10-1 所示。另外,SQL 语法简单,接近自然语言,易于掌握。

表 10-1 SQL 命令动词

SQL 功能	命令动词
数据查询	SELECT
数据定义	CREAT、DROP、ALTER
数据操纵	INSERT、UPDATE、DELETE
数据控制	GRANT、REVOKE

(4) 两种使用方式。SQL 语言只能对数据库操作,不能完成表单设计、报表生成、菜单管理等功能。但 SQL 既可以作为交互式语言独立使用(称为自含式语句),又可以作为子语言嵌入到主语言(如 C++、Powerbuilder 等)中使用,成为应用开发语言的一部分(称为嵌入式语句)。

10.3.2 数据定义

在介绍数据定义之前先介绍 SQL 语言的基本数据类型。

1. SQL 的基本数据类型

SQL 提供的主要数据类型如下。

1) 数值型

　　INTEGER　　　　长整型(也可写成 INT)
　　SAMLLINT　　　短整型
　　REAL　　　　　浮点型
　　FLOAT(n)　　　浮点型,精度至少为 n 位数字
　　NUMERIC(p,d)　定点数,由 p 位数字(不包括符号、小数点)组成,小数点后面有 d 位数字(可以写成 DECIMAL(p,d))

2) 字符串型

　　CHAR(n)　　　　长度为 n 的定长字符串

```
VARCHAR(n)      最大长度为 n 的变长字符串
```
3) 时间型
```
DATE            日期,包含年、月、日,形成 YYYY-MM-DD
TIME            时间,包含一日的时、分、秒,形成 HH:MM:SS
```

2. 定义基本表

使用 SQL 语言定义基本表的语句格式为:

CREATE TABLE <表名>(<列名><数据类型>[列级完整性约束条件][,<列名><数据类型>[列级完整性约束条件]]…[,<表级完整性约束条件>]);

需要注意的是,在实际操作中,建表的同时还应定义与该表有关的完整性约束条件,如果完整性约束条件涉及该表的多个属性列,则必须定义在表级上,否则既可以定义在列级也可以定义在表级。

例 10 - 11 建立学生信息表 Student、课程信息表 Course 和成绩表 SC 三个基本表,其定义及约束条件将存于数据字典中。

学生信息表 S 由学号 sno、姓名 sname、性别 ssex、年龄 sage、所在院系 sdpart 五个属性组成,其中学号为主码,并且姓名不能为空。

```
create table Student(sno char(8) primary key,sname char(8) not null,ssex char(2),sage
        int,sdpart char(12));
```

课程信息表 C 由课程号 cno、课程名 cname、直接先修课 cpno 和学分 ccredit 四个属性组成,其中课程号为主码。

```
create table Course(cno char(8) primary key,cname char(20),cpno char(4),ccredit
        smallint);
```

成绩表 SC 由学号 sno、课程号 cno 和成绩 grade 三个属性组成,其中主码为(sno,cno),学号 sno 需参考 Student 表中的 sno 的值来取值,课程号 cno 需参考 Course 表中的 cno 的值来取值。

```
create table SC(sno char(8),cno char(4),grade smallint,primary key(sno,cno)
        foreign key Student(sno)references Student,foreign key Course(cno)
        references Course);
```

上面三个关系的元组见如 10 - 2、表 10 - 3 和表 10 - 4 所示。

表 10 - 2 Student 表

sno	sname	ssex	sage	sdept
S01	李丽	女	19	数学
S02	张华	男	21	信息
S03	赵伟	男	19	数学
S04	刘静	女	18	计算机
S05	刘华秋	男	19	数学
S06	王琴	女	20	计算机

表 10 - 3 SC 表

sno	cno	grade
S01	C1	92
S01	C3	88
S02	C1	90
S02	C2	94
S03	C3	85
S04	C1	75
S05	C1	78

表 10 - 4 Course 表

cno	cname	cpno	ccredit
C1	计算机基础		3
C2	数据结构	C5	4
C3	数据库概论	C2	3
C4	大型数据库	C3	3
C5	C++程序设计	C1	5
C6	操作系统	C5	3

3. 删除基本表

格式：DROP TABLE <表名>；

例 10-12 删除学生表 Student。

```
DROP TABLE Student;
```

基本表定义一旦被删除，表中的数据及在此表上建立的索引都将自动被删除，与其相关的视图仍然保留，但无法引用。

4. 修改表结构

格式1：ALTER TABLE<表名>
　　　　[ADD<新列名><数据类型>[完整性约束]]
　　　　[DROP<完整性约束名>]
　　　　[MODIFY<列名><数据类型>]；

其中，<表名>是要修改的基本表，ADD 子句用于增加新列和新的完整性约束条件，DROP 子句用于删除指定的完整性约束条件，MODIFY 子句用于修改原有的列定义，包括列名和数据类型。

例 10-13 在课程表 C 中添加一个字符型的"type"（课程类别）字段。

```
ALTER TABLE Course ADD type C(10);
```

格式2：ALTER TABLE 表名 ALTER [COLUMN] 字段名1 [NULL|NOT NULL]
　　　　[SET DEFAULT][SET CHECK…ERROR…]
　　　　[DROP DEFAULT] [DROP CHECK]

说明：此格式主要用于定义、修改和删除字段一级的有效性规则和默认值定义。

例 10-14 将成绩表(SC)中"成绩"字段的数据类型由 smallint 改为 int。

```
ALTER TABLE SC ALTER grade int;
```

10.3.3 数据查询

数据操作中最主要的操作是数据查询。SQL 提供 SELECT 语句进行数据库的查询。该查询分为简单查询、连接查询、嵌套查询、集函数查询、分组查询等。

1. 简单查询

该查询可分为无条件查询和条件查询

1) 无条件查询语句

格式：SELECT [ALL | DISTINCT] <字段列表> FROM <表>；

功能：无条件查询。

说明：

(1) ALL 表示显示全部查询记录，包括重复记录。

(2) DISTINCT 表示显示无重复结果的记录。

(3) "*"为通配符，代表所有字段，如要查询其中的几个字段，必须指出字段的名字且名字之间用逗号隔开。

例 10-15 检索 Student 表中的所有记录。

SELECT sno,sname,ssex,sage,sdept FROM Student;

该命令等同于:SELECT * FROM Student;

查询结果输出的列的顺序可以按照用户要求改变而不必与基本表中的顺序一样。

例 10-16 检索学生姓名和出生年份。

SELECT sname,2010-sage FROM Student;

输出结果如表 10-5 所示。

例 10-17 从课程表 C 中检索所有学分值。

SELECT ccredit FROM Course;

输出结果如表 10-6 所示。

表 10-5 例 10-16 输出结果

sname	
李丽	1991
张华	1989
赵伟	1991
刘静	1992
刘华秋	1991
王琴	1990

表 10-6 例 10-17 输出结果

ccredit
3
4
3
3
5
3

从结果可看出有重复的学分值,如果需查出不同的学分值,需在学分前加 DISTINCT 关键字。

SELECT DISTINCT ccredit FROM Course;

这样就可以消除取值重复的行,输出结果如表 10-7 所示。

例 10-18 检索选修了课程的学生学号。

SELECT DISTINCT sno FROM SC;

输出结果如表 10-8 所示。

表 10-7 例 10-17 输出结果

ccredit
3
4
5

表 10-8 例 10-18 输出结果

sno
S01
S02
S03
S04
S05

2) 带条件(WHERE)的查询语句

格式:SELECT [ALL | DISTINCT] <字段列表> FROM <表>
　　　[WHERE <条件表达式>];

功能:从一个表中查询满足条件的数据。

说明：

(1) ＜条件表达式＞由一系列用 AND 或 OR 连接的条件表达式组成，条件表达式的格式可以是以下几种：

① ＜字段名1＞　　＜关系运算符＞　　＜字段名2＞

② ＜字段名＞　　＜关系运算符＞　　＜表达式＞

③ ＜字段名＞　　［NOT］　　BETWEEN　　＜初值＞　　AND　　＜终值＞

④ ＜字段名＞　　［NOT］　　IN　　＜值列表＞

⑤ ＜字段名＞　　［NOT］　　LINK　　＜字符表达式＞

⑥ ＜字段名＞　　IS［NOT］　　NULL

SQL 支持的关系运算符如下：＝、＜＞、！＝、♯、＝＝、＞、＞＝、＜、＜＝。

(2) BETWEEN…AND…意为介于"…和…之间"，一般针对数值型数据，取值为闭区间。

(3) LIKE 是字符串匹配运算符，有两个通通配符，通配符"％"表示匹配 0 个或多个字符，通配符"_"表示匹配一个字符。

(4) IN 用于查询属性值属于指定集合的元组。

(5) IS ［NOT］ NULL　涉及空值的查询。

例 10 - 19　检索"计算机基础"课程的课程号和课程名。

　　SELECT cno,cname FROM Course WHERE cname='计算机基础';

输出结果如表 10 - 9 所示。

例 10 - 20　检索年龄介于 20 岁与 22 岁之间的学生姓名和年龄。

　　SELECT sname,sage FROM Student WHRER sage BETWEEN 20 AND 22;

输出结果如表 10 - 10 所示。

例 10 - 21　检索所有姓刘的学生的信息。

　　SELECT * FROM Student WHERE sname LIKE '刘%';

输出结果如表 10 - 11 所示。

表 10 - 9　例 10 - 19 输出结果

cno	cname
C01	计算机基础

表 10 - 10　例 10 - 20 输出结果

Sname	ssex
张华	男
王琴	女

表 10 - 11　例 10 - 21 输出结果

sno	sname	ssex	sage	sdept
S04	刘静	女	18	计算机
S05	刘华秋	男	19	数学

例 10 - 22　检索有学习成绩的学生学号和课程号。

　　SELECT sno,cno FROM SC WHERE grade IS NOT NULL;

不能写成列名＝NOT NULL 或列名＝NULL。

例 10 - 23　检索选修 C1 或 C2 的学生的学号、课程号和成绩。

　　SELECT sno,cno,grade FROM SC WHERE cno IN('C1','C2');

此语句也可以使用逻辑运算符"OR"来实现：

　　SELECT sno,cno,grade FROM SC WHERE cno='C1' OR cno='C2';

输出结果如表 10 - 12 所示。

利用"NOT IN"可以查询指定集合外的元组：

例 10 - 24　检索没有选修 C1，也没有选修 C2 的学生的学号、课程号和成绩。

　　SELECT sno,cno,grade FROM SC WHERE cno NOT IN('C1','C2');

例 10-25 检索选课表中课程号为"C1"或"C2",且成绩大于 80 分的学生学号。

SELECT sno FROM SC WHERE grade>80 AND (cno='C1' OR cno='C2');

输出结果如表 10-13 所示。

表 10-12 例 10-23 输出结果

sno	cno	grade
S01	C1	92
S02	C1	90
S02	C2	94
S04	C1	75
S05	C1	78

表 10-13 例 10-25 输出结果

sno	cno	grade
S01	C1	92
S02	C1	90
S02	C2	94

2. 连接查询

若查询同时涉及两个及两个以上的表,则称之为连接查询。连接查询是关系数据库最主要的查询,包括等值连接、自然连接、非等值连接、自身连接、外连接和复合连接查询。

1) 等值与非等值连接查询

连接查询条件的一般格式为:

[<表名 1>.]<列名 1><比较运算符>[<表名 2>.]<列名 2>

其中比较运算符主要有=、>、<、>=、<=、!=。

当连接运算符为"="时,称为等值连接。使用其他运算符的连接称为非等值连接。连接谓词中的列名称为连接字段。连接条件中的各连接字段类型必须是可比的,一般情况下建立连接的两个表必须含有相同的字段名,连接字段必须用表的主名指明字段所在表,表名和字段名之间用"."来分隔。

例 10-26 检索每个学生及其选修课的情况。

SELECT Student.sno,sname,ssex,sage,sdept,cno,grade FROM Student,SC
　　WHERE Student.sno=SC.sno;

输出结果如表 10-14 所示。

例 10-27 检索成绩大于 80 分的学生姓名和所选课程的课程名。

SELECT sname,cname,grade FROM Student,SC,Course
　　WHERE grade>80 AND Student.sno=SC.sno AND SC.cno=Course.cno;

输出结果如表 10-15 所示。

表 10-14 例 10-26 输出结果

sno	sname	ssex	sage	sdept	cno	grade
S01	李丽	女	19	数学	C1	92
S01	李丽	女	19	数学	C3	88
S02	张华	男	21	信息	C1	90
S02	张华	男	21	信息	C2	94
S03	赵伟	男	19	数学	C3	85
S04	刘静	女	18	计算机	C1	75
S05	刘华秋	男	19	数学	C1	78

表 10-15 例 10-27 输出结果

sname	cname	grade
李丽	计算机基础	92
李丽	数据库概论	88
张华	计算机基础	90
张华	数据结构	94
赵伟	数据库概论	85

2) 自身连接

连接操作不仅可以在两个表之间进行,也可以是一个表与其自身进行连接。一个表与其自身进行的连接,称为表的自身连接。

例 10-28 检索每一门课的间接先修课(即先修课的先修课)。

在 Course 表中,只有每门课的直接先修课信息,而没有先修课的先修课。要得到这个信息,必须先对一门课找到其先修课,再按此先修课的课程号,然后在 Course 表中查找它的先修课程。这就需要将 Course 表与其自身进行连接。完成该查询的 SQL 语句为:

  SELECT A.cno,B.cpno FROM Courses A,Courses B WHERE A.cpno=B.cno;

输出结果如表 10-16 所示。

3) 复合条件连接

WHERE 子句中可以有多个连接条件,称为复合条件连接,即用逻辑运算符 AND 和 OR 来连接多个查询条件。AND 的优先级高于 OR,但可以用括号改变优先级。

例 10-29 检索选修"计算机基础"课程且成绩在 85 分及以上的所有学生的学号和姓名。

本查询涉及三个表,该查询的 SQL 语句如下:

  SELECT Student.sno,sname FROM Student,SC,Course
  WHERE Student.sno=SC.sno AND SC.cno=Course.cno
    AND cname='计算机基础' AND Grade>=85;

输出结果如表 10-17 所示。

表 10-16 例 10-28 输出结果

cno	cpno
C2	C1
C3	C5
C4	C2
C6	C1

表 10-17 例 10-29 输出结果

sno	sname
S01	李丽
S02	张华

3. 嵌套查询

在 SQL 语言中,一个 SELECT-FROM-WHERE 语句称为一个查询块。将一个查询块嵌套在另一个查询块的 WHERE 子句中的查询称为嵌套查询,例如:

```
SELECT sname FROM Student      /* 父查询 */
    WHERE sno IN
        (SELECT sno FROM SC    /* 子查询 */
            WHERE cno= 'C2');
```

其中,外层查询称为父查询,内层查询称为子查询。其特点是 SELECT 中包含 SELECT 语句。查询结果来自一个表,但相关条件可涉及多个表。

SQL 允许多层嵌套,体现了 SQL 的结构化特色。它由内而外地进行分析,将子查询的结果作为主查询的查询条件。

语句格式如下:
SELECT <字段列表1> FROM <表1>
WHERE <表达式> (SELECT <字段列表2> FROM <表2>);
WHERE 嵌套子查询的连接谓词有:
WHERE　表达式　[NOT]　IN <子查询>
WHERE　表达式　比较运算符　[ANY|ALL]<子查询>
WHERE　[NOT]　EXISTS <子查询>
从连接谓词可以看出使用子查询的目的有:
集合成员资格的确认　　　　[NOT]　IN　　<子查询>
集合的比较　　　　　　比较运算符　[ANY|ALL]　　<子查询>
集合基数的测试　　　　　[NOT]　　EXISTS　　<子查询>

子查询又分为不相关子查询和相关子查询,不相关子查询的查询条件不依赖于父查询;相关子查询的查询条件依赖于父查询的某个属性值。

不相关子查询的求解方法是由里向外,子查询只执行一次,子查询的查询结果用作父查询的条件。上面的 SQL 语句示例就是相关子查询。

相关子查询的求解方法是子查询与父查询反复求值。首先取父查询中表的第一条元组,根据它与子查询相关的属性值处理子查询,如果 where 子句返回值为真,则取此元组放入结果表中;然后再取父查询中表的第二条元组;重复这一过程,直至父查询中表的全部元组都被检查完为止。将上面的 SQL 语句示例用相关子查询表示如下:

```
SELECT sname FROM Student
        WHERE EXISTS (SELECT * FROM SC WHERE sno=Student.sno AND cno='C2');
```

1) 带有 IN 谓词的子查询

在嵌套查询中,子查询的结果往往是一个集合,所以谓词 IN 是嵌套查询中最经常使用的谓词。

例 10-30　检索与"李勇"在同一个系学习的学生。

```
SELECT sno,sname,sdept FROM Student
        WHERE sdept IN (SELECT sdept FROM Student WHERE sname='李勇');
```

此查询为不相关子查询。

例 10-31　检索选修了课程名为"计算机基础"的学生学号和姓名。

```
SELECT sno,sname              ③ 最后在 Student 关系中
FROM Student                  取出 sno 和 sname
WHERE sno IN
      SELECT sno              ② 然后在 SC 关系中找出选
      FROM SC                 修了 C1 课程号的学生学号
      WHERE cno IN
          SELECT cno          ① 首先在 Course 关系中找出
          FROM Course         "计算机基础"的课程号,为 c1
          WHERE cname='计算机基础';
```

2) 带有比较运算符的子查询

带有比较运算符的子查询是父查询与子查询之间用比较运算符进行连接的查询。当用

户确切知道内层查询返回的是单值时,可以使用>,<,=,>=,<=,!=或<>等比较运算符。

例 10-31 中检索与"李勇"在同一个系学习的学生,由于一个学生只可能在一个系学习,即子查询的结果是一个值,因此可以用=代替 IN,其 SQL 语句如下:

```
SELECT sno,sname,sdept FROM Student
    WHERE sdept=(SELECT sdept FROM Student WHERE sname='李勇');
```

3) 带有 ANY 或 ALL 谓词的子查询

子查询返回多值时,比较运算符必须同时与 ANY 或 ALL 谓词连用来连接子查询。

>ANY(ALL)大于子查询结果中的某个(所有)值

<ANY(ALL)小于子查询结果中的某个(所有)值

>=ANY(ALL)大于等于子查询结果中的某个(所有)值

<=ANY(ALL)小于等于子查询结果中的某个(所有)值

=ANY(ALL)等于子查询结果中的某个(所有)值

!=ANY(ALL)不等于子查询结果中的某个(任何)值

例 10-32 查询其他系中比数学系某一学生年龄大的学生姓名和年龄。

其 SQL 语句如下:

```
SELECT sname,sage FROM Student
    WHERE sage>ANY (SELECT sage FROM Student WHERE sdept='数学')
    AND Sdept<>'数学';
```

4) 带有 EXISTS 谓词的子查询

EXISTS 表示存在量词,带有 EXISTS 谓词的子查询不返回任何数据,只返回逻辑真值"true"或逻辑假值"false"。EXISTS 引出的子查询,其目标列表达式通常都用 * ,因为带 EXISTS 的子查询只返回真值或假值,给出列名亦无实际意义。

例 10-33 查询所有选修了"计算机基础"课程的学生学号。

本查询涉及表 SC 和表 Course,首先在 SC 中依次取每个元组的 cno 值,用此值去检索 Course 表,若 Course 中存在这样的元组,其 cno 值等于 SC.cno 值,且 cname='计算机基础',则输出 SC.sno。其 SQL 语句如下:

```
SELECT sno FROM SC
    WHERE EXISTS(SELECT * FROM Course WHERE cno=SC.cno AND cname='计算机
    基础');
```

本查询为相关子查询。其查询过程如下。

首先取父查询中(SC)表的第一个元组,根据它与子查询(Course)表相关的属性值(即 cno 值)处理内层查询,若 WHERE 子句返回值为真,则取此元组相应信息输出;然后再检查 SC 表的下一个元组;重复这一过程,直至 SC 表全部检查完毕为止。

4. 计算查询

为方便用户检索,SQL 提供了许多集函数,主要集函数如表 10-18 所示。

说明:

(1) 一般 COUNT 函数应该使用 DISTINCT 选项,SUM 函数一般不使用 DISTINCT。

(2) 使用 COUNT(*)时,不能使用 DISTINCT 选项。

(3) 聚集函数不能嵌套使用。

表 10-18 SQL 主要函数

函数	功能	返回值
COUNT	计数	统计满足一定条件的行数
SUM	求总和	求指定字段所有值之和
AVG	求平均值	求指定字段值的算术平均值
MAX	求最大值	某字段的最大值
MIN	求最小值	某字段的最小值

例 10-34 检索学生总人数。

SELECT COUNT(*) FROM Student;

例 10-35 检索选修了课程的学生人数。

SELECT COUNT(DISTINCT sno) FROM SC;

学生每选修一门课,在 SC 中都有一条相应的记录。一个学生要选修多门课程,为避免重复计算学生人数,必须在 COUNT 函数中使用 DISTINCT 短语。

例 10-36 求选"计算机基础"课程的学生平均成绩。

SELECT AVG(grade) FROM SC WRERE cno IN

(SELECT cno FROM Course WHERE cname='计算机基础');

例 10-37 检索选修 C1 号课程的学生的最高分数。

SELECT MAX(Grade) FROM SC WHERE cno='C1';

5. 分组查询

语法格式:SELECT <字段列表> FROM <表> WHERE <条件表达式>

　　　　　GROUP BY 字段名 [HAVING 组条件表达式];

使用 GROUP BY 子句将记录划分成较小的组,再使用集函数返回每一个组的汇总信息。分组的目的是为了细化集函数的作用范围。

说明:

(1) GROUP BY 子句指定一列或多个列作为分组标准,输出结果是把具有相同值的行分在一组,还可以使用 HAVING 进一步限定分组条件。

(2) HAVING 短语必须与 GROUP BY 子句连用,针对分组进行条件限制;WHERE 子句针对表进行条件限制。

(3) 同一个查询中若同时存在 WHERE 子句和 HAVING 短语,应先用 WHERE 子句进行记录选择,满足 WHERE 子句的记录通过 GROUP BY 子句形成分组,然后在每个分组上使用 HAVING 短语。

(4) WHERE 子句中不能使用集函数,HAVING 短语可以使用集函数。

例 10-38 统计每门课程的平均分。

首先对选课表 SC 按课程号 cno 进行分组,然后按组为单位求平均值,SQL 语句如下:

SELECT cno,AVG(grade) FROM SC GROUP BY cno;

例 10-39 统计每门课程的学生选修人数,超过 20 人的课程才统计。

    SELECT cno,COUNT(sno) FROM SC GROUP BY cno HAVING COUNT(*)>20;

6. 集合查询

SELECT 语句的查询结果是元组的集合,所以多个 SELECT 语句的结果可进行集合操作。集合操作主要包括并操作 UNION、交操作 INTERSECT 和差操作 EXCEPT(在 Oracle 中称为 MINUS)。

格式:<SELECT…> UNION| INTERSECT |EXCEPT [ALL] <SELECT…>;

说明:

(1) ALL 只针对 UNION,有 UNION 和 UNION ALL。除了 UNION ALL 以外,其他集合运算重复行自动被清除。

(2) 两个 SELECT 语句查询结果中的字段个数、对应字段的数据类型和宽度必须相同。

(3) 不能合并嵌套查询的结果。

例 10-40 检索数学系的学生及年龄不大于 19 岁的学生。

    SELECT * FROM Student WHERE sdept='数学'
    UNION (SELECT * FROM Student sage<=19);

例 10-41 查询选修课程 C1 的学生集合与选修课程 C2 的学生集合的交集。

    SELECT sno FROM SC WHERE cno='C1'
    INTERSECT (SELECT sno FROM SC WHERE cno='C2');

例 10-42 查询计算机系的学生与年龄不大于 19 岁的学生的差集。

    SELECT * FROM Student WHERE sdept='数学'
    EXCEPT (SELECT * FROM Student sage<=19);

7. 查询结果的排序

SELECT 查询结果可以通过 ORDER BY 子句进行最终的排序。查询结果可按一列或多列排序。

格式:ORDER BY 字段名 1 [ASC|DESC] [,字段名 2 [ASC|DESC]]…

说明:

(1) ORDER BY 子句必须放在整个查询语句的结尾。

(2) ASC 表示升序,为默认值,DESC 为降序。

(3) 可以根据表达式进行排序。

(4) ORDER BY 子句不能用于子查询中,没有实际意义。

例 10-43 检索全体学生的情况,查询结果按系别升序排列,同一系中的学生按年龄降序排列。

    SELECT * FROM Student ORDER BY sdept,sage DESC;

输出结果如表 10-19 所示。

表 10-19 输出结果

sno	sname	ssex	sage	sdept
S06	王琴	女	20	计算机
S04	刘静	女	18	计算机
S01	李丽	女	19	数学
S03	赵伟	男	19	数学
S05	刘华秋	男	19	数学
S02	张华	男	21	信息

10.3.4 数据操纵

SQL 的数据操纵功能主要包括数据的插入、更新和删除等操作。

1. 插入操作

SQL 数据插入语句有两种形式：一种是插入一条记录；另一种是通过子查询插入多条记录。

1) 插入单个记录

格式：INSERT INTO <表> [(字段名 1[,字段名 2,...])] VALUES (表达式 1[,表达式 2,...]);

功能：将一个指定字段值的记录追加到表尾。

说明：

(1) 如果没有指定字段名，则 VALUES 中的表达式数目必须与表中的字段数相同，且相应的数据类型、位置必须一致。

(2) 如果某些属性字段在 INTO 子句中没有出现，则新记录在这些列上将取空值。但必须注意的是，在表定义时说明了 NOT NULL 的属性列不能取空值。

例 10-44 将 S01 同学选修 C4 课程的成绩 90 分插入 SC 表中。

  INSERT INTO SC VALUES ('S01','C4',90);

 或 INSERT INTO SC(sno,con,grade) VALUES ('S01','C4',90);

反复使用该命令可添加多行数据，新记录追加在表尾。

2) 插入子查询结果

格式：INSERT INTO <表> [(字段名 1[,字段名 2,...])]
   子查询;

功能：将子查询的结果批量插入表中。

例 10-45 在基本表 SC 中，把平均成绩大于 80 分的学生的学号、平均成绩存入一个新表中，新表的结构是 SC_Ave(sno char(8),avegrade DECIMAL(3,1))。

首先在数据库中建立一个新表：

  CREATE TABLE SC_Ave(sno char(8),avegrade DECIMAL(3,1));

然后对 SC 表按学号 sno 分组求平均值，并存入新表：

  INSERT INTO SC_Ave

```
SELECT sno,AVG(grade)FROM SC GROUP BY sno HAVING AVG(grade)>80;
```

2. 更新操作

格式：UPDATE <表> SET <字段名>=<字段改变值> [WHERE<条件>];
功能：修改指定表中满足 WHERE 子句条件的记录。
说明：
(1) 如省略 WHERE 子句，则更新全部记录。
(2) 每次只能更新一个表中的内容。

例 10-46 元旦已过，每个人的年龄加 1 岁。
```
UPDATE Student SET sage=sage+1;
```

例 10-47 将"计算机基础"课程的成绩加 10 分。
```
UPDATE SC SET grade=grade+10
        WHERE cno=(SELECT cno FROM Course WHERE Coures.con=SC.cno AND
                    cname='计算机基础');
```

3. 删除操作

格式：DELETE FROM <表> [WHERE<条件>];
功能：删除指定表中满足 WHERE 子句条件的记录。
说明：若无 WHERE 子句会删除表中的全部记录。

例 10-48 删除 Student 表中学号为 S06 的学生记录。
```
DELETE FROM Student WHERE sno='S06';
```

例 10-49 删除信息系所有学生的选课记录。
```
DELETE FROM SC
        WHERE '信息'=(SELECT sdept FROM Student WHERE Student.sno=SC.sno);
```

10.3.5 视图

视图是从一个或几个基本表（或视图）导出的表。引入视图的目的是为了简化用户的操作，使用户可以看到自己感兴趣的数据，其他数据则不能查看，这在一定程度上起到数据保护的作用。

视图一经定义，就可以和基本表一样被查询、被更新（增加、删除、修改），还可以在一个视图之上再定义新的视图。

视图与基本表不同，是一个虚表，只有结构没有数据，因此对视图的更新操作必须要转化为对基本表的更新，但对视图的更新有时并不能转化为对基本表的更新，这是有一定限制的。

视图的作用有：
(1) 视图可以集中数据，满足不同用户对数据的不同要求。
(2) 视图可以简化复杂查询的结构，从而方便用户对数据的操作。
(3) 视图能够对数据提供安全保护。
(4) 便于组织数据导出。

1. 定义视图

格式:CREATE VIEW <视图名> [<列名>[,<列名>]…]
　　　　　　AS <子查询> [WITH CHECK OPTION];

功能:

(1) 子查询不能包含 ORDER BY 子句和 DISTINCT 短语。

(2) WITH CHECK OPTION 可选项表示插入、修改和删除时要同时满足视图定义的 WHERE 条件表达式。

例 10-50 创建数学系学生的视图。

```
CREATE VIEW Math_Student(sno,sname,ssex,sage)
    AS SELECT sno,sname,ssex,sage FROM Student WHERE sdept='数学';
```

如果 CREATE VIEW 语句仅指定了视图名,省略了组成视图的各个属性列名,则由子查询的 SELECT 子句目标列中的字段构成视图的列名。下列 3 种情况下不能省略视图的列名:

(1) 列名不是简单的属性名,而是由集函数或列表达式组成。

(2) 多表连接时选出几个同名列作为视图列名。

(3) 为某个列使用新的名字。

例 10-50 可以将组成视图的各个属性列名省略为:

```
CREATE VIEW Math_Student
    AS SELECT sno,sname,ssex,sage FROM Student WHERE sdept='数学';
```

DBMS 执行 CREATE VIEW 语句时只是将视图的定义存入数据字典中,并没有执行子查询中的 SELECT 语句。当对视图查询时才按视图的定义从基本表中将数据查出。

例 10-51 修改例 10-50,要求进行更新时要保证该视图只针对数学系的学生。

```
CREATE VIEW Math_Student
    AS SELECT sno,sname,sage FROM Student WHERE sdept='数学'
      WITH CHECK OPTION;
```

例 10-52 将学生的学号及其平均成绩建一个视图。

```
CREATE VIEW SC_G(sno,gave)
    AS SELECT sno,AVG(grade)FROM SC GROUP BY sno;
```

视图也可以建立在已定义好的视图基础上。

例 10-53 在 Math_Student 视图的基础上创建一个新的只包含男同学的视图。

```
CREATE VIEW man_Student
    AS SELECT sno,sname,sage FROM Math_Student WHERE ssex='男';
```

视图分为行列子集视图和非行列子集视图两种。行列子集视图满足三个条件。

(1) 视图是从单个基本表导出。

(2) 视图的列只是简单地去掉某些列和某些行。

(3) 视图包含码。

对于行列子集视图可以像使用基本表一样使用视图,即对视图的更新、查询均能转化为对基本表的操作,称为视图消解。

2. 查询视图

查询视图的过程是把视图定义的条件和用户对视图查询的条件结合起来,转换成等价的对基本表的查询,然后执行修正后的查询。

例 10-54 在数学系学生的视图中找出年龄小于 19 岁的学生。

```
SELECT sno,sage FROM Math_Student WHERE sage<19;
```

本例转换成对基本表查询的语句为:

```
SELECT sno,sage FROM Student WHERE sdept='数学' AND sage<19;
```

例 10-55 在视图 SC_G 中查询平均成绩在 85 分以上的学生学号和平均成绩,语句为:

```
SELECT * FROM SC_G WHERE gavg>=85;
```

将上面的查询语句与视图定义中的子查询结合后,形成下列查询语句:

```
SELECT sno,AVG(grade) FROM SC WHERE AVG(grade)>=90 GROUP BY sno;
```

WHERE 子句中是不能用集函数作为条件表达式的,因此执行此修正后的查询将会出现语法错误。正确的查询语句应该是:

```
SELECT sno,AVG(grade) FROM SC GROUP BY sno HAVING AVG(grade)>=90;
```

在一般情况下,视图查询的转换是直截了当的。但有些情况下,这种转换不能直接进行,查询时就会出现问题。目前多数关系数据库系统对行列子集视图的查询均能进行正确转换。但对非行列子集的查询(如例 10-55)就不一定能做转换了,因此这类查询应该直接对表进行。

3. 更新视图

更新视图是指通过视图来插入(INSERT)、删除(DELETE)和修改(UPDATE)数据。由于视图不是实际存储数据的虚表,因此对视图的更新,最终要转换为对基本表的更新。

例 10-56 在数学系学生视图中,将学号为"S01",姓名为"李丽"的同学的姓名改为"李丽丽"。

```
UPDATE Math_Student SET sname='李丽丽' WHERE sno='S01';
```

转换后的更新语句为:

```
UPDATE Student SET sname='李丽丽' WHERE sno='S01' AND sdept='数学';
```

例 10-57 在数学系新增一个学生,其中学号为 S08,姓名为"赵普",性别为"男",年龄为 20 岁。

```
INSERT INTO Math_Student VALUES('S08','赵普','男',20);
```

转换后的更新语句为:

```
INSERT INTO Student(sno,sname,sage,sdept) VALUES('S08','赵普','男',20,'数学');
```

系统自动将视图定义中的 WHERE 子句中的条件 sdept='数学'添加到 INSERT 语句中。

在关系数据库中,并不是所有的视图都是可更新的,因为有些视图的更新不能唯一地、有意义地转换成对相应基本表的更新。一般地,行列子集视图是可更新的。除行列子集视图外,还有些视图理论上是可更新的。

4. 删除视图

格式：DROP VIEW <视图名>；

一个视图被删除后，由该视图导出的其他视图将失效，要用 DROP VIEW 语句将它们一一删除。

例 10-58 删除视图 SC_G。

```
DROP VIEW SC_G;
```

10.3.6 数据控制

1. 数据控制的概念

数据控制功能主要包括数据恢复、并发控制、数据安全性和完整性控制。这里主要讨论 SQL 语言的安全控制功能。

数据库管理系统保证数据安全的主要措施是进行存取控制，即规定不同用户对于不同数据对象所允许执行的操作，并控制各用户只能存取其有权存取的数据。不同的用户对不同的数据应具有不同的对象权限。

对象权限是指用户对数据库中的表、视图等数据对象的操作权限。具体包括：

(1) 对表和视图，是否可执行 SELECT、INSERT、UPDATE、DELETE、ALTER、INDEX、ALL PRIVILEGES(指上述所有权限)。

(2) 对表和视图的列，是否可执行 SELECT、INSERT、UPDATE、DELETE、ALL PRIVILEGES。

一个用户或角色的权限一般有授权(granted)和回收(revoked)，由 SQL 的 GRANT 和 REVOKE 语句来完成，结果存入数据字典中。当用户提出操作请求时，根据授权情况进行检查，以决定是否执行操作请求。

2. 创建用户

不同的数据库管理系统创建用户的语句命令不完全相同，但一般格式为：

CREATE USER 用户名 IDENTIFIED BY 口令；

例 10-59 创建 U1、U2 和 U3 用户，口令分别为 aaa、bbb 和 ccc。

```
CREATE USER U1 IDENTIFIED BY aaa;
CREATE USER U2 IDENTIFIED BY bbb;
CREATE USER U3 IDENTIFIED BY ccc;
```

3. 授予权限

SQL 语言用 GRANT 语句向用户授予操作权限，格式为：

GRANT <权限>[,<权限>]…
　　[ON <对象类型> <对象名>]
　　　　TO <用户>[,<用户>]…；

功能：将对指定操作对象的指定操作权限授予指定的用户。

说明：

（1）对属性列和视图的操作权限有查询（SELECT）、插入（INSERT）、修改（UPDATE）、删除（DELETE）及这4种权限的总和（ALL PRIVILEGES）。

（2）对基本表的操作权限有查询（SELECT）、插入（INSERT）、修改（UPDATE）、删除（DELETE）、修改表（ALTER）和建立索引（INDEX）及这6种权限的总和（ALL PRIVILEGES）。

（3）对数据库可以有建立表（CREATE TABLE）的权限，该权限属于DBA（数据库管理员），可由DBA授予普通用户。普通用户拥有此权限后可以建立基本表，基本表的属主（owner）拥有对该表的一切操作权限。

例 10-60 把查询表 Student 的权限授予用户 U1。

GRANT SELECT ON TABLE Student TO U1;

例 10-61 把对表 Student 和表 Course 的全部操作权限授予用户 U2。

GRANT ALL PRIVILIGES ON TABLE Student,Course TO U2;

例 10-62 把查询表 Student 和修改学生学号的权限授予用户 U3。

GRANT UPDATE(sno),SELECT ON TABLE Student TO U3;

4. 回收权限

授予的权限可以由DBA或其他授权者用REVOKE语句收回，REVOKE语句的一般格式为：

REVOKE＜权限＞[,＜权限＞]…

　　[ON＜对象类型＞＜对象名＞]

　　　FROM＜用户＞[,＜用户＞]…;

例 10-63 把用户 U3 修改学生学号的权限收回。

REVOKE UPDATE(sno) ON TABLE Student FROM U3;

例 10-64 收回所有用户对表 Student 的查询权限。

REVOKE SELECT ON TABLE Student FROM PUBLIC;

SQL是关系数据库语言的工业标准。不同的数据库管理系统中的SQL语言不完全相同，本节以标准SQL语言为蓝本对数据定义、数据查询、数据更新、数据控制四个部分所涉及的SQL语句进行了简单的讲解。

习题与思考题

一、选择题

1. 在基本关系中，下列说法正确的是（　　）。
   A. 行列顺序有关　　　　　　　B. 属性名允许重名
   C. 任意2个元组不允许重复　　D. 列是非同质的
2. 五种基本关系代数运算是（　　）。
   A. $\cup,-,\times,\Pi$ 和 σ　　　　　B. $\cup,-,\infty,\Pi$ 和 σ
   C. $\cup,\cap,\times,\Pi$ 和 σ　　　　　D. $\cup,\cap,\infty,\Pi$ 和 σ

3. 关系 R 为:R(A,B,C,D),则下列说法错误的是(　　)。
   A. $\pi_{A,C}(R)$ 为取属性值为 A,C 的两列　　B. $\pi_{A,C}(R)$ 为取属性值为 1,3 的两列
   C. $\pi_{1,3}(R)$ 和 $\pi_{A,C}(R)$ 是等价的　　D. $\pi_{1,3}(R)$ 和 $\pi_{A,C}(R)$ 是不等价的
4. $\sigma_{3<'2'}(S)$ 表示(　　)。
   A. 表示从 S 关系中挑选第二个分量的值小于 3 的元组
   B. 表示从 S 关系中挑选第三个分量的值小于 2 的元组
   C. 表示从 S 关系中挑选第三个分量的值小于第二个分量的元组
   D. $\sigma_{3<'2'}(S)$ 是关系垂直方向的运算
5. R 为 4 元关系 R(A,B,C,D),S 为三元关系 S(B,C,D),R 与 S 自然连接成的结果集是(　　)元关系。
   A. 4　　B. 3　　C. 7　　D. 6
6. 模式为:学生(学号,姓名,年龄,性别,成绩,专业),则该关系模式的主键是(　　)。
   A. 姓名　　B. 学号,姓名　　C. 学号　　D. 学号,姓名,年龄
7. 关系数据模型通常由 3 部分组成,它们是(　　)。
   A. 数据结构、数据通信、关系操作　　B. 数据结构、关系操作、完整性约束
   C. 数据通信、关系操作、完整性约束　　D. 数据结构、数据通信、完整性约束
8. 关系数据库系统能够实现的三种基本关系运算是(　　)。
   A. 索引,排序,查询　　B. 建库,输入,输出
   C. 选择,投影,连接　　D. 显示,统计,复制
9. 通过指针链接来表示和实现实体之间联系的模型是(　　)。
   A. 关系模型　　B. 层次模型　　C. 网状模型　　D. 层次和网状模型
10. 设有关系 R 和 S,关系代数表达式 R−(R−S)表示的是(　　)。
    A. R∪S　　B. R−S　　C. R∩S　　D. R÷S
11. 关系数据库的标准语言是(　　)。
    A. 关系代数　　B. 关系演算　　C. SQL　　D. ORACLE
12. 在 SELECT 语句中,需要对分组情况满足的条件进行判断时,应使用(　　)。
    A. WHERE　　B. GROUP BY　　C. ORDER BY　　D. HAVING
13. 在 SELECT 语句中使用 *,表示(　　)。
    A. 选择任何属性　　B. 选择全部属性　　C. 选择全部元组　　D. 选择主码
14. 在 SQL 语言中,属于 DCL 的操作命令是(　　)。
    A. CREATE　　B. GRANT　　C. UPDATE　　D. DROP
15. 一辆汽车由多个零部件组成,且相同的零部件可适用于不同型号的汽车,则汽车实体集与零部件实体集之间的联系是(　　)。
    A. 1:1　　B. 1:M　　C. M:1　　D. M:N

二、填空题

1. 用二维表结构表示实体及实体间联系的数据模型称为＿＿＿＿数据模型。
2. 数据库系统提供的数据控制功能包括安全性控制、数据完整性控制、＿＿＿＿和＿＿＿＿。
3. SQL 的功能包括数据定义、数据更新、＿＿＿＿和＿＿＿＿。
4. 删除视图的命令是＿＿＿＿。
5. E-R 模型的组成要素包括实体、属性、＿＿＿＿。
6. 视图是从一个或多个基本表导出的虚表,在数据字典中只存储有关视图的＿＿＿＿。
7. 在 SQL 语句中,用＿＿＿＿来授予权限。
8. 所谓 DBMS 是指＿＿＿＿＿＿＿。

9. 在 E-R 图中,用_____来表示实体,用椭圆来表示属性,用_____来表示实体之间的联系。
10. 数据库系统设计过程中,首先需要进行_____。

三、综合题

1. 设有一个数据库,包括 S、SC、C 三个关系模式

S(sno,sname,age,sex)　　SC(sno,cno,grade)　　C(cno,cname,teacher)

试用关系代数和 SQL 语句完成下列检索:

(1) 检索马老师所授课程的课程号;

(2) 检索年龄大于 22 岁的男学生的学号和姓名;

(3) 检索至少选修马老师所授一门课程的学生姓名;

(4) 检索学习课程号为 C1 的学生学号与姓名;

(5) 检索不学 C2 课程的学生学号。

2. 设有系、教师、学生、课程等实体,其中每一个系包括系名、人数、系主任、电话、地址等属性;每一个系有若干个教师,教师实体包括教师号、姓名、出生日期、学历、职称等属性;学生实体包括学号、姓名、出生日期、性别等属性;课程实体包括课程号、课程名、先修课号等属性。

设一个系可以有多名教师,每个教师教多门课程,一门课程由一个教师教。每一个学生可选多门课,每门课程只有一个先修课程,每一个学生选修一门课程有一个成绩,试根据以上语义完成下述要求。

(1) 根据上述语义设计 E-R 模型,要求标注联系类型,注明各个实体的属性;

(2) 将上述 E-R 图转换成关系数据模型,并指出每一个关系的主码。

3. 设学生-社团数据库有三个基本表:

学生(学号,姓名,年龄,性别);

社会团体(编号,名称,负责人,活动地点);

参加(学号,编号,参加日期);

其中:

学生表的主码为学号。

社会团体表的主码为编号,外码为负责人,被参照表为学生表,对应属性为学号。

参加表的学号和编号为主码,学号为外码,其被参照表为学生表,对应属性为学号;编号为外码,其被参照表为社会团体表,对应属性为编号。

试用 SQL 语句表达下列操作:

(1) 定义学生表、社会团体表和参加表,并说明其主码和参照关系;

(2) 查找参加唱歌队或篮球队的学生的学号和姓名;

(3) 求参加人数超过 100 人的社会团体的名称和负责人;

(4) 求每个社会团体的参加人数;

(5) 求参加人数最多的社会团体的名称和参加人数。

参 考 文 献

白中英.2000.计算机组成原理.3版.北京:科学出版社
龚沛曾,杨志强.2009.大学计算机基础.5版.北京:高等教育出版社
胡越明.2003.Internet技术及其实现.北京:高等教育出版社
蒋加伏,沈岳.2006.大学计算机基础.3版.北京:北京邮电出版社
吕国英.算法设计与分析.2006.北京:清华大学出版社
任小康,苟平章.2006.新编大学信息技术基础教程.北京:人民出版社
萨师煊,王珊.2002.数据库系统概论.北京:高等教育出版社
王恩波,马时来.2008.实用计算机网络技术.2版.北京:高等教育出版社
吴鹤龄,崔林.2008.ACM图灵奖-计算机发展史的缩影.2版.北京:高等教育出版社
谢希仁.2008.计算机网络.5版.北京:电子工业出版社